高等学校“十一五”精品规划教材

工程制图

（供非机械类专业使用）

主　编　宫百香　李会杰

副主编　杨培田　程晓新

主　审　董国耀　方昆凡

中国水利水电出版社

www.waterpub.com.cn

内 容 简 介

本书为高等学校“十一五”精品规划教材之一，是根据国家教育部颁布的高等学校工科本科“画法几何及机械制图课程教学基本要求”及“工程制图基础课程教学基本要求”编写的。本书内容包括：制图的基本知识与基本技能，正投影法基础，立体的表面交线，组合体，轴测图，机件常用的表达方法，零件图，标准件与常用件，装配图，计算机绘图，展开图等。与本书配套出版的高等学校“十一五”精品规划教材《工程制图习题集》（李会杰、宫百香主编，中国水利水电出版社出版）可供读者选用。

本书可作为高等工科院校非机械类专业60～80学时工程制图课程的教材使用，也可供高等职业技术学院、成人教育学院、高等教育自学考试等其他院校相关专业师生及工程技术人员参考。

图书在版编目（CIP）数据

工程制图/宫百香，李会杰主编．—北京：中国水利水电出版社，2006（2023.9重印）
高等学校“十一五”精品规划教材
ISBN 978-7-5084-3736-1

Ⅰ．工…　Ⅱ．①宫…②李…　Ⅲ．工程制图-高等学校-教材　Ⅳ．TB23

中国版本图书馆CIP数据核字（2006）第075322号

书　　名	高等学校“十一五”精品规划教材 **工程制图**
作　　者	宫百香　李会杰　主编
出版发行	中国水利水电出版社 （北京市海淀区玉渊潭南路1号D座　100038） 网址：www.waterpub.com.cn E-mail：sales@mwr.gov.cn 电话：（010）68545888（营销中心）
经　　售	北京科水图书销售有限公司 电话：（010）68545874、63202643 全国各地新华书店和相关出版物销售网点
排　　版	中国水利水电出版社微机排版中心
印　　刷	清淞永业（天津）印刷有限公司
规　　格	184mm×260mm　16开本　18.25印张　433千字
版　　次	2006年7月第1版　2023年9月第10次印刷
印　　数	18501—20000册
定　　价	**39.50元**

前　言

本书是编者根据多年的教学经验，结合近年的教研教改实践，根据国家教育部颁布的高等学校工科本科“画法几何及机械制图课程教学基本要求”及“工程制图基础课程教学基本要求”，采用我国最新的国家标准，并在参考许多同类教材的基础上编写而成的。

科学技术的不断发展使得高等学校各专业之间的相互联系愈来愈紧密，各学科之间的交叉和专业的细分，要求学生一方面应具有某专业较系统扎实的理论知识和素质，另一方面还应具备了解与本专业相近的其他学科专业的能力。工程制图作为科技界的一门共同语言，有必要为实现这一培养目标，在教学大纲和学时允许的前提下尽可能拓宽讲授内容，突出公共化和实用化的特点，发挥其联系各学科与专业的纽带作用。基于对本课程的这点认识，我们经过讨论与交流，为适应当前教学的发展与需要，特别是为普及计算机的技术与发展，确定按现今结构体系编写本书，并计划陆续推出与教材配套的教学辅助系统、多媒体课件等。

本书的主要特点如下：

1. 教材内容和体系结构适合工科非机械类专业的特点，以培养应用型人才为目的，注重与工程实际的结合，适用于目前本科工科院校非机械类60～80学时工程制图课程的教学需要。

2. 为配合教改需要，加强学生空间分析与构型能力的培养，本书加强了组合体的画图与读图、机件的结构分析与表达等内容的训练。

3. 本教材尽量体现以学生为本，以学生为中心的教育思想，不为教而教，要有利于培养学生自学能力和扩展、发展知识能力，为学生今后持续创造性学习打好基础。

4. 各章节内容科学准确，衔接合理，并保持由浅入深、循序渐进的模式，且注重各部分之间的关联性，符合本课程的教学特点，可供教师在教学中根据需要进行选择。

本书由长春工业大学宫百香、李会杰主编，长春工业大学杨培田、长春工程学院程晓新副主编。参加本书编写的还有：长春工业大学高宇、张淑霞。

本书由中国工程图学学会图学教育分会主任、北京理工大学董国耀教授，教育部工程图学教学指导委员会委员、东北大学方昆凡教授审阅。他们对本书的编写提出了许多宝贵的意见和建议。同时，本书在编写过程中得到了许多同志的关心和支持。在此，一并谨向他们表示衷心的感谢！

由于时间仓促和水平有限，书中难免有疏漏和不当之处，敬请有关专家和师生们批评指正。

编　者

2012年7月于长春

目　　录

绪　论

一、本课程的性质和任务

图样和文字一样，是人类借以表达、构思、分析和交流技术思想的工具。工程图样按规定的方法表达出机器（或零、部件）以及建筑物的形状、大小、材料和技术要求，是表达和交流技术思想的重要工具，是工程技术部门重要的技术文件。在现代工业中，设计、制造、安装各种机器、电机、电器、仪表以及采矿、冶金、化工等各个方面的设备，都离不开工程图样，在使用、维修、保养这些机器设备过程中，也通过工程图样来了解它们的结构和性能。所以，工程图样是工程界的“技术语言”，每个工程技术人员都必须能够绘制和阅读工程图样。

本课程研究绘制和阅读工程图样的原理和方法，培养学生形象思维的能力，是一门既有系统理论又有较强实践性的技术基础课。本课程包括画法几何、制图基础、机械图等部分。画法几何研究正投影法的基本原理和方法。制图部分研究《机械制图》和《技术制图》的基本规定、使用各种尺规绘图、徒手绘图、计算机绘图的操作技能，以及培养绘制和阅读常见机器或部件的零件图和装配图的基本能力，重点培养读图能力。在本课程中，要学习一种绘图软件绘制机械图样，使学生具有计算机绘图的基本能力。

本课程的主要任务：

（1）学习正投影法的基本理论和国家标准中有关制图的规定。

（2）培养绘制和阅读机械图样的基本能力，能够绘制和阅读简单的零件图和装配图。

（3）培养空间想象能力和空间分析的初步能力。

（4）培养计算机绘图的初步能力。

（5）培养认真负责的工作态度和耐心细致的工作作风。

此外，在教学过程中还必须有意识地培养学生的自学能力、分析和解决问题的能力，树立标准化意识，并提高创新能力和发散思维能力。

较好地完成本课程的学习任务，是顺利完成后续课程、课程设计及毕业设计的重要保证。

二、本课程的学习方法

针对本课程的要求和内容特点，应注意下列学习方法：

（1）扎实掌握基本理论，注重实践性。空间想象能力和空间分析能力、画图和看图能力只有在实践中才能培养和提高。因此要完成一定数量的习题、作业和绘图的训练。

（2）重视空间想象能力的培养。在理解基本概念和基本规律的基础上，不断地进行由平面投影图到空间物体，再由空间物体到平面投影图的想象过程，注意分析和想象空间物体与图纸上图形之间的对应关系，即“由图到物，由物到图”的过程。

（3）掌握正确的分析问题的方法。在学习制图课程的过程中，要多注意基本理论、基本概念和基本绘图步骤和分析问题的方法。例如形体分析法，将复杂的问题简单化，难题即可迎刃而解，大大提高学习质量和学习效果。

（4）树立严谨的作风。图样是产品加工和制造的重要依据，图纸上的细小差错都会给生产带来很大影响和损失，绘图时一定要耐心细致。因此，在学习过程中，要培养学生认真负责的工作态度和严谨细致的工作作风。

三、我国工程制图的发展概况

制图这门学科是随着生产的发展而发展起来的。我们的祖先在很早以前就懂得使用图形来记述和表达事物，这就是图样的起源。在3000多年前的《周礼考工记》一书中记载，当时已有“矩、规、绳、悬、水”（即角尺、圆规、墨斗、线锤、水准仪）等测绘工具。在西汉时期《九章算术》一书中就有棱台的插图，图中采用斜投影概念和直观图来表示几何体。

在2000多年前的数学名著《周髀算经》中有方圆、圆方和勾股弦等几何作图问题的记载。在我国历史遗留下来的许多著作中有很多工程图样，如宋代李诫的《营造法式》一书，运用大量的插图来表达建筑造型及某些物品的构造，如图0－1（a）所示的殿堂举析图为正投影，图0－1（b）所示为方栌料和令拱的斜轴测投影图。随着生产技术的不断发展，图样的形式和内容也日益接近现代工程图样，如明代宋应星所著《天工开物》中的“水碾”等。

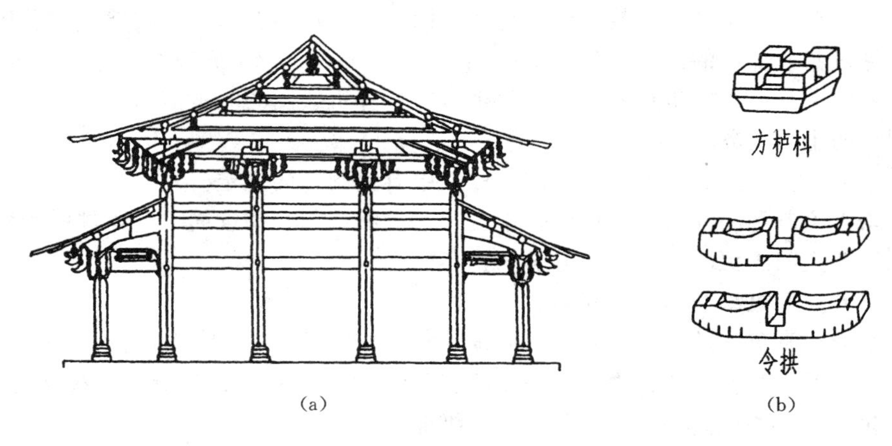

(a)　　(b)

图0－1

(a) 殿堂举析图；(b) 方栌料和令拱

我国历代在工程技术领域里曾经有很大的成就，但由于长期处在封建制度下，工农业生产发展缓慢，制图技术的发展也受到严重阻碍。1949年新中国建立后，随着工农业生产的发展，工程制图技术领域里的理论图学、应用图学、计算机图学迅速发展。1959年由国家科学技术委员会发布了第一个国家标准《机械制图》，之后根据需要制订了各类技术图样共同适用的国家标准《技术制图》，随之又先后于1975年、1984年、1993年直到2003年，对制图国家标准进行了多次修订，使之国际化、通用化。

随着计算机技术的发展，计算机绘图（CG）已经应用到各个领域，为计算机辅助设计提供了条件和基础。因此工科大学生应该重视和学会计算机绘图，至少应掌握一种常用的绘图软件，为今后的工作和学习打好基础。

第一章　制图的基本知识和基本技能

§1-1　制图的基本规定及绘图方法

图样被比喻为“工程界的技术语言”，是工程界重要的技术资料，是交流技术思想的工具。对图样的画法、尺寸标注等必须有统一的规定，才能用来交流技术思想，顺利地组织工业产品的生产。国家标准 GB/T 4458.1—2002《机械制图》是我国颁布的一项重要的技术标准，统一规定了机械方面的生产和设计部门共同遵守的绘图规则。我国 1959 年首次发布了国家标准《机械制图》，随着生产技术和经济建设的不断进步和对外技术交流发展的需要，先后几次修订了《机械制图》国家标准。又陆续颁布了一些技术制图国家标准，并制订了对各类技术图样和技术文件都使用的统一的国家标准《技术制图》。

本节主要介绍国家标准中有关图纸幅面及格式、比例、字体、图线和尺寸注法等部分，作为工程技术人员，在产品设计和生产过程中必须严格遵守标准的规定。

一、图纸幅面及标题栏（GB/T 14689—1993，GB/T10609.1—1989）[1]

1. 图纸幅面和图框格式

绘制图样时，应优先采用表 1-1 中规定的基本幅面。

表 1-1　　基本图纸幅面及图框尺寸

幅面代号	A0	A1	A2	A3	A4
B×L	841×1189	594×841	420×594	297×420	210×297
e	20		10		
c	10			5	
a	25				

必要时，可以按规定加长图纸的幅面，加长幅面的尺寸由基本幅面的短边成整数倍增加后得出，具体尺寸可参看标准规定。基本幅面图纸的尺寸特点是：A0 图纸的面积约为 $1m^2$，A1 面积是 A0 面积的一半；长边和短边的长度之比为 $\sqrt{2}$ ：1；A0～A3 图纸，沿长边对折可裁成两张比它小一号的图纸。

在图纸上，必须用粗实线画出图框，用来限定绘图区域，其格式分为不留装订边（图 1-1）和留有装订边（图 1-2）两种。同一产品的图样只能采用一种格式。加长幅面的图框尺寸按所选定的基本幅面大一号的图框尺寸确定。

图框应优先采用不需装订格式，且应在图纸各边长度的中点处用粗实线画出对中符

[1] GB/T 14689—1993 是国家标准《技术制图　图纸幅面和格式》的编号，GB/T 表示推荐性国家标准，是 GUOJIA BIAOZHUN（国家标准）和 TUIJIAN（推荐）的缩写，如果 GB 后没有/T，则表示强制性国家标准，14689 是该标准的顺序编号，1993 表示该标准是 1993 年发布的。国家标准简称国标。

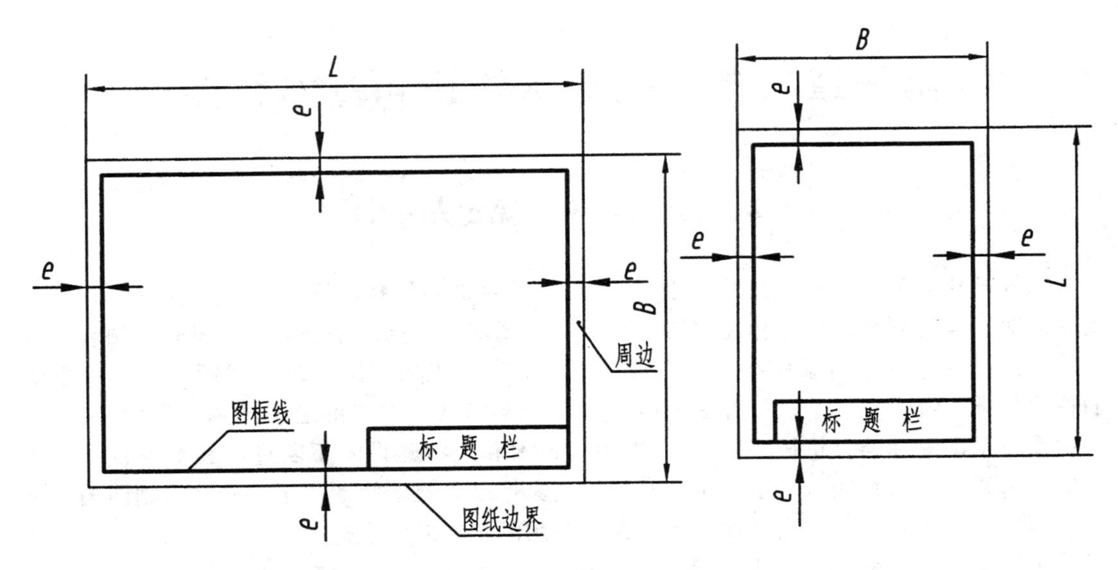

图 1-1　不留装订边的图框格式

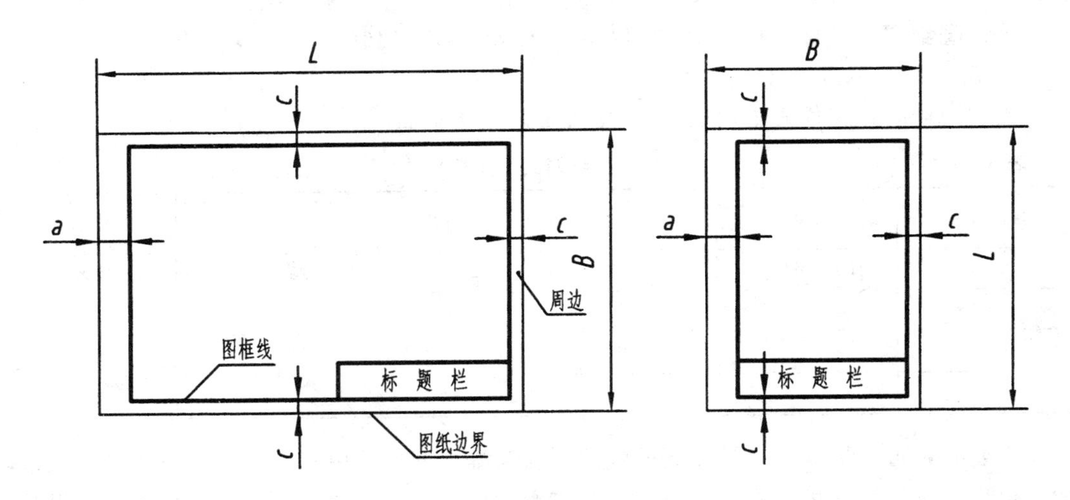

图 1-2　留有装订边的图框格式

号，从纸边伸入图框内 5mm，或画到标题栏的边框为止，具体情况可查阅 GB/T 14689—1993。学生作业常采用需要装订的图框格式。

2. 标题栏及其方位

每张图纸上都必须画出标题栏，它的基本要求、内容、尺寸和格式应按 GB/T 10609.1—1989 的规定。本教材将标题栏作了简化，供学生作业时采用，如图 1-3 所示。

根据视图的布置需要，图纸可以横放（长边位于水平方向）或竖放（短边位于水平方向），标题栏应位于图框右下角，如图 1-1 和图 1-2 所示，看图与看标题栏的方向一致。但有时为了利用预先印好图框和标题栏的图纸，允许将图纸逆时针旋转 90°，标题栏位于图框右上角，如图 1-4 所示，看图方向与看标题栏的方向不一致。为了明确绘图与看图

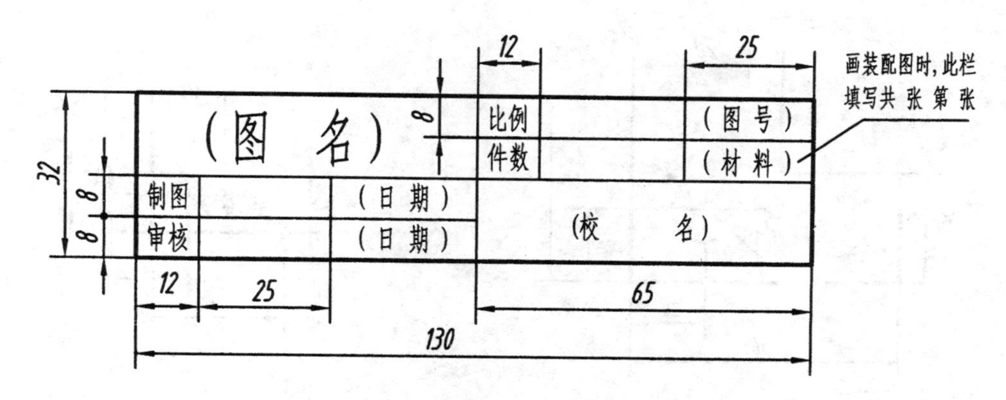

图 1-3 本教材用的标题栏

时的图纸方向，应在图框下边的中间位置画一个方向符号——细实线的等边三角形，如图 1-4 所示。

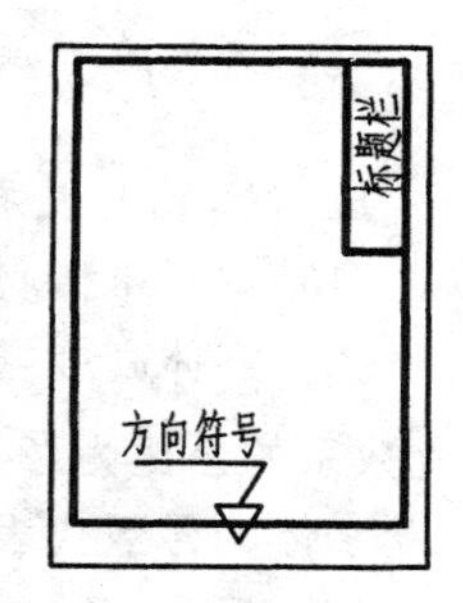

图 1-4 允许配置的标题栏方位

二、比例（GB/T 14690—1993）

图中图形与其实物相应要素的线性尺寸之比，称为比例。比值为 1 的比例称为原值比例，比值大于 1 的比例称为放大比例，比值小于 1 的比例称为缩小比例。

绘制图样时，应从表 1-2 左半部规定的系列中选取适当的比例，必要时也允许选用此表右半部规定的比例。

绘制同一机件的各个图形一般应采用相同的比例，并在标题栏的“比例”栏内填写，如“1∶1”“2∶1”等。当某个图形需要不同的比例时，必须按规定另行标注。

表 1-2 标准比例系列

种　类	优先选用比例	允许选用比例
原值比例	1∶1	
放大比例	5∶1　2∶1 5×10^n∶1　2×10^n∶1　1×10^n∶1	4∶1　2.5∶1 4×10^n∶1　2.5×10^n∶1
缩小比例	1∶2　1∶5 1∶1×10^n　1∶2×10^n　1∶5×10^n	1∶1.5　1∶2.5　1∶3　1∶4　1∶6 1∶1.5×10^n　1∶2.5×10^n　1∶3×10^n 1∶4×10^n　1∶6×10^n

注　n 为正整数。

图 1-5 所示为采用不同比例所画的图形。图 1-5（a）比例为 1∶1，图中尺寸“36”，画出实际大小 36mm。图 1-5（b）的比例为 1∶2，图中尺寸“36”画成 18mm，但两个图形所标注的尺寸均为实际尺寸“36”。

三、字体（GB/T 14691—1993）

图样中除了用图形表示机件的形状之外，还要用文字和数字来说明机件大小，技术要求和其他内容。

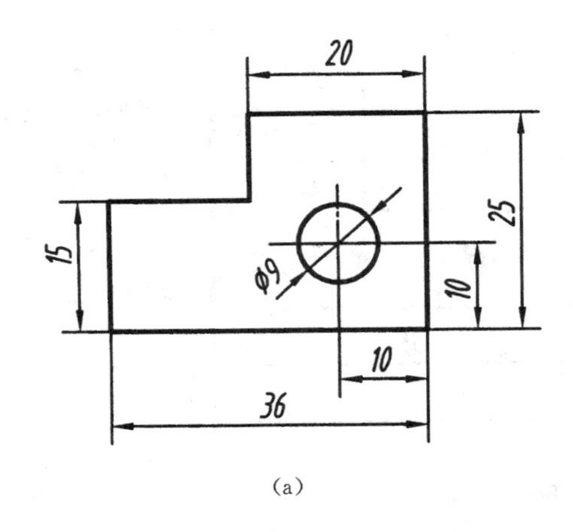

(a)

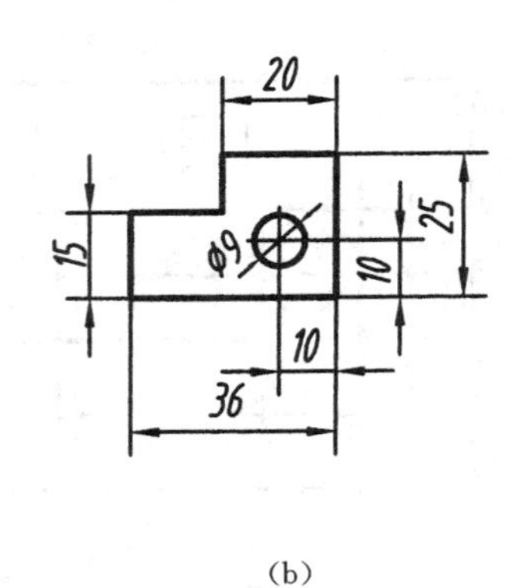

(b)

图 1-5　用不同比例画出的图形

(a) 比例为 1∶1；(b) 比例为 1∶2

1. 技术图样及有关技术文件中字体的基本要求

(1) 书写字体必须做到：字体工整、笔画清楚、间隔均匀、排列整齐。

(2) 字体高度（用 h 表示）的公称尺寸系列为：1.8，2.5，3.5，5，7，10，14，20（此数系的公比为$\sqrt{2}$）。若有需要，字高可按$\sqrt{2}$的比率递增。

字体的号数代表字体高度。如 3.5 号字就是 3.5mm 高。

(3) 汉字应写成长仿宋体字，并应采用国务院正式公布推行的简化汉字。汉字的高度 h 不应小于 3.5mm，其字宽一般为 $h/\sqrt{2}$。

(4) 字母和数字分 A 型和 B 型。A 型字体的笔画宽度（d）为字高（h）的 1/14，B 型字体的笔画宽度为字高的 1/10。

在同一图样上，只允许选用一种型式的字体。

(5) 字母和数字可写成斜体和直体，常用斜体。斜体字字头向右倾斜，与水平线成 75°。为了保证字体大小一致和整齐，书写时可先画格子或横线，然后写字。

(6) 汉字、拉丁字母、数字等组合书写时，其排列格式和间距都应符合标准规定。

2. 常用字体示例

(1) 汉字。写长仿宋体汉字的要领是：横平竖直，注意起落，结构均匀，填满方格。长仿宋体字的基本笔画写法和字体示例见图 1-6。

(2) 拉丁字母和数字。图 1-7 所示列出了斜体大写、小写拉丁字母和数字的结构型式，初学者要弄清每个字的各部分宽度和高度的比例关系，以求写得正确。

(3) 用作指数、分数、注脚等的数字及字母一般应采用小一号的字体，如图 1-8 所示。

四、图线及其画法（GB/T 17450—1998、GB/T 4457.4—2002）

GB/T 17450—1998《技术制图　图线》规定了适用于各种技术图样的图线的名称、型式、结构、标记及画法规则；GB/T 4457.4—2002《机械制图　图样画法　图线》规定了机械制图中所用图线的一般规则，适用于机械工程图样。

(a)

字体工整 笔画清楚
间隔均匀 排列整齐

横平竖直 注意起落 结构均匀 填满方格

(b)

图 1-6 汉字

(a) 长仿宋体字的基本笔画及写法；(b) 长仿宋体汉字示例

ABCDEFGHIJKLM
NOPQRSTUVWXYZ

(a)

abcdefghijklmnop
qrstuvwxyz

(b)

1 2 3 4 5 6 7 8 9 0 ∅

(c)

I II III IV V VI VII VIII IX X

(d)

图 1-7 斜体字母和数字示例

(a) A 型大写拉丁字母；(b) A 型小写拉丁字母；(c) A 型阿拉伯数字和直径符号；(d) A 型罗马数字

10^4 S^{-1} Ø20 R8 6.3 M24-6h

图 1-8 字体组合应用示例

图线是图中所采用各种型式的线。GB/T 4457.4—2002 规定图线的基本线型有 9 种。采用粗细两种线宽，粗细线宽之比为 2∶1，线宽用 d 表示，d 应该 0.13，0.18，0.25，0.35，0.5，0.7，1，1.4，2 mm 中根据图样的类型、尺寸、比例和微缩复制的要求确定，优先采用 d=0.5 或 0.7。线宽数系的公比为$\sqrt{2}$（≈1.414）。

表 1-3 摘录了工程制图中常用图线的名称、线型、线宽和主要用途。不连续线的独立部分，如点、长度不同的画和间隔，称为线素，手工绘图时，线素的长度应符合 GB/T 17450—1998 的规定，但是为了图样清晰和绘图方便起见，可按习惯用很短的短画代替点，一般情况下，也可按照过去的习惯用表中的尺寸（单位为 mm）或相近的尺寸画虚线、点画线、双点画线的短画、长画、间隔、间隔与点的总长的长度。本书为了叙述方便起见，在一般情况下，将细虚线、细点画线、细双点画线简称为虚线、点画线、双点画线。图 1-9 所示为图线的应用举例。

表 1-3 图 线

图线名称	线 型	图线宽度 d	应 用 举 例
粗实线		粗	表示可见的轮廓线、棱线、相贯线等
细实线		细	表示尺寸线、尺寸界线、剖面线、重合断面的轮廓线、引出线、过渡线等
波浪线		细	表示断裂处的边界线、视图和剖视的分界线等
双折线		细	表示断裂处的边界线
细虚线	 ≈4 ≈1	细	表示不可见轮廓线、不可见棱线
粗虚线		粗	允许表面处理的表示线
细点画线	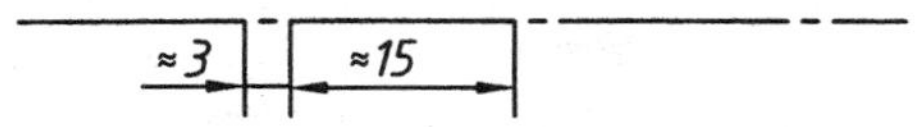 ≈3 ≈15	细	表示轴线、对称中心线等

续表

图线名称	线型	图线宽度 d	应用举例
粗点画线		粗	限定范围表示线（例如：限定测量热处理表面的范围）
细双点画线	≈15 ≈5	细	表示相邻辅助零件的轮廓线、可动零件的极限位置的轮廓线、假想投影轮廓线、中断线等

注　虚线中的“画”和“短间隔”，点画线和双点画线中的“长画”、“点”和“短间隔”的长度，国标中有明确规定。表中所注的相应尺寸，仅作为手工画图时的参考。

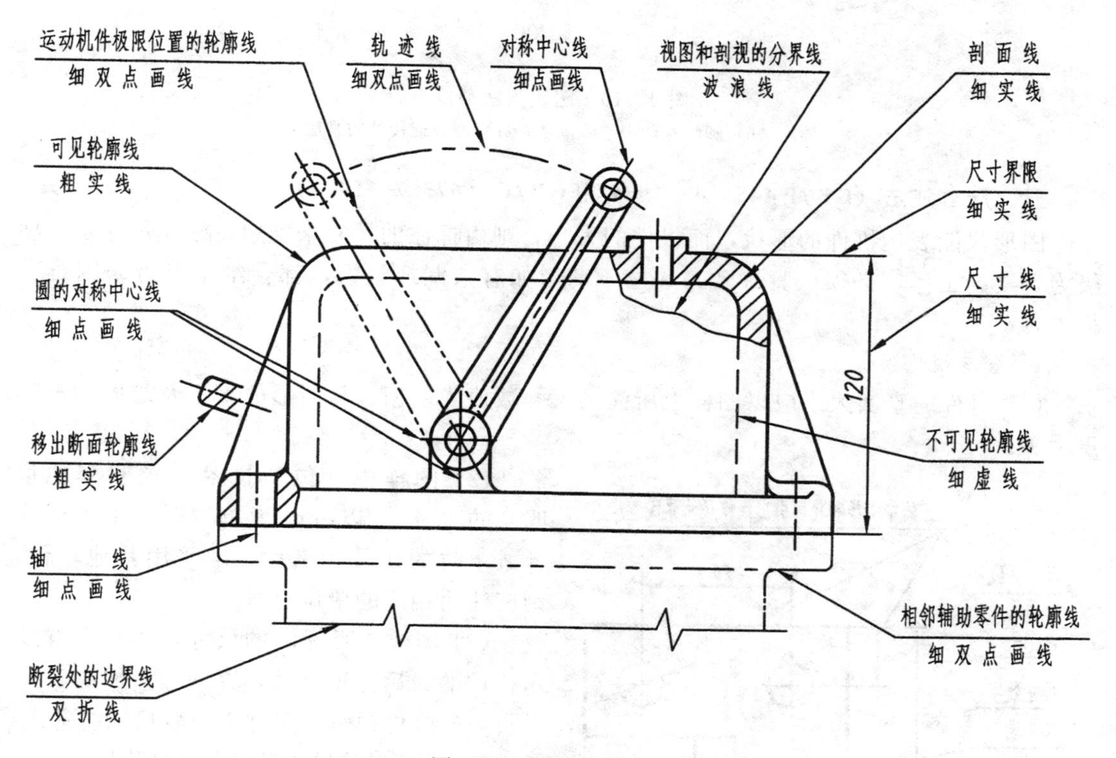

图 1-9　图线应用举例

图线的画法有如下要求：

（1）在同一图样中，同类图线的宽度应一致。同一条虚线、点画线和双点画线中的短画、短间隔、长画和点的长度应各自大致相等。点画线和双点画线的首尾两端应是长画而不是点。

（2）画圆的对称中心线（点画线）时，圆心应为长画的交点。点画线两端应超出圆弧或相应图形 2～5mm，如图 1-10（a）所示。

（3）在较小的图中画点画线或双点画线有困难时，可用细实线代替，如图 1-10（b）所示。

（4）当图线相交时，应是线段相交，如图 1－10（c）中 B 所示。当虚线在粗实线的延长线上时，在虚线和粗实线的分界点处，虚线应留出空隙，如图 1－10（c）中 A 所示。

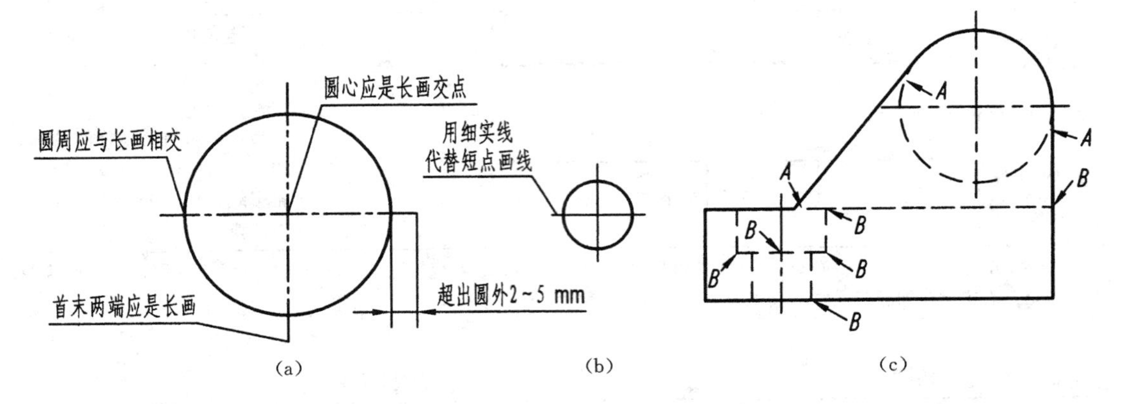

图 1－10　图线画法举例

（a）、（b）圆的对称中心线画法；（c）虚线连接处的画法

五、尺寸注法（GB/T 4458.4—1984 和 GB/T 16675.2—1996）

图形只能表达机件的形状，而机件的大小，则由标注的尺寸来确定，标注尺寸是一项极为重要的工作，必须认真细致，一丝不苟，如有遗漏或错误，都会给生产带来困难和损失。

1. 基本规则

（1）机件的真实大小应以图样上所注的尺寸数值为依据、与图形的大小及绘图的准确度无关。

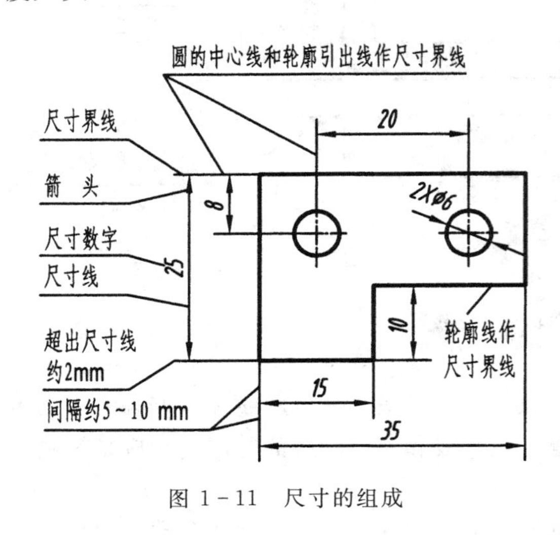

图 1－11　尺寸的组成

（2）图样中（包括技术要求和其他说明）的尺寸，以 mm 为单位时，不需标注计量单位的代号和名称，若采用其他单位，则应注明相应的单位符号。

（3）图样中所标注的尺寸，为该图样所示机件的最后完工尺寸，否则应另加说明。

（4）机件的每一尺寸，一般只标注一次，并应标注在反映该结构最清晰的图形上。

2. 尺寸的组成

图样上标注的每一个尺寸，一般由尺寸界线、尺寸线和尺寸数字（包括必要的计量单位、字母和符号）组成，其相互间的关系如图 1－11 所示。

有关尺寸数字、尺寸线和尺寸界线以及必要的符号和字母等有关规定见表 1－4。

六、工程图样的绘制方法

绘制工程图样有三种方法：尺规绘图、徒手绘图和计算机绘图。本章主要介绍前两种绘图方法，后一种在第十章中集中介绍。这三种绘图方法将在后面章节中的例题及作业习题中得到实践训练，从而逐步提高绘图能力。

表 1-4　标注尺寸的基本规定及举例

项目	说　明	图　例
尺寸数字	1. 线性尺寸的数字一般应注写在尺寸线的上方，也允许注写在尺寸线的中断处 2. 标注参考尺寸时，应将尺寸数字加圆括号	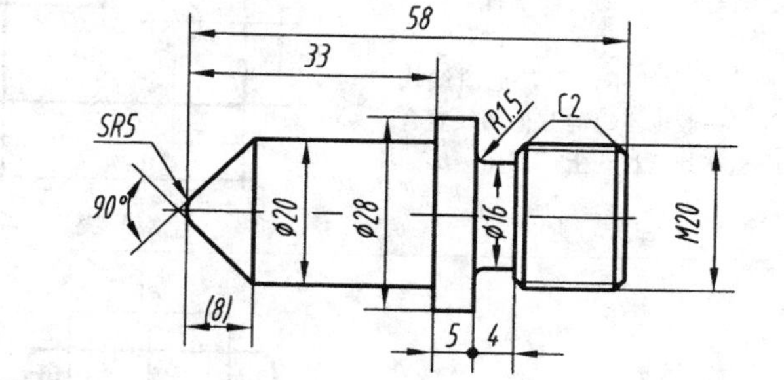
	3. 线性尺寸数字的方向，一般应按图（a）所示的方向注写，并尽可能避免在图示30°范围内标注尺寸。当无法避免时，可以按照图（b）、（c）、（d）的形式标注。在不致于引起误解时，也允许采用另外一种方法注写，写法可以参看标准。但在同一张图样中，应尽可能采用同一种形式注写	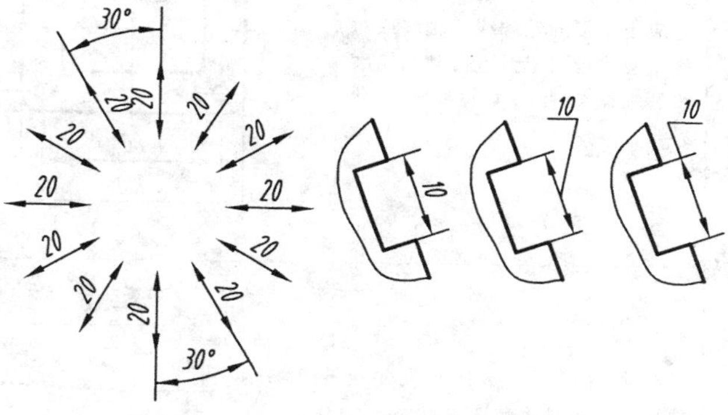 (a)　(b)　(c)　(d)
	4. 尺寸数字不可被任何图线所通过，否则必须将该图线断开	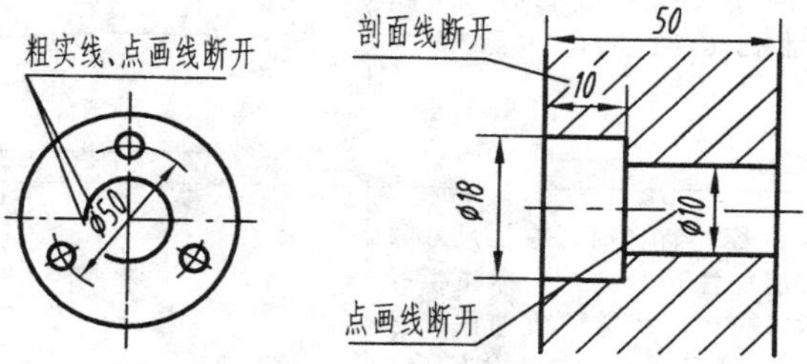 (a)　(b)
尺寸线	1. 尺寸线用细实线绘制。其终端有两种形式： ① 箭头：箭头的大小和形式如图（a）所示。在机械图样中一般采用这种形式。 ② 斜线：斜线用细实线绘制，主要用于建筑图样。其方向和画法如图（b）所示。 采用这种形式时，尺寸线与尺寸界线必须相互垂直	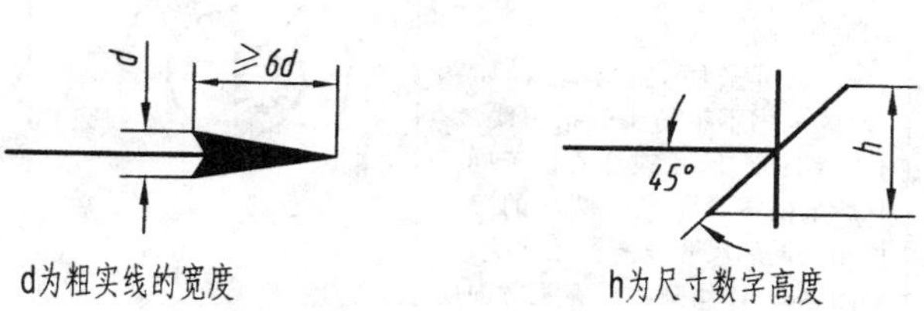 d为粗实线的宽度 (a) h为尺寸数字高度 (b)

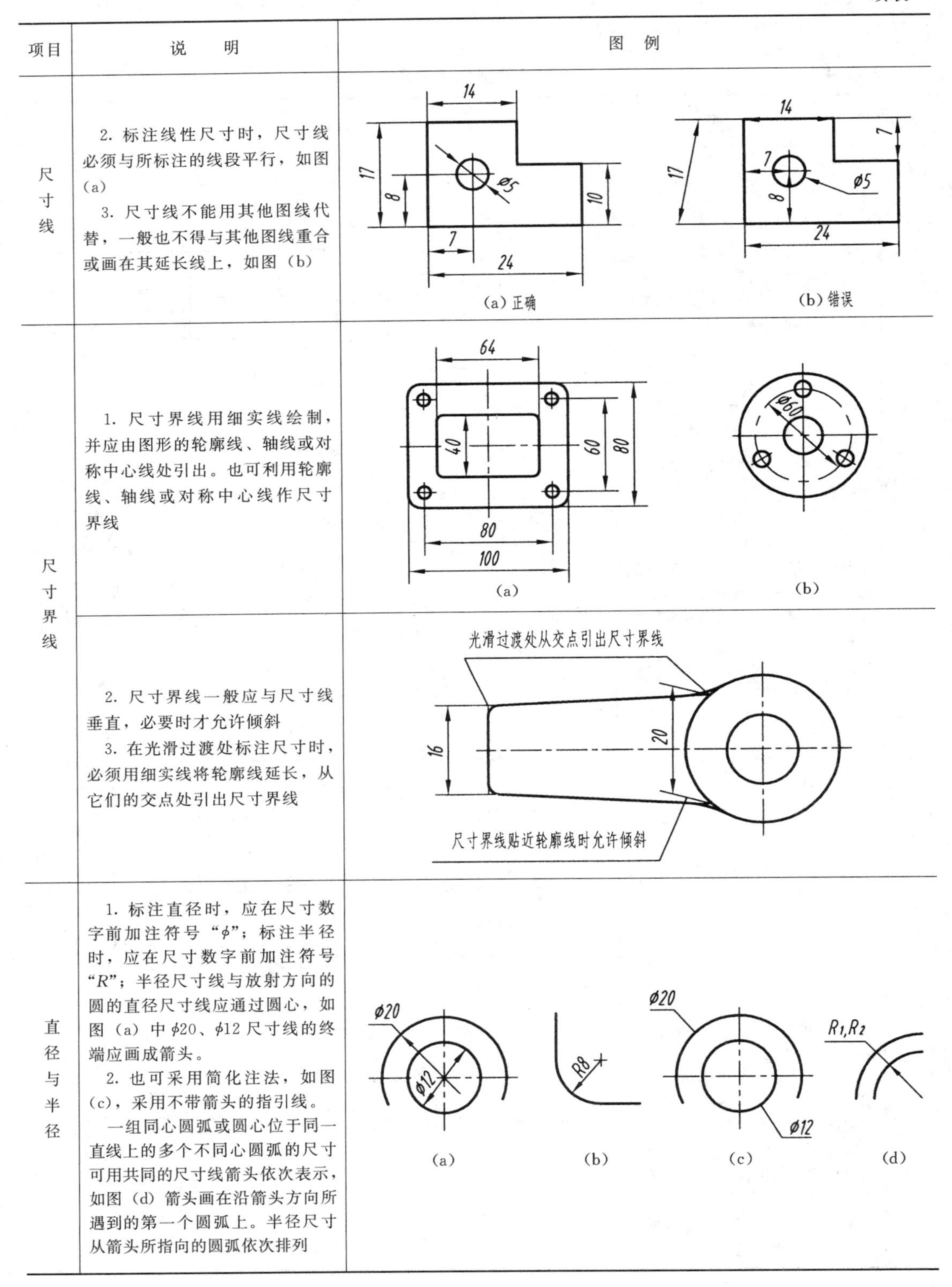

项目	说　明	图　例
尺寸线	2. 标注线性尺寸时，尺寸线必须与所标注的线段平行，如图(a) 3. 尺寸线不能用其他图线代替，一般也不得与其他图线重合或画在其延长线上，如图（b）	(a) 正确　(b) 错误
尺寸界线	1. 尺寸界线用细实线绘制，并应由图形的轮廓线、轴线或对称中心线处引出。也可利用轮廓线、轴线或对称中心线作尺寸界线	(a)　(b)
	2. 尺寸界线一般应与尺寸线垂直，必要时才允许倾斜 3. 在光滑过渡处标注尺寸时，必须用细实线将轮廓线延长，从它们的交点处引出尺寸界线	
直径与半径	1. 标注直径时，应在尺寸数字前加注符号“ϕ”；标注半径时，应在尺寸数字前加注符号“*R*”；半径尺寸线与放射方向的圆的直径尺寸线应通过圆心，如图（a）中ϕ20、ϕ12尺寸线的终端应画成箭头。 2. 也可采用简化注法，如图(c)，采用不带箭头的指引线。 一组同心圆弧或圆心位于同一直线上的多个不同心圆弧的尺寸可用共同的尺寸线箭头依次表示，如图（d）箭头画在沿箭头方向所遇到的第一个圆弧上。半径尺寸从箭头所指向的圆弧依次排列	(a)　(b)　(c)　(d)

续表

项目	说　明	图　例
直径与半径	3. 当圆弧半径过大或在图纸范围内无法标出其圆心位置时，可按图（a）的形式标注。若不需要标注出其圆心位置时，可按图（b）的形式标注	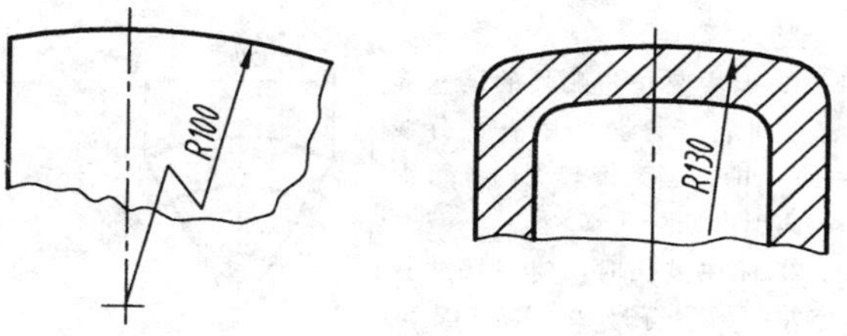 R100 (a) R130 (b)
	4. 标注球面的直径或半径时，应在符号“ϕ”或“R”前再加注符号“S”见图（a）、（b）；在不致引起误解时也可省略，如图（c）所示	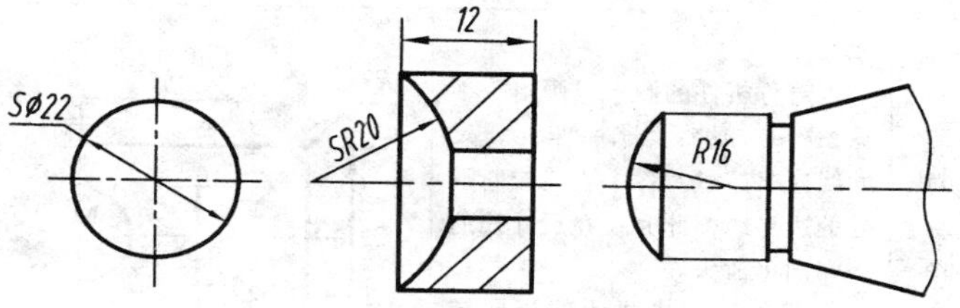 SØ22 (a) 12 SR20 (b) R16 (c)
狭小部位	1. 在没有足够的位置画箭头或注写尺寸数字时，可将其中之一布置在外面。 2. 当位置更小时，箭头和数字都可以布置在外面	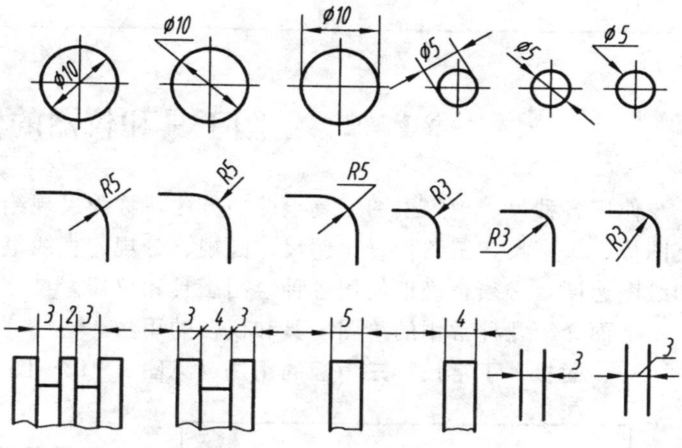 Ø10 Ø10 Ø10 Ø5 Ø5 Ø5 R5 R5 R5 R3 R3 R3 3 2 3　3 4 3　5　4　3　3
角度	1. 标注角度的尺寸界线应沿径向引出。 2. 尺寸线应画成圆弧，其圆心是该角的顶点。 3. 角度的数字一律写成水平方向，一般注写在尺寸线的中断处。必要时可写在尺寸线的上方或外面，狭小处可引出标注	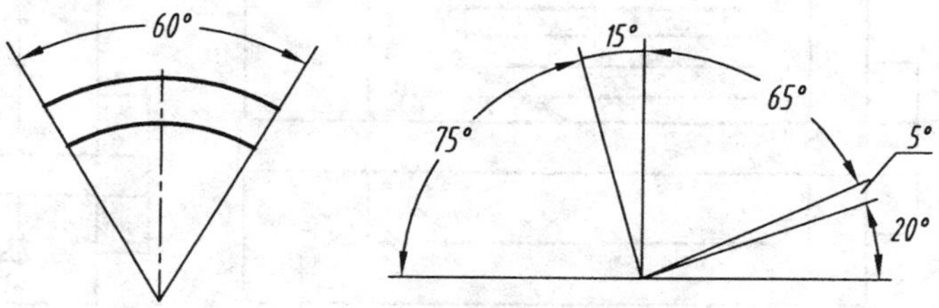 60° 15° 65° 75° 5° 20°

续表

项目	说　　明	图　例
弦长与弧长	1. 标注弦长与弧长的尺寸界线应平行于该弦的垂直平分线（a）（b）。当弧度较大时，可沿径向引出见图（c）。 2. 标注弧长时，应在尺寸数字左方加注符号“⌒”（图 b、c）	30　⌒32　150　⌒485　R170　150 (a)　(b)　(c)
对称图形	当对称机件的图形只画出一半见图（a）或略大于一半时，尺寸线应略超过对称中心线或断裂处的边界线，此时仅在尺寸线的一端画出箭头。 分布在对称线两侧的相同结构，如图（b）所示，仅注出其一侧的结构尺寸	R3　56　40　22　Φ20　70　28　R6　R3　35　15　5　55 (a)　(b)

§1－2　绘图工具和仪器的使用方法

使用各种尺、规等绘图工具绘图的方法，称为尺规绘图。常用的手工绘图工具和仪器有图板、丁字尺、三角板、比例尺、圆规、分规、直线笔、曲线板等。要提高绘图的质量和绘图速度，必须正确地使用各种绘图工具和仪器。

下面介绍几种常用的绘图工具和仪器的用法。

一、图板、丁字尺、三角板的用法（见图1－12～图1－14）

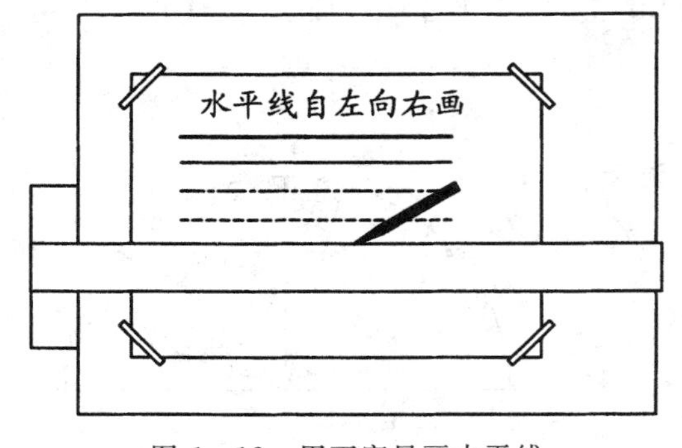

图1－12　用丁字尺画水平线

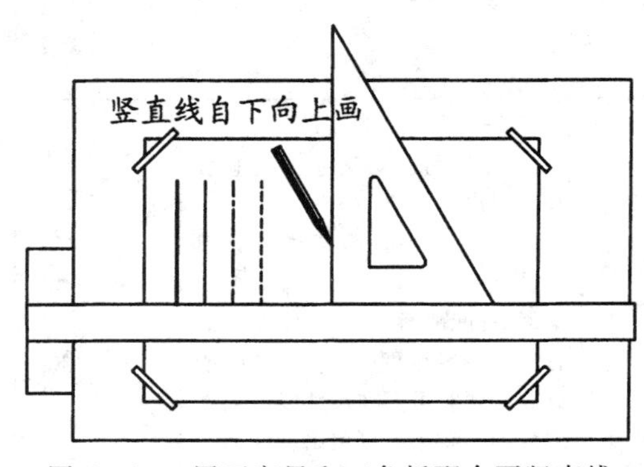

图1－13　用丁字尺和三角板配合画竖直线

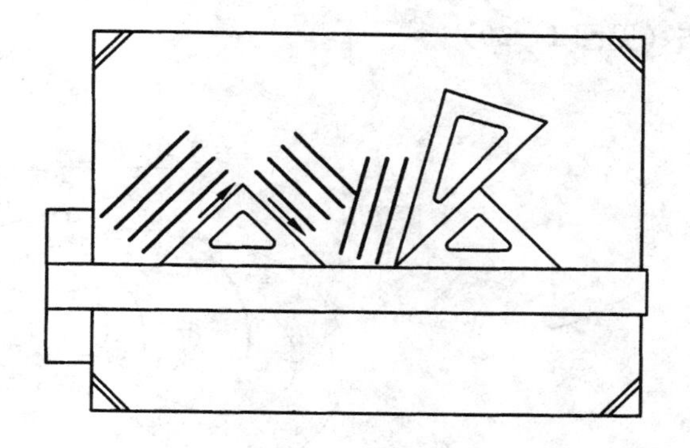

图 1-14　用丁字尺和三角板配合画
15°整倍数的斜线

二、分规、比例尺的用法（见图 1-15 和图 1-16）

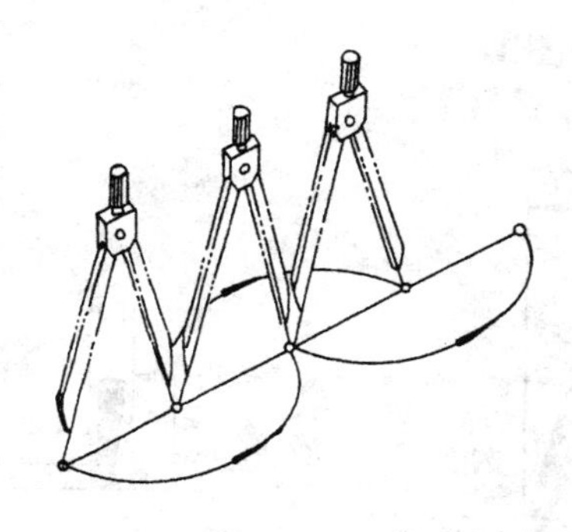

图 1-15　用分规连续截
取等长线段

图 1-16　比例尺除用来直接在图上度量
尺寸外，还可用分规从比例尺上量取尺寸

三、圆规的用法（见图 1-17～图 1-19）

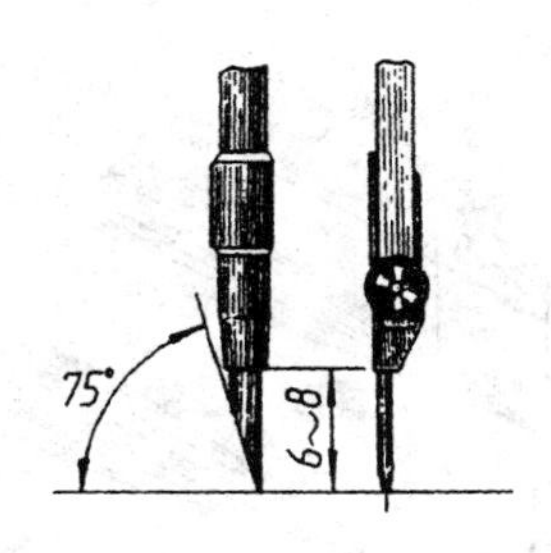

图 1-17　铅芯脚和针脚
高低的调整

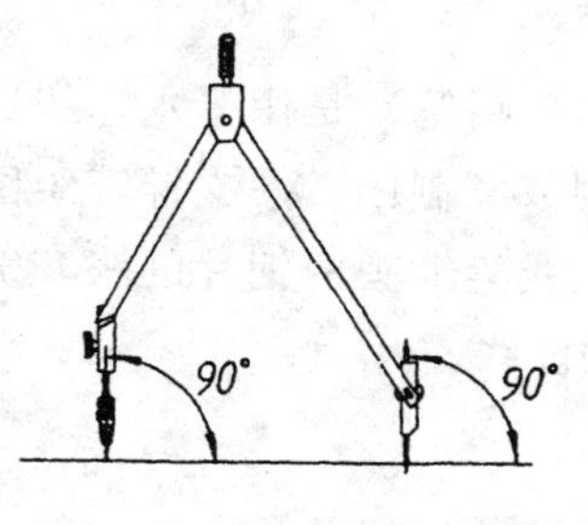

图 1-18　画圆时，针脚和
铅芯脚都应垂直纸面

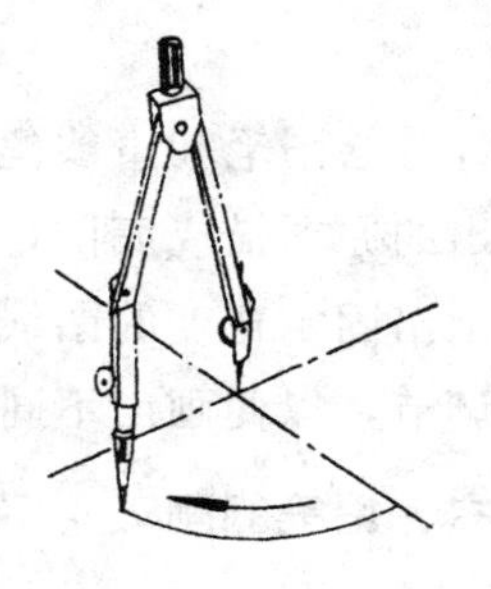

图 1-19　画圆时，圆规
应按顺时针方向旋
转并稍向前倾斜

四、曲线板的用法（见图 1-20）

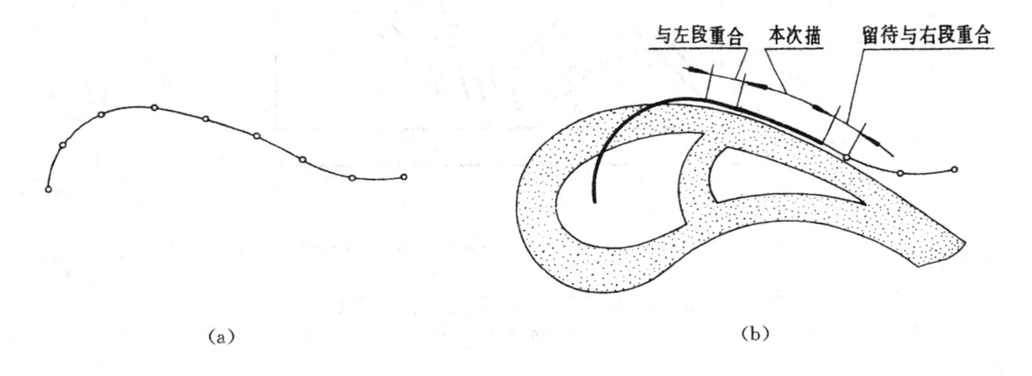

图 1-20 曲线板的用法

(a) 用细线通过各点徒手连成曲线；(b) 分段描绘，在两段连接处要有一小段重复，以保证所连曲线光滑过渡

五、针管绘图笔和直线笔的用法（见图 1-21 和图 1-22）

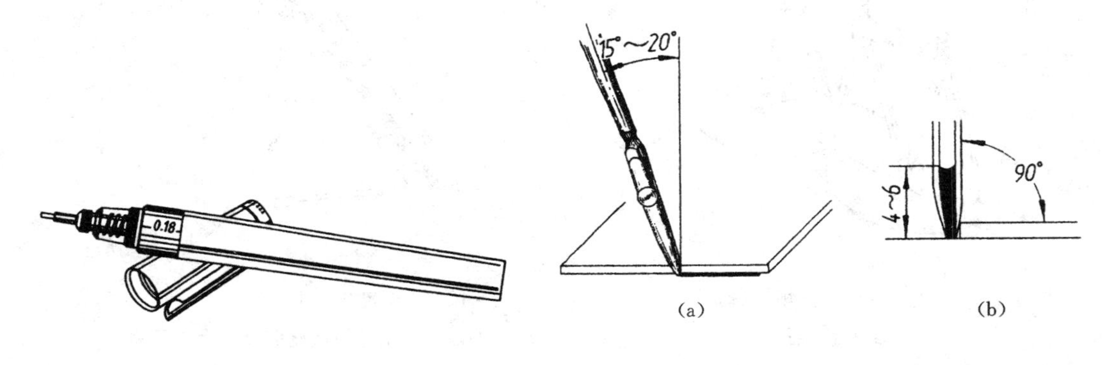

图 1-21 针管绘图笔

图 1-22 直线笔的用法

(a) 用直线笔画墨线图。画线时，直线笔要向前进方向稍作倾斜；(b) 直线笔两片都要和纸面接触，才能保证画出的图线光滑

针管绘图笔和直线笔（又称鸭嘴笔）是用墨水，按照铅笔画出的原图描成底图，用以制成复制图。一支针管绘图笔只能画出固定宽度的图线；而直线笔笔头两钢片的张开宽度可以调节，以便画出不同宽度的图线。

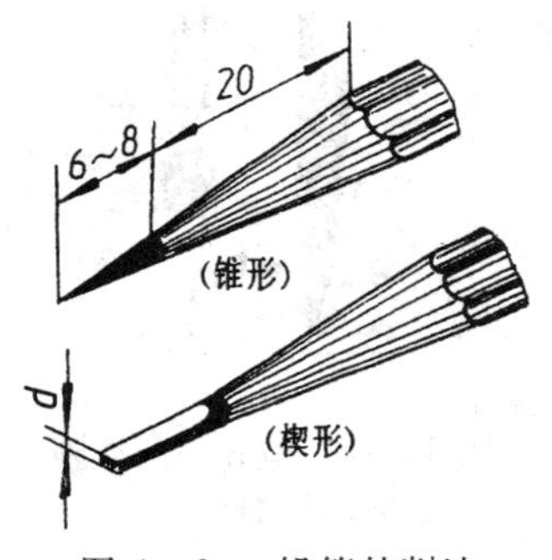

图 1-23 铅笔的削法

六、铅笔的削法

一般将 H、HB 型铅笔的铅芯削成锥形，用来画细线和写字；将 HB、B 型铅笔的铅芯削成楔形，用来画粗线（见图 1-23）。

§1-3 几 何 作 图

在绘制机件的图样时，经常遇到基本的几何作图包括正多边形、圆弧连接、非圆曲线以及锥度、斜度等问题。现将其中常用的作图方法介绍如下。

一、正多边形的画法

1. 正六边形

（1）根据外接圆直径作图（见图 1-24）。已知正六边形的外接圆直径 D，因为正六边形的边长就等于这个外接圆的半径，所以，以边长在外接圆上截取各顶点，即可画出正六边形，如图 1-24（a）所示。正六边形也可以利用丁字尺与 30°～60°三角板配合作出，如图 1-24（b）所示。

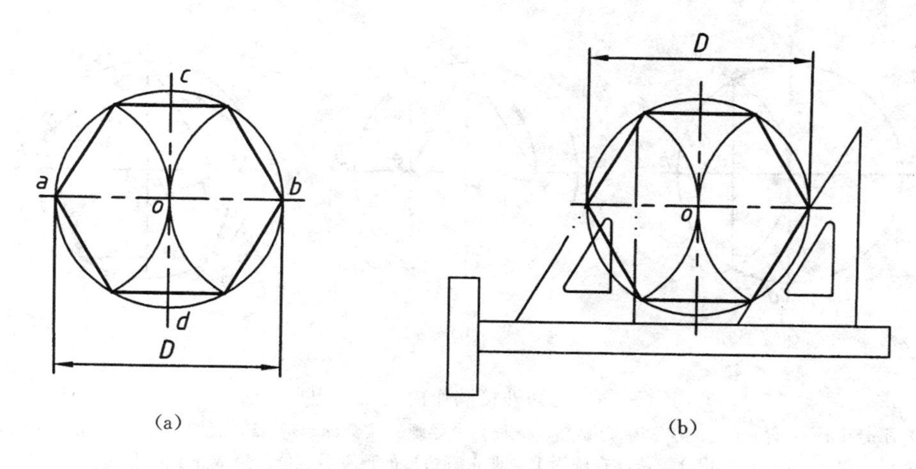

图 1-24　已知外接圆直径画正六边形

（a）利用外接圆直径作图；（b）利用三角板和丁字尺配合作图

（2）根据内切圆直径作图（见图 1-25）。先从正六边形的中心画出对称中心线，根据对边距离 s（直线）作出一对平行边，再用 30°～60°三角板配合丁字尺，使三角板的斜边通过正六边形的中心，就可在这对对边上得到四个顶点，如图 1-25（a）所示。然后完成正六边形，如图 1-25（b）所示。

2. 正五边形

已知正五边形的外接圆，其作图方法如图 1-26 所示。

二、椭圆的近似画法

椭圆有各种不同的画法。为了作图方便，这里仅介绍根据长、短轴用圆规画椭圆的近似画法——“四心圆弧法”，具体作图方法如图 1-27 所示。

三、斜度

1. 斜度

一直线（或平面）对另一直线（或平面）（称为参考线或参考面）的倾斜程度称为斜度。其大小是它们夹角的正切值，并写成 $1:n$ 的形式，即 斜度 $= \tan\alpha = H/L = 1:n$。

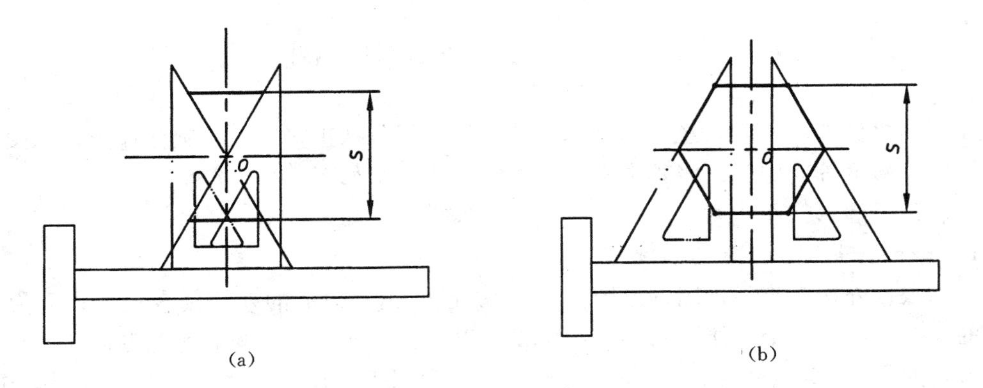

图 1-25　根据内切圆直径画正六边形

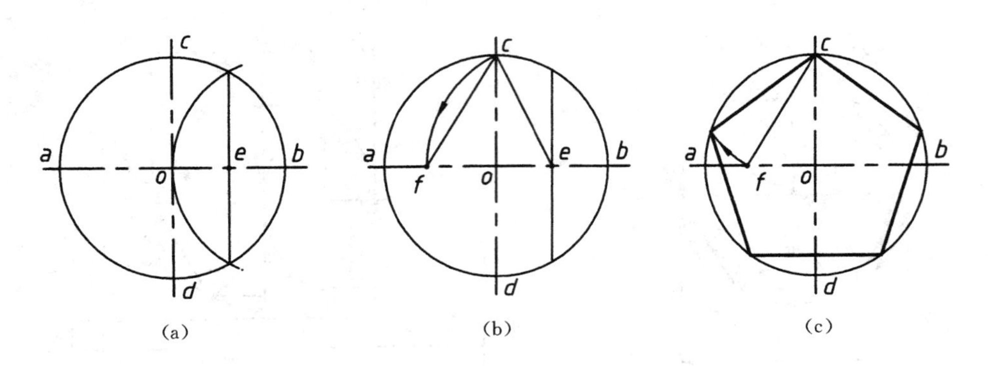

图 1-26　已知外接圆作内接正五边形方法

(a) 平分半径 ob 得 e 点；(b) 以 e 为圆心，ce 长为半径画圆弧交 oa 于 f 点，直线段 cf 为正五边形的边长；(c) 以 cf 为边长，用分规依次在圆周上截取正五边形的顶点后连线，完成正五边形

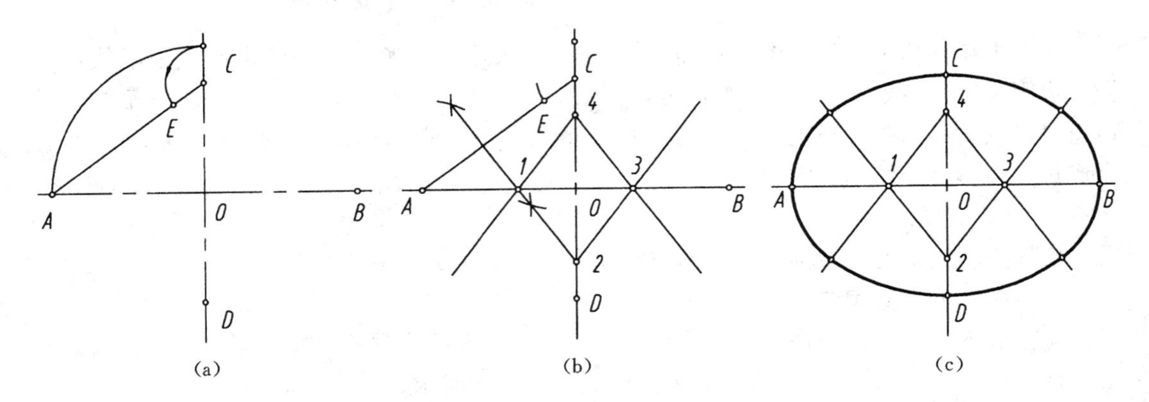

图 1-27　用四心圆弧法画近似椭圆

(a) 画长、短轴 AB、CD，连接 AC，并取 $CE=OA-OC$；(b) 作 AE 的中垂线，与长、短轴交于 1，2 两点，在轴上取 1、2 的对称点 3、4，得四个圆心；(c) 以 $2C$（或 $4D$）为半径，画两个大圆弧，以 $1A$（或 $3B$）为半径，画两个小圆弧，四个切点在有关圆心的连线上

例如图 1－28（a）中，直线 CD 对直线 AB 的斜度 $=(H-H_1)/l=\tan\alpha$。

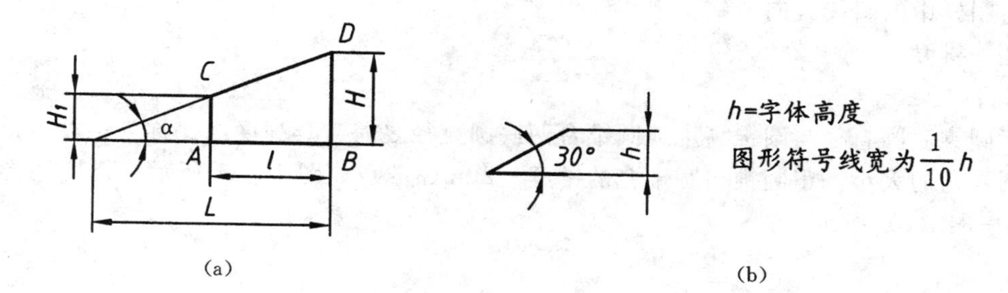

(a)　　(b)

图 1－28

(a) 斜度的概念；(b) 斜度的图形符号

2. 斜度的作图方法和步骤（见图 1－29）

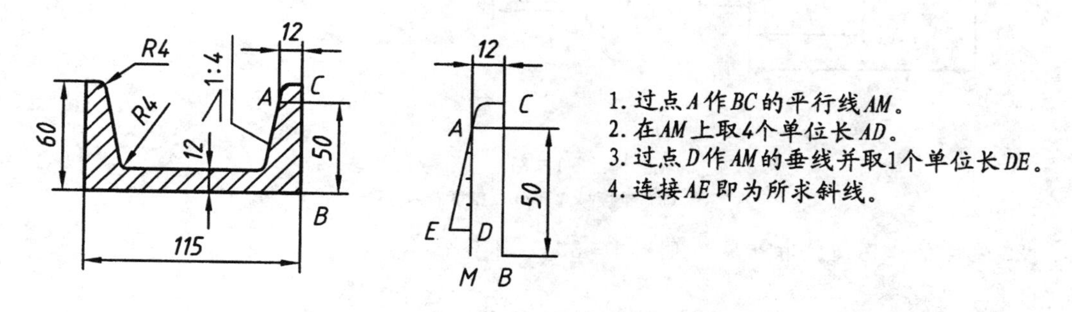

图 1－29　斜度的作图方法和步骤

3. 斜度的标注

如图 1－30（a）所示。在图样中要标注斜度的大小和方向。斜度符号如图 1－28（b）所示，它表示斜度的方向。在图样中标注时，指引线从被标注的“斜线”引出，在其上面

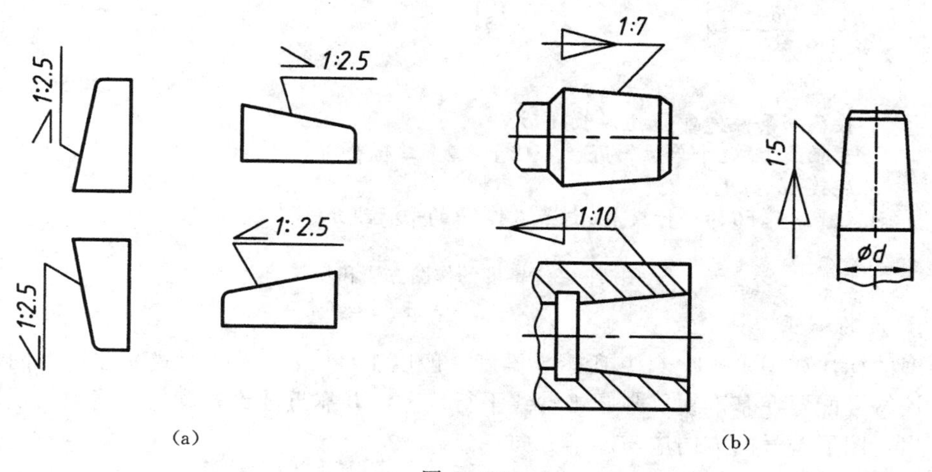

(a)　　(b)

图 1－30

(a) 斜度符号标注；(b) 锥度符号标注

标注斜度的细实线则和参考线平行。斜度的大小 1∶n 写在斜度符号后面，符号的斜线方向应与图样中的斜线方向一致。

四、锥度

1. 锥度

正圆锥底圆直径与圆锥高度或圆锥台两底圆直径之差与其高度之比称为锥度。锥度取决于圆锥角的大小，正圆锥与圆锥台的锥度=$2\tan(\alpha/2)$ 如图 1－31 所示。锥度图形符号如图 1－31（b）所示。

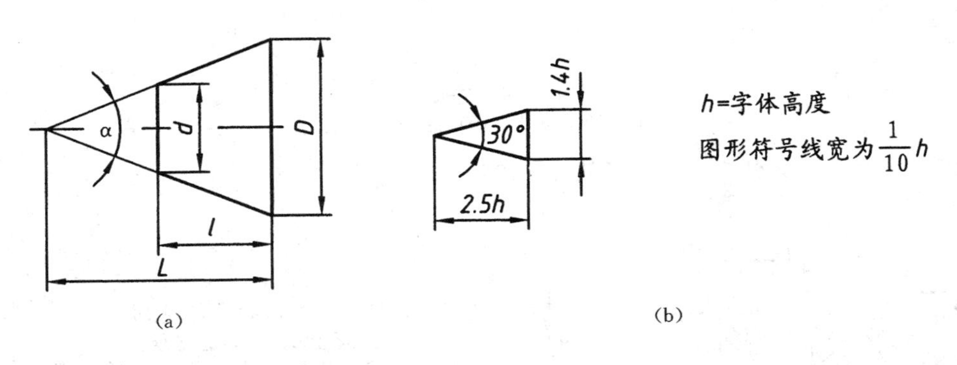

图 1－31

（a）锥度概念；（b）锥度符号

2. 锥度的作图方法和步骤（见图 1－32）

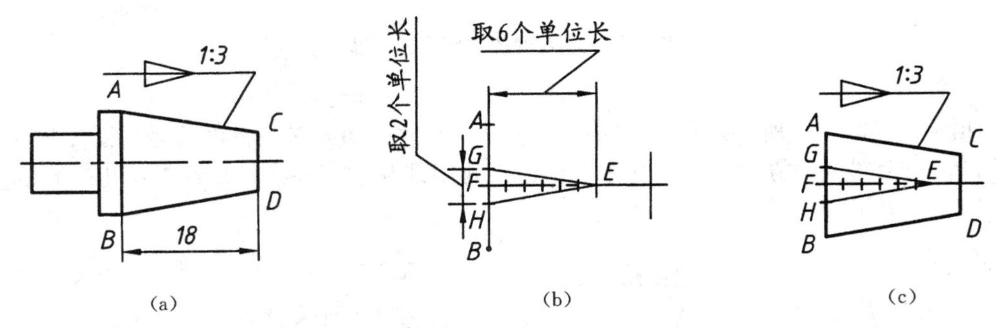

1. 按已知条件先画出 AB 及长度 18。
2. 在轴线上取 6 个单位长 FE。在 AB 上取 2 个单位长 GH。
3. 连接 EG、EH。
4. 过点 A 作 EG 的平行线 AC，过点 B 作 HE 的平行线 BD。

图 1－32　锥度的作图方法和步骤

3. 锥度的标注

锥度的标注如图 1－30（b）所示。锥度一般以 1∶n 或 $1/n$ 的形式写在锥度图形符号后面，该符号配置在基准线（与圆锥轴线平行）上，并靠近圆锥轮廓线，指引线从圆锥轮廓线引出，图形符号的方向应与圆锥方向一致。

五、圆弧连接

用已知半径的圆弧光滑连接（即相切）两已知线段（直线或圆弧），称为圆弧连接。

这段已知半径的圆弧称为连接弧。画连接弧前，必须求出它的圆心和切点。

1. 圆弧连接的作图原理

先分析清楚已知半径的圆弧与一条已知线段相切时，该圆弧圆心的轨迹和切点的求法。

（1）半径为 R 的圆弧与已知直线Ⅰ相切，圆心的轨迹是距离直线Ⅰ为 R 的平行线Ⅱ。当圆心为 O_1 时，由 O_1 向直线Ⅰ所作垂线的垂足 T 就是切点，如图 1-33（a）所示。

（2）半径为 R 的圆弧与已知圆弧（半径为 R_1）外切，圆心的轨迹是已知圆弧的同心圆，其半径为 $R_2=R+R_1$。当圆心为 O_1 时，连心线 OO_1 与已知圆弧的交点 T 就是切点，如图 1-33（b）所示。

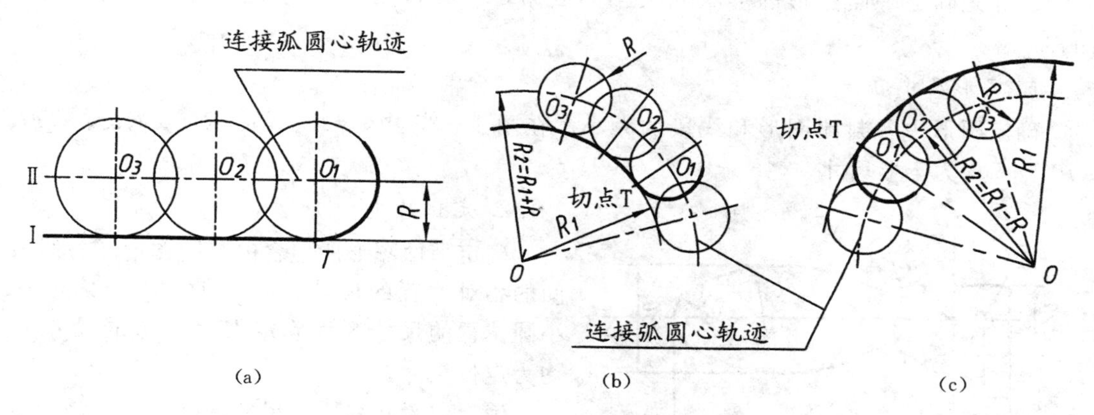

图 1-33 圆弧连接的作图原理

（a）与直线相切；（b）与圆弧外切；（c）与圆弧内切

（3）半径为 R 的圆弧与已知圆弧（半径为 R_1）内切，圆心的轨迹是已知圆弧的同心圆，其半径为 $R_2=|R_1-R|$。当圆心为 O_1 时，连心线 OO_1 与已知圆弧的交点 T 就是切点，如图 1-33（c）所示。

2. 圆弧连接作图举例

如图 1-34（a）～（c）所示。

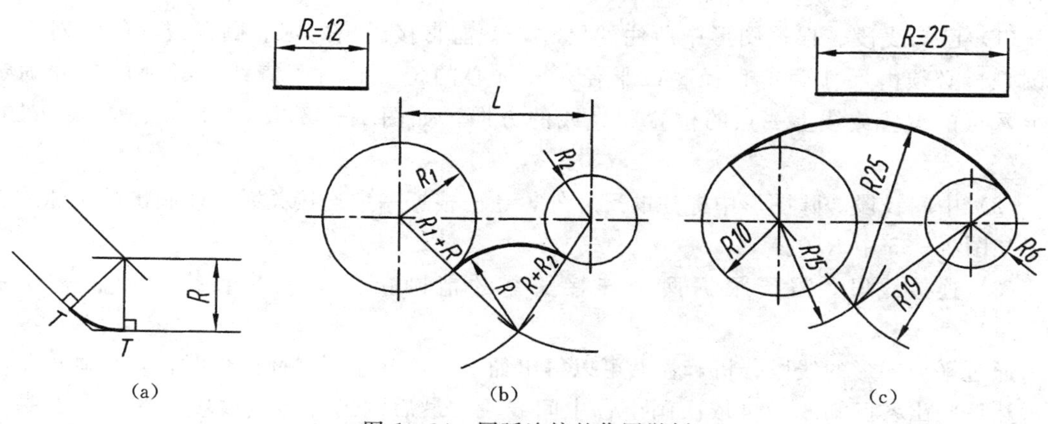

图 1-34 圆弧连接的作图举例

（a）连接两直线；（b）外接两圆弧；（c）内接两圆弧

§1－4 平面图形的画法和尺寸注法

一个平面图形由一个或几个封闭图形组成，有的封闭图形又由若干线段（直线、圆弧等）组成，相邻线段彼此相交或相切。要正确绘制一个平面图形，必须掌握平面图形的尺寸分析和线段分析。

一、平面图形的尺寸分析

尺寸是确定平面图形的形状和大小的因素，按其作用可分为定形尺寸和定位尺寸两种：

1. 定形尺寸

确定图形中各封闭图形和线段的大小。在图 1－35 中，ϕ20、ϕ5、*R*15、*R*12、*R*50、*R*10、15 均为定形尺寸。

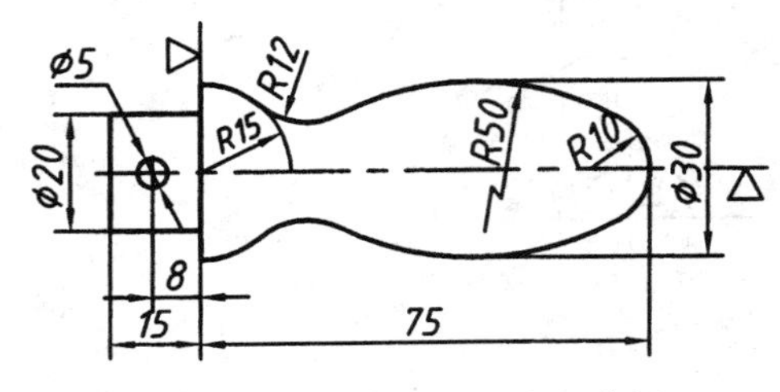

图 1－35 平面图形的线段分析

2. 定位尺寸

确定平面图形所包含的封闭图形或各线段间的相对位置的尺寸。如图 1－35 中确定 ϕ5 小圆位置的尺寸 8 和确定 *R*10 位置的尺寸 75 均为定位尺寸。

确定位置必须要有尺寸基准，基准是确定平面图形的尺寸位置的几何元素，作为标注定位尺寸的起点。一般平面图形中常用作基准线的几何要素有对称图形的对称线、较大圆的中心线、较长的直线。图 1－35 中的手柄的基准线如图中“△”所示。

二、平面图形的线段分析

根据平面图形中所标注的尺寸和线段间的连接关系，图形中的线段可以分为以下三种：

（1）已知线段。根据图形中所注的尺寸，就能直接画出的圆、圆弧或直线。对于圆和圆弧，必须由尺寸确定直径（或半径）和圆心的位置。对于直线，必须由尺寸确定线上两点的位置或线上一点的位置和直线的方向，如图 1－35 中 ϕ20、ϕ5、*R*15、*R*10、ϕ30 等。

（2）中间线段。除图形中标注的尺寸外，还需根据一个连接关系才能画出的圆弧或直线，如图 1－35 中 *R*50。

（3）连接线段。需要根据两个连接关系才能画出的圆弧或直线如图 1－35 中 *R*12。

通过平面图形的线段分析，显然可以得出如下结论：绘制平面图形时，首先画出基准线，然后画出各已知线段再依次画出各中间线段，最后画出各连接线段。图 1－36 是图 1－35的手柄画图步骤。

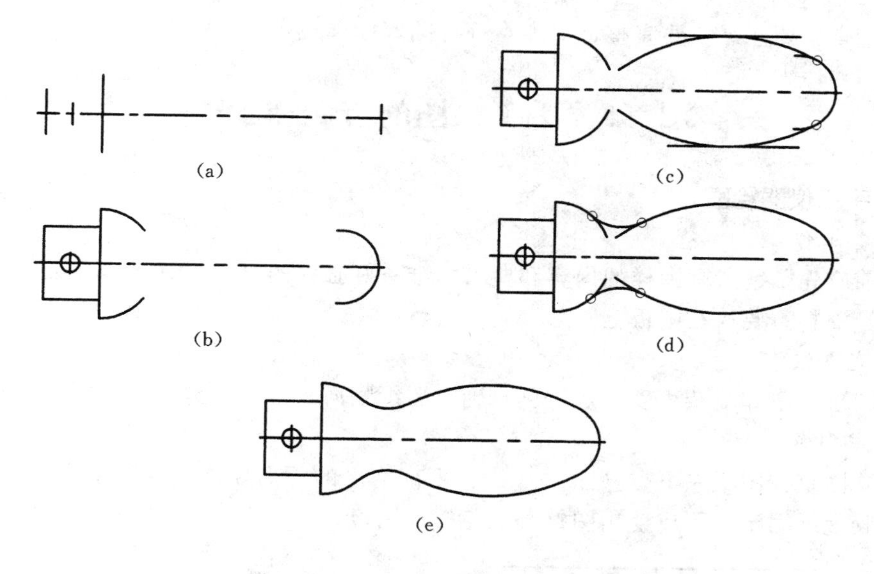

图 1－36　平面图形的画图步骤

三、平面图形的尺寸注法

平面图形中标注的尺寸，必须能惟一地确定图形的形状和大小，即所注的尺寸对于确定各封闭图形和各线段的位置和大小是充分而必要的。

标注尺寸时要考虑：需要标注哪些尺寸，所标注的尺寸要齐全，不多不少，没有自相矛盾的现象；怎样注写才能清晰，符合国标有关规定。

标注尺寸的方法和步骤是（以图 1－37 为例）：

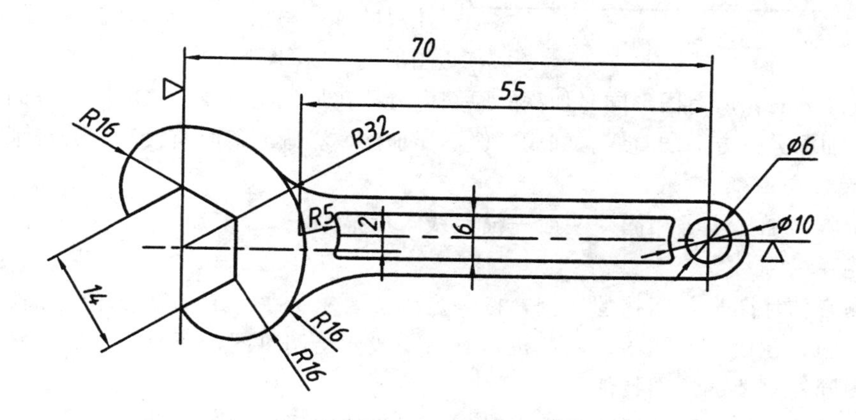

图 1－37　平面图形的尺寸注法

（1）分析清楚图形各部分的构成，确定基准。在水平和竖直方向各选定一条直线作为基准线，一般选择图形中的重要对称中心线和主要轮廓直线作为基准线，如图中“△”号所示。由此出发可标注各封闭图形和已知线段、中间线段的定位尺寸。

（2）按已知线段、中间线段、连接线段的顺序逐个标注定形尺寸如图 1－37 中 ϕ10、ϕ6、R16 等，以及定位尺寸如图中 70、6、2 等。

（3）检查：标注尺寸要完整、清晰、符合国家标准规定。

§1－5 手工绘图的方法和步骤

一、手工仪器绘图

1. 准备工作

画图前应先了解所画图样的内容和要求，准备好必要的绘图工具，清理桌面，暂时不用的工具、资料不要放在图板上。

2. 选定图幅

根据图形大小和复杂程度选定比例，确定图纸幅面。

3. 固定图纸

图纸要固定在图板左下方（图 1－38），下部空出的距离要能放置丁字尺，以便操作。图纸要用胶带纸固定，不应使用图钉，以免损坏图板。

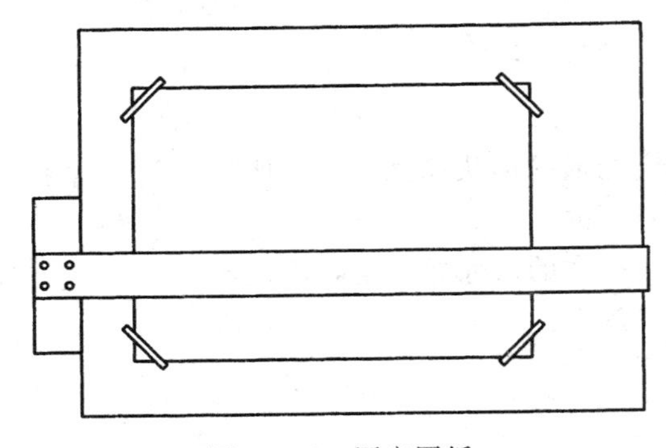

图 1－38 固定图纸

4. 画底稿

画出图框和标题栏轮廓后，先画出各图形的基准线，注意各图的位置要布置匀称。底稿线要细，但应清晰。

5. 检查并清理底稿后，加深图形和标注尺寸，最后完成标题栏

加深的步骤与画底稿时有些不同。一般先加深图形，其次加深图框和标题栏，最后标注尺寸和书写文字（也可在注好尺寸后再加深图形）。加深图形时，应按先曲线后直线，由上到下，由左到右，所有图形同时加深的原则进行。在加深粗直线时，将同一方向的直线加深完后，再加深另一方向的直线。细线一般不要加深，在画底稿时直接画好就行了。

6. 全面检查图纸

描图步骤与加深步骤相同，一般先描粗线，后描细线。

二、徒手绘图

以目测来估计图形与实物的比例，按一定画法要求徒手（或部分使用绘图仪器）绘制的图称为草图。在设计、测绘、修配机器时，一般要绘制草图，所以掌握徒手绘图是和使用仪器绘图同样重要的绘图技能。

练习徒手绘图时，可先在方格纸上进行，尽量使图形中的直线与分格线重合，这样不但容易画好图线，而且便于控制图形的大小和图形间的相互关系。在画各种图线时，手腕要悬空，小指轻触纸面。为了顺手，还可随时将图纸转动适当的角度。图形中最常用的直线和圆的画法如下：

1. 直线的画法（图 1－39）

画直线时，眼睛要注意线段的终点，以保证直线画得平直，方向准确。

对于具有 30°、45°、60°等特殊角度的斜线，可根据其近似正切值 3/5、1、5/3 作为

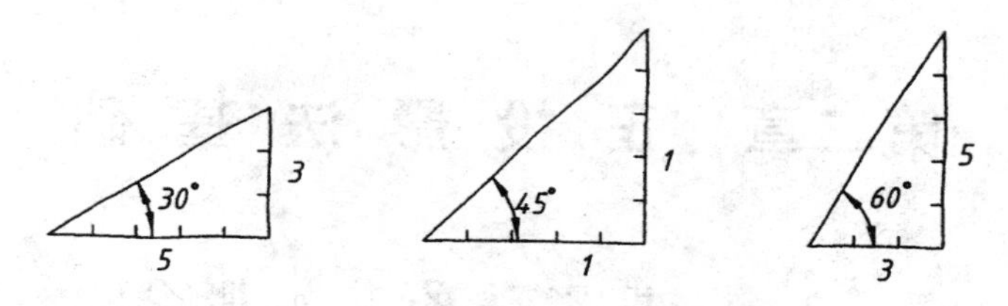

图 1-39　徒手画直线的方法

直角三角的斜边来画出。

2. 圆的画法（图 1-40）

画小圆时，可按半径先在中心线上截取四点，然后分四段逐步连接成圆，如图 1-40（a）所示。画大圆时，除中心线上四点外，还可通过圆心画两条与水平线成 45°的射线，再取四点，分八段画出，如图 1-40（b）所示。

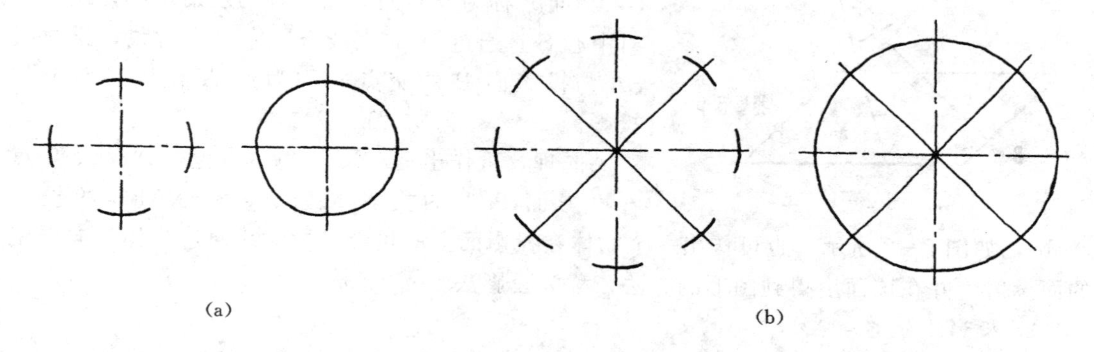

图 1-40　徒手画圆的方法

(a) 小圆画法图；(b) 大圆画法图

画草图的步骤基本上与用仪器绘图相同。但草图的标题栏中不能填写比例，绘图时，也不应固定图纸。完成的草图图形必须基本上保持物体各部分的比例关系，各种线型应粗细分明，字体工整，图面整洁。

第二章　正投影法基础

§2-1　投影法的基本概念

一、投影法

1. 投影法概述

空间物体在灯光或日光下，墙壁或地面上就会出现物体的影子，投影法与这种自然现象类似，人们根据这种现象创造了投影法。如图 2-1 所示，先建立一个平面 P 和不在该平面内的一点 S，平面 P 称为投影面，点 S 称为投射中心；发自投射中心 S 且通过 A 的直线 SA 称为投射线；投射线 SA 与投影面 P 的交点 a 称为点 A 在投影面上的投影。

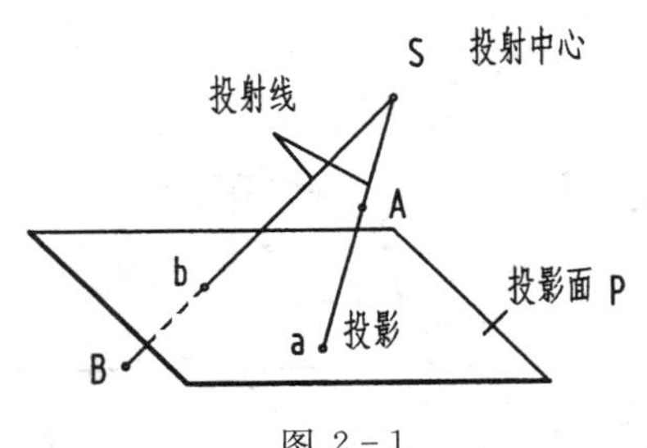

图 2-1

同理，可作出△ABC 上每一点包括 A、B、C 点在投影面 P 上的投影 a、b、c 和△ABC 的投影△abc，如图 2-2 所示，也可作出一个物体在投影面上的投影。投射线通过物体，向选定的面投射，并在该面上得到图形的方法，称为投影法。

2. 投影法分类

投影法通常分为两大类，即中心投影法和平行投影法。如图 2-2 所示，所有投射线都汇交于一点的投影法（投射中心位于有限远处）称为中心投影法。用中心投影法得到的投影图，大小与物体的位置有关，当△ABC 靠近或远离投影面时，它的投影△abc 就会变小或变大，且一般不能反映物体表面的真实形状和大小，作图又比较复杂，所以绘制机械图样不采用中心投影法。

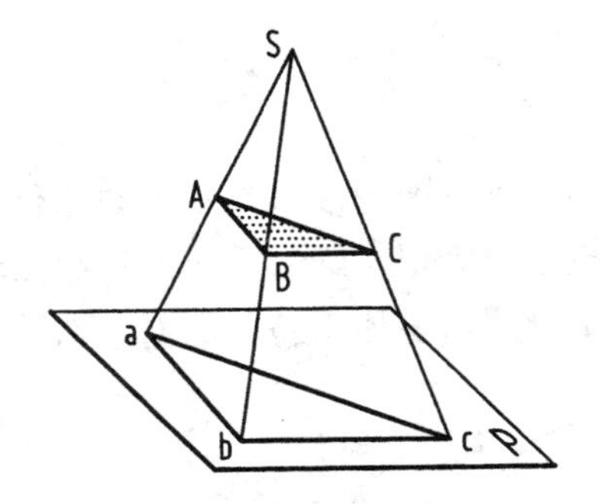

图 2-2　中心投影

若投射中心位于无限远处，则投射线互相平行，这种投影法称为平行投影法，如图 2-3 所示。在平行投影法中，当平行移动空间物体时，投影图的形状和大小都不会改变。按投射方向与投影面是否垂直，平行投影法分为正投影法和斜投影法两种，投射线倾斜于投影面时称为斜投影法，如图 2-3（a）所示；投射线垂直于投影面时称为正投影法，如图 2-3（b）所示。

机械图样就是采用正投影法绘制的。用正投影法所得到的图形称为正投影（正投影图）。本书后面通常把正投影简称为投影。

二、空间几何原形与其投影之间的对应关系

（1）正投影法中，平面和直线的投影有以下三个特点：

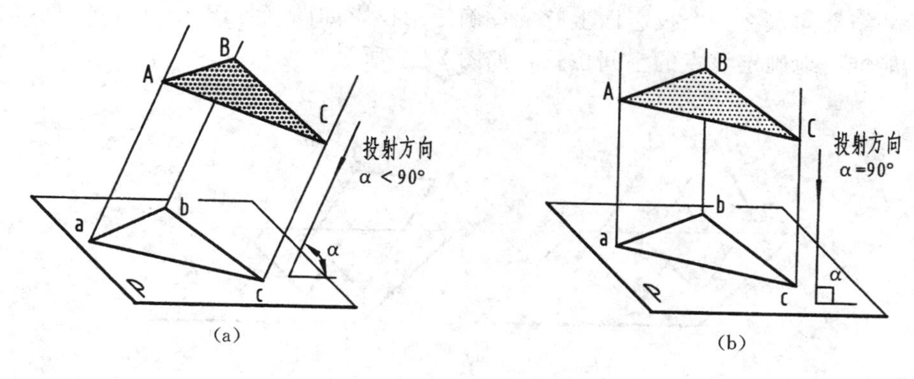

(a)　　　　　　(b)

图 2-3　平行投影法

(a) 斜投影法；(b) 正投影法

1）如图 2-4（a）所示，物体上与投影面平行的平面 S 的投影 s 反映其实形，与投影面平行的直线 AB 的投影 ab 反映其实长。

2）如图 2-4（b）所示，物体上与投影面垂直的平面 R 的投影 r 成为一直线，与投影面垂直的直线 CD 的投影 cd 成为一点。投影的这种性质称为积聚性。

3）如图 2-4（c）所示，物体上倾斜于投影面的平面 Q 的投影 q 成为缩小的类似形[1]，倾斜于投影面的直线 EF 的投影 ef 比实长短。

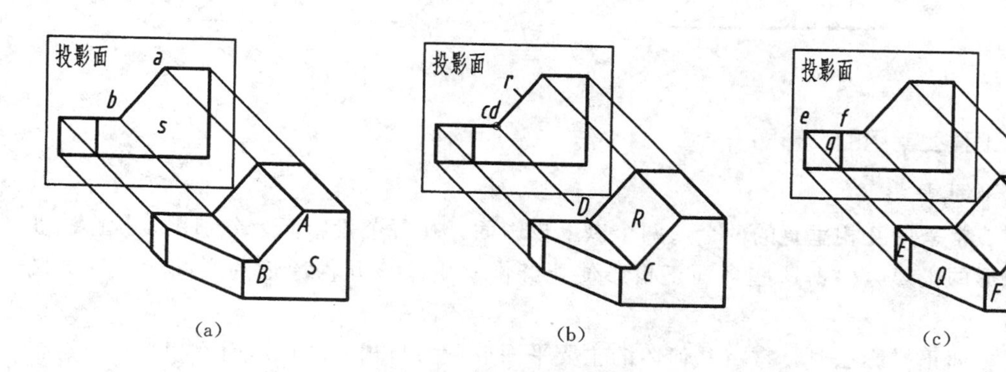

(a)　　　　　　(b)　　　　　　(c)

图 2-4　平面和直线的投影特点

物体的形状是由其表面的形状决定的，因此，绘制物体的投影，就是绘制物体表面的投影，也就是绘制表面上所有轮廓线的投影。从上述平面和直线的投影特点可以看出：画物体的投影时，为了使投影反映物体表面的真实形状，并使画图简便，应该使物体上较多的平面和直线与投影面平行或垂直。

(2) 工程上的投影图，必须能够确切地、惟一地反映空间的几何关系和形状。

实际上，一个投影不能惟一地反映空间的几何关系和形状如图 2-6 所示。在一个投影面上，投影平行的两直线 AB，CD，其空间可能平行，也可能交叉，如图 2-5 所示。

---

[1] 类似形不是相似形，类似形的基本性质是图形中线段保持定比关系，图形特征表现为边数、平行性、凹凸、直线曲线不变。

这是因为一个空间点在一个投影面上有惟一确定的投影如图（见图 2－1），但是，点的一个投影不能惟一地确定该点的空间位置，如图 2－7 所示。

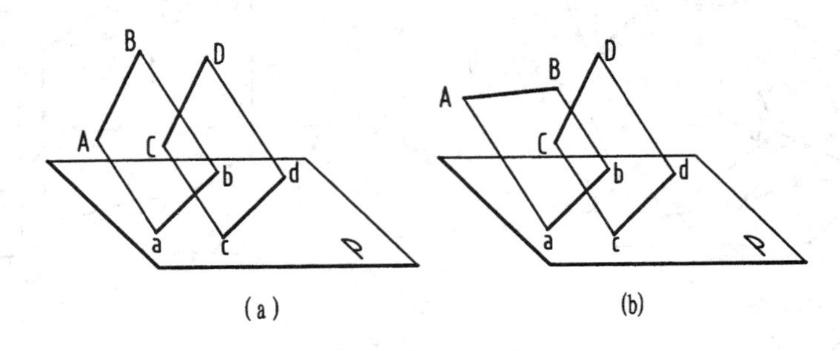

图 2－5

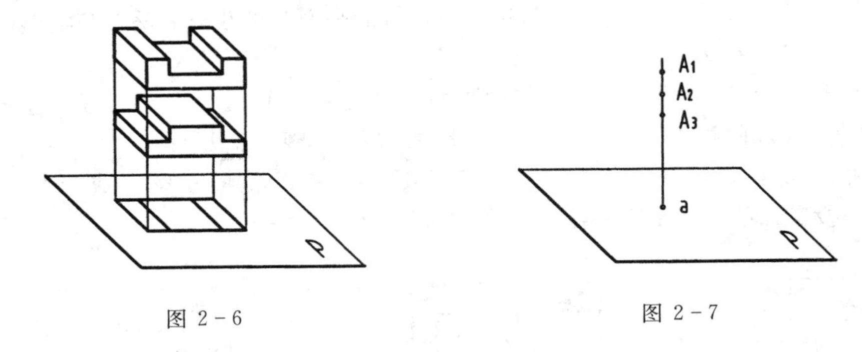

图 2－6　　图 2－7

三、工程上常用的投影图

1．多面正投影

工程上常采用互相垂直的两个或两个以上投影面，在每个投影面上分别用正投影法获得几何原形的投影，根据这些多面正投影便能够惟一确定该几何原形的空间形状，如图 2－9所示。

采用多面正投影法时，常将几何体的主要平面放置为与相应的投影面互相平行。这样画出的图形能反映出这些平面的实形。因此可以从图上直接得到空间几何体的尺寸。就是说正投影图有很好的度量性，这是正投影图的突出优点。因此在工程上得到广泛应用。但多面正投影图直观性差。

2．轴测投影

轴测投影是一种单面投影图，将在第五章中作详细介绍。

轴测投影能够同时反映出几何体的长、宽、高三个方向的形状，形象逼真，立体感强。轴测图以良好的直观性，经常用作书籍中的插图或工程中的辅助图样。

3．标高投影

常用来表示不规则曲面如船舶、飞行器、汽车曲面及地形等。

4．透视投影

广泛应用于工艺美术和广告宣传。

§2－2　三视图的形成及其投影规律

一、三视图的形成

GB/T 16948—1997规定：物体在互相垂直的两个或多个投影面上得到正投影之后，将这些投影面旋转展开到同一平面上，使该物体的各正面投影图有规则地配置，并相互之间形成对应关系，这样的图形称为多面正投影或多面正投影图。

将物体置于第一分角内，并使其处于观察者和投影面之间而得到多面正投影的方法，称为第一角画法。GB/T 4458.1—2002《机械制图 图样画法 视图》规定，机械图样应采用正投影法绘制，并优先采用第一角画法，如图2－8中的①为第一分角。

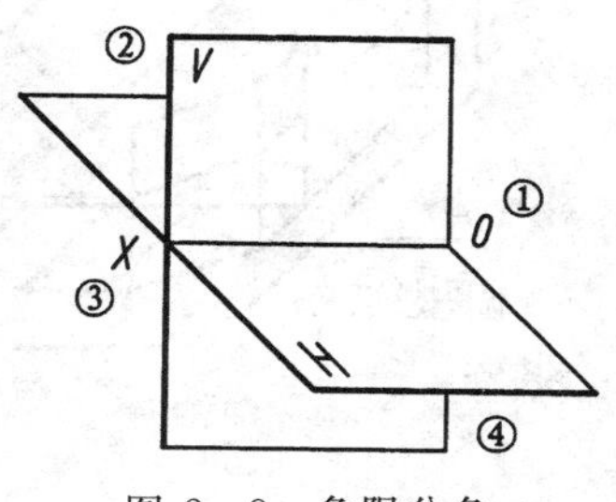

图2－8　象限分角

在三投影面体系中，三个投影面分别称为正立投影面（用V表示）或V面、水平投影面（用H表示）或H面和侧立投影面（用W表示）或W面。物体在这三个投影面上的投影分别称为正面投影、水平投影和侧面投影。

根据GB/T 14692—1993《技术制图 投影法》规定，在多面投影体系中，用正投影法所绘制的物体的图形，称为视图。将物体置于观察者与投影面之间，由前向后投射所得到的正面投影称为主视图，由上向下投射所得到的水平投影称为俯视图，由左向右投射所得到的侧面投影称为左视图。

在视图中，规定物体表面的可见轮廓线的投影用粗实线表示如图2－9（a）的主视图所示。不可见轮廓线的投影用虚线表示，如图2－11（d）的左视图所示。

为了使三个视图能画在一张图纸上，国家标准规定：正面保持不动，把水平面向下旋转90°，把侧面向右旋转90°，如图2－9（b）所示。这样，就得到在同一平面上的三面视图（简称三视图），如图2－9（c）所示。为了便于画图和看图，在三视图中不画投影面的边框线，视图之间的距离可根据具体情况确定，视图的名称也不必标出，如图2－9（d）所示。

二、三视图的投影规律

根据三个投影面的相对位置及其展开的规定，得出三视图的位置关系为：以主视图为基准，俯视图在主视图的正下方，左视图在主视图的正右方，如果把物体左右方向的尺寸称为长，前后方向的尺寸称为宽，上下方向的尺寸称为高，那么，主视图和俯视图都反映了物体的长度，主视图和左视图都反映了物体的高度，俯视图和左视图都反映了物体的宽度。因而，三视图间存在下述关系［如图2－9（d）］：

主视图与俯视图：长对正。主视图与左视图：高平齐。俯视图与左视图：宽相等。

"长对正、高平齐、宽相等"是三视图之间的投影规律，不仅适用于整个物体的投影，也适用于物体每个局部的投影。例如，图2－9所示物体左端缺口的三个投影，也同样符合这一规律。在应用这一投影规律画图和看图时，必须注意物体的前后位置在视图上的反映，在俯视图与左视图中，靠近主视图的一边都反映物体的后面，远离主视图的一边则反映物体的前面。因此，在根据“宽相等”作图时，不但要注意量取尺寸的起点，而且要注意量取尺寸的方向。

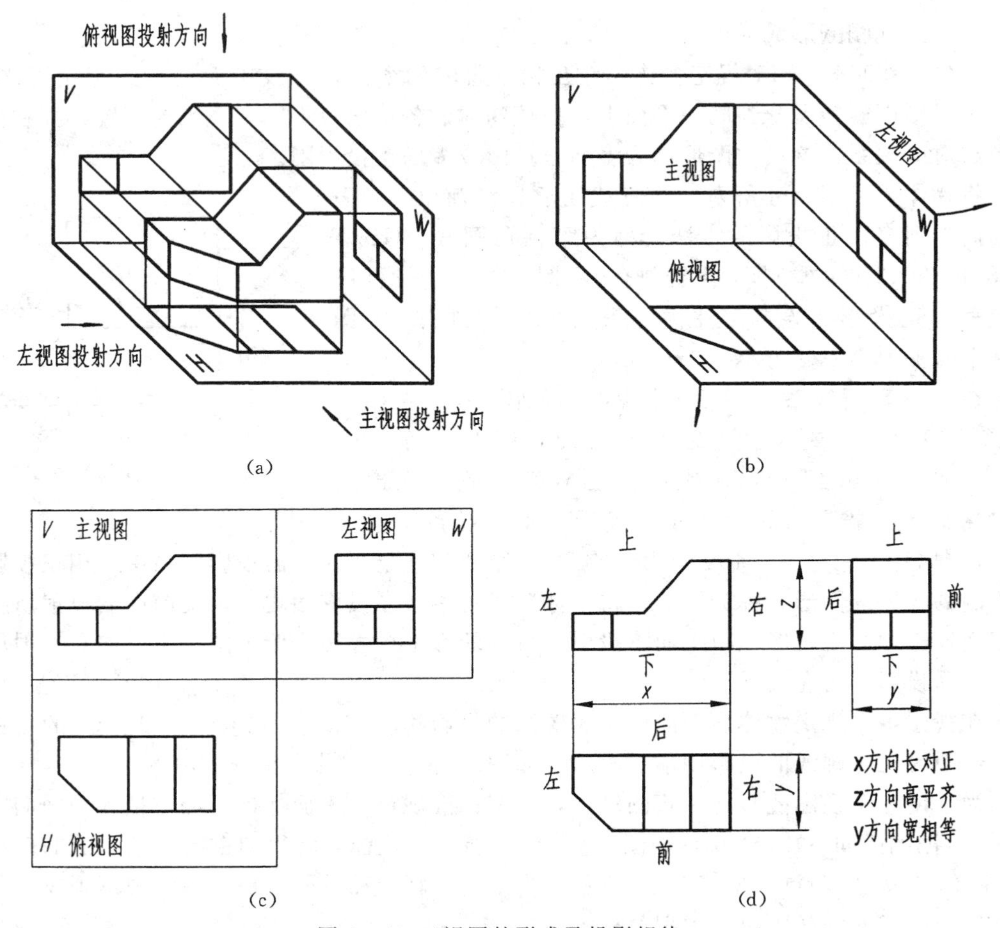

图 2－9 三视图的形成及投影规律

(a) 三视图的形成过程；(b) 三投影面的展开方法；(c) 展开后的三视图；(d) 三视图之间的投影规律

§2－3 平面立体三视图的画法

立体是由内、外表面确定的实体。其可分为两类：平面立体和曲面立体。表面都是平面多边形的立体称为**平面立体**，表面是由曲面或曲面与平面围成的立体称为**曲面立体**。

基本的平面立体有两种：棱柱和棱锥。以基本立体为基础，通过挖切和叠加两种方式，可以构成形状多种多样的立体。棱柱和棱锥是由棱面和底面围成的，相邻两棱面的交线称为棱线，棱柱的棱线互相平行，而棱锥的所有棱线相交于锥顶，底面和棱面的交线就是底面的边。

利用直线与平面的投影特点和三视图的投影规律，就能画出基本平面立体的三视图。

一、基本平面立体三视图的画法

表 2－1 以五棱柱和四棱锥为例，说明基本平面立体三视图的画法。

当立体前后、左右方向对称时，反映该方向的相应两个视图也一定对称，这时，视图中必须画出对称中心线（用细点画线表示），两端应超出视图轮廓 2～5mm。表 2－1 中五棱柱左右对称，因此，在反映左右（长度）方向的主视图和俯视图中都画了对称中心线。同理，表 2－1 中的四棱锥，左右方向和前后方向都对称，在相应视图中都画了对称中心线。

表 2－1　　　　五棱柱和四棱锥的三视图及画图步骤

平面立体在三投影体系中投影的空间概念	三视图画图步骤		
	画　底　稿		
	先画出三视图的对称中心线，然后画出反映底面实形的视图	画其余两个视图	检查并清理底稿，之后加深图线
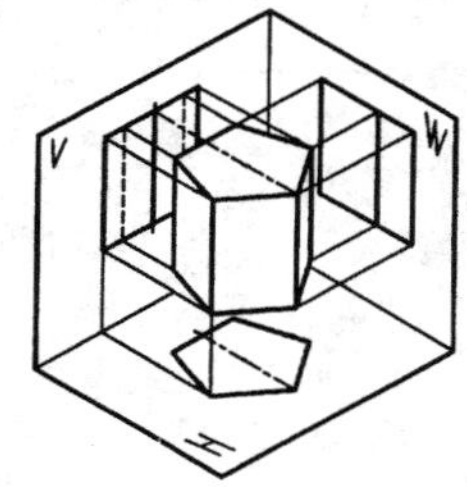 V　W　H	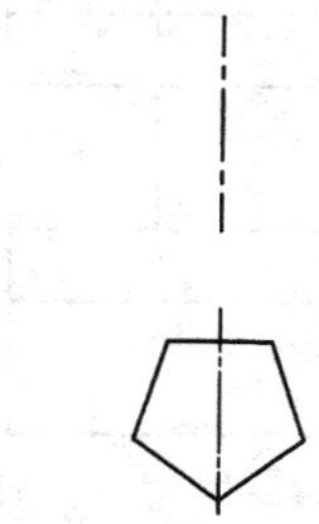	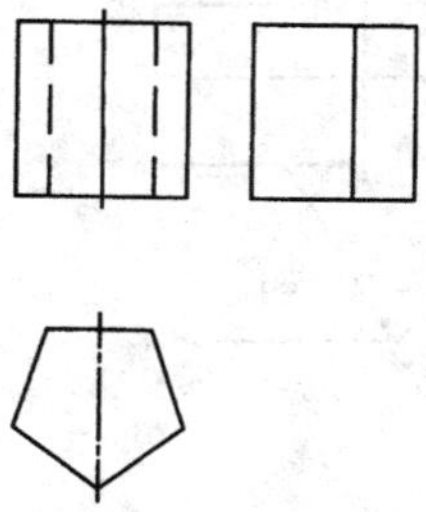	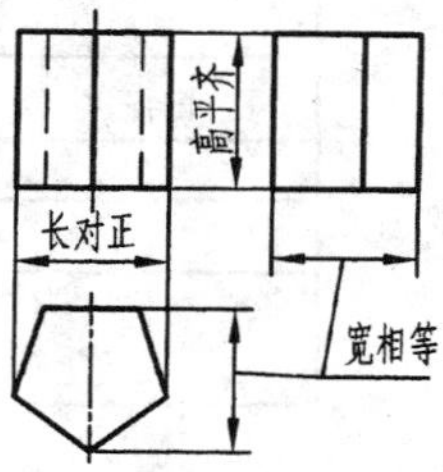 高平齐　长对正　宽相等
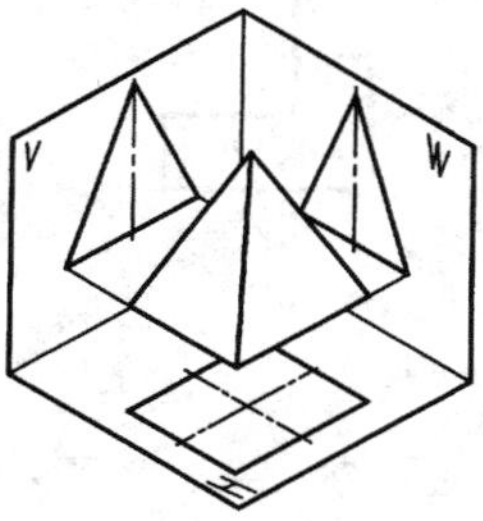 V　W　H	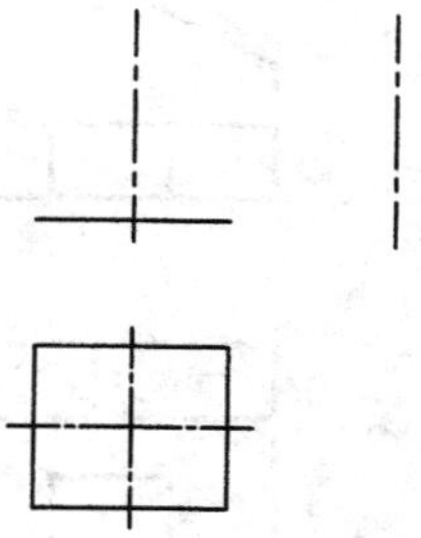	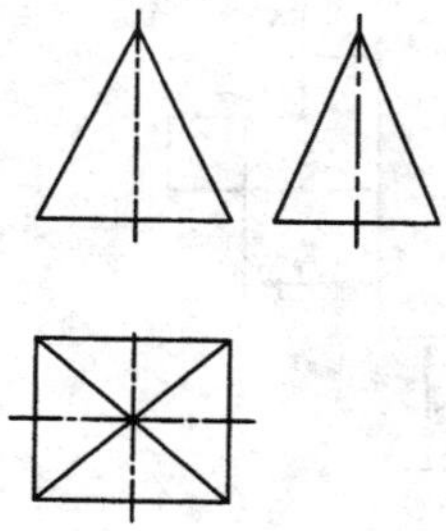	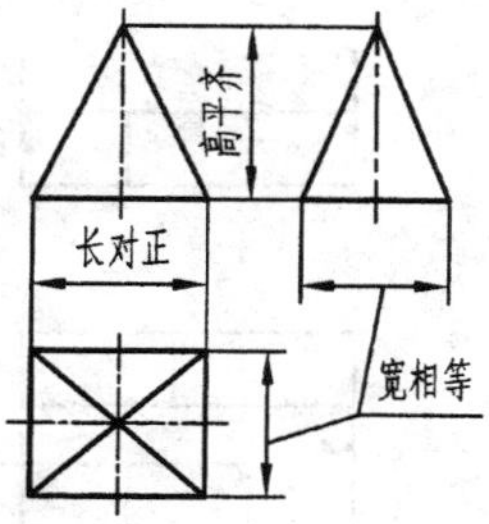 高平齐　长对正　宽相等

在视图中，当粗实线和虚线或点画线重合时，应画成粗实线，如五棱柱的左视图和四棱锥的主、左视图所示；当虚线和点画线重合时，则应画成虚线。

二、简单挖切体和叠加体三视图的画法

手工画图总是先画好底稿，然后加深，所谓三视图的画法，主要是指画底稿的方法和步骤。

【例 2－1】　画图 2－10 所示立体的三视图。

【解】　（1）立体的构成分析。这个立体是在弯板（棱柱体）的前中部开了一个方槽，左上方切去一角后形成的。

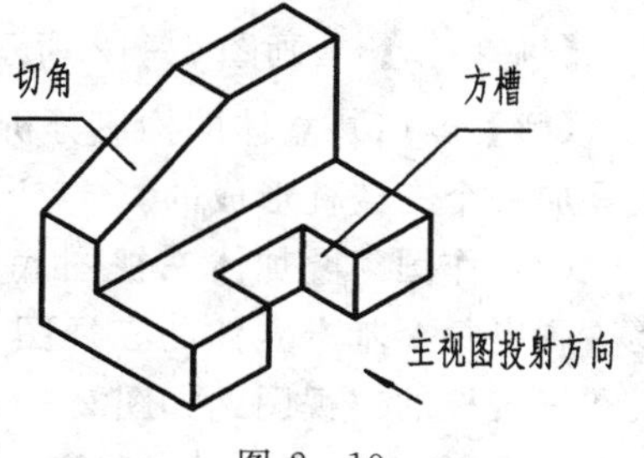

图 2－10

（2）作图。挖切体三视图底稿的画图步骤，通常

是先画出挖切前基本立体的三视图，然后逐一画出挖切后形成的每个切口的三面投影。根据构成分析，这个立体的画图步骤如下（如图 2-11）：

1）画弯板的三视图［图 2-11（a）］。先画反映弯板形状特征的主视图，然后根据投影规律画出俯、左两视图。

2）画后上方切角的三面投影［图 2-11（b）］。由于切角后，形成的切角平面垂直于正面，所以应先画出其正面投影。

3）画前面方槽的三面投影［图 2-11（c）］。由于构成方槽的三个平面的水平投影都积聚为直线，反映了方槽的形状特征，所以应先画出其水平投影，根据水平投影画正面投影和侧面投影，画侧面投影时要注意量取尺寸y，例如 y_1。注意量取尺寸的起点和方向。图 2-11（d）为加深后的三视图。

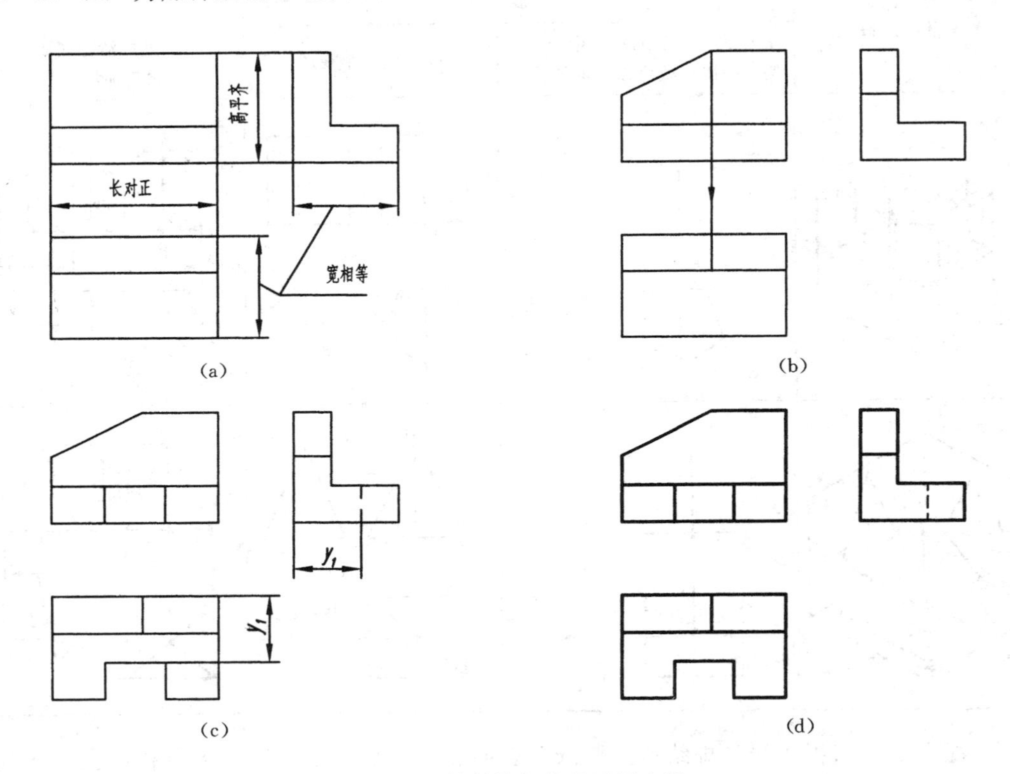

图 2-11　简单挖切体的画图步骤

（a）画出弯板的三视图；（b）画左边切角的三面投影；（c）画前面方槽的三面投影；（d）加深后的三视图

【例 2-2】　画图 2-12 所示立体的三视图。

【解】　（1）立体的构成分析。这个立体是在弯板上面的中间部位叠加一个三棱柱形成的。

（2）作图。叠加体三视图底稿的画图步骤，通常是先大后小，逐一画出每个基本立体的三视图。对于这个立体，就是先后画出弯板和三棱柱的三视图，如图 2-13 所示。

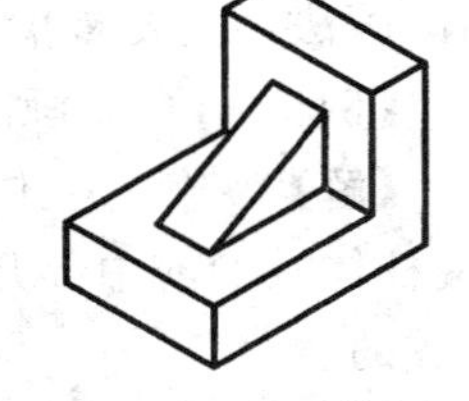

图 2-12　立体图

1）画出弯板的主视图和俯、左两视图的对称中心线后，完成弯板的三视图。

2）画三棱柱的三视图：先画主视图，后画其余两视图。

3）检查清理底稿后，加深图线。

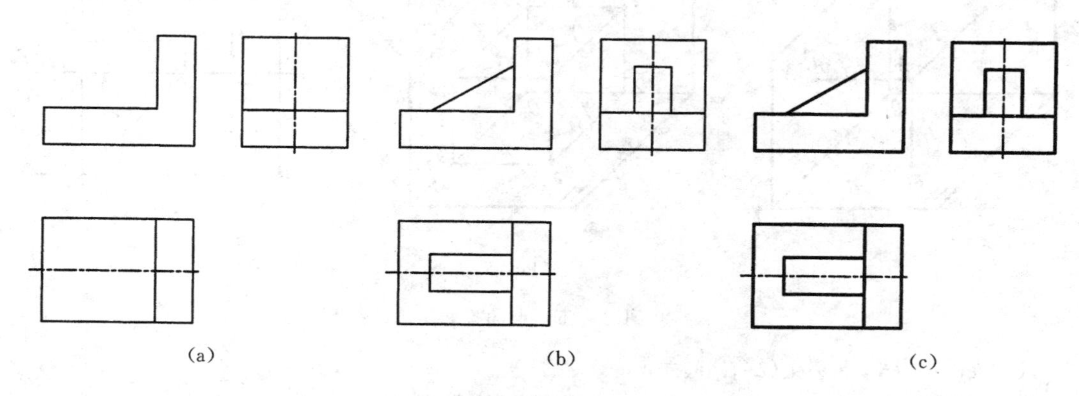

图 2-13　叠加体的画图步骤

§2-4　立体的投影分析

如果要正确而又迅速地画出类似图 2-14 所示平面立体的三视图，以及比这更复杂的立体的视图，仅有前面的投影知识是远远不够的。为此，还必须学习一些空间几何元素（点、线、面）及其各种相对位置的投影知识。本节所介绍的理论和作图方法，不但是平面立体的投影分析基础，也是曲面立体的投影分析基础。

一、点的投影

（一）点的投影规律

图 2-15 表示空间点 A 在三投影面体系中的投影情况及展开后的投影图。三投影面之间的交线 OX、OY、OZ 称为投影轴。如果把三个投影面看成坐标面，则互相垂直的三个投影轴即为坐标轴。

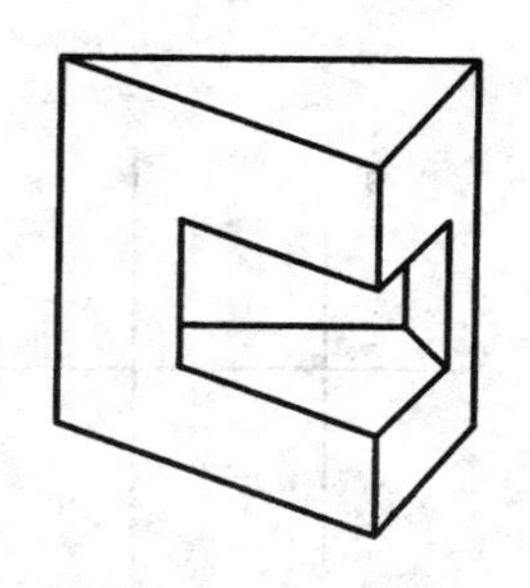

图 2-14　立体图

图 2-15（a）表示点 A 向三个投影面投射所得的投影 a（水平投影）、a'（正面投影）和 a''（侧面投影）。投射线 Aa''、Aa'和 Aa 分别是点 A 到三个投影面的距离，即点 A 的三个坐标 x、y、z。

图 2-15（b）表示点的三个投影与点的坐标之间的关系。通过各投影向相应投影面内的坐标轴作垂线后，这些垂线和投射线及坐标轴一起组成一个长方体的框架。从框架中可以看出：在投影面上，点的每一个投影到该投影面上的两根投影轴的距离，反映了两个坐标，每两个投影都反映一个相同的坐标。由此可知：点的三个投影之间有着密切的联系。

图 2-15（c）为展开后点的三面投影图。展开时 V 面不动，H 面和 W 面沿 OY 轴分开而形成 OY_H 和 OY_W，展开后它们分别与 OZ 轴和 OX 轴在同一直线上。

从投影图上可以得出下列点的投影规律：

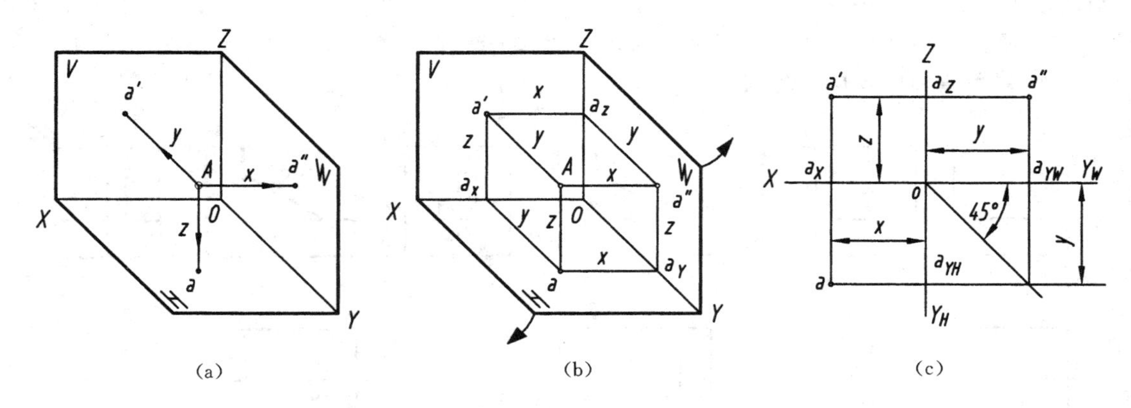

(a) (b) (c)

图 2-15 点的投影

(1) $aa' \perp OX$；$a'a'' \perp OZ$；$aa_x = a''a_z$；

(2) $aa_x = a''a_z = y_A = Aa'$（空间点 A 到 V 面的距离）；

$a'a_x = a''a_y = z_A = Aa$（空间点 A 到 H 面的距离）；

$aa_y = a'a_z = x_A = Aa''$（空间点 A 到 W 面的距离）。

点的投影规律表明了点的任一投影和其余两个投影之间的联系。根据 $aa_x = a''a_z$ 可以得出：过 a 的水平线和过 a″的铅垂线必定交于过原点 O 的 45°斜线上，如图 2-15 (c) 所示。

(二) 根据点的两个投影求第三投影

由于点的两个投影反映了该点的三个坐标，就能确定该点的空间位置，因而应用点的投影规律，可以根据点的任意两个投影求出第三投影，具体作图方法举例说明如下。

【例 2-3】 已知 A 点的两个投影 a 和 a′，求 a″［图 2-16 (a)］。

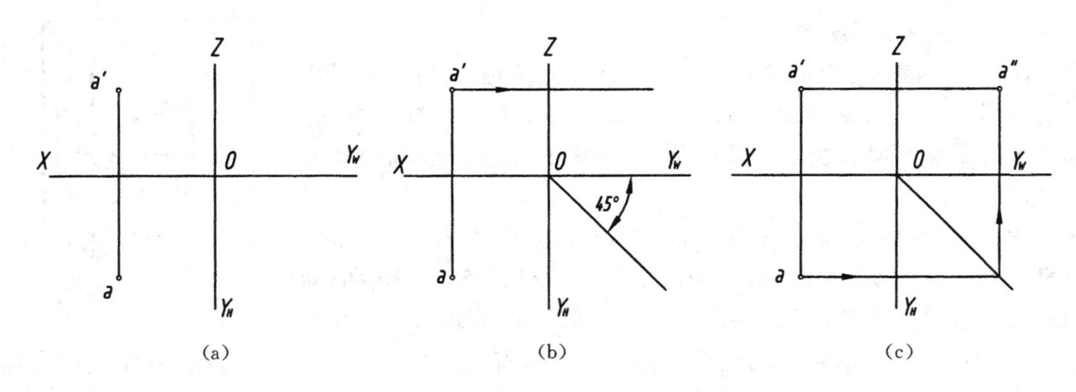

(a) (b) (c)

图 2-16

【解】 作图方法和步骤如下：

(1) 过 a′向右作水平线；过 O 点画 45° 斜线［图 2-16 (b)］。

(2) 过 a 作水平线与 45°斜线相交，并由交点向上作垂线，与过 a′的水平线的交点即为 a″［图 2-16 (c)］。

(三) 两点的相对坐标与无轴投影图

图 2-17 (a) 中画出了 A、B 两点的三个投影。点的投影既然能反映点的坐标，当然

也能反映出两点的坐标差，即反映两点间的相对坐标，图中的 Δx、Δy、Δz 就是 A、B 两点的相对坐标。因此，如果知道了点 A 的三个投影（a，a′，a″），又知道了点 B 对点 A 的三个相对坐标，即使没有投影轴，而以点 A 为参考点，也能确定点 B 的三个投影。

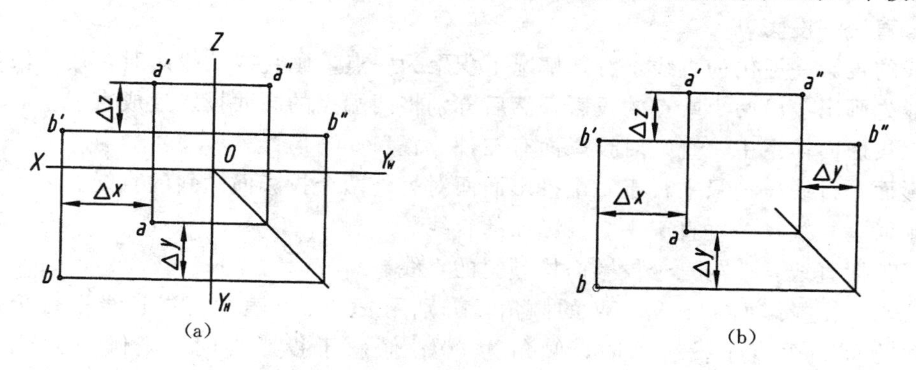

图 2-17

(a) 两点的相对坐标；(b) 无轴投影图

不画投影轴的投影图，称为无轴投影图，如图 2-17（b）所示。无轴投影图是根据相对坐标来绘制的。§2-2 中所介绍的“长对正、高平齐、宽相等”三条投影规律，实质上就是无轴投影图中所反映的相对坐标 Δx、Δy、Δz 的通俗说法。由此可知，上述投影规律中所指的“长”、“宽”、“高”的尺寸大小，应该沿三个投影轴方向测量。

【例 2-4】 在无轴投影图中，已知点 A 的三个投影和点 B 的两个投影 b′和 b″，求 b [图 2-18（a）]。

【解】 根据点的投影规律，点 b 位于过 b′的垂直线上。为了从侧面投影上将 Δy 值转移到水平投影上，可以利用 45°斜线，但实际画图时一般是利用分规测量 Δy。具体作法如下：

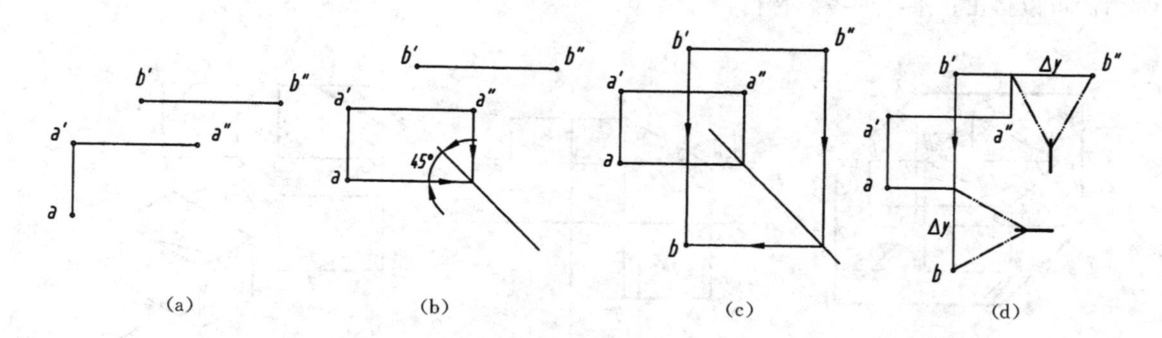

图 2-18 在无轴图上求点的第三个投影的作图方法

方法一［如图 2-18（b）、(c)］：

(1) 画出 45°斜线［图 2-18（b）］。过 a 和 a″分别引水平线和垂直线，再过这两条线的交点画 45°斜线。由此可见，一个点的水平投影和侧面投影一经确定，45°斜线也就随之而定，不能任意画。

(2) 求出点 b［图 2-18（c）］。过 b″向下画垂直线与 45°斜线相交，再过此交点向左引水平线，它与过 b′的垂直线的交点就是点 b。

方法二［如图 2－18（d）］：

过 b′向下引垂直线，用分规将侧面投影上的 Δy 值移至水平投影上，得到点 b。用分规转移 Δy 时，b 与 b″在对点 A 的前后关系上必须相互对应。

二、直线的投影

直线的投影一般仍为直线，特殊情况下积聚为一点，画直线的投影时，用线段代表直线，一般先画出线段两个端点的投影，然后分别将两端点的同面投影连成直线。

在三投影面体系中，直线对投影面有三种位置：

投影面平行线——只平行于一个投影面而对另外两个投影面倾斜的直线。

投影面垂直线——垂直于一个投影面的直线。

一般位置直线——与三个投影面均倾斜的直线。

直线与三个投影面 H、V、W 的倾角，分别用 α、β、γ 表示。当直线平行于投影面时，倾角为 0°；垂直于投影面时，倾角为 90°；倾斜于投影面时，则倾角大于 0°，小于 90°。

投影面平行线和投影面垂直线统称特殊位置直线。各种位置直线的投影，都应符合“长对正、高平齐、宽相等”的投影规律。

（一）各种位置直线的投影特性

1．投影面平行线

在投影面平行线中，平行于水平面的直线称为水平线；平行于正面的直线称为正平线；平行于侧面的直线称为侧平线。

图 2－19 表示正平线 AB 的三面投影。因为 AB∥V，即 $\beta=0°$，所以 a′b′∥AB，a′b′＝AB。且 a′b′与 OX、OZ 的夹角为 AB 对 H 面、W 面的真实倾角 α、γ；直线上所有点的 y 坐标值相同，所以 ab∥OX，a″b″∥OZ。且 ab＝AB$\cos\alpha$＜AB，a″b″＝AB$\cos\gamma$＜AB。由此可以得出正平线的投影特性：

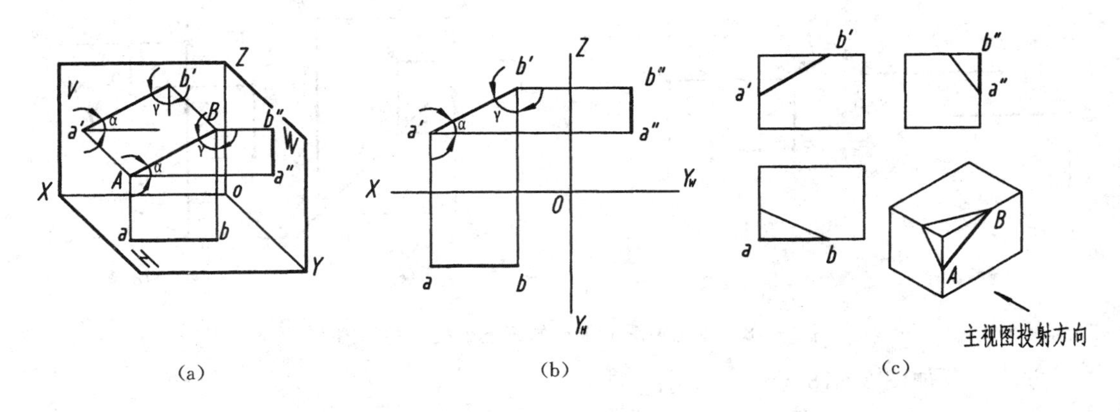

图 2－19　正平线的投影

（1）正面投影 a′b′为倾斜线段，且反映实长；它与投影轴的夹角，分别反映直线对另两投影面的真实倾角 α、γ。

（2）水平投影 ab 平行于 OX 轴，小于实长；侧面投影 a″b″平行于 OZ 轴，小于实长。

各种投影面平行线的投影特性见表 2－2。

表 2－2　投影面平行线的投影特性

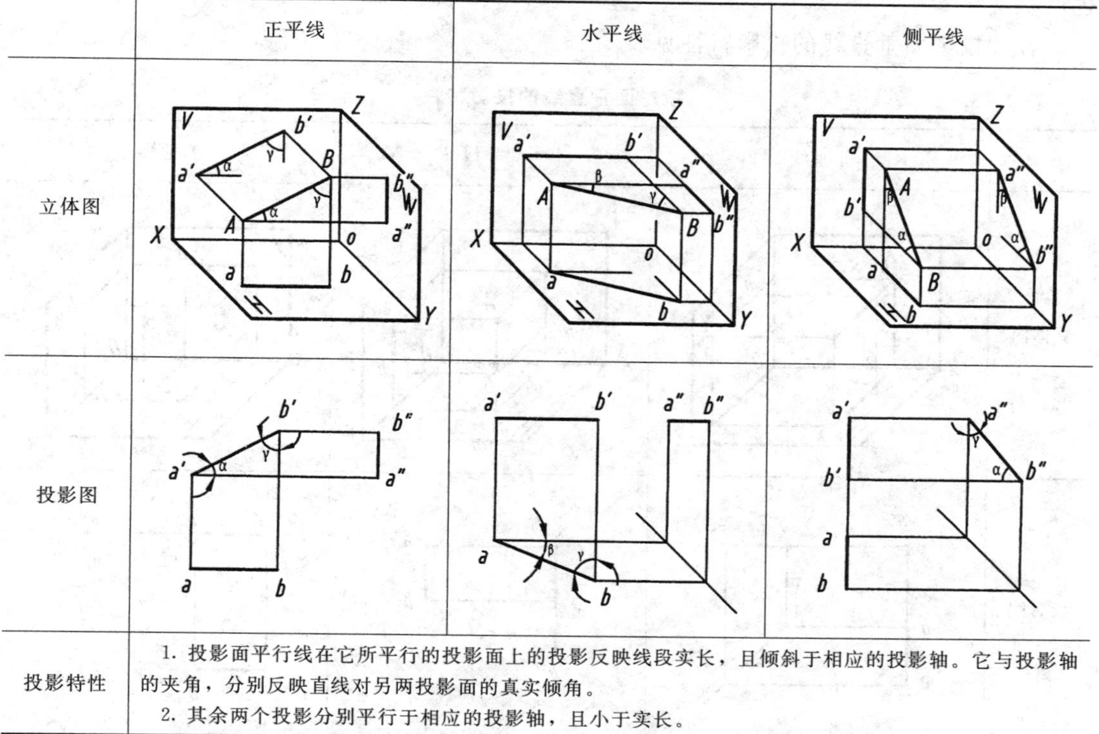

	正平线	水平线	侧平线
立体图			
投影图			
投影特性	1. 投影面平行线在它所平行的投影面上的投影反映线段实长，且倾斜于相应的投影轴。它与投影轴的夹角，分别反映直线对另两投影面的真实倾角。 2. 其余两个投影分别平行于相应的投影轴，且小于实长。		

2. 投影面垂直线

在投影面垂直线中，垂直于水平投影面的直线称为铅垂线；垂直于正立投影面的直线称为正垂线；垂直于侧立投影面的直线称为侧垂线。

图 2－20 表示正垂线 AB 的三面投影。因为 AB⊥V 面，所以 a′b′积聚成一点，由于 AB∥W 面，AB∥H 面，因而线上各点的 x 坐标、z 坐标均相同。因此，正垂线的投影特性是：

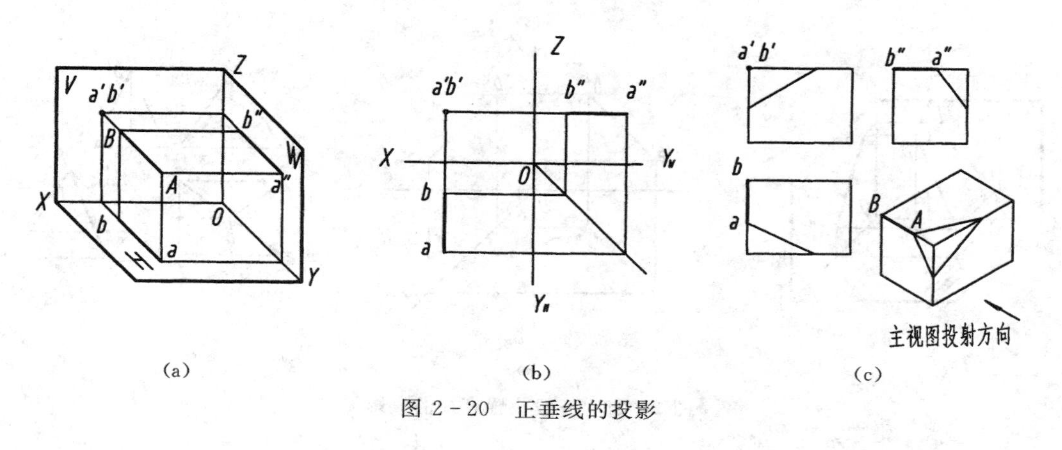

(a)　　(b)　　(c)

图 2－20　正垂线的投影

（1）正面投影 a′b′积聚为一点；

（2）水平投影 ab⊥OX 轴，且 ab＝AB 反映实长，侧面投影 a″b″⊥OZ 轴，a″b″＝AB 也反映实长。

各种投影面垂直线的投影特性见表 2－3。

表 2－3　　投影面垂直线的投影特性

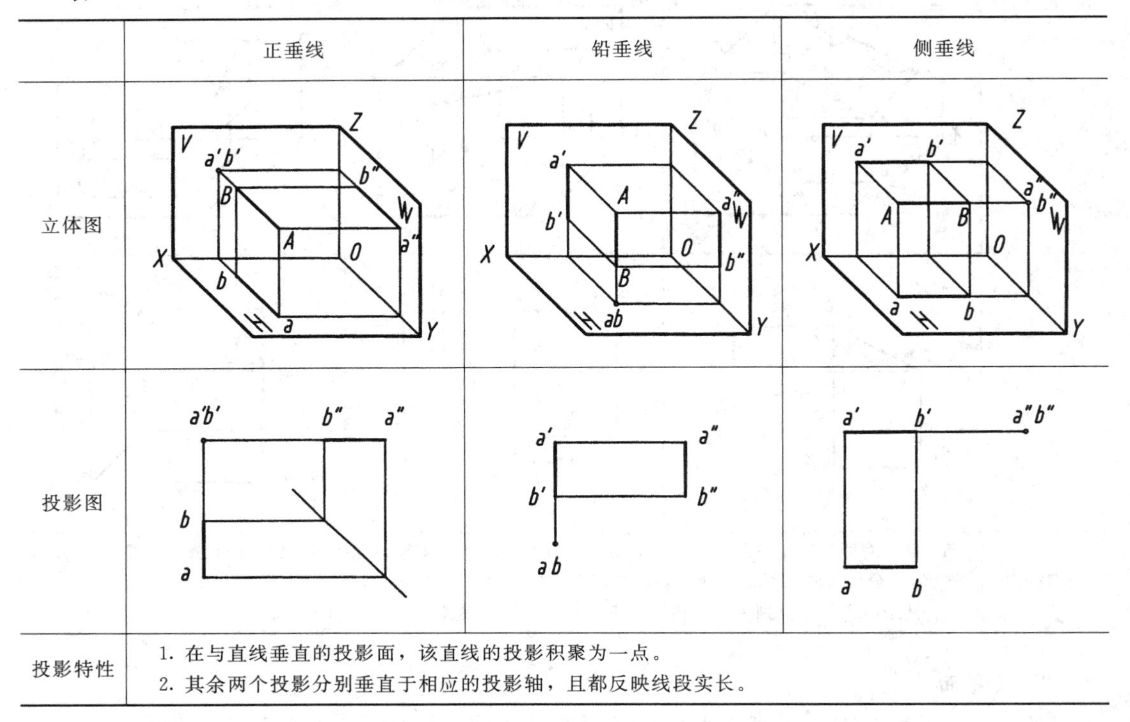

	正垂线	铅垂线	侧垂线
立体图			
投影图			
投影特性	1. 在与直线垂直的投影面，该直线的投影积聚为一点。 2. 其余两个投影分别垂直于相应的投影轴，且都反映线段实长。		

3. 一般位置直线

图 2－21 表示一般位置直线 AB 的三面投影。由于一般位置直线的 α、β、γ 均不等于零，从图 2－21（b）可以看出，一般位置直线的投影特性是：三个投影都是与投影轴倾斜的线段，且都小于实长；与投影轴的夹角也不反映空间直线对投影面的真实倾角。

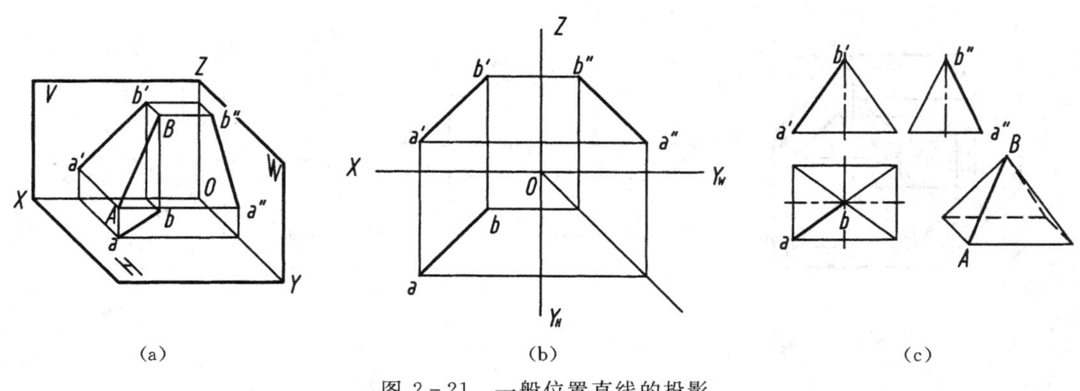

图 2－21　一般位置直线的投影

（二）直线上点的投影

从图 2－22（a）可以看出，直线 AB 上的任一点 K 有以下投影特性：

（1）直线上点的投影必定在该直线的同面投影上。例如点 K 的投影 k、k′、k″分别在 ab、a′b′、a″b″上。

（2）同一直线上两线段实长之比等于其投影长度之比。由于对同一投影面的投射线互相平行，因此，AK：KB＝ak：kb＝a′k′：k′b′＝a″k″：k″b″。

由直线上点的投影特性可知：如果点在已知直线上，则可根据该点的一个投影（投影面垂直线有积聚性的投影除外），求出它的另外两个投影。图 2－22（b）表示由 AB 线上点 K 的投影 k′求 k 和 k″的方法。图 2－22（c）表示无轴投影表示法。

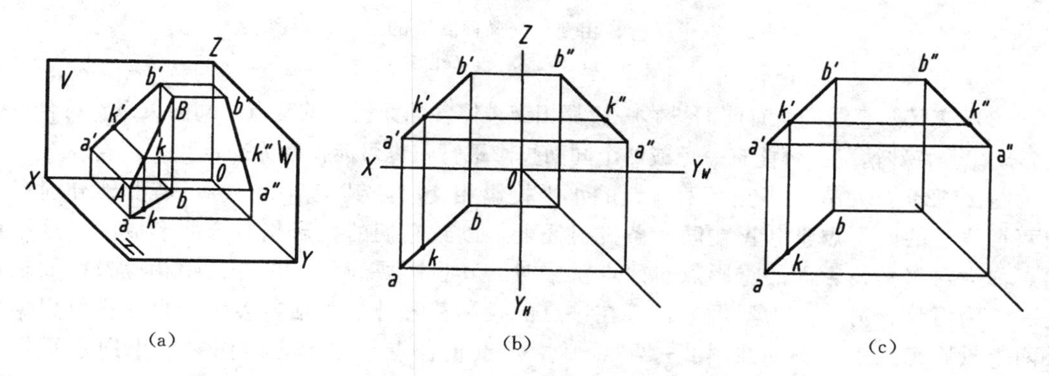

(a)　　(b)　　(c)

图 2－22　直线上点的投影

（三）两直线的相对位置

两直线的相对位置有三种情况：平行、相交和交叉（既不平行也不相交，亦称异面直线）。如图 2－23 表示三种相对位置直线在水平投影面上的投影情况；图 2－24 是它们的三面投影图。其投影特性为：

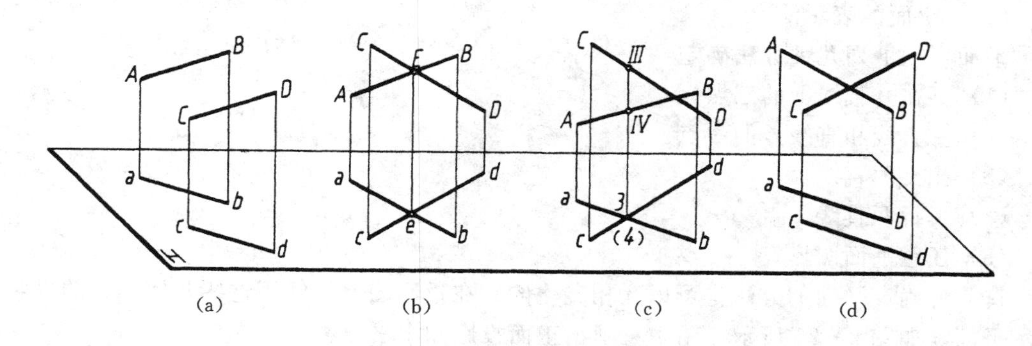

(a)　　(b)　　(c)　　(d)

图 2－23　两直线的相对位置

(a) 平行两直线；(b) 相交两直线；(c) 交叉两直线；(d) 交叉两直线

（1）一般情况下，平行两直线的所有同面投影互相平行；特殊情况下重合为一条直线或成为两个点，如图 2－24（a）。

（2）相交两直线的同面投影都相交，交点的投影同属于两直线的投影。E 为两直线的交点，即共有点，如图 2－24（b）。

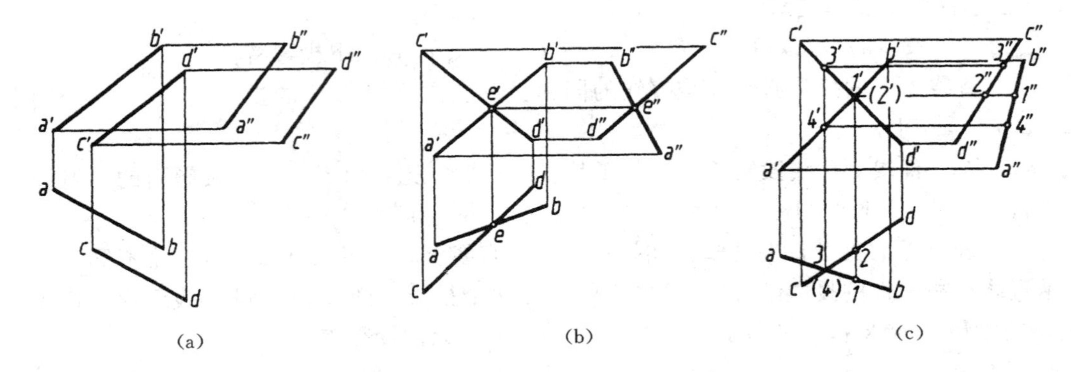

图 2-24　平行、相交、交叉两直线的三面投影图

(a) 平行；(b) 相交；(c) 交叉

(3) 交叉两直线的所有同面投影一般都相交，但各同面投影的交点之间的关系不符合点的投影规律。特殊情况下可能有一个或两个同面投影平行，也可能投影为一点和一直线。

图 2-24 (c) 表示当交叉两直线的水平投影相交时，其交点 3、(4) 是由于分别在空间两直线上的两个点Ⅲ和Ⅳ在同一条投射线上，以致它们的投影相重合而形成的。Ⅲ、Ⅳ两点称为对水平投影面的重影点。两点重影时，其投影要表示可见性，距相应投影面较远的一点为可见；另一点为不可见，可在该点的投影符号外加圆括号表示。可见性可根据另外两个投影来判别，例如在图 2-24 (c) 中，点Ⅲ在点Ⅳ之上，因而判别出向水平投影面投射时点Ⅲ为可见，点Ⅳ为不可见，用 (4) 表示。同理，在同一图中可根据水平投影(或侧面投影) 判别出两直线对正面的重影点Ⅰ和Ⅱ的可见性，得出点Ⅰ在点Ⅱ前面，因而点Ⅰ为可见。

点的可见性判别原理和方法是在视图中判别立体表面轮廓线可见性的基础。

三、平面的投影

(一) 平面的表示法

平面可用下列几种方法确定：

(1) 不在一直线上的三点。

(2) 一直线和直线外的一点。

(3) 相交两直线。

(4) 平行两直线。

(5) 任意平面图形。

这几种确定平面的方法是可以互相转化的。在投影图上，则用这些几何元素的投影来表示平面。如图 2-25 所示，图中只画出正面投影和水平投影。

平面也可以用迹线表示，如图 2-26 所示。迹线是平面与投影面的交线，平面与 V 面、H 面、W 面的交线，分别称为正面迹线、水平迹线、侧面迹线。迹线符号用平面名称的大写字母附加相应投影面的名称的注脚表示，如图 2-26 中的 P_H、P_V、P_W。

通常只用有积聚性的迹线表示特殊位置平面。

(二) 各种位置平面及其投影特性

在三投影面体系中，平面对投影面有三种位置：

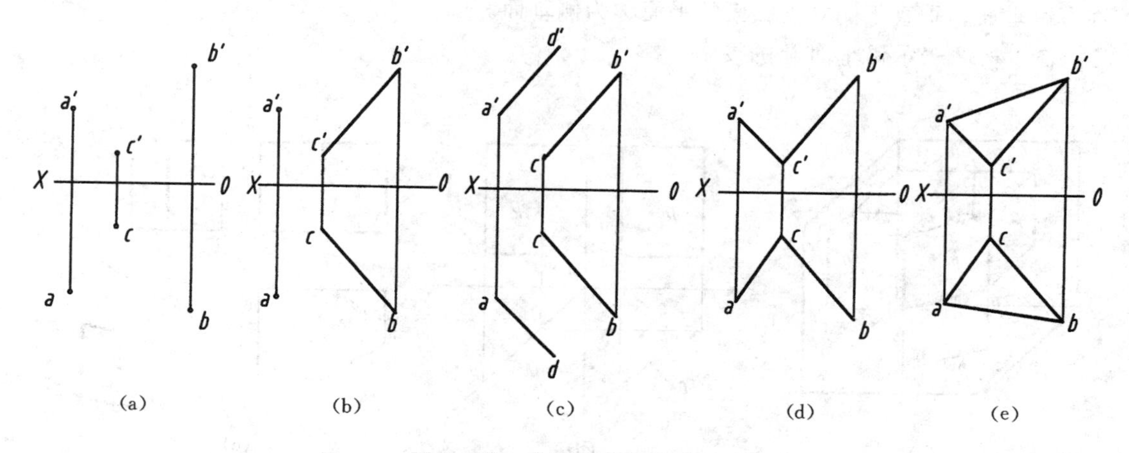

图 2-25　几何元素表示平面

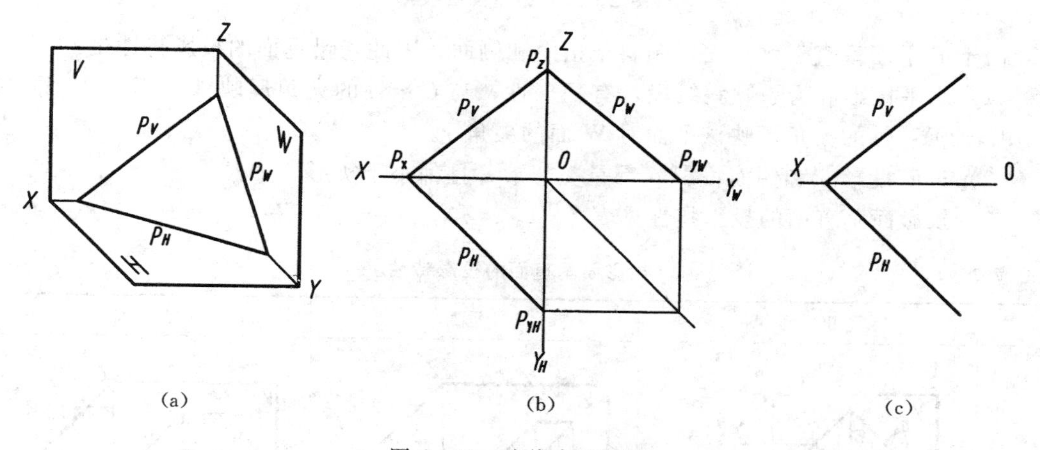

图 2-26　迹线表示平面

投影面垂直面——只垂直于某一个投影面对另外两个投影面倾斜的平面。

投影面平行面——平行于某一个投影面的平面。

一般位置平面——对三个投影面都倾斜的平面。

投影面垂直面和投影面平行面统称为特殊位置平面。

平面与 H、V、W 的两面角，分别就是平面对投影面 H、V、W 的倾角，同样用 α、β、γ 来表示，当平面平行于投影面时，倾角为 0°；垂直于投影面时，倾角为 90°；倾斜于投影面时，则倾角大于 0°，小于 90°。

平面图形的投影一般为类似的图形。画平面多边形的投影时，一般先求出各顶点的投影，然后将它们的同面投影依次连接成多边形。

平面的投影也应符合“长对正、高平齐、宽相等”的投影规律。下面介绍各种位置平面的投影特性。

1. 投影面垂直面

在投影面垂直面中，垂直于正立投影面的平面称为正垂面；垂直于水平投影面的平面称为铅垂面；垂直于侧立投影面的平面称为侧垂面。

图 2-27 表示铅垂面 P 的投影。

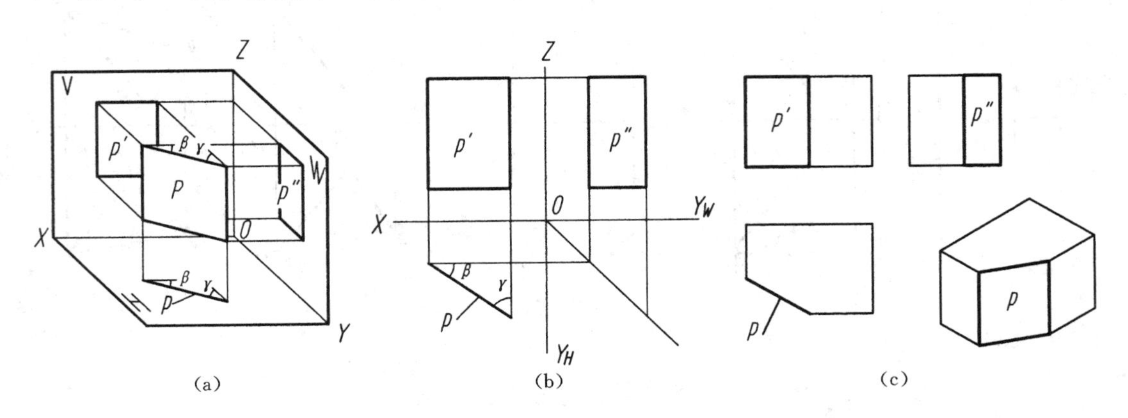

图 2-27　铅垂面的投影

由于 P 平面垂直于水平面，倾斜于正面和侧面，因此，铅垂面的投影特性是：

(1) 水平投影 p 为一倾斜线段，有积聚性；与 OX 轴的夹角反映该平面对 V 面的夹角 β；与 OY_H 轴的夹角反映该平面对 W 面的夹角 γ。

(2) 正面投影 p′和侧面投影 p″都是类似形，且都小于实形。

各种投影面垂直面的投影特性见表 2-4。

表 2-4　投影面垂直面的投影特性

	正垂面	铅垂面	侧垂面
立体图			
投影图			
投影特性	1. 在与平面垂直的投影面上，该平面的投影积聚为一直线，且倾斜于投影轴。与投影轴的夹角，分别反映平面对另两投影面的真实倾角。 2. 其余两个投影为缩小的类似形。		

2. 投影面平行面

在投影面平行面中，平行于正立投影面的平面称为**正平面**；平行于水平投影面的平面称为**水平面**；平行于侧立投影面的平面称为**侧平面**。

图 2-28 表示正平面 P 的投影。由于正平面平行于 V 面，就一定垂直于 H 面和 W 面，平面上所有点的 y 坐标相同，因此，正平面的投影特性是：

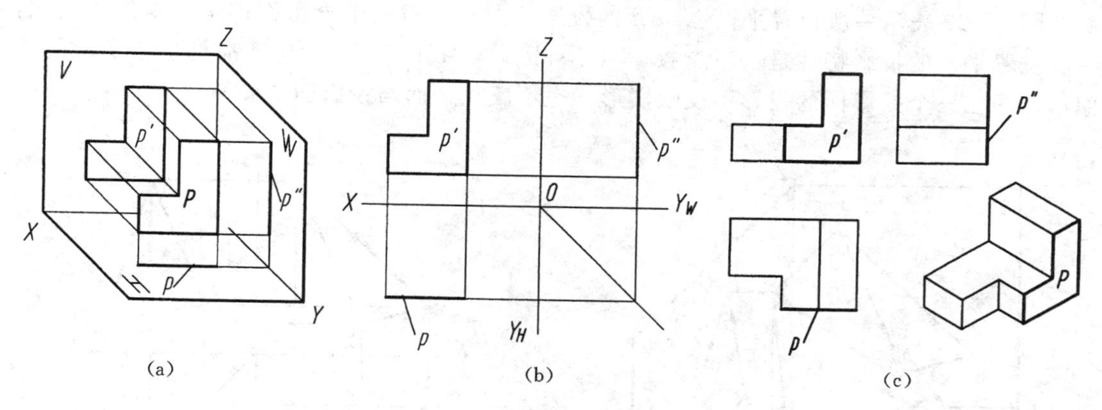

图 2-28 正平面的投影

（1）正面投影 p′反映平面 P 的实形；

（2）水平投影 p 和侧面投影 p″积聚为一条直线，且分别平行于 OX 轴和 OZ 轴。

各种投影面平行面的投影特性见表 2-5。

表 2-5 投影面平行面的投影特性

	正平面	水平面	侧平面
立体图			
投影图			
投影特性	1. 在与平面平行的投影面上的投影反映实形。 2. 其余两个投影分别积聚为一条直线，且平行于相应的投影轴。		

必须注意：不能把投影面平行面说成投影面垂直面（例如不能把正平面说成铅垂面或侧垂面），它们的定义不同，投影特性也有很大差别。

投影面平行面和投影面垂直面的有积聚性的投影（直线），虽然不反映平面的形状，但能表示平面的位置。在以后绘图时，经常会应用特殊位置平面的这一投影特性。

3. 一般位置平面

图 2-29 表示一般位置平面△SAB 的投影。由于它对三个投影面都是倾斜的，因此，一般位置平面的投影特性是：三个投影（△sab、△s′a′b′和△s″a″b″）都是小于实形的类似形。即在三个投影面的投影不反映实形，也不反映平面与投影面的倾角。

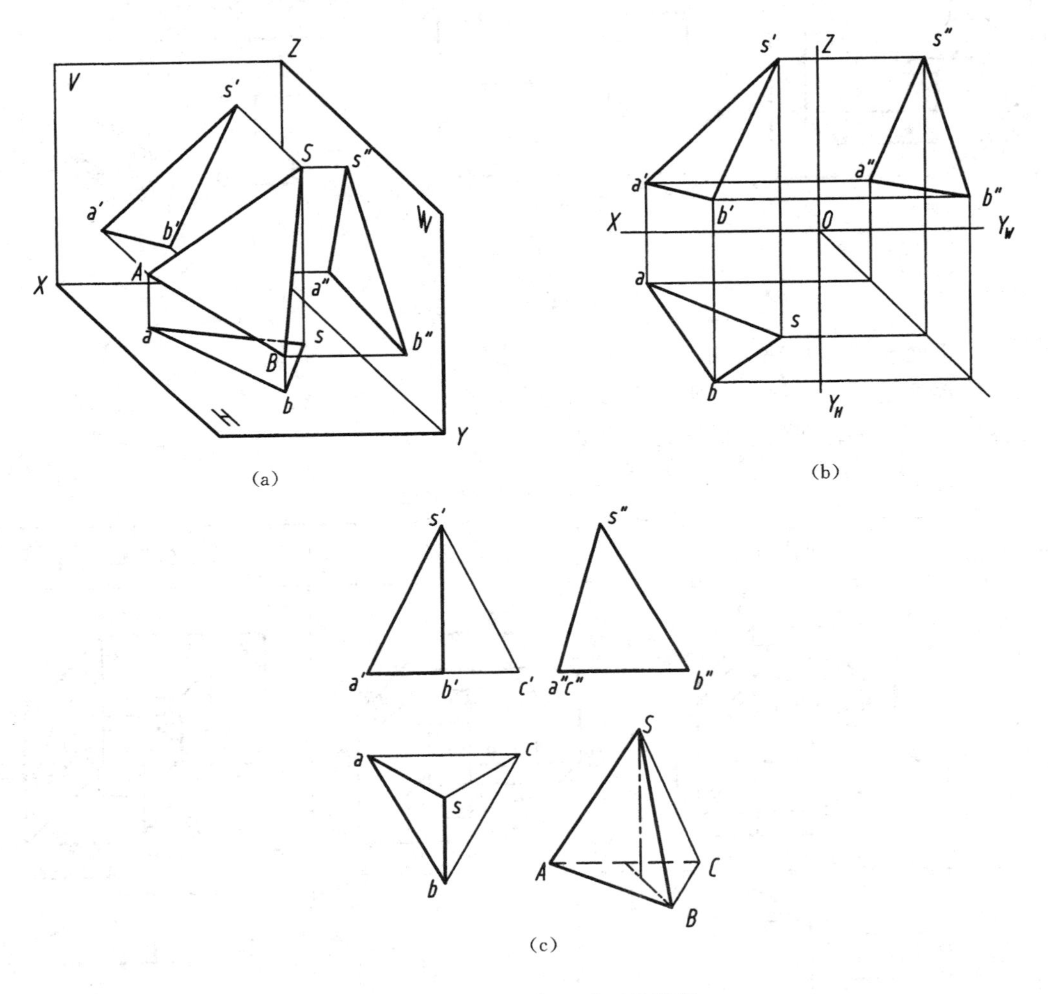

图 2-29　一般位置平面的投影

（三）平面内的直线和点

在由几何元素所确定的平面内，可以根据需要任意取点、取线和作平面图形。绘图中有时需要根据平面内的点或直线的一个投影，求作该点或该直线的其余投影，这就是在已知平面内取点或取直线的基本作图问题。下面介绍这类问题的作图方法。

1. 平面内取直线

由初等几何知道，直线在平面内的几何条件是：

1）若直线通过平面内的两点，则该直线必在该平面内，如图 2-30（a）所示。

2）若直线通过平面内一点且平行于平面内的一条直线，则该直线必在该平面内，如图 2-30（b）所示。

因此，在投影图中，要在平面内取直线，必须先在平面内的已知线上取点。

2. 平面内取点

由初等几何知道，点在平面内的几何条件是：点在属于平面的直线上，如图 2-30（c）所示。

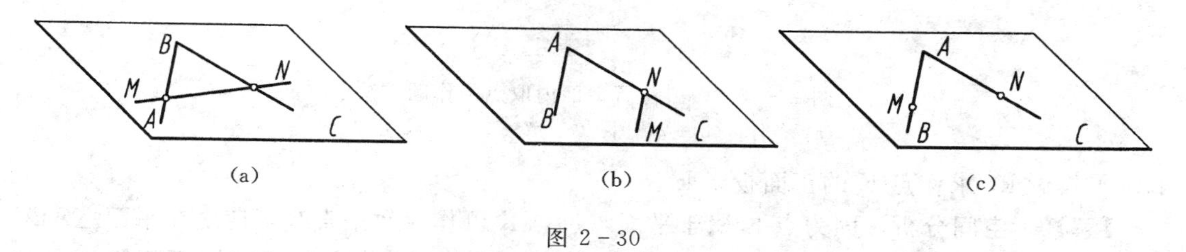

图 2-30

【例 2-5】 如图 2-31（a）所示，已知直线 MN 在△ABC 所决定的平面内，求作其正面投影 m′n′。

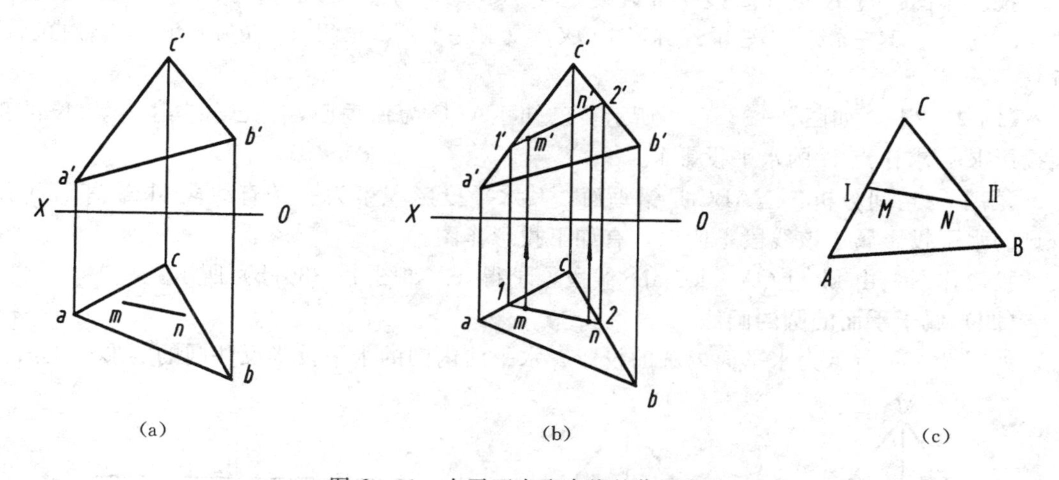

图 2-31 在平面内取直线的作图方法

根据直线属于平面的几何条件，首先进行空间分析，然后进行投影作图。

【解】 如图 2-31（b）、（c）所示。

空间分析：因为 MN 为平面△ABC 内的直线，与平面△ABC 内的直线或平行，或相交。延长 MN，则 MN 与 AC、BC 相交。交点的两面投影可以分别求出，即可得直线上两个点Ⅰ、Ⅱ，则 MN 正面投影可求。

投影作图：将 mn 延长，则 mn 与 ac，bc 相交，交点分别为 1，2。根据点属于直线的投影特性求得 1′、2′，连接 1′2′，则 m′n′可求。

【例 2-6】 如图 2-32（a）所示，已知平面由 ABC 所给定，并已知平面上一点 K

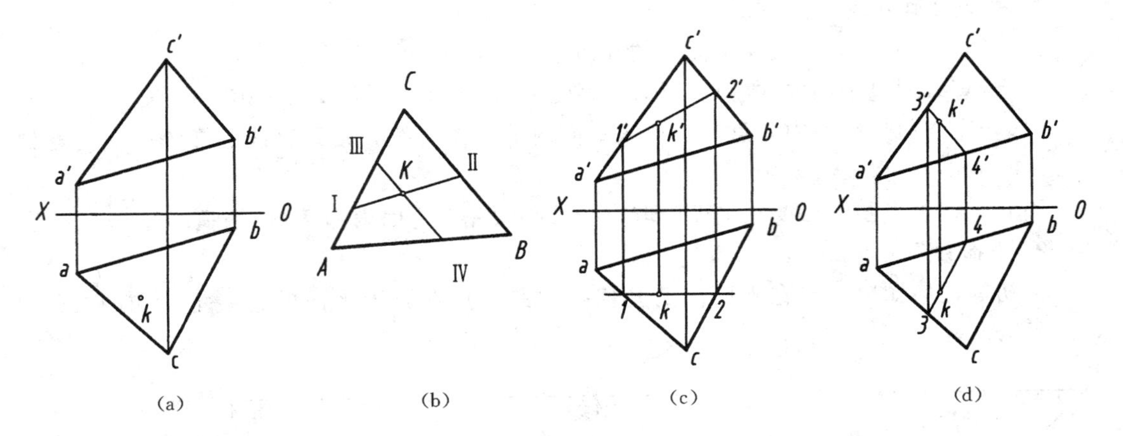

图 2-32　一般位置平面内取点的作图方法

(a) 条件；(b) 立体图；(c) 解法 1；(d) 解法 2

的水平投影 k，求作点 K 的正面投影 k′。

【解】　空间分析：因为点 K 属于平面，过点 K 可作无数条直线，使之在平面△ABC 内。该直线与平面内的直线或相交，或平行，且该直线的投影过 K 点的同面投影。因此有如下作图。

投影作图：过 K 点作直线ⅠⅡ，使之交 AC，BC 于点Ⅰ和Ⅱ。水平投影为 1、2。1∈ac，2∈bc，1′∈a′c′，2′∈b′c′。kk′⊥OX，又 k′∈1′2′，求得 k′。（另一解法读者自己分析）

【例 2-7】　如图 2-33（a）所示，已知△ABC 为铅垂面，并已知其上一点 K 的正面投影 k′，求作点 K 的水平投影 k。

【解】　空间分析：△ABC 是铅垂面，其水平投影积聚为一条直线段 abc。平面上所有点的水平投影属于该线段，所以，有如下投影作图。

投影作图：由 kk′⊥OX，k∈abc 线段，求得 k，如图 2-33（b）所示。

（四）属于平面的圆的画法

如图 2-34 所示为水平面内圆的投影，水平面内圆的水平投影反映圆的实形；正面投

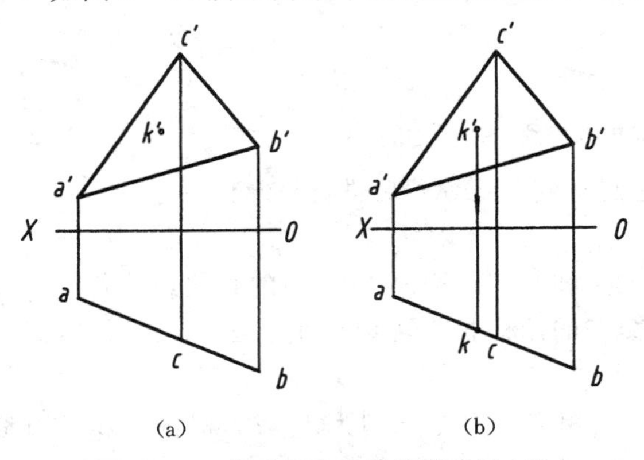

图 2-33　铅垂面内点的投影作图方法

(a) 条件；(b) 解法

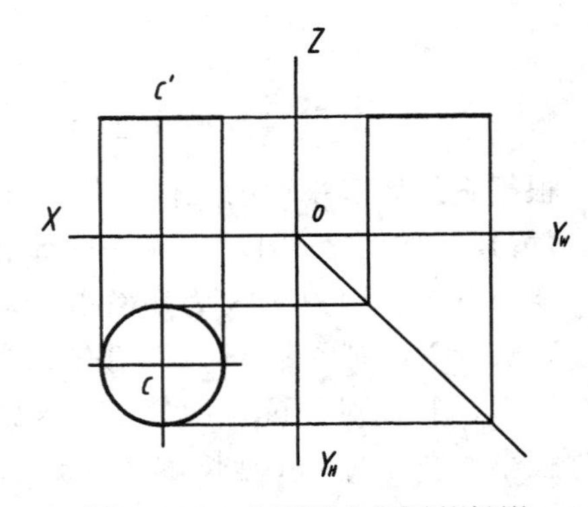

图 2-34　水平面内的圆的投影

影积聚为线段，线段长度等于圆的直径。

如图 2－35（a）所示为正垂面内的圆对 V 面和 H 面的投影情况，从图中可以看出：圆的正面投影为直线段 a′b′，长度等于直径；水平投影为椭圆。椭圆的长轴为垂直于正面的直径 DE 的投影 de，短轴为平行于 V 面的直径 AB 的投影 ab，圆心 C 的水平投影为椭圆的中心。

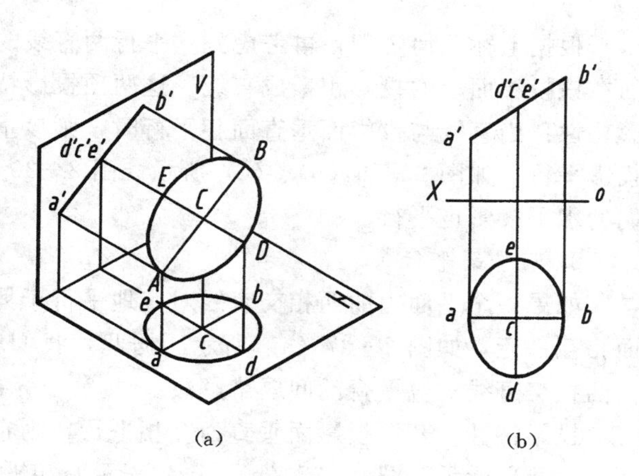

图 2－35　正垂面内的圆的投影

从上述分析可以看出：正垂面内圆的水平投影（椭圆）的长、短轴可直接由其正面投影求得。图 2－35（b）表示根据圆的正面投影作水平投影的方法：先从圆心投影 c′向下作铅垂线，确定 c，以 c 为中点截取线段 de＝a′b′，de 为椭圆的长轴，再通过圆心的投影 c—椭圆的中心 c，作水平线，从正面投影的两端点 a′、b′“长对正”下来，就得到短轴 ab。根据长、短轴即可画出椭圆。圆的侧面投影的画法与水平投影相似，建议读者自行分析。

四、直线与平面、平面与平面的相对位置

直线与平面的相对位置有三种情况：①直线属于平面；②直线平行于平面；③直线与平面相交。属于平面的直线在上面已经介绍过了，这里只介绍平行和相交问题。

平面与平面的相对位置两种情况：①平行；②相交。垂直相交是相交中的一种特殊情况。下面只介绍当平面（或者至少有一个平面）为特殊位置平面时，有关平行、相交和垂直问题的投影特性和作图方法。

（一）关于平行问题

1. 直线与平面平行

由初等几何中知道：若平面外一条直线平行于平面内一条直线，则该直线与平面必相互平行，如图 2－36（a）所示。据此我们可以解决空间直线和平面相互平行问题。

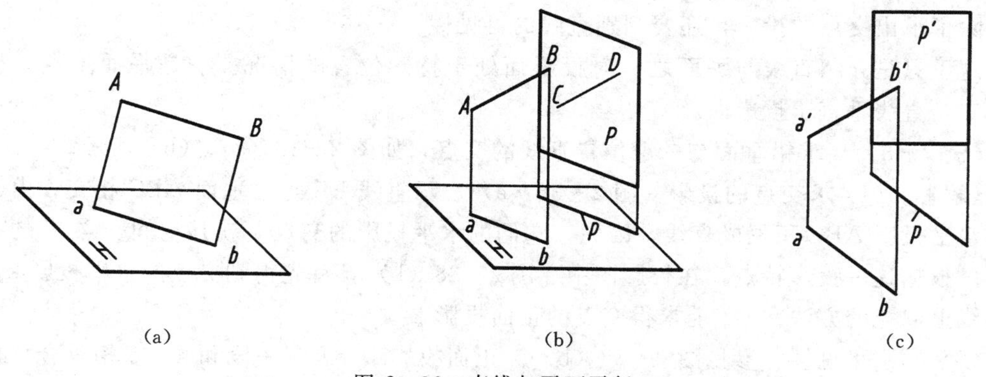

图 2－36　直线与平面平行

根据上述几何定理，再考虑到“平行两直线的同面投影平行”和“垂直于投影面的平面在该投影面上的投影积聚成直线”这两项投影特性，就可以得出直线与平面相平行的投影特性：当直线与投影面垂直面相平行时，则该垂直面具有积聚性的投影必与直线的相应投影平行，如图 2－36（b）、（c）所示。图 2－36（b）表示直线 AB 与铅垂面 P 平行，它们的水平投影也平行。

2. 两平面平行

如果一个平面内的两相交直线对应地平行于另一个平面内的相交两直线，则这两个平面相互平行，如图 2－37（a）所示。据此，我们就可以把两平行平面的问题转化为平面上两相交直线对应平行的问题来解决。

投影特性：若两投影面垂直面互相平行，则它们具有积聚性的投影必互相平行，如图 2－37（b）所示。图 2－37（b）、（c）表示互相平行的两个铅垂面 P 和 Q 的水平投影 P 和 q 也平行。

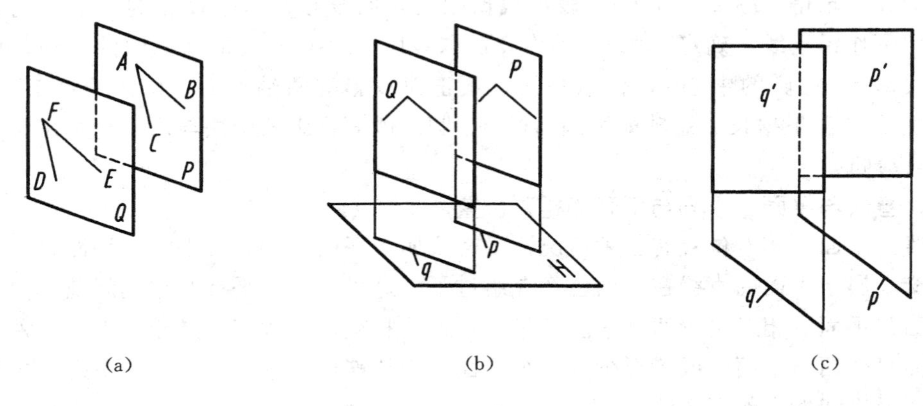

图 2－37　两平面平行

（二）关于相交问题

1. 直线与平面相交

如图 2－38（a）所示，直线与平面相交有且仅有一个公共点，即交点。这里研究相交问题主要是求出交点的投影。求交点时，首先要空间分析，然后进行投影作图。作图时，除了求出交点的投影，还要判别直线的可见性。

这里只是介绍直线与平面之一对投影面处于特殊位置的情况。一是平面垂直于投影面；二是直线垂直于投影面。

【例 2－8】　求铅垂面与一般位置直线的交点，如图 2－38（a）、（b）所示。

【解】　（1）求交点的投影。图 2－38（a）表示直线 EF 与铅垂面 ABC 相交。由于平面的水平投影 ABC 积聚成直线，因此，它们的水平投影的交点 k 就是空间交点 K 的水平投影。根据这一投影特点，在投影图中［图 2－38（b）］，首先得到交点的水平投影 k，再用直线上取点的方法在 e′f′上求得交点的正面投影 k′。

（2）判别可见性［参见图 2－38（b）］。正面投影中 e′f′有一段和 a′b′c′相重合，这段直线对正面存在可见性问题；可见部分与不可见部分的分界点为交点 K。从水平投影中可

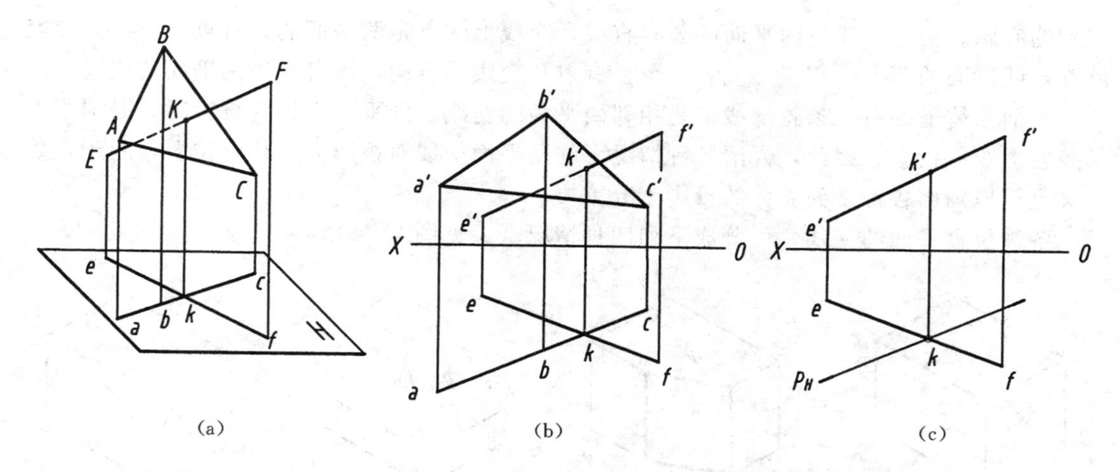

(a) (b) (c)

图 2-38 直线与平面相交

以看出，点 k 的右边，ef 在 abc 的前面，说明点 k 的右边为可见，左边为不可见。因此 k′ 右边画成粗实线，左边在 a′b′c′内的部分画成虚线。[图 2-38（c）为平面用迹线表示，求交点。]

【例 2-9】 如图 2-39（a）所示，求铅垂线 MN 与一般位置平面 ABC 的交点。

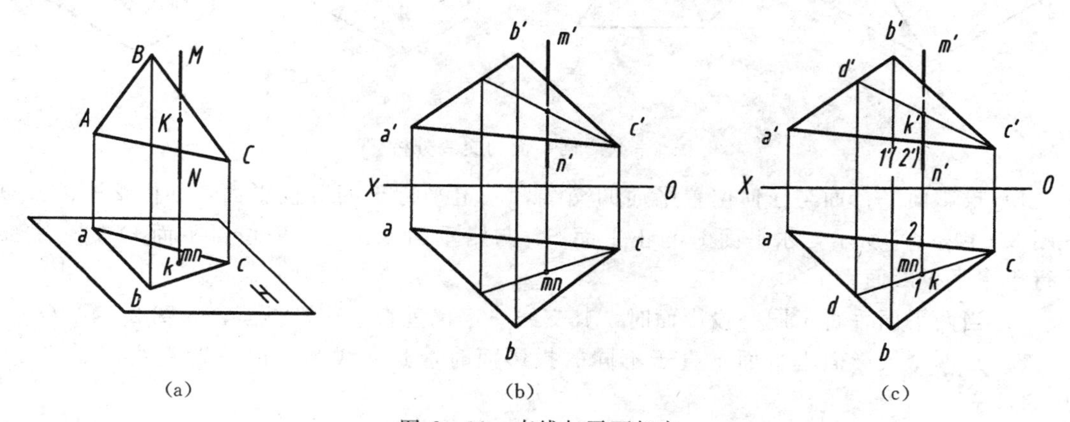

(a) (b) (c)

图 2-39 直线与平面相交

【解】 (1) 求交点的投影。因直线 MN 为铅垂线，它的水平投影积聚为一点 mn，因此，直线 MN 与 ABC 的交点 K 其水平投影 k 必与 mn 重合。要求出点 K 的正面投影 k′，可以利用平面上取点的方法，过点 K 在 ABC 上作一辅助直线 CD，求出它的正面投影 c′d′，c′d′与 m′n′的交点既为 k′如图 2-39（b）、(c)。

(2) 判别可见性 [参见图 2-39（c）]。根据 MN 和 AC 的重影点Ⅰ、Ⅱ判别可见性。由水平投影可知，1 在前，2 在后，所以 KN 的正面投影 k′n′在前，为可见。相对地，KM 在 ABC 后，被 ABC 挡住部分为不可见，用虚线表示。

2. 两平面相交

(1) 两平面交线对投影面的相对位置与两平面对投影面位置的关系。

两平面相交其交线为一直线。两平面的投影确定后怎样作出交线的投影是制图中经常遇到的问题。由于交线是两平面的公有直线，交线上的点是两平面的公有点。所以只要能够确定两平面的两个公有点，或者一个公有点和交线的方向，即可作出两平面的交线。

平面立体上的每一条轮廓线都是相邻两平面的交线。画平面立体的投影时，必须画出每条轮廓线的投影。因此，弄清各种情况下的两平面交线对投影面的相对位置，对于正确而又迅速地画出各种平面立体的投影十分重要。

各种位置平面的交线，可分成下列四种情况（参见图 2－40）：

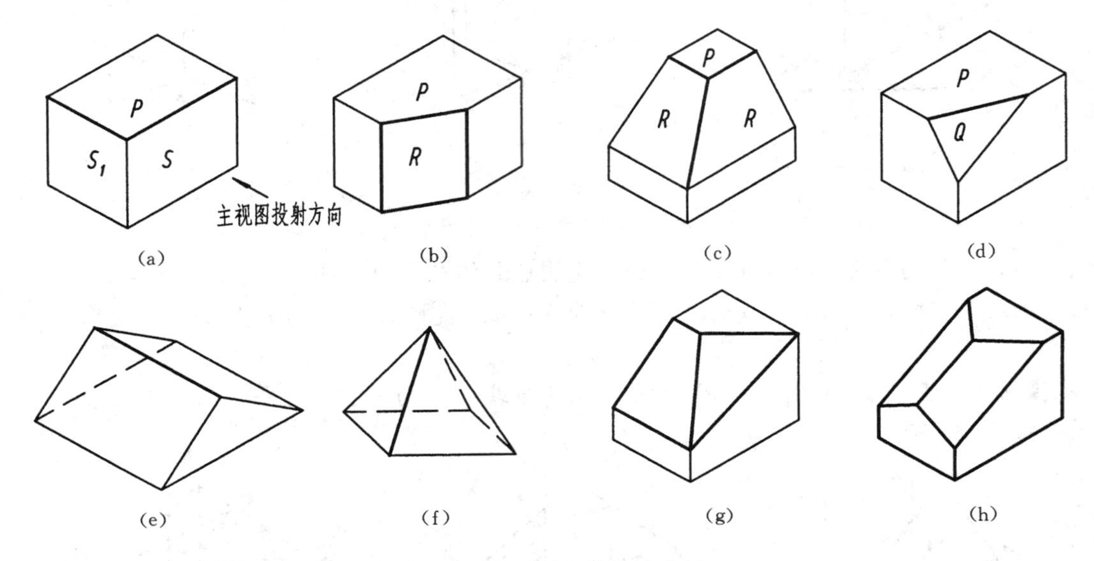

图 2－40　两平面的交线分析

1）投影面平行面与任何位置平面的交线，一定平行于相应投影面，如图 2－40（a）～图 2－40（d）所示，水平面 P 与正平面 S、与铅垂面 R、与一般位置平面 Q 的交线都平行于水平投影面。

2）当两平面垂直于同一投影面时，其交线一定也垂直于该投影面，如图 2－40（e）。

3）当两个投影面垂直面垂直于不同的投影面时，其交线为一般位置直线，如图 2－40（f）。

4）投影面垂直面与一般位置平面相交，或者两个一般位置平面相交的交线，一般为一般位置直线（特殊情况下为投影面平行线），如图 2－40（g）、（h）。

（2）求作两平面交线投影的方法。

求作两平面交线的方法是：求出两个公共点，或者一个公共点和交线的方向。作出交线的投影后，还要判别两平面重影部分的可见性。

现举例说明如下。

【例 2－10】　求作矩形 DEFG 与△ABC 的交线的投影，并判别可见性，见图 2－41（a）。

【解】　作图方法见图 2－41（b）。

（1）作交线的投影。由于矩形 DEFG 是铅垂面，△ABC 是一般位置平面，因此，可以用图 2－38 中介绍的方法，求出△ABC 的 AC 边和 BC 边与平面 DEFG 的交点，两个交点的连线就是两平面的交线。在这里，由于矩形 DEFG 的水平投影有积聚性，交线的水平投影 mn 为已知，据此就可作出交线的正面投影 m′n′。

（2）判别可见性。它们的水平投影不重合，即 ABC 对水平投影面都是可见的；正面投影有一部分重合，因而两个平面在投影重合的范围内存在可见性问题，可见部分与不可见部分的分界线为交线 MN；从水平投影可以看出，C 在 MN 之前，所以正面投影 m′n′c′可见，对应的 m′n′a′b′与矩形重影部分为不可见。

矩形平面 DEFG 与 ABC 重影部分，e′f′为可见，d′g′边 1′2′部分不可见，画成虚线。

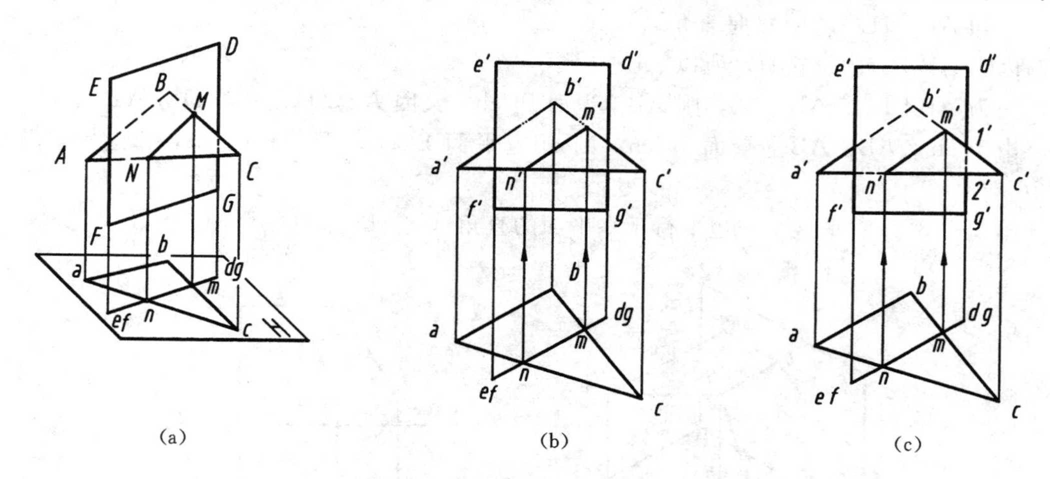

(a)　(b)　(c)

图 2－41　铅垂面与一般位置平面相交

（a）立体图；（b）已知条件和作图过程；（c）表明可见性和作图结果

【例 2－11】　求两个铅垂面（△ABC 与矩形 DEFG）的交线的投影，并判别可见性，如图 2－42（a）所示。

【解】　（1）作交线的投影。两个铅垂面的交线是铅垂线。由图 2－42（b）可知，它们的水平投影的交点 mn 就是空间交线 MN 的水平投影，由 mn 就可求得正面投影 m′n′。

（2）判别可见性。两平面对正面的可见性问题，必须根据水平投影中所反映的前后关系来判别，判别结果如图 2－42（c）所示。由水平投影可见，DG 在 BC 之后，则以 m′n′为界 m′b′n′c′为可见，m′n′a′在后面，与矩形重影部分 1′m′、2′n′为不可见。

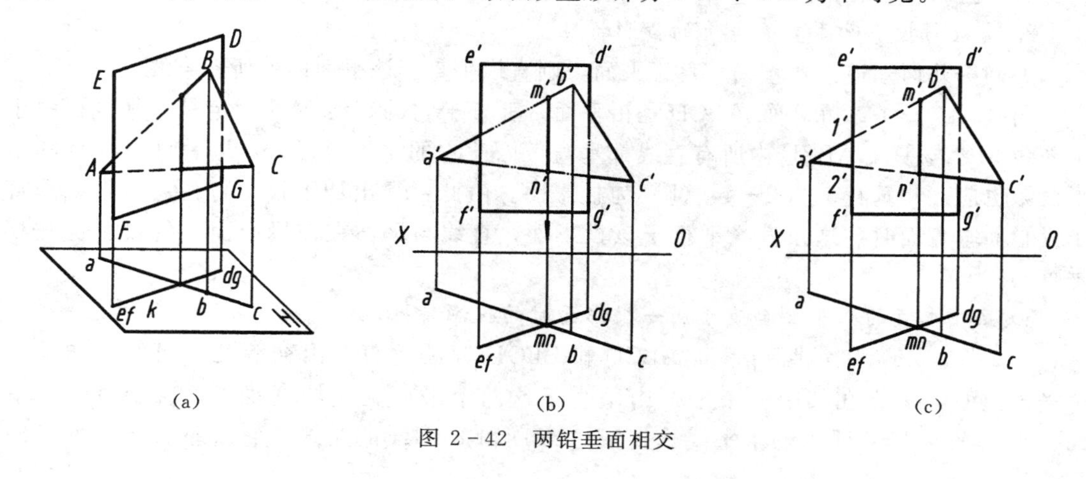

(a)　(b)　(c)

图 2－42　两铅垂面相交

（三）关于垂直问题

1. 直角投影定理

空间两直线成直角（相交或交叉），若两边都与某一投影面倾斜，则在该投影面上的投影不是直角。

一边平行于某一投影面的直角，在该投影面上的投影仍是直角。

如图 2－43（a）所示，以一边平行于水平面的直角为例，证明如下：

已知 AB∥H，∠ABC 是直角。

因为 AB∥H，Bb⊥H，所以 AB⊥Bb。

因为 AB⊥BC、AB⊥Bb，则 AB⊥平面 BCcb。又因 AB∥H，所以 ab∥AB。

由于 ab∥AB、AB⊥平面 BCcb，则 ab⊥平面 BCcb，于是 ab⊥bc，即∠abc 仍是直角。

图 2－43（b）是这个一边平行于水平面的直角（∠ABC）的投影图。

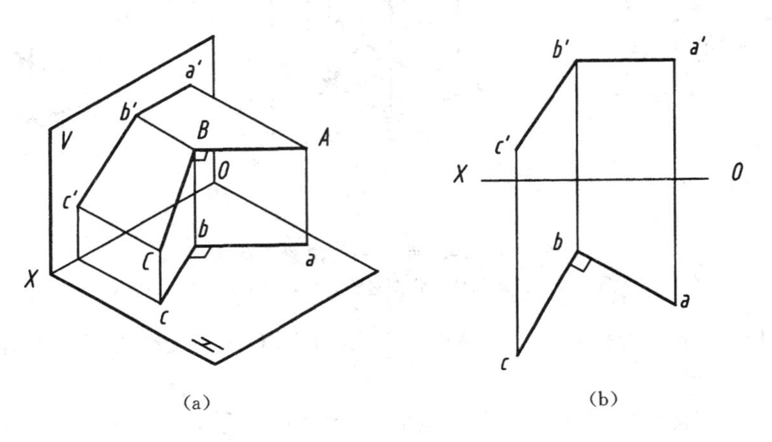

图 2－43　一边平行于投影面的直角的投影

（a）立体图；（b）投影图

根据这一投影特性和有关垂直问题的初等几何知识，可以得出直线与平面垂直和两平面互相垂直的投影特性。

2. 直线与投影面垂直面垂直的投影特性

由初等几何知道：若直线垂直于平面，则直线垂直于该平面内的所有直线。

图 2－44（a）表示平面 ABCD 是铅垂面，垂直于它的直线 MN 一定是水平线；由于水平线 MN 与平面 ABCD 内所有直线都垂直，因此它的水平投影 mn 与平面 ABCD 的水平投影也应互相垂直。图 2－44（b）为投影图。由此可得出如下投影特性：当直线垂直于投影面垂直面时，这条直线平行于该投影面，直线与平面在该投影面上的投影也互相垂直。

3. 互相垂直的两平面垂直于同一投影面时的投影特性

图 2－45（a）表示两铅垂面 ABCD 和 EFGH 互相垂直。由初等几何可知：如果两个平面垂直，那么在其中一个平面内垂直于这两个平面交线的直线，垂直于另一个平面。由于平面 EFGH 内的水平线垂直于 ABCD 和 EFGH 的交线，它就垂直于平面 AB-

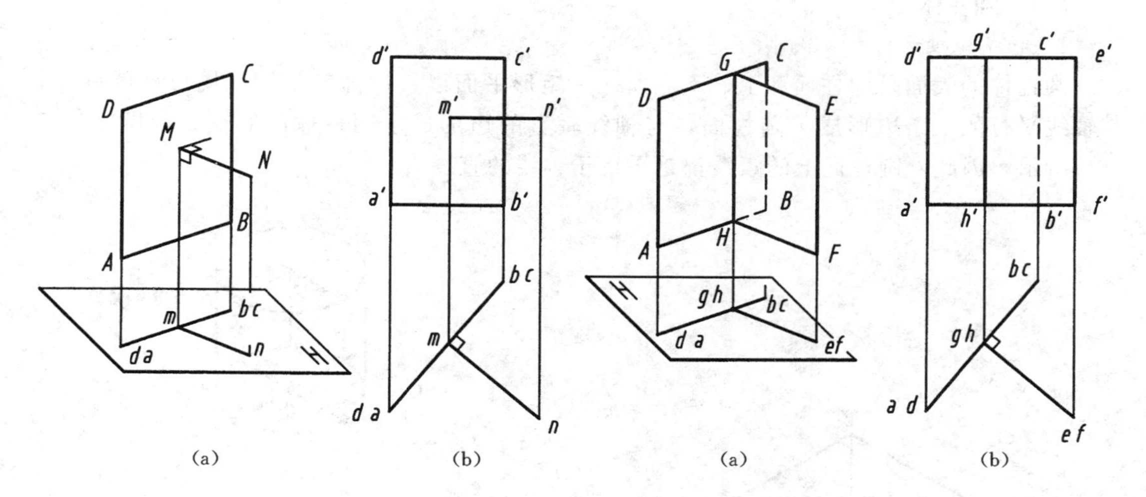

(a)　　　(b)　　　(a)　　　(b)

图 2-44　直线与铅垂面垂直

(a) 立体图；(b) 投影图

图 2-45　两铅垂面互相垂直

(a) 立体图；(b) 投影图

CD，因此，这两个平面的水平投影也互相垂直。图 2-45（b）为投影图。由此可得出如下投影特性：互相垂直的两平面垂直于同一投影面时，它们在这个投影面上的投影也互相垂直。

§2-5　回转体的投影

一、回转面的形成

一动线（直线、圆弧或其他曲线）绕一定线（直线）回转一周后形成的曲面，称为回转面。图 2-46（a）表示动线 ABC 绕定线 *OO* 回转一周后，形成如图 2-46（b）所示的回转面；形成回转面的定线称为轴线，动线称为母线，母线在回转面上的任意位置称为素线。

从回转面的形成可知：母线上任意一点 K 的轨迹是一个圆，称为纬圆。纬圆的半径是点 K 到轴线 *OO* 的距离，纬圆所在的平面垂直于轴线 *OO*。

回转面的形状取决于母线的形状及母线与轴线的相对位置。

二、常见回转体

表面是回转面或回转面与平面的立体，称为回转体。工程上常见的回转体有圆柱、圆锥、圆球和圆环。下面介绍它们的形成、投影特点和表面取点的方法。

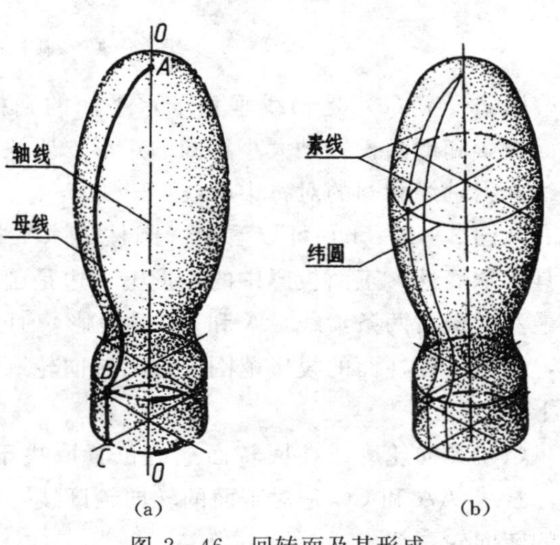

(a)　　　(b)

图 2-46　回转面及其形成

（一）圆柱体

1. 形成和投影分析

圆柱体的表面是圆柱面和上、下底面。一矩形平面以一边为轴旋转一周形成圆柱体，与轴线平行的一条边形成了圆柱面，与轴线垂直的边形成了圆柱体的底面，如图 2-47（a）所示。因此，圆柱面上的素线都是平行于轴线的直线。

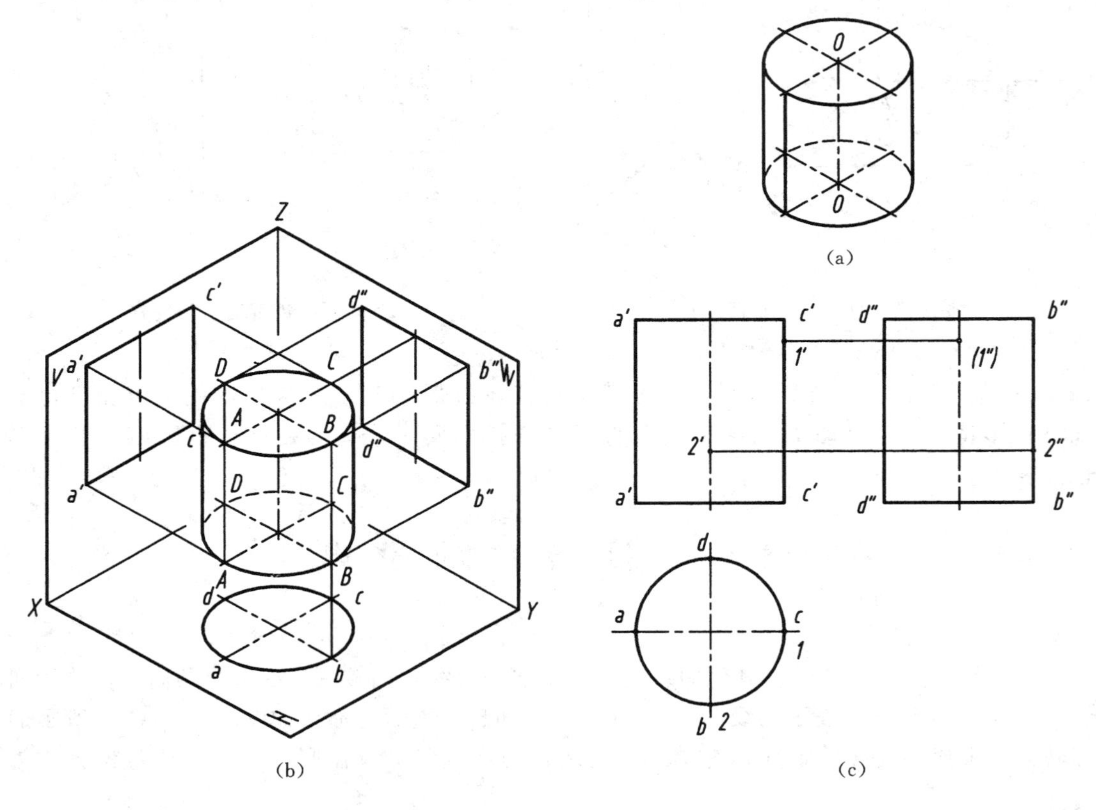

图 2-47　圆柱的形成和投影

图 2-47（c）是轴线垂直于水平面的圆柱体的三面投影，它的水平投影是一个圆，正面投影和侧面投影是大小相同的矩形。要注意的是，任何回转体的投影中，必须用细点画线画出轴线和圆的对称中心线。

从图 2-47（b）可以看出：圆柱的水平投影这个圆周，是整个圆柱面的水平投影，它具有积聚性；正面投影中的矩形上下边是圆柱的上下底面的投影，左右两边是圆柱面上的最左和最右两条素线 AA 和 CC 的投影，通过这两条线上所有点的投射线都与圆柱面相切，确定了圆柱面的投影范围，称为转向轮廓线，回转面的转向轮廓线的性质和投影特点如下：

（1）转向轮廓线在回转面上的位置取决于投射线的方向，因而是对某一投影面而言的。素线 AA 和 CC 是对正面的转向轮廓线，而最前和最后两条素线 BB 和 DD 则是对侧面的转向轮廓线。

（2）转向轮廓线是回转面上可见部分和不可见部分的分界线。当轴线平行于投影面时，转向轮廓线所决定的平面与相应投影面平行，并且是回转面的对称面。例如素线AA和CC与正面平行，它们所决定的平面将圆柱分成前后两半。因此，对于母线与轴线处于同一平面内形成的回转面，转向轮廓线的投影反映母线的实形及母线与轴线的相对位置。

（3）由上一点可以得出：转向轮廓线的三面投影应符合投影面平行线（或面）的投影特性，其余两投影因与轴线或圆的对称中心线重合，所以不画出。

初学者在掌握转向轮廓线空间概念的基础上，必须熟悉它们的投影关系，为以后的学习打下基础。图2-47（c）所示的点Ⅰ和点Ⅱ的三个投影，主要目的是表明圆柱面上转向轮廓线CC和BB的投影关系。

2. 圆柱面上取点

图2-48表示已知圆柱面上两点Ⅰ和Ⅱ的正面投影1′和2′，求作它们的其余两投影的方法。

由于圆柱面的水平投影积聚为圆，因此，利用“长对正”即可求出点的水平投影1和2。再根据点的正面投影和水平投影，求得侧面投影1″和2″。由于点Ⅱ在圆柱面的右半部，其侧面投影是不可见的。

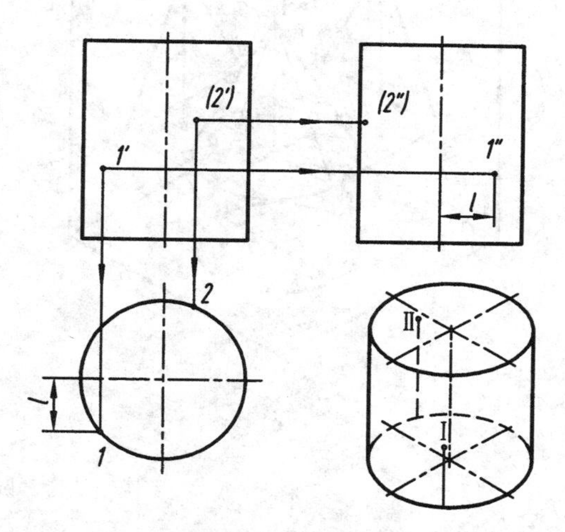

图2-48　圆柱面上取点的作图方法

（二）圆锥体

1. 形成和投影分析

圆锥体的表面是圆锥面和底面。圆锥体是一个三角形平面以一直角边为轴旋转一周形成圆锥体，如图2-49（a）所示。因此，圆锥面的素线都是通过锥顶的直线。

图2-49（c）是轴线垂直于水平面的圆锥体的三面投影，其水平投影为圆，正面投影和侧面投影是相同的等腰三角形，这两个等腰三角形的腰分别是圆锥面对正面和侧立的转向轮廓线的投影。从图2-49（b）中可以看出Ⅰ、Ⅱ点分别位于对正面和对侧面的一条转向轮廓线上。

2. 圆锥面上取点

图2-50表示圆锥面上取点的作图原理。由于圆锥面的各个投影都不具有积聚性，因此，取点时必须先作辅助线，再在辅助线上取点，这与在平面内取点的作图方法类似。对于轴线垂直于投影面的回转面，通用的辅助线是纬圆。圆锥面还可采用素线作为辅助线。

图2-51表示，已知圆锥面上点Ⅰ的正面投影1′、点Ⅱ的水平投影，应用辅助纬圆求其余两投影的作图步骤。建议读者自己以素线作为辅助线来解决这个问题。

（三）圆球（简称球）

1. 形成和投影分析

圆球表面是球面。球面可以看成由半圆绕其直径回转一周而形成，如图2-52（a）

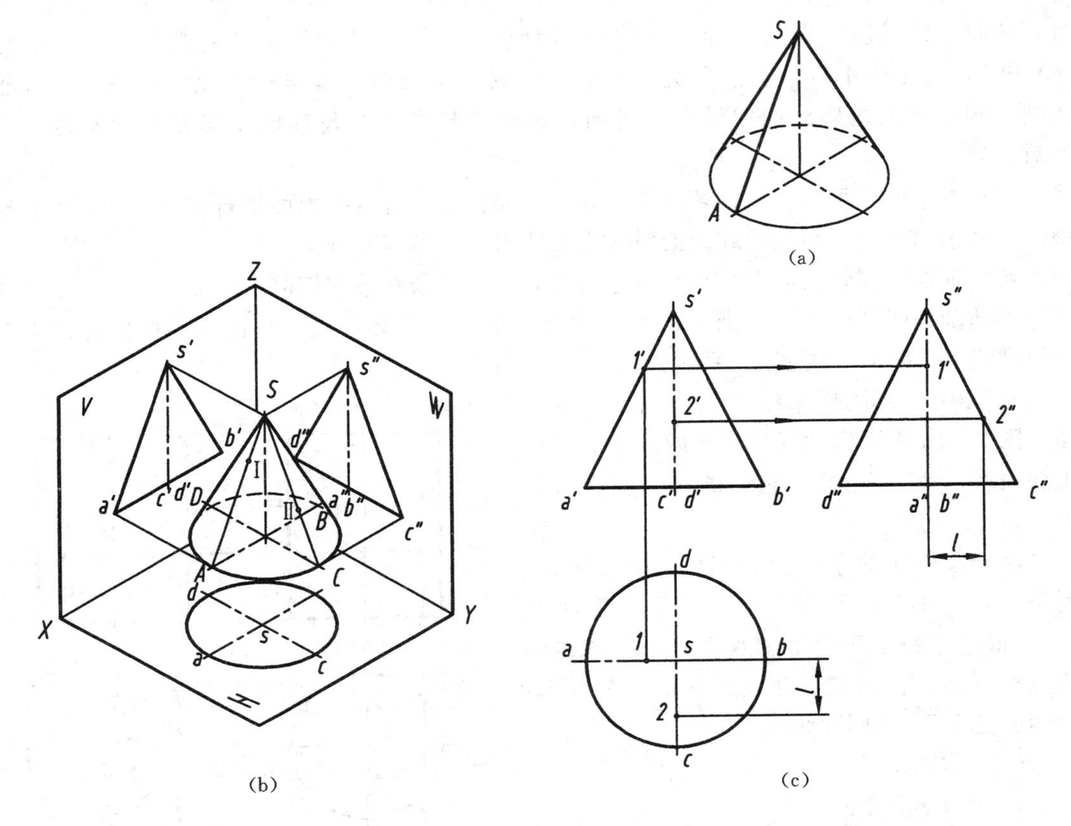

图 2－49　圆锥的形成和投影

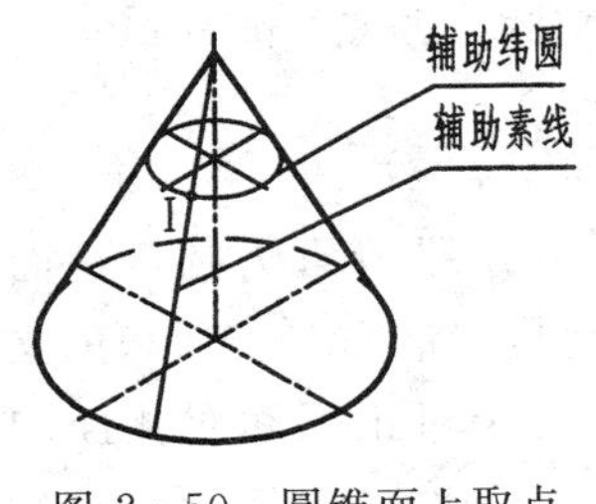

图 2－50　圆锥面上取点的作图原理

所示。图 2－52（c）是球的三面投影，它们都是大小相同的圆，圆的直径都等于球的直径。从图 2－52（b）可以看出：球面对三个投影面的转向轮廓线，都是平行于相应投影面的最大的圆，它们的圆心就是球心。例如，球对正面的转向轮廓线就是平行于正面的最大圆 B，其正面投影 b′，确定了球的正面投影范围，水平投影 b 与相应圆的水平中心线重合，侧面投影 b″与相应圆的铅垂中心线重合。球对水平投影面和侧立投影面的转向轮廓线也可作类似分析。图 2－52（c）中画出了对水平转向轮廓线上点 K 的三个投影。

2. 球面上取点

图 2－53 表示已知球面上 S 点的正面投影 s′，求作其水平投影 s 和侧面投影 s″的方法。由于通过球心的直线都可以看作球的轴线，在这个图中，我们就把球的轴线看成与水平面垂直，辅助纬圆平行于水平面。作图方法和步骤与图 2－51 的作图方法和步骤完全相同。

图 2－54 则是把球的轴线看成与正面垂直，利用平行于正面的辅助纬圆来作图的（可与图 2－53 进行比较）。

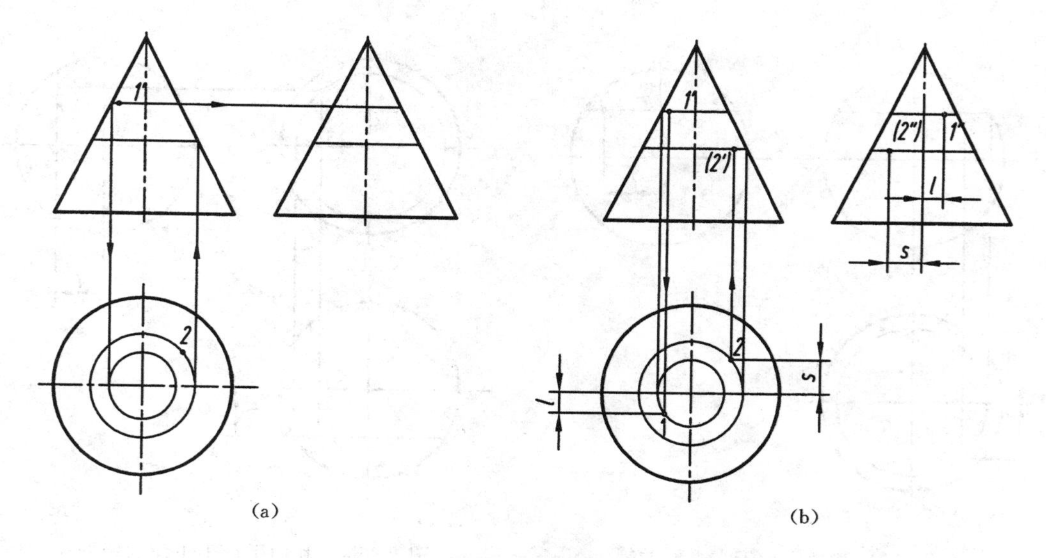

图 2-51　应用辅助纬圆在圆锥面上取点的作图方法

(a) 过点Ⅰ、Ⅱ作辅助纬圆的三面投影；(b) 在辅助纬圆上求得点Ⅰ、Ⅱ的其余两投影

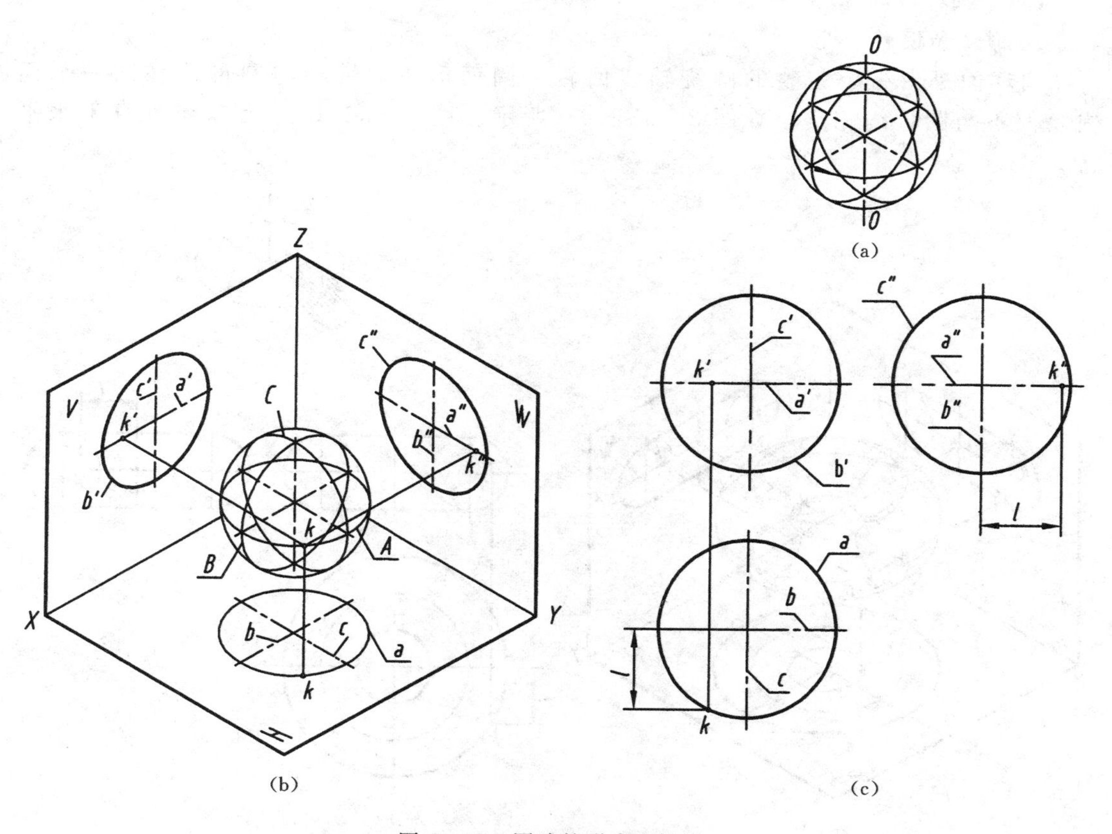

图 2-52　圆球的形成和投影

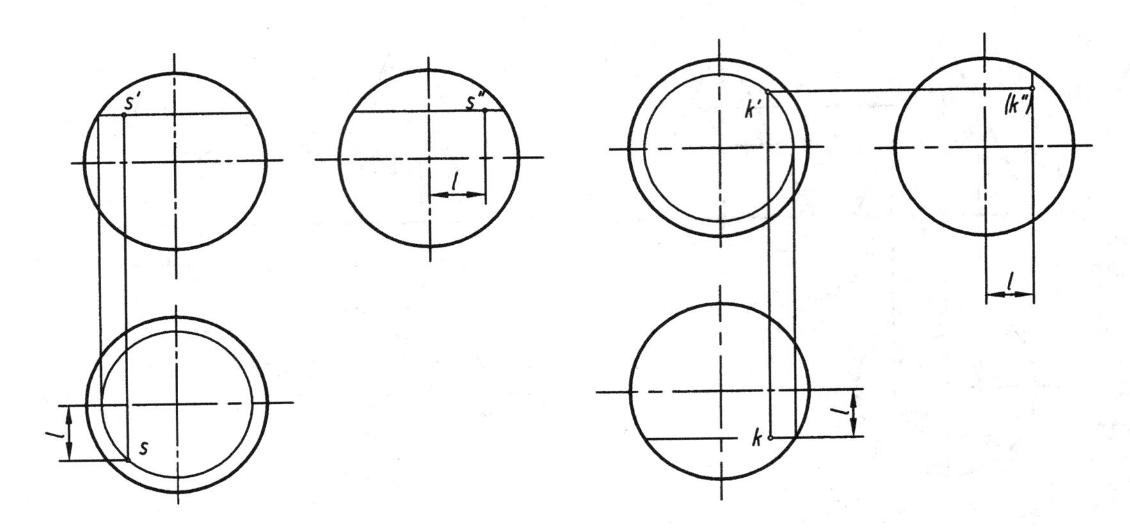

图 2-53　利用平行于水平面的辅助纬圆取点的作图方法

图 2-54　利用平行于正面的辅助纬圆取点的作图方法

(四) 圆环（简称环）

1. 形成和投影分析

圆环面是由一个完整的圆绕轴线回转一周而形成，轴线与圆母线在同一平面内，但不与圆母线相交，如图 2-55（a）所示。图 2-55（c）为轴线垂直于水平

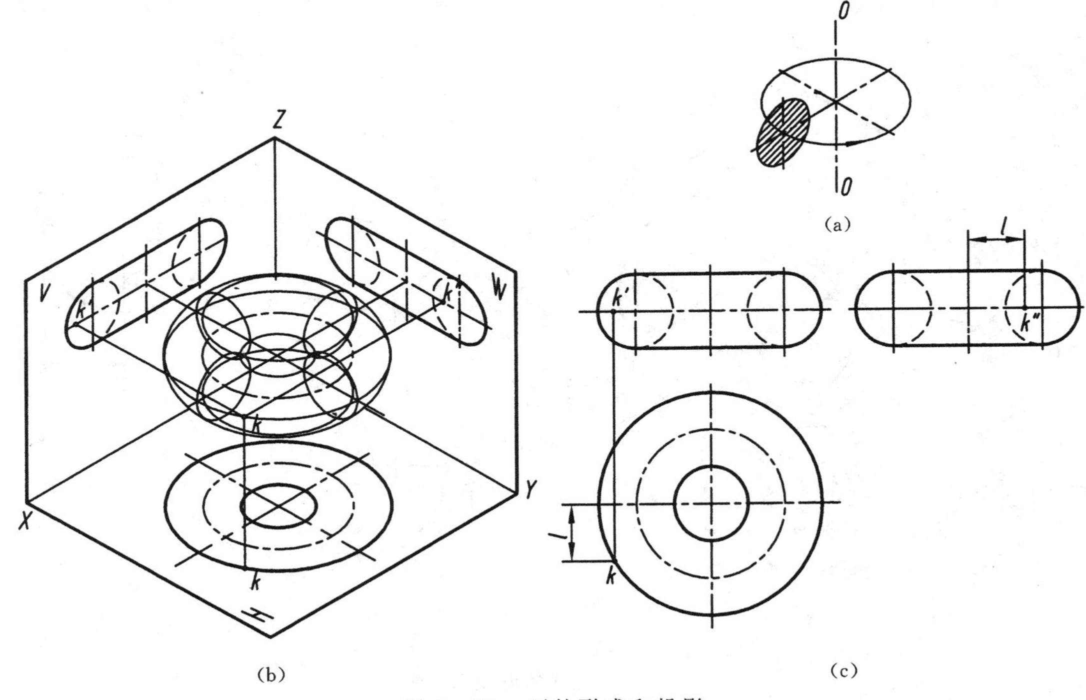

图 2-55　环的形成和投影

面的圆环的三面投影。从图 2－55（b）可知：在正面投影中，左、右两个圆是环面最左、最右两个素线圆的投影，上、下两条公切线是最高、最低两个纬圆的投影，它们都是对正面的转向轮廓线。环的侧面投影与正面投影相似，请读者自行分析。环对水平面的转向轮廓线是垂直于轴线的最小纬圆和最大纬圆，点画线圆是母线圆中心的轨迹的投影。图 2－55（c）中所示的点 K 是在对水平投影面的转向轮廓线上。

2. 圆弧回转面

一段圆弧绕与它在同一平面内但不通过圆心的轴线回转一周而形成的曲面称为圆弧回转面。它和上、下底面一起围成圆弧回转体。图 2－56 所示为零件上常见的圆弧回转体，其圆弧回转面是圆环面的一部分。图 2－56（b）中还表示已知圆弧回转面上点 Ⅰ 的水平投影 1，求作其正面投影 1′的方法。

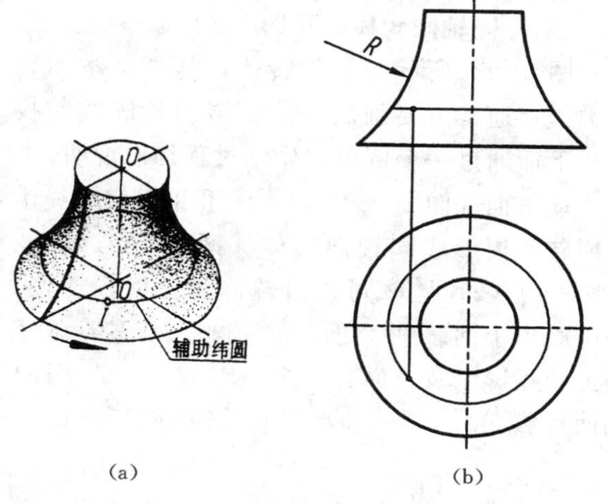

图 2－56　圆弧回转体的形成和投影及表面取点

（五）轴线为投影面平行线的圆柱和圆锥的投影

下面以圆柱体为例，说明轴线为投影面平行线的圆柱和圆锥投影的画法。

图 2－57（a）表示轴线为正平线的圆柱体的两个投影。在这种位置下，两个底面为正垂面，圆柱的正面投影仍为矩形。由于底圆倾斜于水平面，其水平投影成为椭圆，两椭圆的外公切线是圆柱面对水平面的转向轮廓线的投影。图 2－57（b）、（c）、（d）为斜置圆台的投影，图 2－57（b）、（c）为上下底圆无公切线，图 2－57（d）为上下底有公切线的情况。

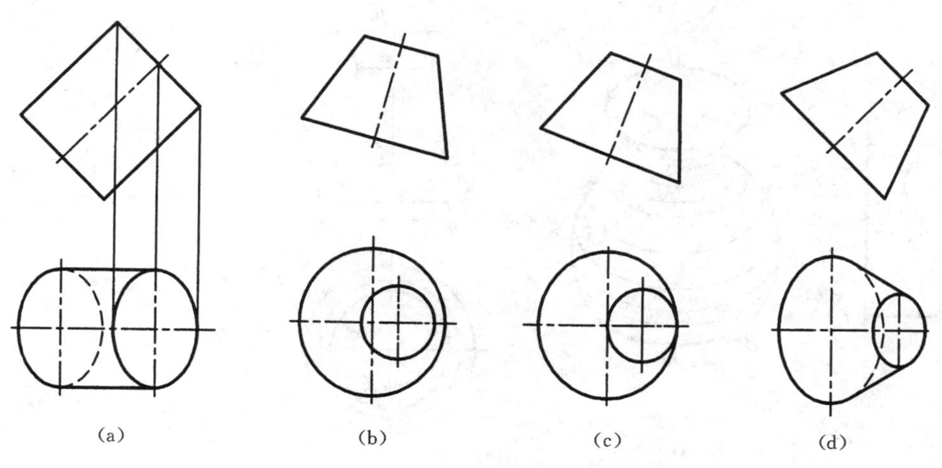

图 2－57　斜置圆柱和斜置圆锥的投影

斜置圆柱的应用举例如图 2－58 所示。

三、同轴回转体

（一）同轴回转体的形成

任一有界平面（称为动平面）绕与其共面的轴线旋转一周则形成同轴回转体。轴线可以是动平面上的一条边，也可以与动平面相离，如图 2－59 所示。

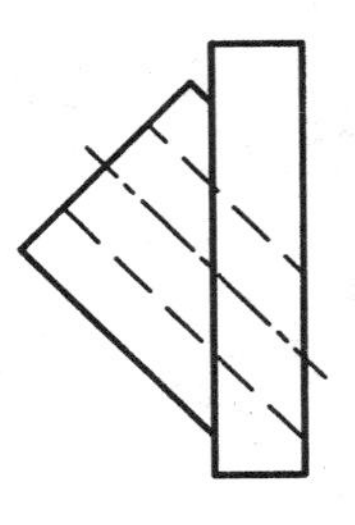
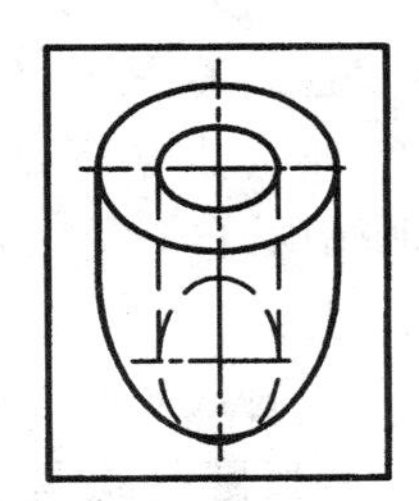
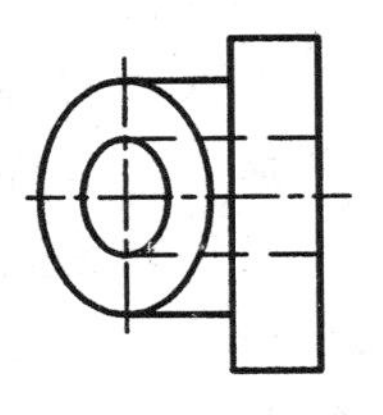

图 2－58　斜置圆柱的应用举例

（二）同轴回转体的投影

图 2－60 所示同轴回转体，与画基本回转体类似，通常需要画出轴线、转向轮廓线的投影。下面通过一个例子的作图过程加以说明。

动平面［图 2－60（a）］ⅠⅡⅢⅣ绕轴线ⅠⅡ回转一周形成同轴回转体［图 2－60（b）］。图 2－60（c）是该同轴回转体的三面投影图，图中画出了回转轴ⅠⅡ、轮廓圆 A 、轮廓圆 B 的三面投影以及正面转向线 AB、A_1B_1 的正面投影 $a'b'$、$a_1'b_1'$，侧面转向线 CD、C_1D_1 的侧面投影 $c''d''$、$c_1''d_1''$和水平面转向圆 E、F 的水平投影 e、f。

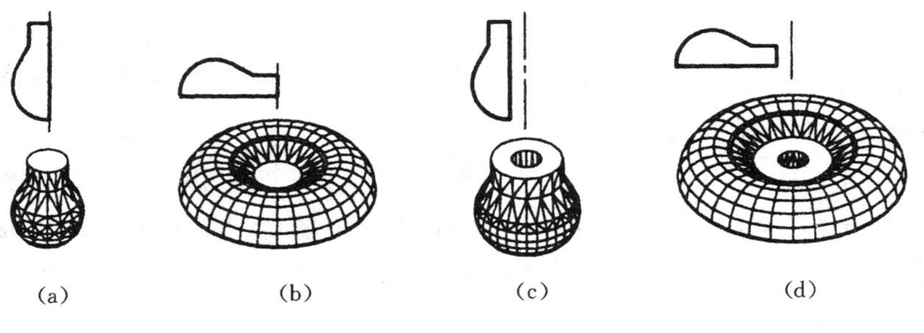

图 2－59　同轴回转体的形成

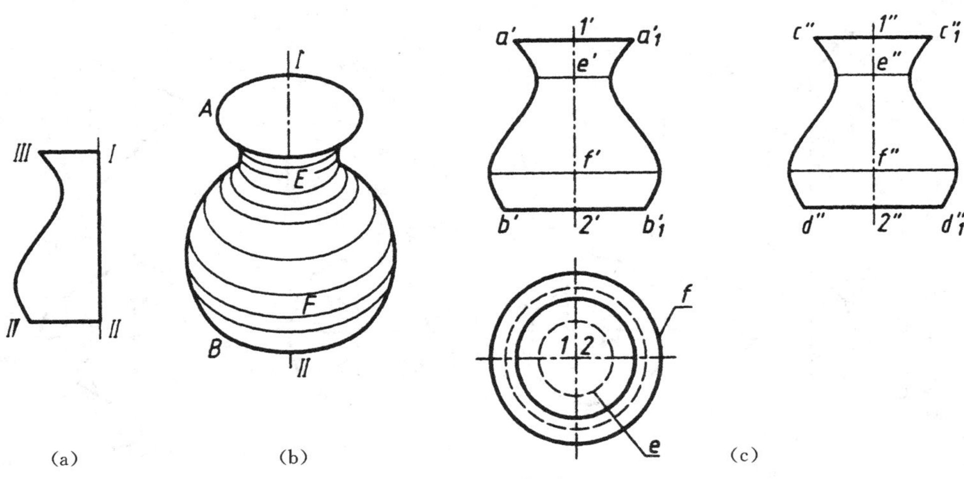

图 2－60　同轴回转体的投影

（三）同轴回转体上的点

利用回转面的基本性质和它的图示特点，还可以解决属于回转体表面上的定位问题。如图 2-61 所示，已知抛物回转体表面上的点 K 的正面投影 k′和点 M 的水平投影 m，可利用过已知投影点在回转面上作图的方法求出这两个点的另外两个投影。

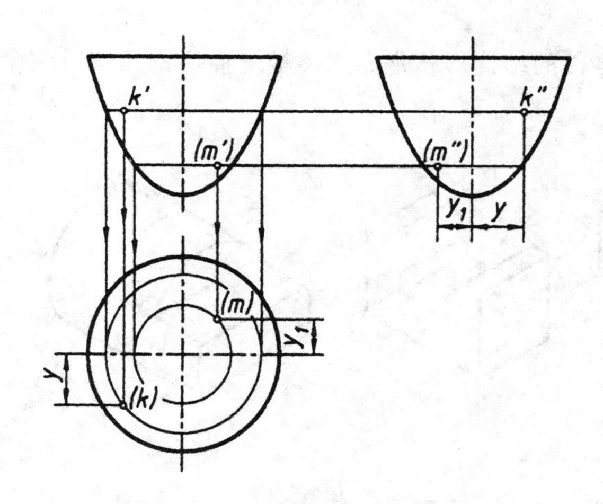

图 2-61　同轴回转体表面取点

第三章　立 体 表 面 交 线

在生产实际中，零件的结构形状常有立体被平面切割而成或两个基本立体表面相交的情况，如图 3－1 所示。

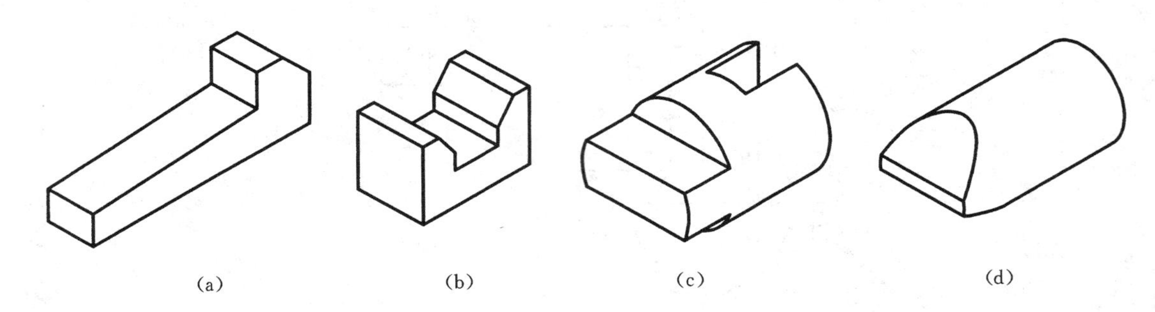

图 3－1
（a）钩头楔键；（b）定位块；（c）联轴器接头；（d）触头

画图时为了表达清楚这些被切割的立体或基本立体相交而形成的零件形状，必须正确的画出它们交线的投影。

§3－1　平面立体表面的截交线

平面与立体表面的交线称为截交线，切割立体的平面称为截平面，如图 3－2 所示。

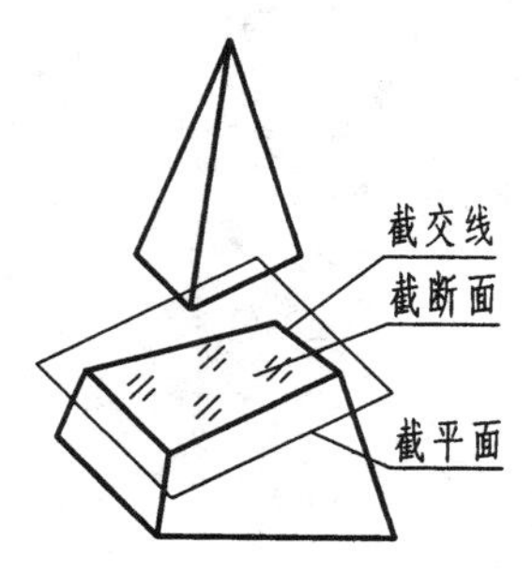

图 3－2　立体被平面截切

平面与平面立体表面相交，所得交线是由直线所围成，构成封闭多边形。多边形的边数决定于平面立体上棱面与平面相交的交线数目。交线是棱面与截平面的共有线，因此，求截交线的问题，实质是求平面与平面立体上棱面的共有线问题，而直线线段又是由两端点确定的，也是求棱线与平面共有点问题。

求平面与平面立体的截交线的方法有：①求各棱线与截平面的交点——棱线法；②求各棱面与截平面的交线——棱面法。

求平面与平面立体的截交线的一般步骤：

（1）分析截交线的形状。截交线形状取决于平面立体的形状，以及截平面对平面立体的截切位置；一般情况下，截交线都是封闭的平面多边形。

（2）分析截交线的投影。分析截平面与投影面的相对位置，明确截交线在投影面上的投影特性，例如平面投影的积聚性、实形性、类似形等。

（3）画出截交线的投影。分别求出平面立体上棱线与截平面的交点，最后将这些交点连接成多边形。

【例 3－1】　根据图 3－3（a）所示立体的主、俯视图［图 3－3（b）］，画出左视图。

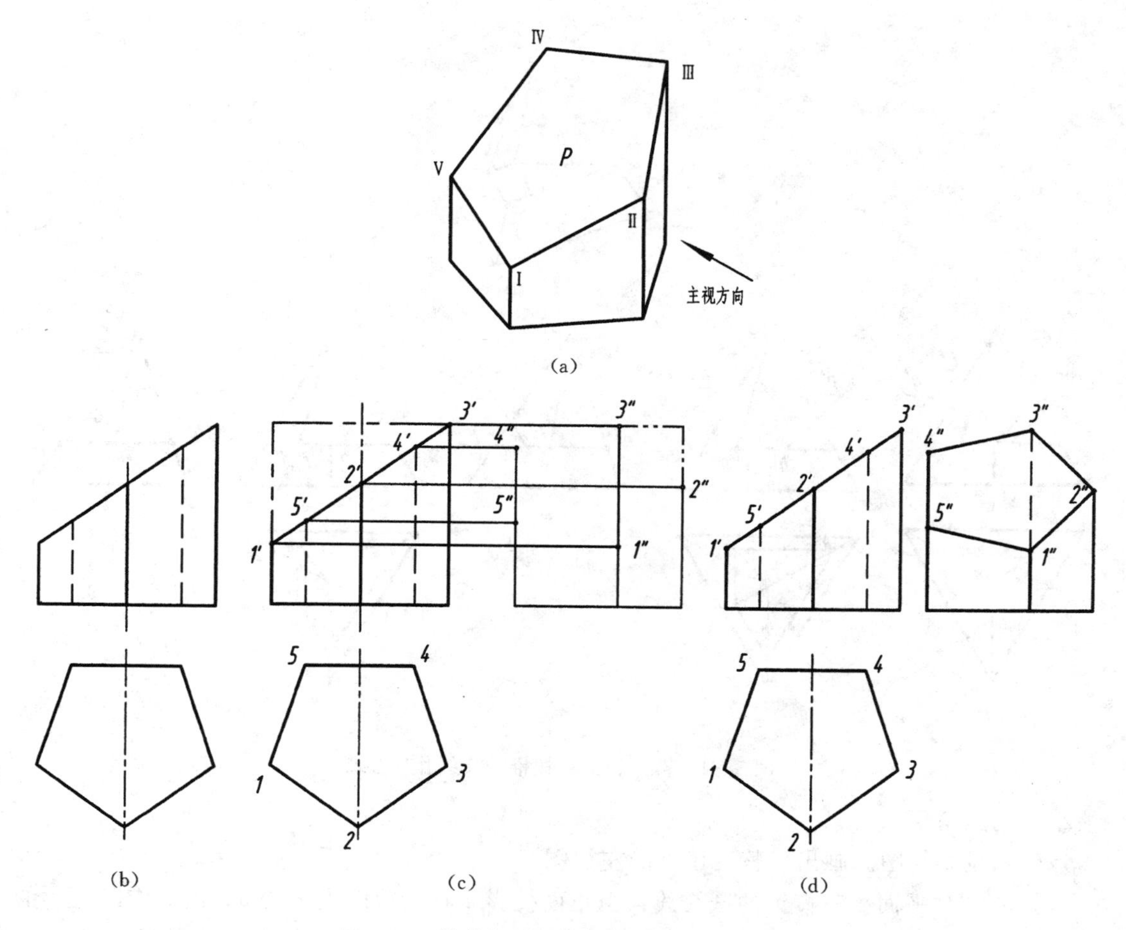

图 3-3　被截切的五棱柱截交线作图步骤

【解】　(1) 空间分析及投影分析。因截平面 P 与五棱柱五个棱面相交，所以截交线是五边形。它的五个顶点为五条棱线与截平面的交点。

截平面 P 垂直于正立投影面 V，而倾斜于 H 面和 W 面，所以截交线的正面投影积聚为线段，而水平投影和侧面投影是类似形。

(2) 投影作图先画出完整五棱柱的左视图，如图 3-3 (c) 所示。因截平面 P 的正面投影有积聚性，所以截交线五边形的五个顶点Ⅰ、Ⅱ、Ⅲ、Ⅳ、Ⅴ的正面投影可以直接得到，而且五个顶点又分别在五条棱线上，根据点属于直线的投影特性，可以直接求得五个点的侧面投影，连接各个顶点即可得到截交线的侧面投影，如图 3-3 (c)、(d) 所示。

【例 3-2】　完成图 3-4 (a) 所示立体的主、俯视图，画出其左视图。

【解】　(1) 空间及投影分析。图 3-4 (a) 所示三棱锥被两平面 P、Q 截切，P 面与三棱锥的三个侧面、及 Q 平面均相交。因此，截交线是四边形，它的四个顶点为 A、B、C、D。其中 A、B 分别在棱线上。因为 P 是水平面，其正面、侧面投影积聚为线段 p'、p''，如图 3-4 (c) 所示。截平面 Q 与三棱锥的两个侧面及 P 面相交，交线围成三角形。Q 面垂直于正立投影面 V，所以，其正面投影积聚为线段 q'，水平投影和侧面投影都是

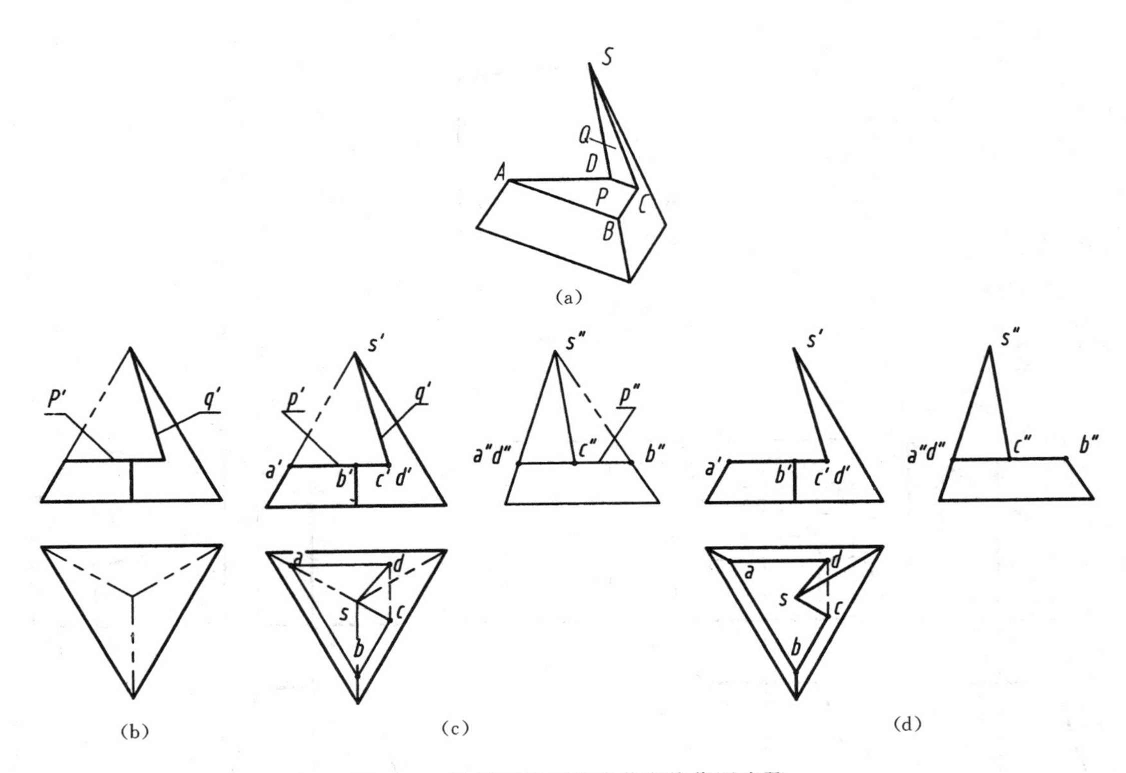

图 3-4 被截切的三棱锥截交线作图步骤

缩小了的三角形。

（2）投影作图。画出完整三棱锥的左视图。

先求出 P 平面截三棱锥的截交线：由正面投影 a'在俯视图上求得 a，由 a 作四边形的边 ab、bc、ad 与底面对应边平行可求得截交线的水平投影 abcd 的三条边，另一条边 cd 是 Q 平面与 P 平面的交线 CD 的水平投影，可由正面投影 c'、d'在俯视图上分别求得 c、d。所求 abcd 即为截交线在水平投影面上的投影。侧面投影 p''积聚为线段，且平行于底面的侧面投影。

再求 Q 平面与三棱锥的截交线。Q 平面的正面投影有积聚性，所以截交线的正面投影为线段 q'，△scd 为截交线的水平投影，△$s''c''d''$为截交线的侧面投影。

注意：P、Q 两平面的交线的水平投影应为虚线；还要注意正确画出各条棱线的水平和侧面投影。

【例 3-3】 画出图 3-5（a）所示立体的三视图。

【解】 （1）空间分析。这个立体可以看成从长方体上切去左上角后，又在左侧切去前后两角形成的；也可以看成以平行于 V 面的五边形为底面的五棱柱切去左前后两角形成的。用前一种分析方法作图时，首先画出长方体的三视图，然后画切去的左上角 P 的投影，最后画平面 Q、R 切去左前角和左后角后得到的投影。

（2）投影作图。

1）画出长方体的三视图［图 3-5（b）］。

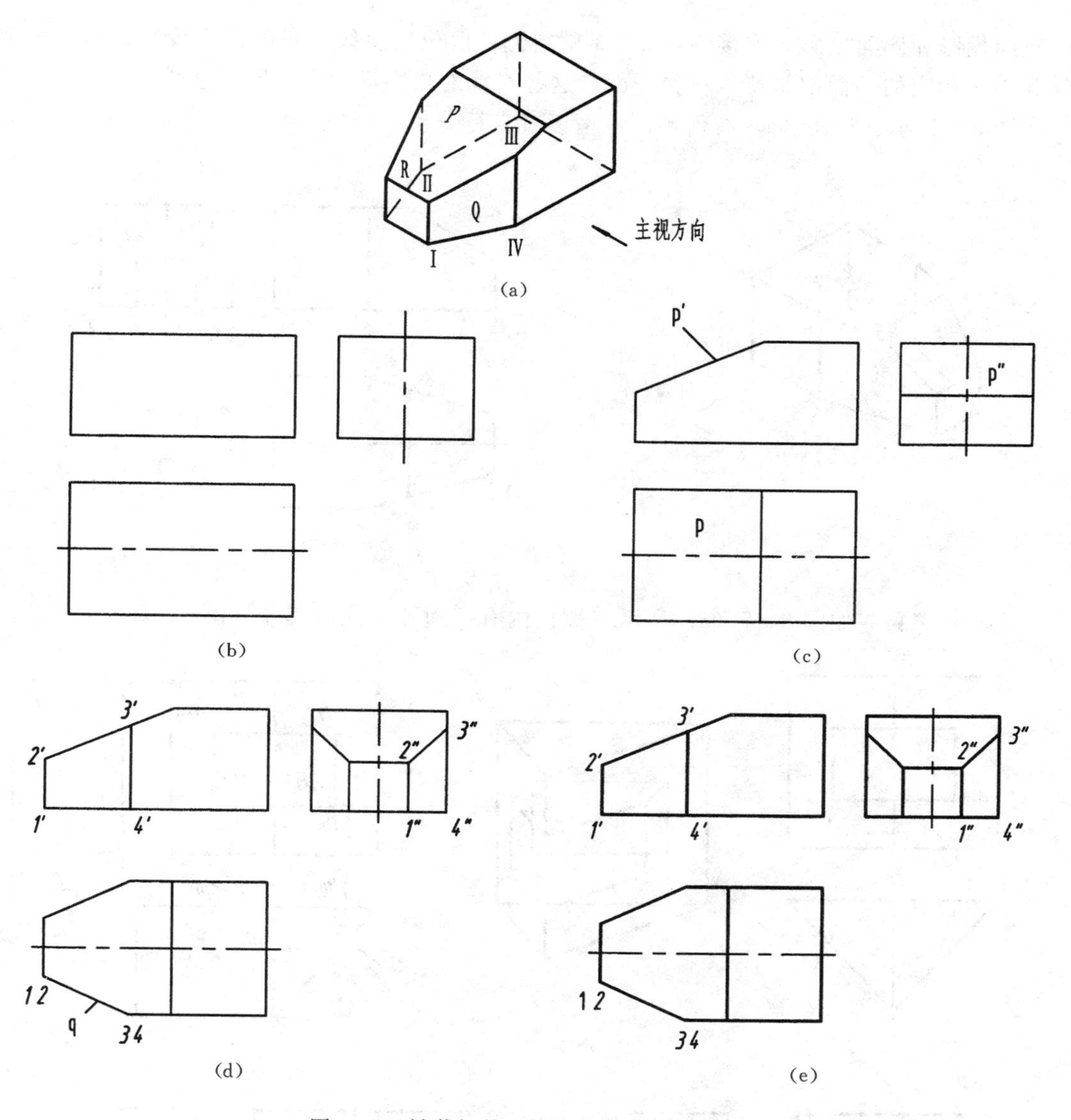

图 3-5　被截切的四棱柱截交线作图步骤

2）画出平面 p 的投影［图 3-5（c)]。

分析平面 P 在投影面体系中的位置，以及它与长方体的哪些面相交，由此可以确定它是几边形，以及它的每条边在投影面体系中的位置，从而明确平面 P 和每条边的投影特性，然后确定投影作图的方法和步骤。

3）平面 Q 为铅垂面，它与 4 个邻面产生的交线为梯形 ⅠⅡⅢⅣ；其中，Q 与正平面和侧平面的交线ⅢⅣ和ⅠⅡ都是铅垂线，与水平面的交线ⅠⅣ为水平线，与正垂面的交线ⅡⅢ为一般位置直线。平面 R 的水平投影积聚为线段，其余两投影为类似形，它的每条边的投影特性由读者自行分析。

由此得出画图步骤如下：先画出平面 Q 的有积聚性的水平投影，然后从水平投影出发，作出上述交线的其余两投影；为了便于作图，在这些交线中应先画铅垂线ⅠⅡ和ⅢⅣ

的正面投影和侧面投影，连接端点 2″、3″就得到一般位置直线ⅡⅢ的侧面投影；由于平面 Q 和与之相交的平面都是特殊位置平面，这些交线的投影都积聚在原有直线上。

图 3-6 与图 3-5（a）有何不同，请读者自行分析。

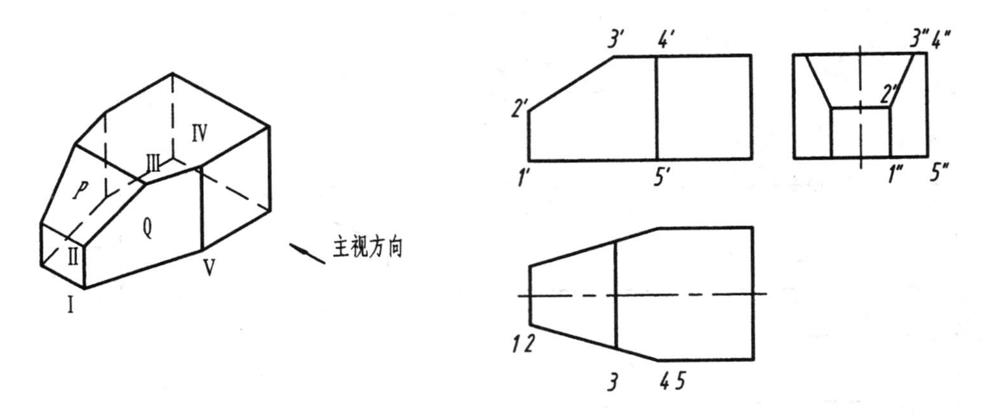

图 3-6 垫块

【例 3-4】 如图 3-7（a）所示三棱柱内有一通孔，完成其左视图。

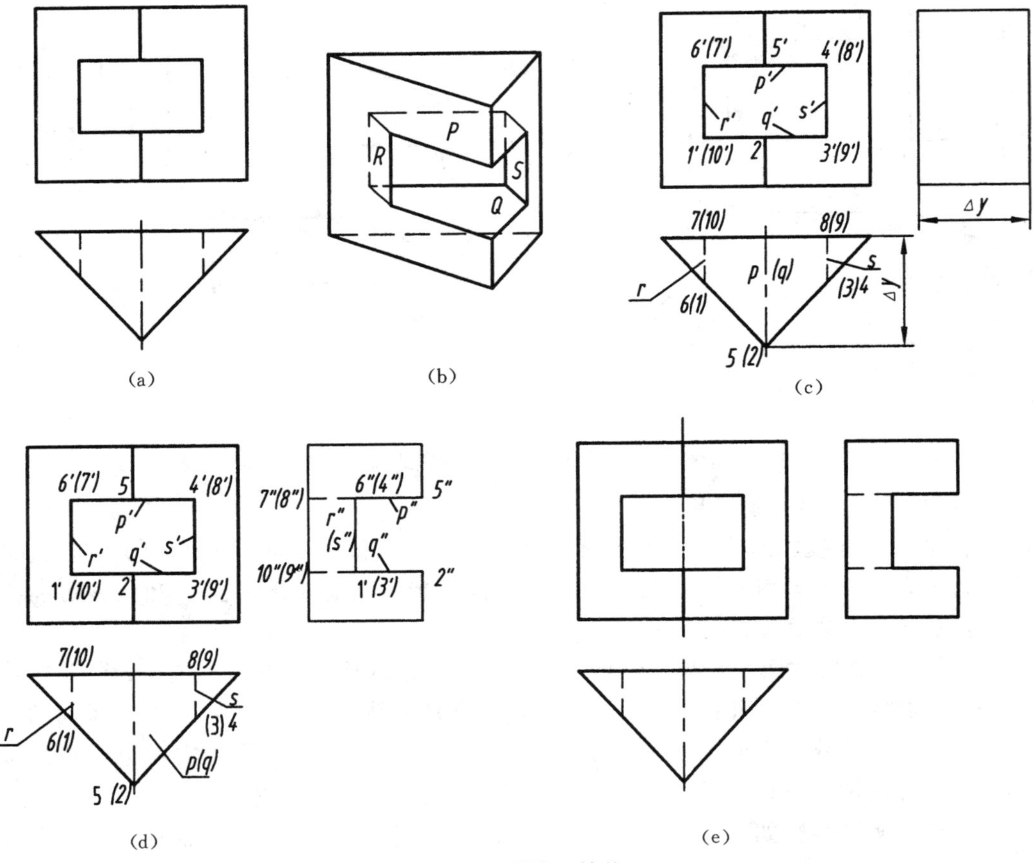

(a) (b) (c)

(d) (e)

图 3-7 通孔三棱柱

【解】 (1) 空间及投影分析。根据图 3-7 (a) 想象出该立体的形状，如图 3-7 (b) 所示。从图中可以看出：通孔的四个棱面 P、Q、R、S 与三棱柱的棱面分别相交。其中 P、Q 是水平面，与三棱柱的三个棱面及 R、S 平面相交围成五边形，其投影满足水平面的投影特性。R、S 是侧平面，分别与三棱柱的前后面相交，与 P、Q 也相交，形成矩形，水平和正面投影积聚为线段，侧面投影是实形。

(2) 作图。

1) 画出完整三棱柱的左视图，如图 3-7 (c) 所示；

2) 作出 P、Q 平面的侧面投影线段 p″、q″，其水平投影 p、q 分别为 65487 和 123910，如图 3-7 (d) 所示。

3) 作出 R、S 平面的水平投影为线段 67、48，其侧面投影分别为矩形 1″6″7″10″和 3″4″8″9″，如图 3-7 (d) 所示。

4) 图 3-7 (e) 为完成的投影图。

注意：R、S 平面的水平投影 r、s 为虚线。P、Q 的侧面投影分别有一段为虚线。

总结：求交线问题的分析方法通常也称线面分析法，线面分析法的思路如下：

对立体表面上的面和线进行分析，分析清楚它们的形状和相互关系，以及在投影面体系中的位置和投影特点，从而解决画图和看图问题，这种方法称为线面分析法。这里要用到各种位置直线和直线上点的投影特性以及平面的投影特性。在画图和看图时，对于立体上某些投影比较复杂的面和线，用线面分析法尤为重要。

§3-2 回转体表面的截交线

平面与回转体表面相交，其截交线是两面的共有线，既在回转面上，又在截平面上，是两面一系列共有点的集合，如图 3-8 所示。截交线的形状取决于回转面的形状和截平面与回转面轴线的相对位置。但当截平面与回转面的轴线垂直时，任何回转面的截交线都是圆，这个圆就是纬圆。

求平面与回转体的截交线投影的一般步骤：

(1) 分析截交线的形状。

平面与回转体表面相交，其截交线的形状取决于回转体的形状，以及回转体与截平面的相对位置。截交线通常是封闭的平面曲线，也可能是截平面上的曲线和直线所围成的平面图形或多边形。

(2) 分析截交线的投影。

分析截平面与投影面的相对位置，明确截交线的投影特性，如积聚性、类似性等。

(3) 画出截交线的投影。

若截交线的形状为矩形、三角形或圆等则比较容易画出；若其投影为椭圆等非圆曲线，一般要先求出限定截交线大小、范围、虚实分界等的一些特殊点，然后再在特殊点间求出一些一般位置点，最后光滑地连接

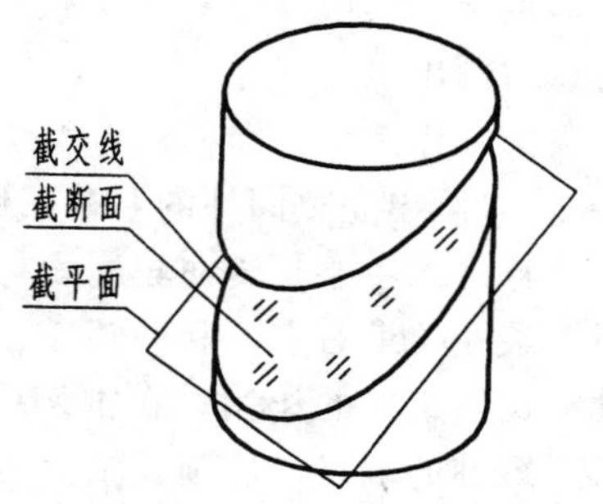

图 3-8 回转体表面的截交线

起来。

下面介绍圆柱、圆锥、球等的截交线的画法。

一、平面与圆柱面的交线

当平面与圆柱面的轴线平行、垂直、倾斜时，产生的交线分别是两条平行直线、圆、椭圆，见表 3-1。

表 3-1　　平面与圆柱面的三种截交线

截平面的位置	平行于轴线	垂直于轴线	倾斜于轴线
截交线的形状	两条素线	圆	椭圆
立体图	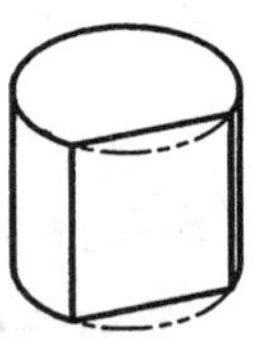	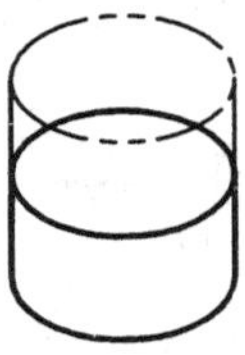	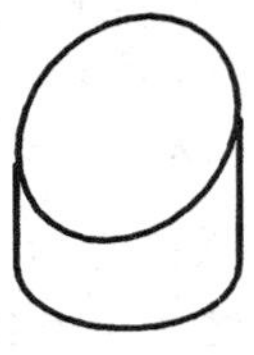
投影图	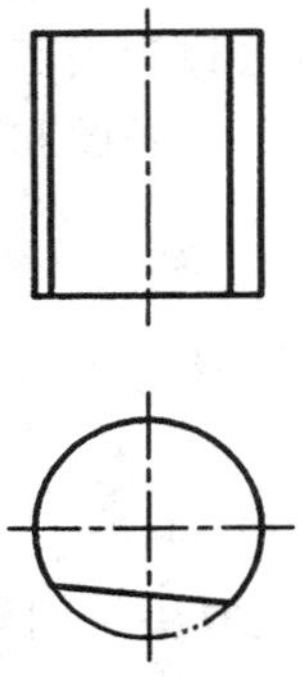	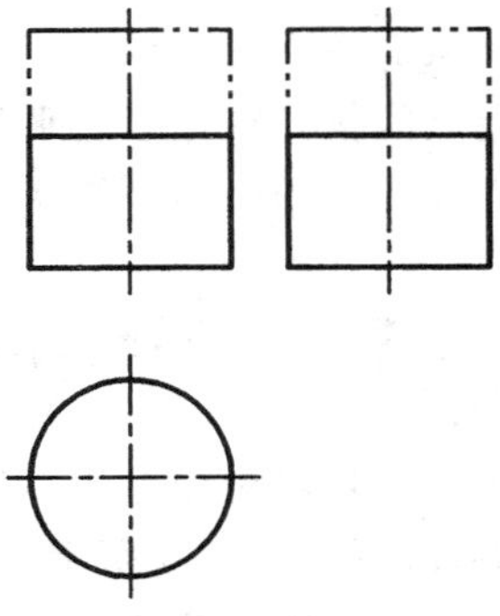	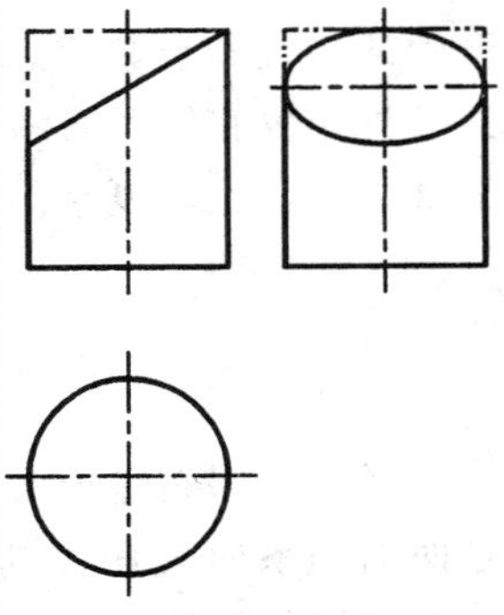

下面举例说明平面与圆柱面交线投影的作图方法和步骤。

【例 3-5】　根据图 3-9（c）所示立体的主视图和俯视图，画出左视图。

【解】　（1）空间及投影分析。由图可知：该立体是截平面 P 切去圆柱上部分后形成的。截平面 P 倾斜于轴线，与圆柱面的所有素线都相交，截交线为完整的椭圆。

如图 3-9（a）所示，圆柱的轴线为铅垂线，截平面 P 为正垂面。因此截交线的正面投影重合在线段 p′上；水平投影重合在圆上；侧面投影则为缩小的椭圆，需求出一些共有点后画出。

（2）作图。

1）画出完整圆柱的左视图后，作出截交线上的特殊点［图 3-9（a）］。

特殊点主要是转向轮廓线与截平面的交点，此外还有极限点（最高、最低、最前、最后、最左、最右点）和椭圆长、短轴的端点等，它们有时互相重合。特殊点对作图的准确性有比较重要的作用。在本例中，转向轮廓线上的点 A、B、C、D，也是极限点和椭圆长、短轴的端点。椭圆长轴为 AC，短轴为 BD。

2）取若干一般点，画出截交线的侧面投影［图 3-9（b）］。为使作图准确，还需作

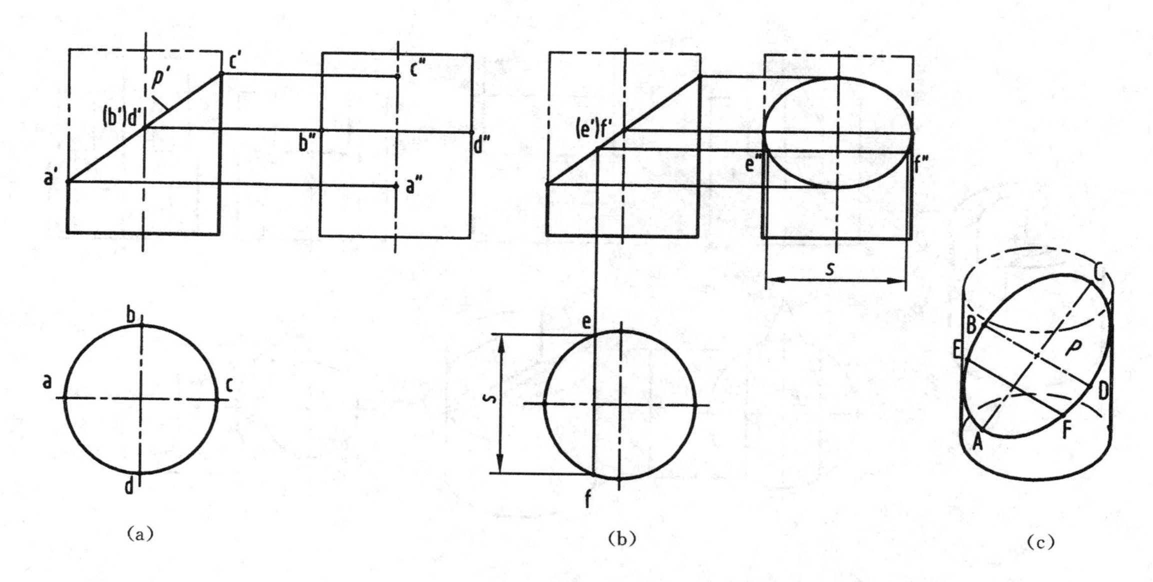

(a) (b) (c)

图 3-9　平面与圆柱面轴线斜交时截交线的画法
(a) 作特殊点；(b) 作一般点；(c) 立体图

出若干一般位置的共有点。图 3-9 (b) 表示了用圆柱面上取点法，求一般点 E 和 F 的侧面投影 e″和 f″的方法；先在截交线的已知投影（正面投影）上任取一对重影点的投影 e′和 f′，由此求得 e、f，再由 e 和 e′求得 e″，由 f′和 f 求得 f″。截交线的侧面投影可用两种方法画出，较精确的画法一般是用曲线板光滑连接各共有点，简化画法是根据椭圆长、短轴用四心圆弧法画出椭圆。

【例 3-6】　画出图 3-10 (a) 所示立体的三视图。

【解】　(1) 空间及投影分析。该立体是在圆筒的上部开出一个方槽后形成的，左右、前后都对称。构成方槽的平面为垂直于轴线的水平面 P 和两个平行于轴线的侧平面 Q。它们与圆筒的外表面、内表面都有交线，平面 P 与圆筒内外表面的交线为圆弧，平面 Q 与圆筒内外表面的交线为直线，平面 P 和 Q 交线为直线段。

(2) 作图。挖切体的作图步骤，一般是先画出完整基本形体的三视图，然后作出切口截交线的投影。

1) 作出开有方槽的实心圆柱的三视图［图 3-10 (b)］。根据分析，在画出完整圆柱的三视图后，先画反映方槽形状特征的正面投影，再作方槽的水平投影，然后由正面投影和水平投影作出侧面投影。这里要注意的是，圆柱面对侧面的转向轮廓线，在方槽范围内的一段已被切去，这从主视图中可以看得很清楚。因此左视图上不能将这一段线画出。

2) 加上同心孔后完成方槽的投影［图 3-10 (c)］。在上一步的基础上，用同样的方法作圆柱孔表面的交线的三投影。要将这一步和上一步仔细对比，明确实心圆柱和空心圆柱上方槽投影的异同。

注意：由于外圆柱面、内圆柱面的侧视转向轮廓线有一段被切掉，所以在侧面投影中转向轮廓线有一段不画［见图 3-10 (c)］。

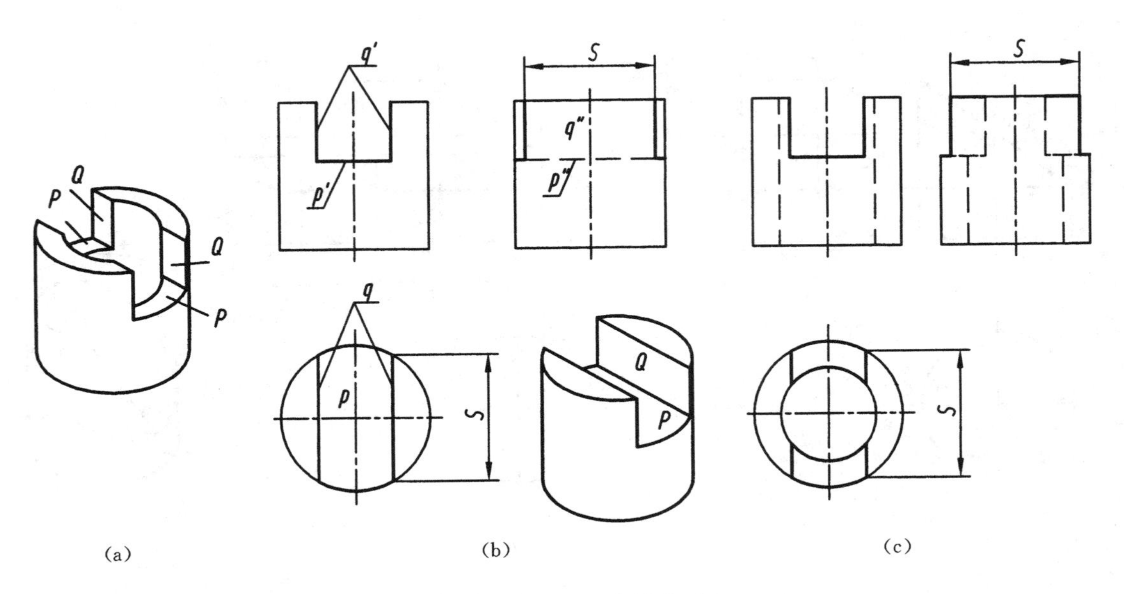

图 3-10　圆筒上开方槽的画法

二、平面与圆锥面的交线

表 3-2 列出了平面与圆锥面轴线处于不同相对位置下所产生的五种交线。

表 3-2　　**平面与圆锥面的交线**

截平面的位置	过锥顶	不过锥顶			
		$\theta=90°$	$\theta>\alpha$	$\theta=\alpha$	$\theta<\alpha$
截交线的形状	相交两素线	圆	椭圆	抛物线	双曲线
立体图					
投影图		α θ	α θ	α θ	α

下面举例说明平面与圆锥面的交线投影的作图方法。

【例 3-7】　完成平面 P 与圆锥面的交线的正面投影［图 3-11（a）］。

【解】 （1）空间及投影分析。从水平投影可以看出，平面 P 是平行于轴线的正平面，它与圆锥面的交线为双曲线，与圆锥底面的交线为直线段，如图 3-11（b）所示；应用实例螺母如图 3-11（c）所示。

（2）作图［参见图 3-11（b）］。

1）作特殊点。特殊点为 A、B、C 三点。C 点是双曲线的顶点，在圆锥面对侧平面的转向轮廓线上；A、B 两点为双曲线的端点，在圆锥底圆上，这三点也是极限点。a′、b′可直接由 a、b 求得。由于未画侧面投影，c′必须通过辅助纬圆求得，这个纬圆的水平投影应通过 c，并与直线 ab 相切。

2）作一般点。从双曲线的水平投影入手，用圆锥面上取点法来作。如图 3-11（b）所示，在水平投影上任取一点 d，利用辅助纬圆求得 d′，同时得到与 d′ 的对称点 e′。

图 3-11（b）也可通过素线来求各点投影。

3）依次光滑连接各共有点的正面投影，完成作图。

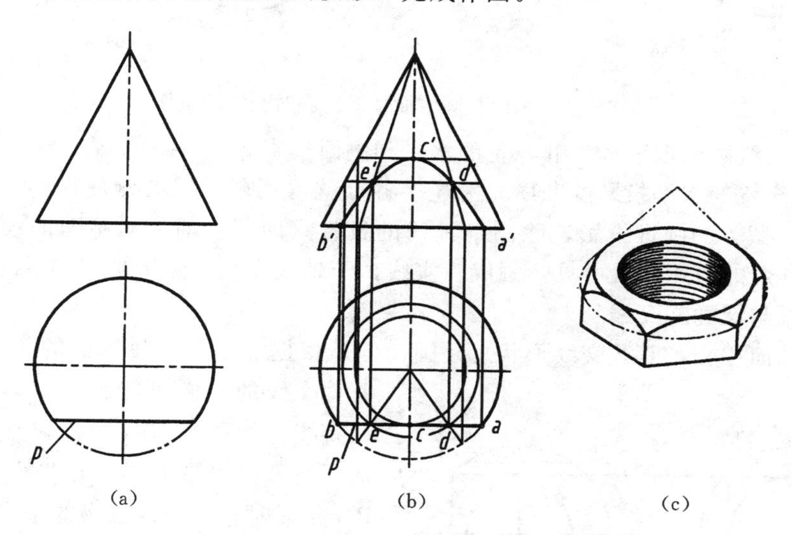

图 3-11　平面与圆锥面轴线平行时交线的画法

（a）已知条件；（b）作图过程；（c）实例螺母

【例 3-8】 如图 3-12 所示，已知平面 P 与圆锥面的交线的正面投影，求水平投影和侧面投影。

【解】 （1）空间及投影分析。平面 P 倾斜于圆锥轴线，所以截交线是椭圆。又平面 P 垂直于正立投影面，所以正面投影积聚为直线段，水平投影和侧面投影仍为椭圆，但都不反映实形。

（2）作图。

1）画出完整圆锥的水平投影和侧面投影。P 面正面投影积聚为直线段 p′。

2）椭圆的长短轴分别是Ⅰ Ⅷ、Ⅳ Ⅴ，两者互相垂直平分。Ⅰ Ⅷ两点在正视转向线上，其水平和侧面投影可以直接求得，Ⅳ Ⅴ在圆锥面上一般位置，利用纬线圆法或素线法均可以求得，如图用纬线圆法求得 4′5′、4″5″。点Ⅵ、Ⅶ在侧视转向线上，根据 6′、7′可以直接求得 6、7 及 6″、7″。

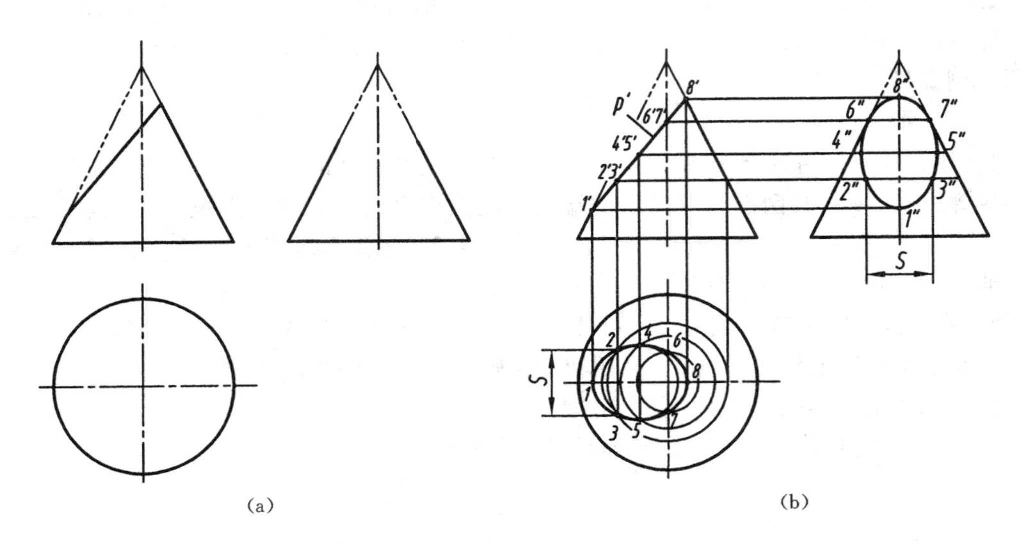

图 3-12　平面与圆锥面轴线倾斜时交线的画法

3）利用纬线圆法取一般点Ⅱ、Ⅲ的水平和侧面投影 2、3 和 2″、3″。

4）按截交线的水平投影的顺序光滑连接各点就得到截交线的侧面投影。在左视图上擦去被平面 P 截去的圆锥投影，除圆锥轴线的投影（即圆锥前后对称面的投影）用点画线画出外，其余的投影都属可见，画成粗实线，于是就作出了圆锥被切割后的侧面投影。

三、平面与球面的交线

平面与球面相交，其截交线形状总是圆。但是根据截平面与投影面的相对位置不同，其截交线的投影可能为圆、椭圆或积聚成一直线。如图 3-13 所示，是球面与投影面平行面（水平面 Q、正平面 R 和侧平面 P）相交时，截交线投影的基本作图方法。

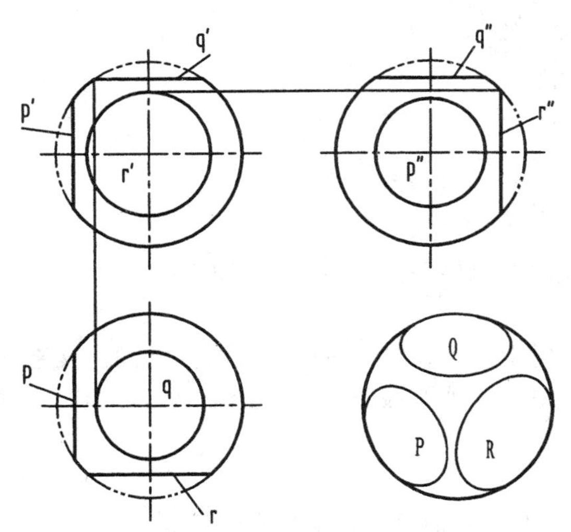

图 3-13　平面与球面交线的基本作图

【例 3-9】　画出图 3-14（c）所示立体的三视图。

【解】　（1）分析。该立体是在半个球的上部开出一个方槽后形成的。左右对称的两个侧平面 P 和水平面 Q 与球面的交线都是一段圆弧，P 和 Q 的交线为直线段。

（2）作图。画出立体的主视图及半个球的俯视图和左视图后，根据方槽的正面投影作出其水平投影和侧面投影。

1）完成侧平面 P 的投影［图 3-14（a）］。根据分析，平面 P 的边界由平行于侧面的圆弧和直线组成。先由正面投影作出侧面投影（要注意圆弧半径的求法，可与图 3-13中的截平面 P 的求法进行对照），其水平投影的两个端点，应由其余两个投影来确定。

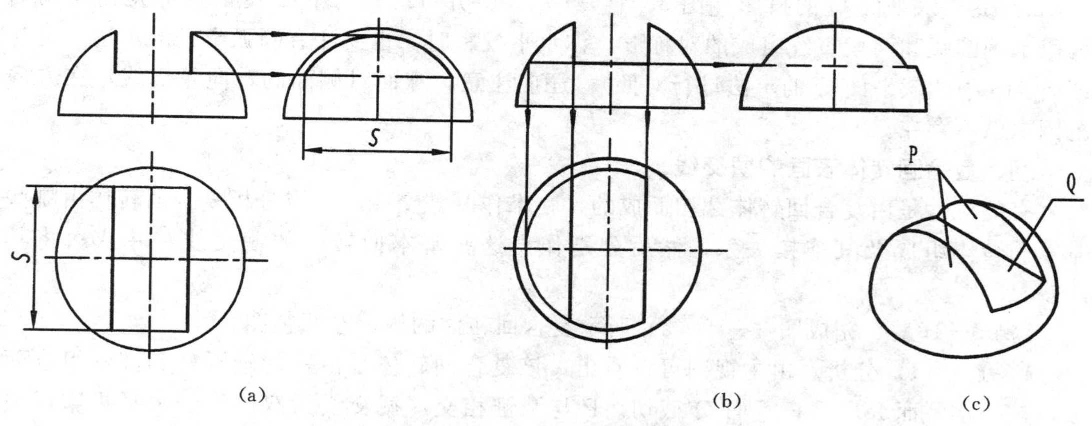

图 3-14　球上开方槽的作图

(a) 完成平面 P 的投影；(b) 完成平面 Q 的投影；(c) 立体图

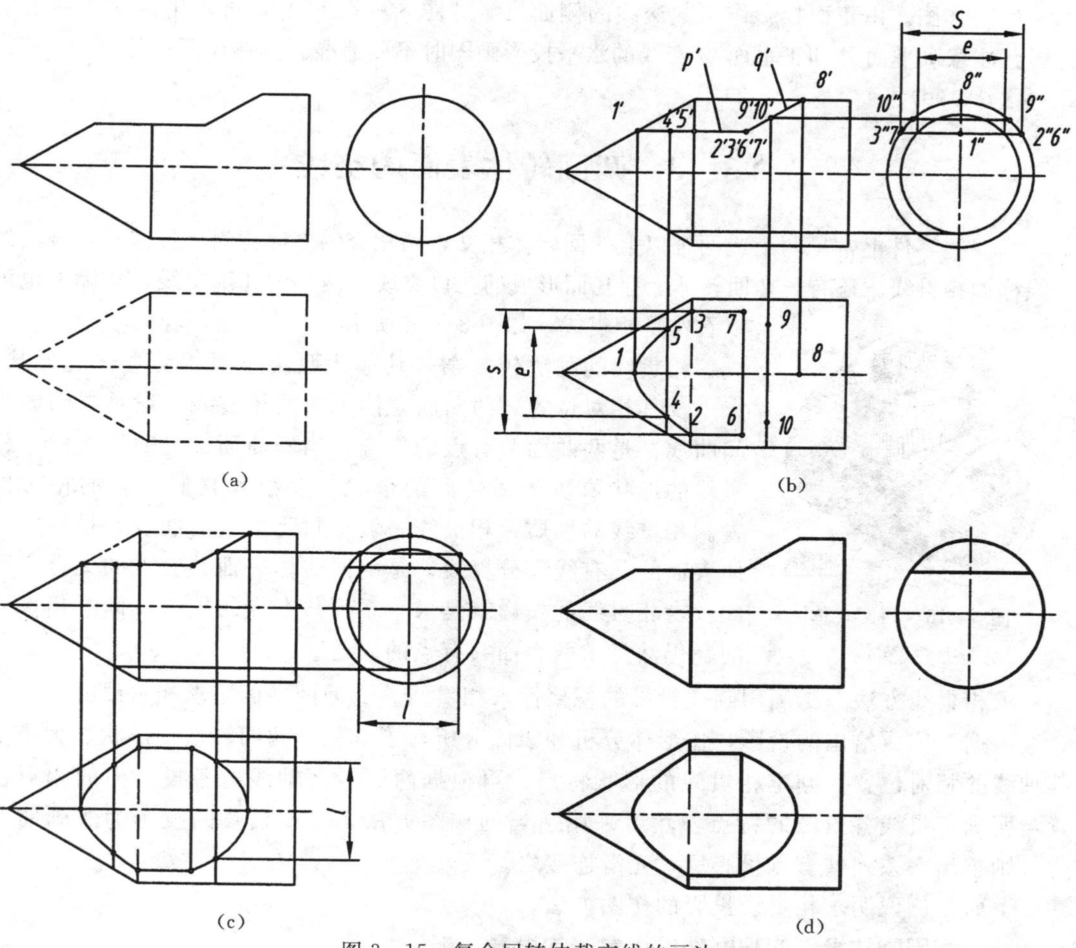

图 3-15　复合回转体截交线的画法

(a) 题目；(b) 完成平面 P 的投影；(c) 完成侧面 Q 的投影；(d) 完成的三视图

2）完成水平面Q的投影［图3－14（b）］。由分析可知，平面Q的边界是由相同的两段水平圆弧和两段直线组成的对称形。作水平投影时，也要注意圆弧半径的求法（可与图3－13中的截平面Q的求法进行对照）。还应注意，球面对侧面的转向轮廓线，在方槽范围内已不存在。

四、复合回转体表面的截交线

有的机件是由复合回转体截切而成的，在求作其截交线时，应分析复合回转体由哪些基本回转体组成及其连接关系，然后分别作出这些基本回转体的截交线，并依次将其连接。

【例3－10】 完成图3－15（a）所示复合回转体的俯、左两视图。

【解】 （1）分析。由主视图可以看出，该复合回转体是由一同轴圆柱和圆锥组合而成，被一水平面P和一正垂面Q截切。P与圆锥相交，截交线为双曲线。水平投影反映实形，侧面投影为一直线段。P与圆柱相交，截交线为两段素线，Q与圆柱相交，截交线为部分椭圆。

（2）作图。由正面投影作出截交线的侧面投影［图3－15（b）］，再求出截交线的水平投影。注意水平面P和正垂面Q交线的水平投影画图时不要遗漏。具体作图过程见图3－15（b）、（c）、（d）。

§3－3　两回转体表面的交线

在一些零件上常见两个或两个以上的回转体相交，两相交的立体称为相贯体，其表面的交线称为相贯线。还有，在回转体上穿孔而形成的孔口交线、两孔的孔壁交线，实际上也可以看作是相贯线，如图3－16所示。

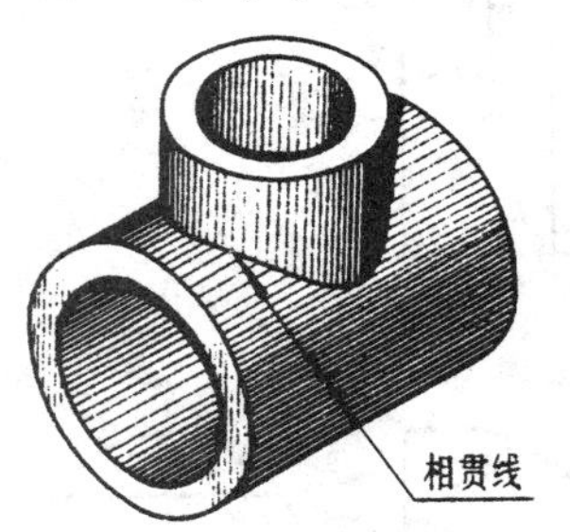

图3－16　两回转体相贯线实例

相贯线的画法较复杂，其形状取决于两相交立体的形状、大小及其相对位置。两曲面立体表面的相贯线一般是封闭的空间曲线，是两曲面共有点的集合，当两曲面都是回转面时，相贯线的形状取决于回转面的形状、大小和它们轴线的相对位置。相贯线的性质：相贯线一般是封闭的空间曲线，是两回转体表面的共有线和分界线，是两回转体表面共有点的集合。因此，求相贯线的投影就是求一系列共有点的投影。即求相贯线问题仍然是求两表面共有点的问题。

求相贯线方法：①利用圆柱投影的积聚性求相贯线。②辅助平面法求相贯线。

根据立体或给出的投影，作形体分析和线面分析，了解相交两回转面的形状、大小及其轴线的相对位置，判定相贯线的形状特点；再根据两回转面轴线对各投影面的相对位置，明确相贯线各投影的特点，然后采用适当的作图方法。当相贯线的投影为非圆曲线时，则求出一系列共有点投影后，光滑连接之。

下面举例说明求相贯线投影的作图方法。

一、利用圆柱投影的积聚性求相贯线的投影

相交的两回转面中，当其中一个圆柱面的轴线垂直于投影面时，由于圆柱面在这个投影面上的投影（圆）具有积聚性，因此相贯线的这个投影就是已知的。这时，可以把相贯线看成是另一回转面上的曲线，利用面上取点法作出相贯线的其余投影。

（一）两圆柱面相交

1. 作图举例

【例 3-11】 如图 3-17（a）所示，已知两圆柱的三面投影，完成它们相贯线的投影。

【解】 （1）分析。

1）形体分析和线面分析。由图 3-17（a）可知，这是两个直径不同、轴线垂直相交的圆柱体构成的立体，小圆柱面全部（即所有素线）与大圆柱面相交，相贯线为一条封闭的、前后、左右对称的空间曲线。由于两个圆柱面的轴线所决定的平面为正平面，它们对正面的转向轮廓线位于这个正平面内，因此两圆柱转向轮廓线彼此相交。

2）投影分析。由于大圆柱的轴线垂直于侧面，小圆柱的轴线垂直于水平投影面，所以相贯线的侧面投影为圆弧，水平投影为圆，只有其正面投影需要作出。

（2）投影作图。

1）作特殊点［图 3-17（a）］相贯线上的特殊点主要是转向轮廓线上的共有点和极限点。在本例中，转向轮廓线上的共有点Ⅰ、Ⅱ、Ⅲ、Ⅳ又是极限点。正面投影中，轮廓线的交点 1′、3′就是Ⅰ、Ⅲ的投影。利用线上取点法，由 2″和 4″求得 2′和 4′。

2）作一般点［图 3-17（b）］。图中表示了作一般点正面投影 5′和 6′的方法，即先在相贯线的已知投影（侧面投影）上任取一个重影点的投影 5″、6″，找出水平投影 5、6，然后作出 5′、6′。

3）光滑连接各共有点的正面投影，即完成作图。

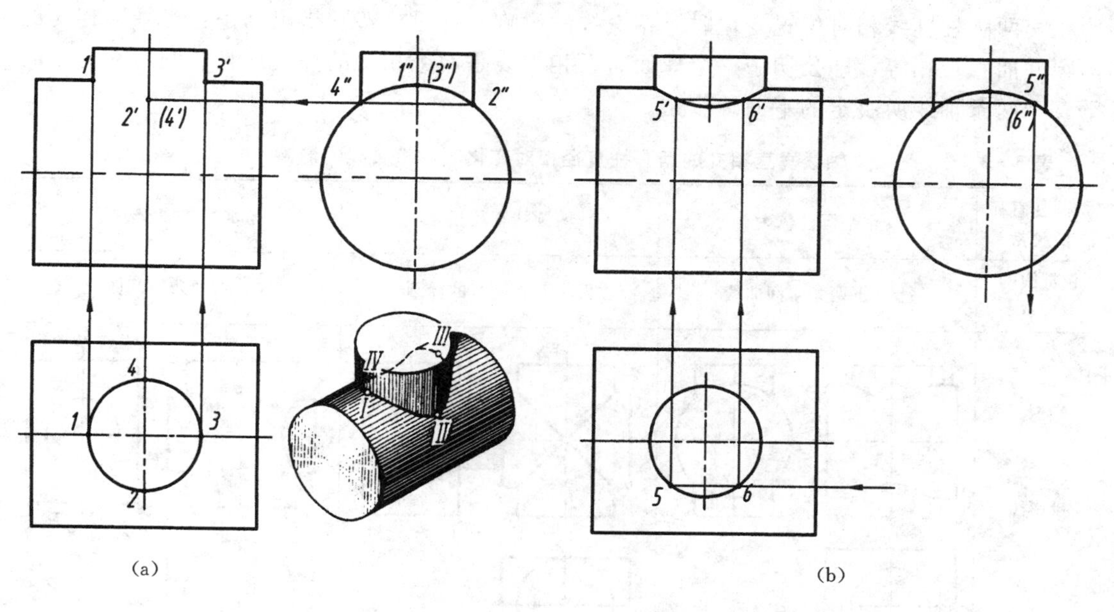

图 3-17 轴线互相垂直的两圆柱面交线的画法

（a）作特殊点；（b）作一般点后光滑连接各共有点的正面投影

2. 三种基本形式

相交的曲面可能是立体的外表面，也可能是内表面，因此有图 3－18 所示的两外表面相交、外表面与内表面相交和两内表面相交三种基本形式，它们的相贯线的形状和作图方法都是相同的。

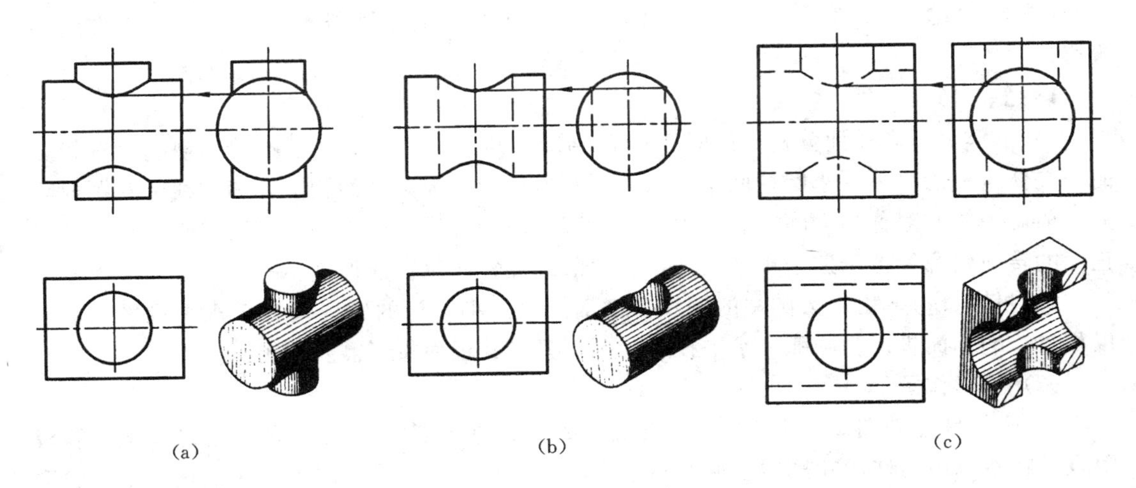

图 3－18　两圆柱面相交的三种基本形式

(a) 两外表面相交；(b) 外表面与内表面相交；(c) 两内表面相交

3. 相交两圆柱面的直径大小和相对位置的变化对相贯线的影响

两圆柱面相交时，相贯线的形状和位置取决于它们直径的相对大小和轴线的相对位置。表 3－3 表示轴线垂直相交的两圆柱直径相对变化时对相贯线的影响。表 3－4 举例说明相交两圆柱轴线相对位置变化时对相贯线的影响。这里要特别指出的是：当轴线相交的两圆柱面直径相等，即公切于一个球面时，相贯线是两个相交的椭圆，且椭圆所在的平面垂直于两条轴线所决定的平面。

表 3－3　　　　轴线垂直相交的两圆柱直径相对变化时对相贯线的影响

两圆柱直径的关系	水平圆柱较大	两圆柱直径相等	水平圆柱较小
相贯线的特点	上、下两条空间曲线	两个互相垂直的椭圆	左、右两条空间曲线
投影图			

表 3-4　　　　　　相交两圆柱轴线相对位置变化时对相贯线的影响

两轴线垂直相交	两轴线垂直交叉		两轴线平行
	全　贯	互　贯	

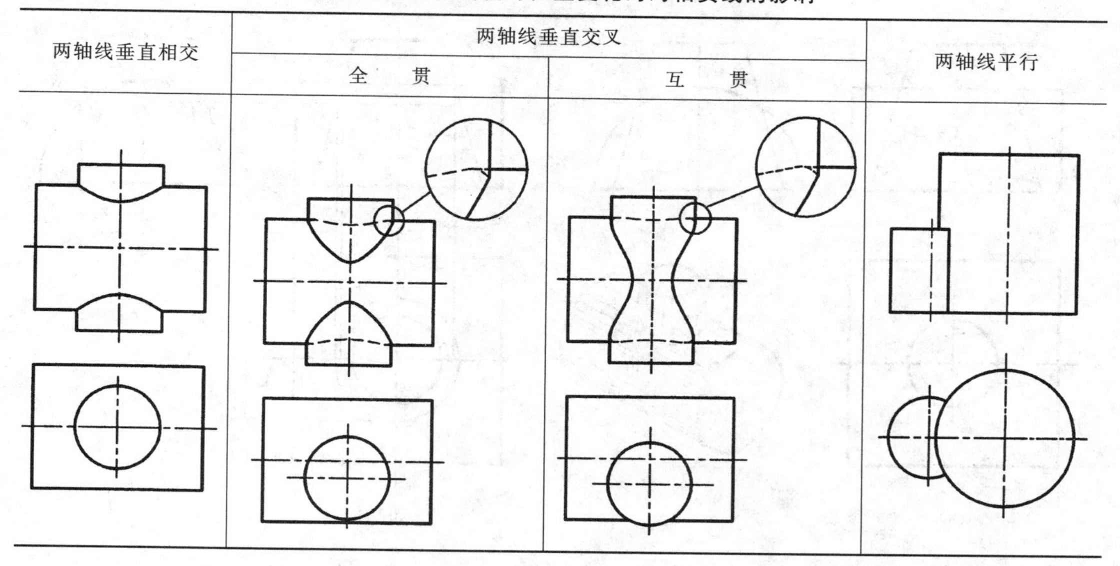

（二）圆柱面与圆锥面相交

【例 3-12】　求作图 3-19（a）所示圆柱面与圆锥面的相贯线的投影。

【解】　（1）分析。

1）形体分析和线面分析。由图 3-19（a）可知，这是半个圆柱体和圆锥台叠加而成的组合体，它们的轴线垂直相交，圆锥面全部与圆柱面相交，相贯线是一条封闭的前后、左右对称的空间曲线。左视图清楚表明，参与相交的转向轮廓线有圆锥面上所有的四条和圆柱面的上面一条，如图 3-19（a）立体图所示。

2）投影分析。由于圆柱的轴线垂直于侧面，所以相贯线的侧面投影是一段圆弧，其余两投影需要作出。

（2）投影作图。

1）作特殊点［图 3-19（b）所示转向轮廓线上的共有点］从侧面投影中可以看出，圆锥面的四条转向轮廓线分别和圆柱面相交于Ⅰ、Ⅱ、Ⅲ、Ⅳ四点，应用面上取点的方法，由侧面投影求出它们的正面投影和水平投影。同时，可以看出，圆柱面的正面转向轮廓线与圆锥面也相交于Ⅰ、Ⅱ两点，可用圆锥面上取点法，通过 $1'$、$2'$直接求出 1、2 和 $1''$、($2''$)，作出它们的水平投影和正面投影。

这里要注意的是：这四点也是极限点。Ⅰ、Ⅱ两点既是最左、最右点，也是最高点；Ⅲ、Ⅳ两点既是最前、最后点，也是最低点。在主视图中，两回转面的转向轮廓线投影的交点是相贯线上的点。

2）一般点［图 3-19（c）］从侧面投影入手，把相贯线看成圆锥面上的线，用面上取点法作图，图中以Ⅴ、Ⅵ、Ⅶ、Ⅷ点为例，说明用辅助纬圆作出其水平投影和正面投影的方法。

3）连相贯线。依次光滑连接各共有点的水平投影和正面投影，连接时要判别相贯线的可见性［图 3-19（d）］。从图 3-19（b）、（c）中的水平投影和侧面投影都可看出，相

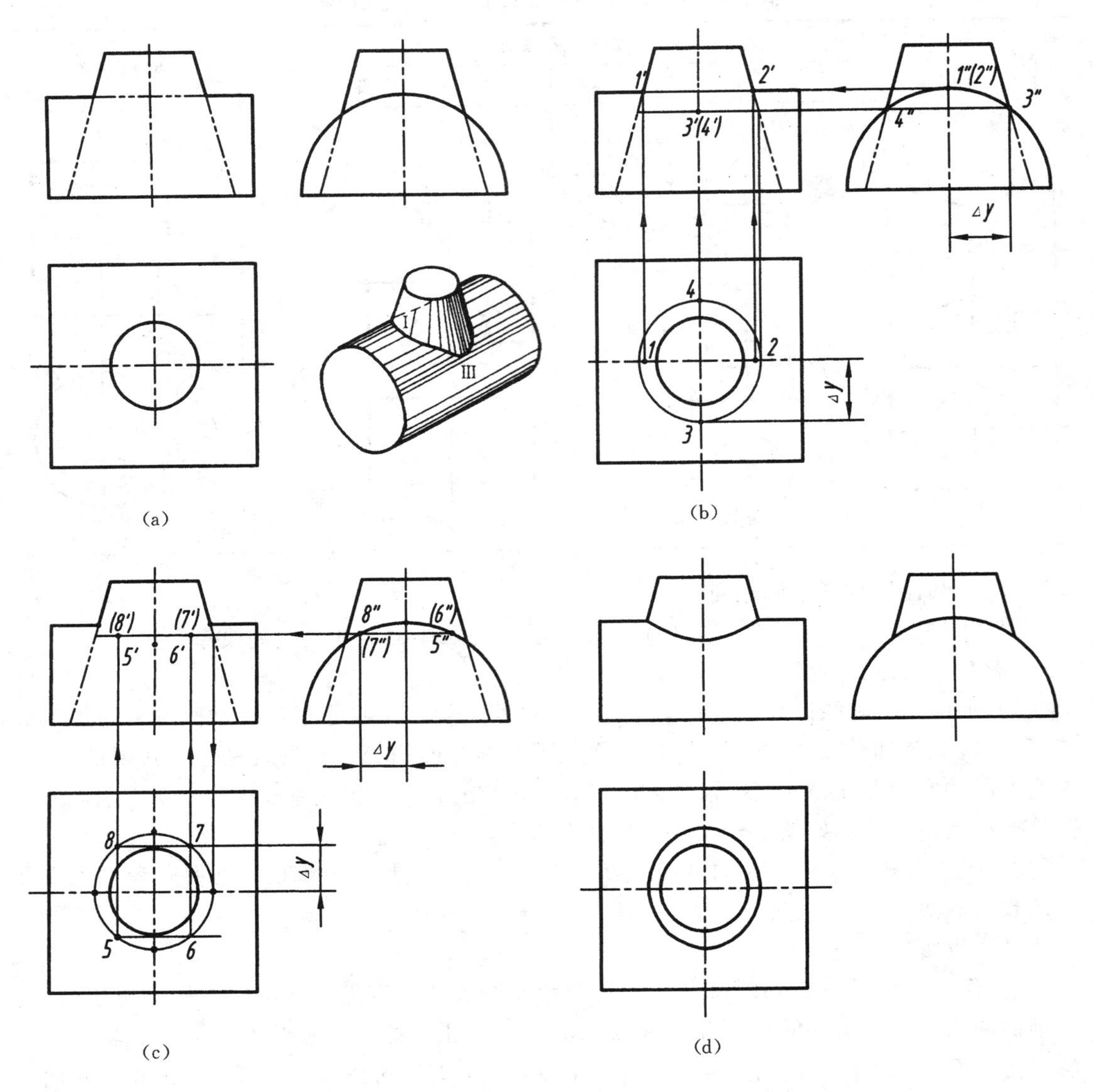

图 3-19　圆柱面与圆锥面相贯线的画法

(a) 分析；(b) 作特殊点；(c) 作一般点；(d) 完成的二视图

贯线上共有点的连接顺序为前半部Ⅰ—Ⅴ—Ⅲ—Ⅵ—Ⅱ，后半部Ⅱ—Ⅶ—Ⅳ—Ⅷ—Ⅰ。

相贯线可见性的判别原则是：只有在两个回转面都可见的范围内相交的那一段相贯线才是可见的。从左视图可以看出，相贯线的水平投影和正面投影都是可见的，应画成粗实线。

4）完成各条转向轮廓线的投影，如图 3-19（d）所示的主视图。

如图 3-20 所示，为圆柱与圆锥的轴线垂直相交时，圆柱直径变化对相贯线的影响，由于这些相贯线投影的作图比较简单，这里不再详述。应注意的是，当相交的圆柱面与圆锥面，或两个圆锥面，或两个圆柱面公切于同一球面时，其相贯线为两个形状大小相同而且彼此相交的椭圆，椭圆所在的平面垂直于两回转面轴线所决定的平面。

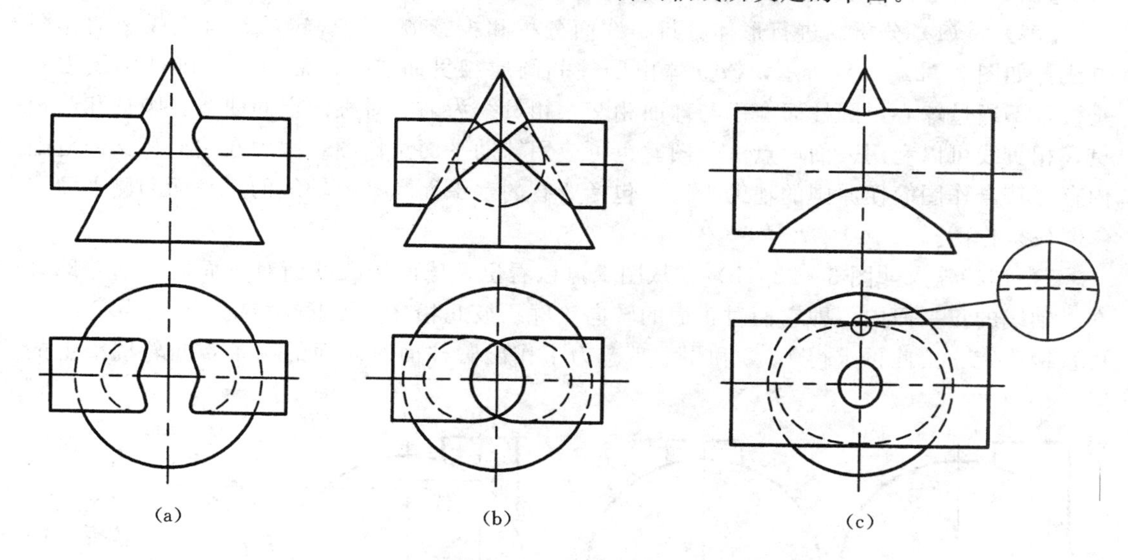

图 3-20　圆柱面与圆锥面轴线垂直相交时相贯线形状的变化

(a) 圆柱贯穿圆锥；(b) 公切于球；(c) 圆锥贯穿圆柱

二、利用辅助平面法求相贯线

下面介绍另一种求作相贯线投影常用的方法——辅助平面法。

(一) 作图原理

图 3-21 所示为圆柱面与圆锥面相交。为了作出共有点，假想用一个平面 R（称为辅助平面）截切圆柱和圆锥，平面 R 与圆锥面的截交线为纬圆 L_A，与圆柱面的截交线为两条素线 L_1 和 L_2。L_A 与 L_1 相交于点Ⅰ，与 L_2 相交于点Ⅱ，这两点是辅助平面 R、圆锥面和圆柱面三个面的共有点，因此也是相贯线上的点。

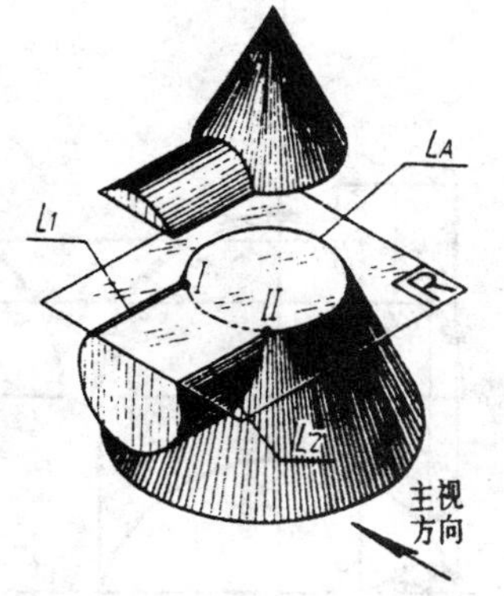

图 3-21　辅助平面法的作图原理

在投影图中，利用辅助平面法求共有点的作图步骤如下：

(1) 作辅助平面。当辅助平面为特殊位置平面时，画出其有积聚性的投影即可。

(2) 分别作出辅助平面与两回转面的截交线的投影。

(3) 作出两回转面截交线的交点的各投影。

从上述作图步骤可以看出：为了作图简便，必须按下列原则选择辅助平面：①辅助平面应作在两回转面的相交范围内；②辅助平面与两回转面的截交线的投影，应是容易准确画出的直线或圆。对于图 3-21 所示的立体，符合这一条件的辅助平面只有两种：一种是过锥顶的侧垂面和一个过锥顶的正平面；另一种是水平面。

辅助平面法的适用范围比面上取点法广，能解决某些用面上取点法所不能解决的求共有点投影的问题。

(二) 作图举例

【例 3－13】 作出图 3－22（a）所示立体相贯线的投影。

【解】 （1）分析。进行形体分析、线面分析和投影分析，确定求共有点投影的作图方法。如图 3－22（a）所示，该立体由圆柱和圆球相贯而成，前后对称，圆柱轴线为铅垂线，不通过球心，圆柱面全部与球面相交，相贯线为前后对称的空间曲线。圆柱和球相贯，相贯线可以利用表面取点法作图。也可应用辅助平面法作图，因为在它们相交的范围内存在符合作图简便原则的辅助平面，包括所有的水平面和平行轴线的正平面和侧平面。

（2）作图。

1）作特殊点［图 3－22（b）］。从图上可以看出，球面和圆柱面对正面的转向轮廓线在过轴线的正平面内，即它们对正面的转向轮廓线彼此相交，因此交点的正面投影 1′、2′可直接确定。由此再求得 1、2 和 1″、2″。为了作出圆柱面对侧面的两条转向轮廓线上的

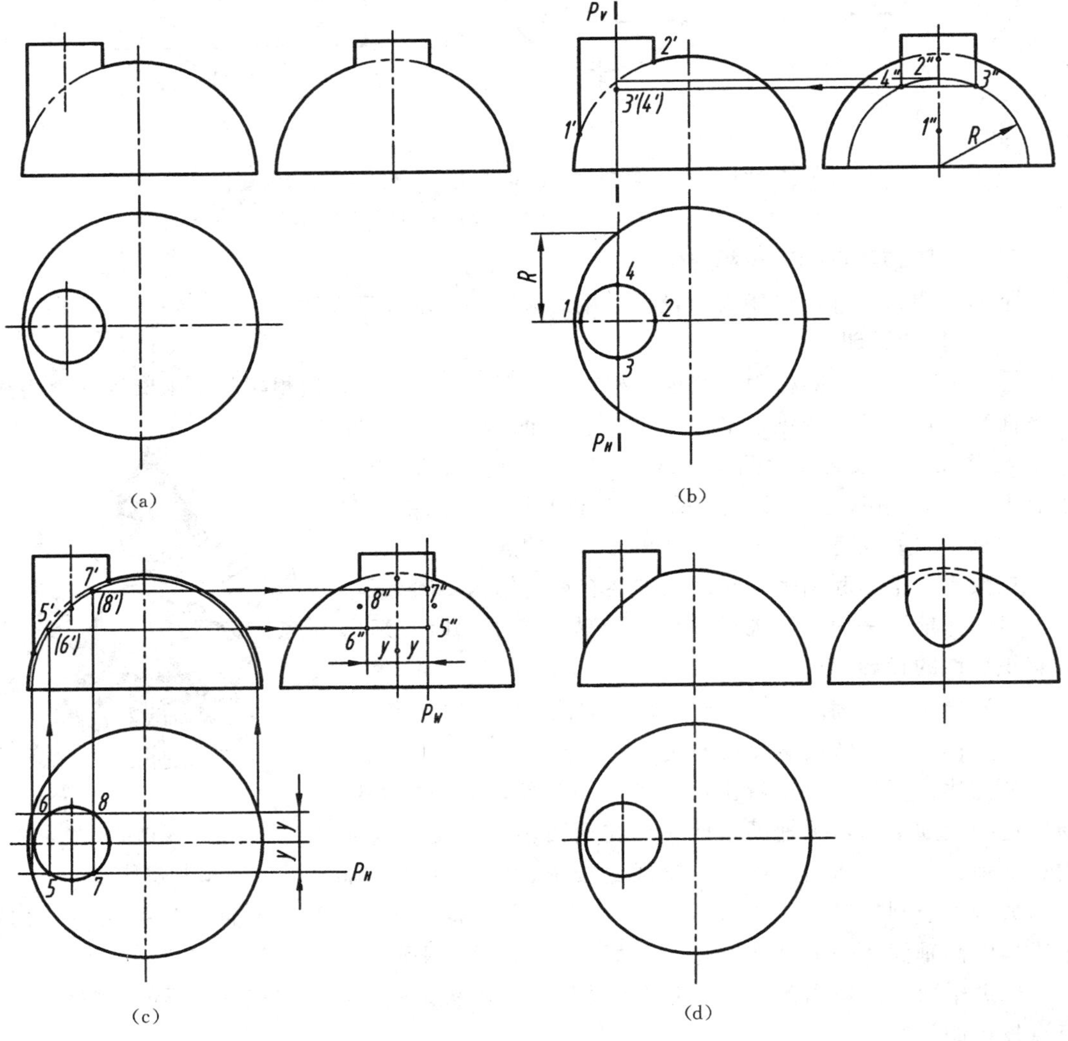

图 3－22 圆柱与球相贯求作相贯线

（a）题目；（b）作特殊点；（c）作一般点；（d）完成的投影图

共有点的投影，所作的辅助平面必须包含这两条转向轮廓线，因此只能作侧平面P。平面P和球面的截交线是圆弧，和圆柱面的截交线就是圆柱面对侧面的两条转向轮廓线，它们的交点Ⅲ、Ⅳ就是相贯线上的点。作图时应先作出这些截交线的侧面投影，以求得3″、4″，然后再作出3、4和3′、4′。

2）作一般点［图3－22（c）］。在点Ⅲ和点Ⅳ之间以正平面作为辅助面（可选用水平面、正平面），以求得一定数量的一般点。图中以正平面P为例，表示求一般点Ⅴ、Ⅵ、Ⅶ、Ⅷ的方法：先作平面P的有积聚性的水平迹线P_H和侧面迹线P_W，水平迹线P_H与圆柱水平投影的交点为5和7，平面P截圆柱得截交线正面投影为直线，截圆球得截交线正面投影为纬圆，直线和圆交点为5′和7′，就是Ⅴ和Ⅶ的正面投影，由5′和7′作出侧面投影5″和7″。点Ⅵ、Ⅷ分别与Ⅴ、Ⅶ前后对称，同理可以求出其三面投影。

3）依次光滑连接各共有点的同面投影——即得相贯线的三面投影。按确定相贯线投影可见性的原则可以判定：相贯线的水平投影全部可见，正面投影1′5′3′7′2′可见1′6′4′8′2′不可见，两者互相重合，侧面投影3″5″1″6″4″可见3″7″2″8″4″不可见。完成的立体相贯线的投影如图3－22（d）所示。

三、两同轴回转面的相贯线

两个同轴线的回转面的相贯线，一定是垂直于轴线的圆，当回转面的轴线平行于投影面时，这个圆在该投影面上的投影为垂直于轴线的直线。如图3－23所示，为轴线都平行于正立投影面的同轴回转面相交的例子。

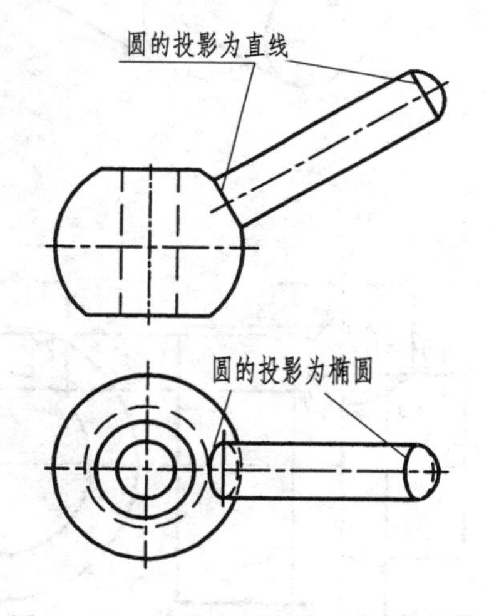

图3－23　同轴回转面相贯线的投影

四、截交、相贯综合举例

有些机件的表面交线比较复杂，甚至一个回转面与几个面连续相交，既有相贯线，又有截交线，画这种机件的视图时，必须作好形体分析和线面分析，找出存在截交和相贯关系的表面，应用前面有关截交线和相贯线的基本作图知识，逐一作出各条交线的投影。

【例3－14】　完成图3－24（a）所示立体的相贯线，图3－24（b）为其已知三视图。

【解】　（1）空间分析，如图3－24（a）所示：

圆柱A左半部与水平圆柱B表面相交，形成相贯线L_1；

圆柱A右半部与水平圆柱C表面相交，形成相贯线L_2；

圆柱A与圆柱C左端面相交，形成交线L_3为铅垂线。

（2）投影作图，如图3－24（c）所示：

1）求相贯线L_1，水平投影为左半圆，正面投影为曲线2′3′8′，侧面投影为圆弧2″3″8″。

2）求相贯线L_2，水平投影为右半圆，正面投影为曲线1′4′7′，侧面投影为圆弧1″4″7″。

3）求交线L_3，水平投影积聚为一点，正面投影为线段1′2′，侧面投影为1″2″。

图3－24（c）中Ⅴ、Ⅵ是一般点。注意这里L_1 L_3相交于Ⅱ、Ⅷ，分别是A、B及C

的左端面的共有点；L_2 L_3 相交于Ⅰ、Ⅶ，分别是 A、C 及 C 的左端面的共有点。综合判别可见性，完成全图如图 3－24（d）所示。

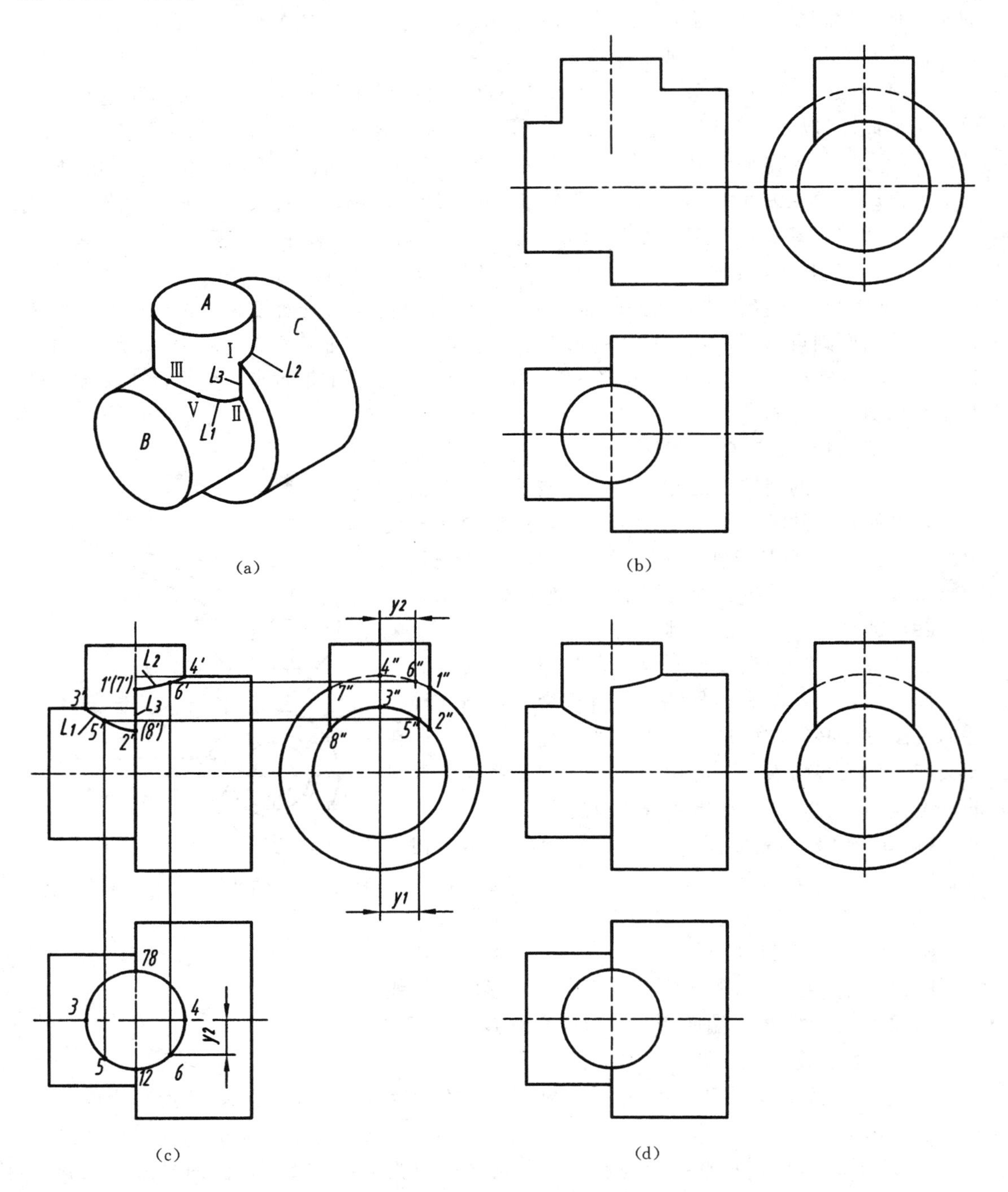

图 3－24　立体表面相交综合作图举例

第四章　组　合　体

§4-1　组合体的构成

一、组合体的构成形式

由基本几何体（如棱柱、棱锥、圆柱、圆锥、圆球、圆环等）通过叠加和挖切两种方式组合而成的立体，称为组合体。例如，图4-1（a）所示的立体，可以看成是由圆柱和六棱柱叠加而成的；图4-1（b）所示的立体，可以看成是从圆柱体上切去三块后形成的；而图4-2所示立体的构成方式，既有叠加，又有挖切。

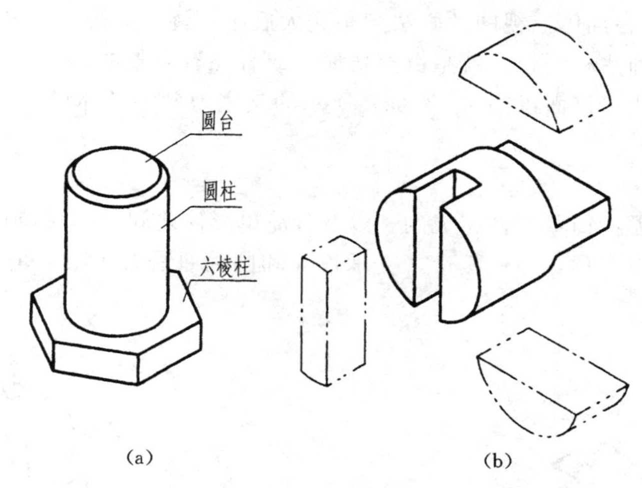

图4-1　组合体的基本构成方式
（a）叠加型；（b）切割型

二、形体分析法

分析组合体的构成，经常假想地把组合体分解为若干基本几何形体，并确定各形体之间的组合形式和相对位置，这种分析方法称为形体分析法。在画图和看图时用形体分析法，就能化繁为简，化难为易。

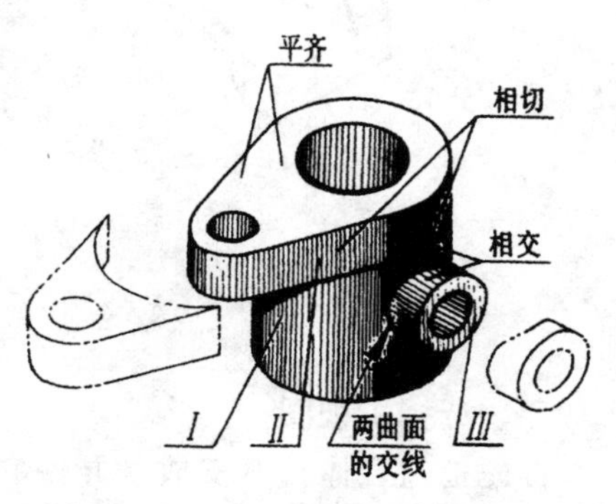

图4-2　通过叠加和挖切两种方式构成的组合体

对类似图4-2所示比较复杂的组合体作形体分析时，必须有步骤、分层次地进行。首先把它分析成由Ⅰ、Ⅱ、Ⅲ三部分叠加而成，然后再分别把Ⅰ、Ⅲ分析成由圆柱体通过挖切而成，把Ⅱ分析成由三棱柱体通过挖切而成。为了便于叙述，本书经常把第一步分析出来的简单组合体或基本几何体统称为简单形体（简称形体）。

对于同一组合体，往往可以作出几种不同的形体分析，在这种情况下，就应当选用最便于解决画图或看图问题的分析方法。

在组合体中，互相结合的两个简单形体（包括孔和切口）表面之间的关系，有平齐、相切和相交三种情况（见图4－2）。在相交中，除了两平面相交之外，还有平面与曲面相交和两曲面相交。

§4－2 组合体视图的画法

挖切体和叠加体三视图的画法，分别如图2－11和图2－13所示。按形体分析法，三个视图同时画，即一个形体（包括孔和切口）的三个投影画好后，再画另一个形体的三投影，画挖切体的三视图时，先画挖切前完整基本形体的三视图，然后依次画出每个切口（或孔）的三投影；叠加体三视图的画法则是先大后小，逐一画出每个基本形体的三投影。上述两种组合体的画法相结合，就是由挖切体（或者还有完整的基本几何体）叠加而成的组合体三视图的画法。下面以图4－3（a）所示的支座为例，具体说明绘制组合体三视图的方法和步骤。

一、形体分析

分析支座是由哪些简单形体组成的，以及各简单形体之间的相对位置如何。从图4－3可以看出：支座左右对称，由底板Ⅰ、支承板Ⅱ和圆筒Ⅲ叠加而成，它们的后端面平齐，圆筒与支承板相切。

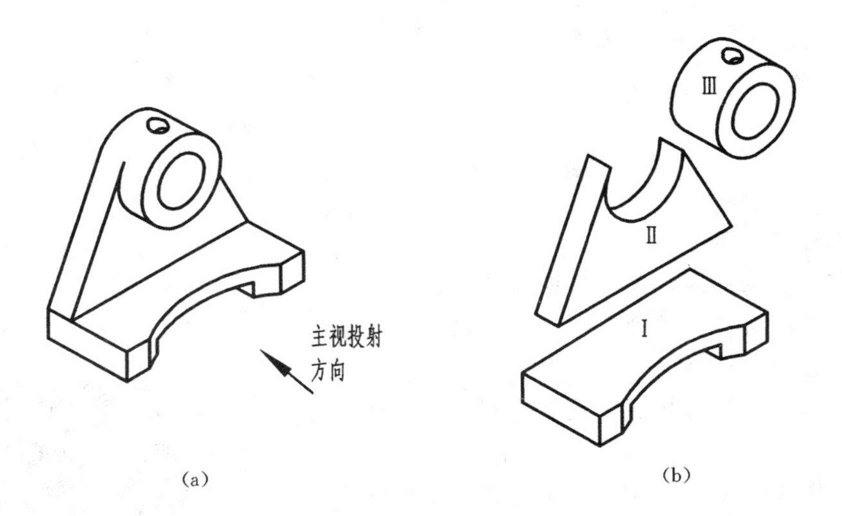

图4－3 支座及形体分析

二、选择主视图

首先把组合体自然安放，并使它的对称面、主要平面和重要轴线与投影面平行或垂直，然后选择主视图的投射方向（简称主视方向）。主视方向的选择原则是：应以将组合体的形状特征（指该组合体的各个部分的结构形状，以及各结构形状之间的相互位置关系）表示得最好，同时又使虚线尽量少的视图作为主视图。按照这一原则选定的支座主视图的投射方向，如图 4-3（a）所示。

三、布置视图

布置视图就是每个视图在水平方向和铅垂方向各画一条基准线，对称的视图必须以对称中心线作为基准线，此外还可选取视图中的主要轮廓线、轴线和对称中心线，以确定各视图的位置，作为下一步画底稿时的作图基准，如图 4-4（a）所示。为了使图形布局匀称、合理，还要考虑各视图的大小及标注尺寸的位置，并使两视图之间、视图与图框之间距离适当。

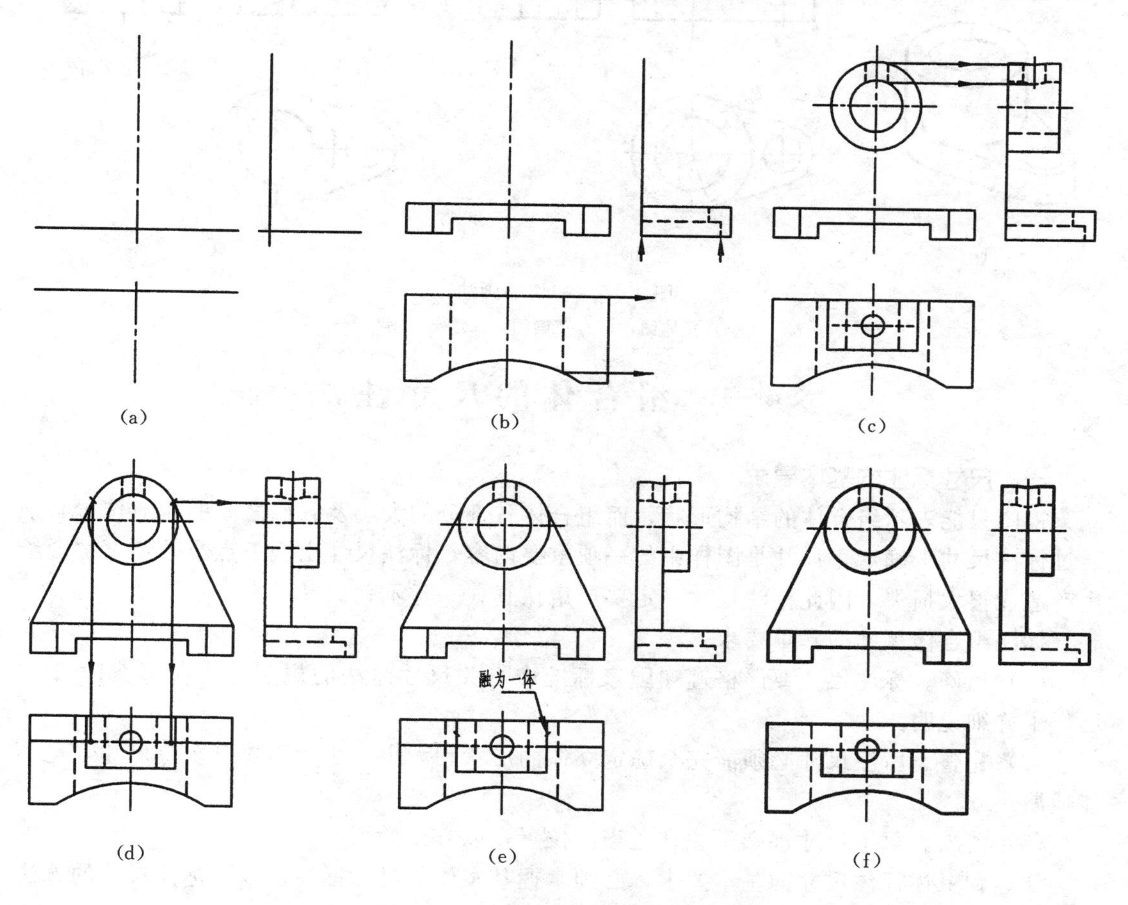

图 4-4　组合体三视图的画图步骤

（a）布置视图，画基准线；（b）画形体Ⅰ；（c）画形体Ⅲ；（d）画形体Ⅱ；（e）检查；（f）加深，完成全图

四、画底稿

按形体分析，先画主要形体，后画次要形体，三个视图同时画；先画各形体的基本轮廓，最后完成细节。画支座视图底稿的顺序，如图 4-4（b）～（e）所示。

画各简单形体（包括孔和切口）时，一般是先画反映该形体底面实形的投影。

五、检查清理底稿后加深

完成的支座三视图如图 4-4（f）所示。

当组合体上存在平面与曲面相切时，应注意相切处的画法。图 4-5 表示组合体中的两个简单形体的表面之间，存在平面与圆柱面的相切关系，在水平投影中可找到直线与圆的切点。由于相切处是光滑过渡的，在正面和侧面投影中不应画出平面与圆柱面分界线的投影，而平面的投影则应按“长对正、宽相等”投影规律画到相切处，如图 4－5（b）所示。图 4－5（c）中把分界线的投影画出来是错误的。

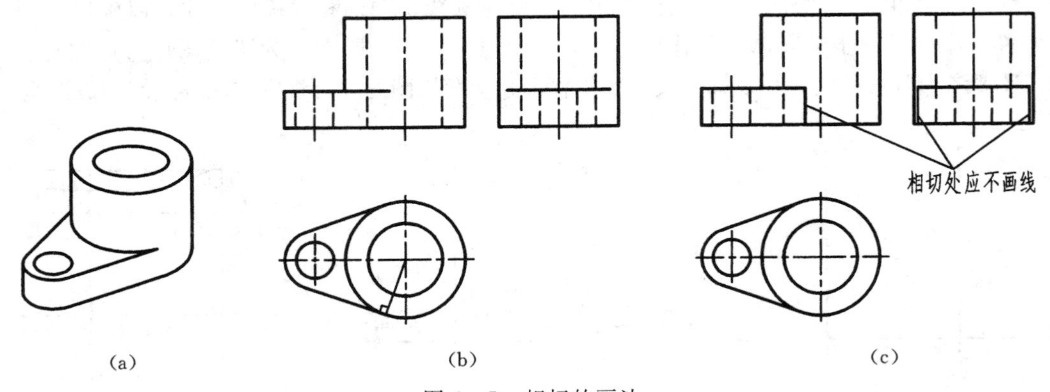

图 4－5　相切的画法

（a）立体图；（b）正确图；（c）错误图

§4－3　组合体的尺寸注法

一、尺寸标注的基本要求

视图只能表示组合体的结构形状，而组合体各部分的大小及它们之间的相对位置必须通过标注尺寸来确定。尺寸是图样中的一项重要内容，标注尺寸出现一点小差错，都会给生产造成很大损失。因此标注尺寸一定要严肃认真，一丝不苟。

标注组合体尺寸的基本要求：

（1）正确。标注尺寸要严格遵守国家标准中有关尺寸注法的规定，这在第§1－1中已作了详细说明。

（2）完整。所注尺寸必须能完全确定立体的形状和大小，一般不能有多余尺寸，也不能遗漏尺寸。

（3）清晰。每个尺寸都必须注在适当的位置，以方便看图。

要达到上述标注尺寸的基本要求，必须掌握基本体的尺寸标注，以及标注尺寸的方法和步骤。

二、基本体的尺寸注法

锥、柱、球、环等基本几何体的尺寸是组合体尺寸的重要组成部分，因此，要标注组合体的尺寸，必须掌握基本几何体的尺寸注法。

基本几何体的尺寸注法，如图 4－6 和图 4－7 所示。标注棱柱、棱锥和圆柱、圆锥的尺寸时，需注出底面和高度尺寸。例如，正六棱柱只需要标注正六边形的对边（或对角）距离和柱高尺寸；球的尺寸则标注其直径；圆台需要三个尺寸，可在它的上、下底圆直径、高、锥度和圆锥角等 5 个尺寸中选取，但后面两个尺寸互相关联，不能同时注出。图 4－7（c）、（d）、（e）列举了圆锥台尺寸的三种注法。

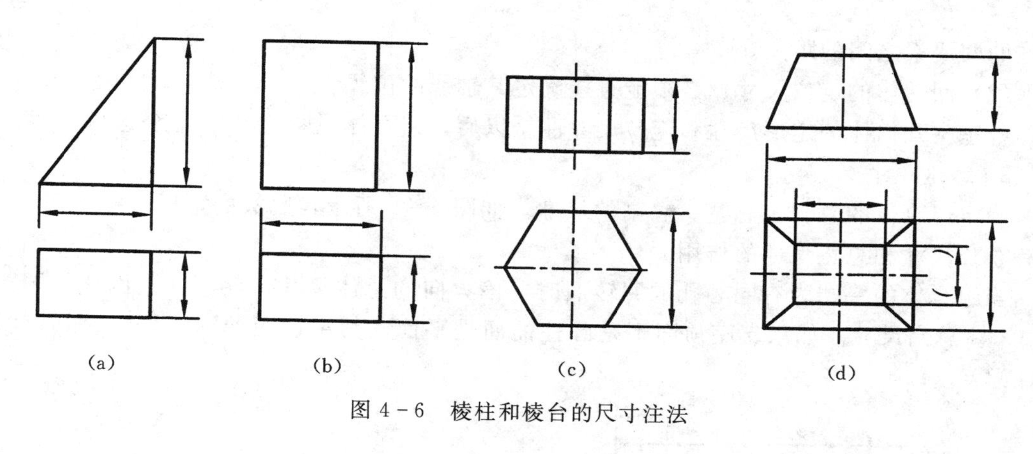

图 4-6 棱柱和棱台的尺寸注法

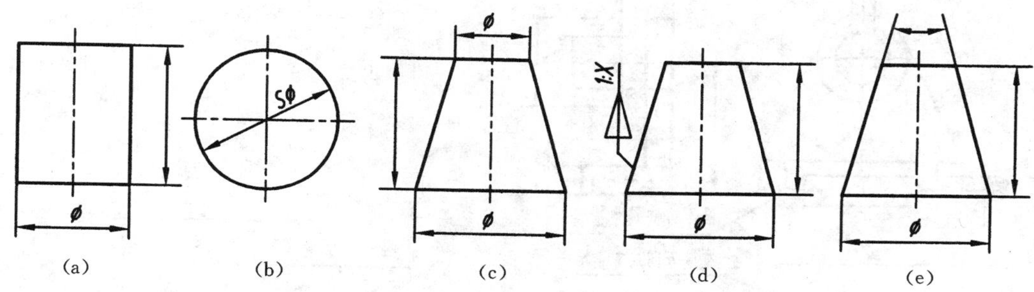

图 4-7 圆柱、球和圆锥、圆台的尺寸注法

基本几何体的尺寸注法都已定形，一般情况下不允许多注，也不可随意改变注法，例如，直角三角形一般不注斜边长，正六边形一般不注边长，完整的圆柱和球不能注半径。

三、组合体的尺寸分析

从形体分析角度来看，组合体的尺寸主要有定形尺寸和定位尺寸两种，有时还要根据组合体的结构特点标注总体尺寸。

1. 定形尺寸

确定组合体中各基本几何体（包括孔、切口等）大小的尺寸。例如图 4-8 中底板的长 27、宽 12、高 5 和圆弧半径 $R18$ 等都是定形尺寸。

2. 定位尺寸

确定组合体中各基本几何体（包括孔、切口等）之间相对位置的尺寸。确定相对位置，一般用长、宽、高三个方向的定位尺寸。定位尺寸的起点，称为尺寸基准。长、宽、高三个方向至少各有一个尺寸基准，一般选择组合体的对称面（在视图中为对称中心线）、底面、重要的端面和轴线作为尺寸基准。如图 4-8 所示的支座，长度方向尺寸基准为左右对称面，宽度方向尺寸基准为后端面，高度方向尺寸基准为底面。左视图中的尺寸 18 为支座高度方向的定位尺寸，4 为支座上小孔的宽度方向的定位尺寸。由此可见：

（1）当基本几何体之间的相对位置为叠加、平齐，或处于组合体的对称面上时，在相应方向不需要定位尺寸。

（2）以对称中心线为基准的定位尺寸，一般不从对称中心线注起，而是直接标注互相对称的两要素之间的距离。

(3) 回转体的定位尺寸，必须能直接确定其轴线的位置。

各基本几何体的定形尺寸和定位尺寸注全以后，组合体视图的尺寸就齐全了。

3. 总体尺寸

确定组合体的总长、总宽、总高的尺寸。如图 4-8 所示，底板的定形尺寸 27 和 12，兼有总长尺寸和总宽尺寸的作用。

当组合体的一端为有同心孔的回转面时，该方向的总体尺寸一般不注。因此，图 4-8 中未注总高尺寸。如果支座顶面不是圆柱面而是平面，其主视图如图 4-9 所示，就应标注总高 24。

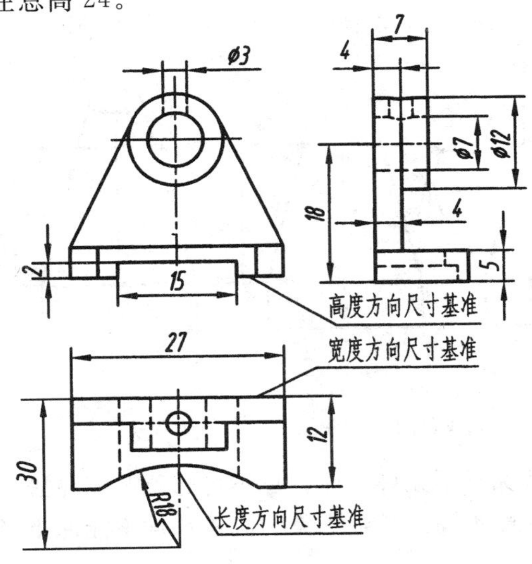

图 4-8　支座的尺寸注法

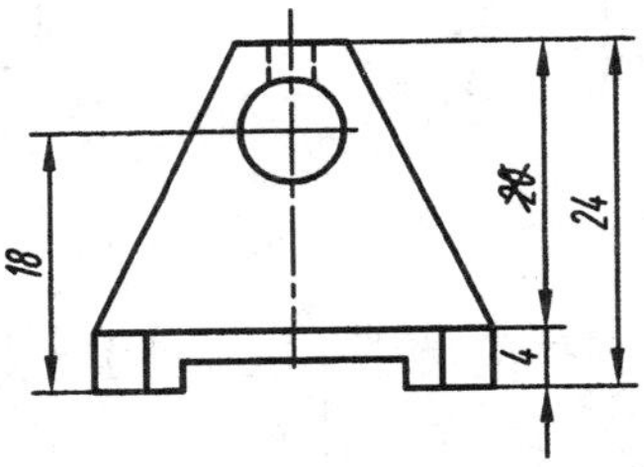

图 4-9　总体尺寸的注法

四、组合体尺寸标注应注意的问题

从上述尺寸分析可知，组合体视图的尺寸，必须按形体分析来标注，否则就不符合要求，因此，要注意下述两个问题。

1. 不能对截交线和相贯线标注尺寸

截交线和相贯线的形状、大小和位置是由相交的两基本体的形状、大小和相对位置决定的。根据这个原理，对于具有切口的立体，只能标注被挖切前完整立体的尺寸和截平面的定位尺寸，不能给截交线标注尺寸，如图 4-10 中尺寸线上画有矩形的尺寸，都是截平面的定位尺寸；组合体上的槽，应看成一个形体来标注，如图 4-10 (c) 所示。

对于具有相贯关系的组合体，必须注出相交两基本体（或孔）的定形尺寸和定位尺寸，不能对相贯线标注尺寸，如图 4-11 所示。

图 4-12 中画有“×”尺寸都属于错误注法，建议读者将图 4-12、图 4-11 图形中对应的正确注法进行对比，分析正误。

2. 所注尺寸应符合形体分析原则

按形体分析标注尺寸时，必须明确每个尺寸的作用，否则就会出现混乱，由于种种原因，初学者所注的尺寸往往出现不齐全、不符合形体分析原则等弊病。如图 4-13 所示的

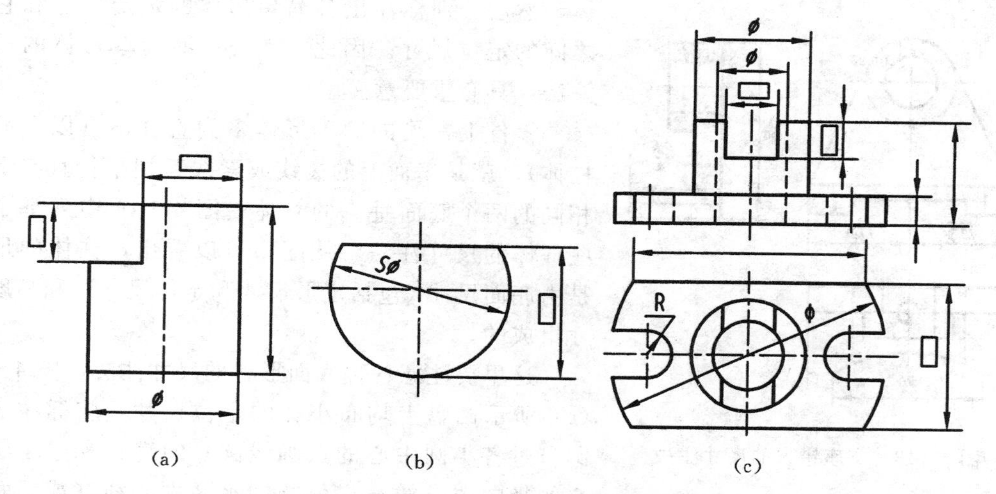

图 4-10　具有切口的立体的尺寸注法

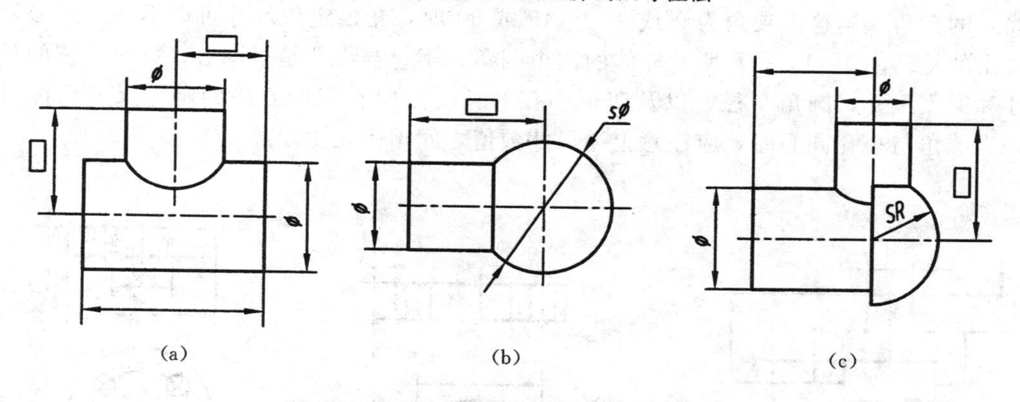

图 4-11　具有相贯线的组合体的尺寸注法

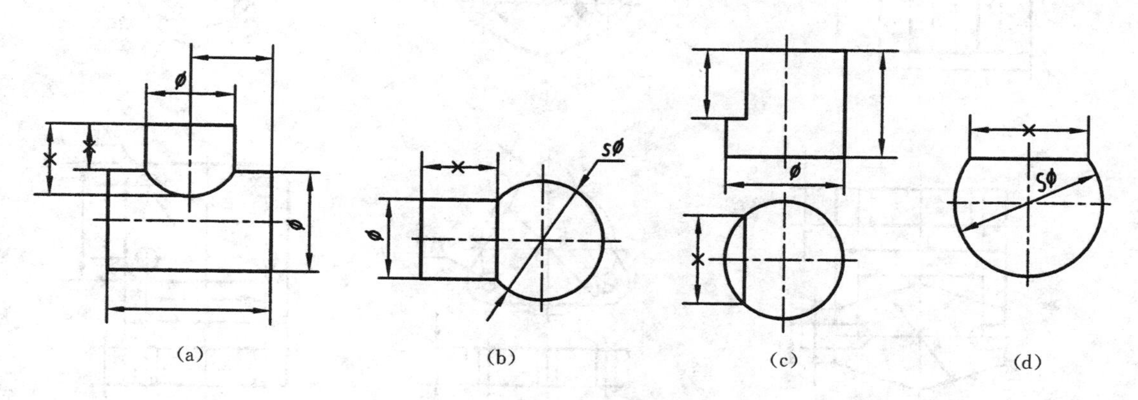

图 4-12　错误的尺寸注法

尺寸，学习时可与图 4-8 相对照，弄清每个尺寸的作用，防止出现这种错误。

五、柱体的尺寸注法举例

运用形体分析法标注组合体视图的尺寸时，一般是首先把组合体分解成若干简单形

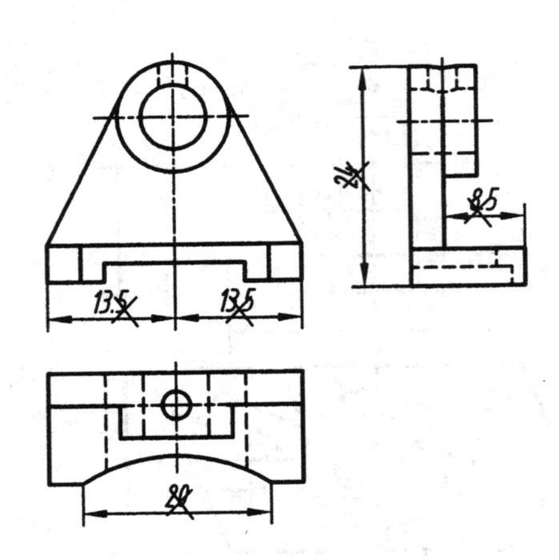

图 4－13　支座错误的尺寸注法

体，然后分别标注出各简单形体的定形尺寸和它们之间的定位尺寸。因此，掌握一些简单形体的尺寸注法，具有重要意义。

零件上常见的简单形体多为直柱体（以下简称柱体），就是表面上的棱线或素线互相平行且与形状相同的两个底面垂直的立体。图 4－14 中列举了一些柱体的尺寸注法，从图中可以看出，柱体的尺寸是由底面尺寸（包括定形尺寸和定位尺寸）和高度尺寸组成的。

这里要注意各种底面形状的尺寸注法，图 4－14（c）所示圆盘上均布小孔的定位尺寸，应标注定位圆（过各小圆中心的点画线圆）的直径和过小圆圆心的径向中心线与定位圆的水平中心线（或铅垂中心线）的夹角。当这个夹角为 0°或 30°或 45°或 60°时，角度定位尺寸可以不注。还必须特别指出的是，图 4－14（f）所示柱体的四个圆角，不管与小孔是否同心，整个形体的长度尺寸和宽度尺寸，圆角半径，以及四个小孔的长度方向和宽度方向的定位尺寸，都要注出；当圆角与小孔同心时，应注意上述尺寸数值之间不得发生矛盾。

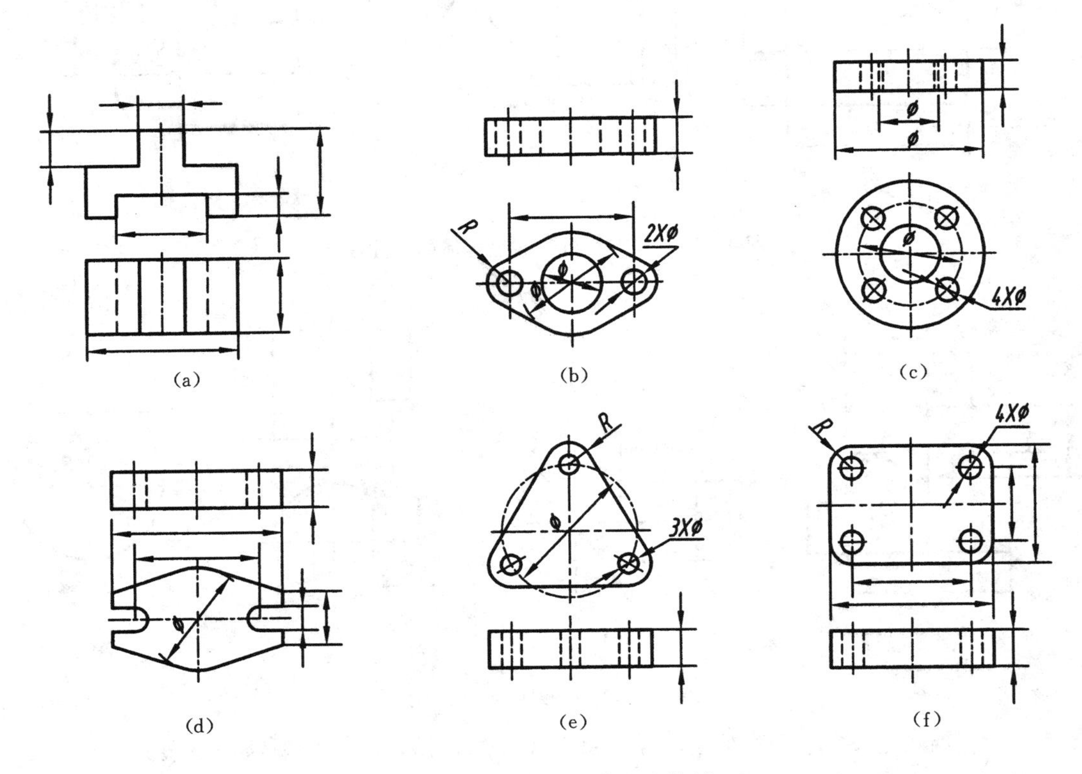

图 4－14　柱体的尺寸注法举例

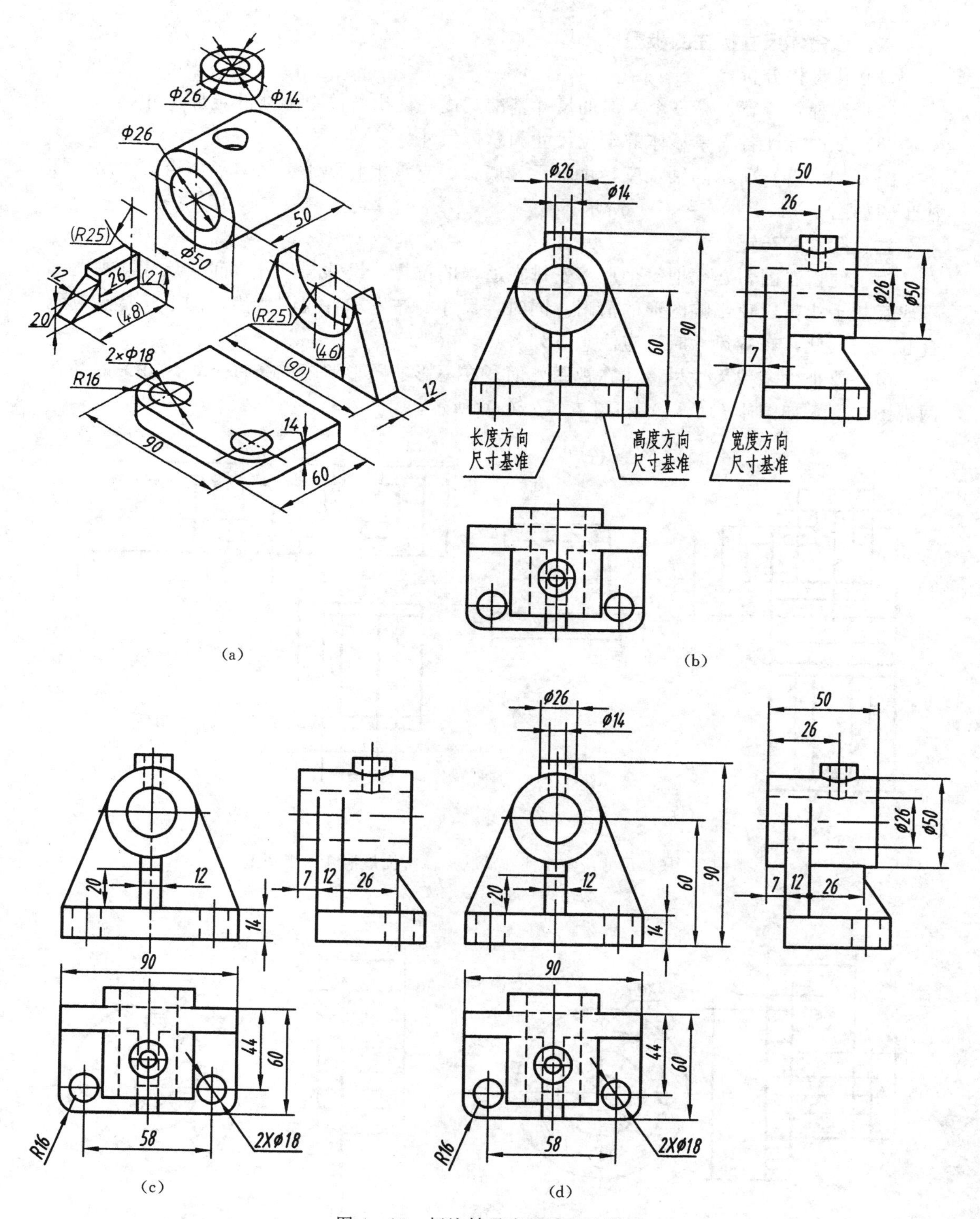

图 4-15　标注轴承座尺寸的步骤

(a) 形体分析和初步考虑基本体的定形尺寸；(b) 选择尺寸基准、标注轴承和凸台的尺寸；(c) 标注底板、支承板、肋的尺寸，并考虑总体尺寸；(d) 校核后的标注结果

六、组合体尺寸标注的步骤

（1）作形体分析。

（2）选择长、宽、高三个方向的尺寸基准，逐一注出各简单形体的定形尺寸。

（3）依次标注各简单形体的定位尺寸和总体尺寸。

图 4－15（a）所示的轴承座，由轴承、底板、支承板和肋 4 个简单形体组成。尺寸标注步骤如图 4－15（b）～（d）所示。

七、尺寸的布置

为了便于看图，必须把每个尺寸安排在适当的位置，尺寸与尺寸之间、尺寸与视图都不能互相干扰，以免影响图形的清晰。同时，尺寸的布置和各视图所表达的形状特点应配合起来。因此，布置尺寸时，应注意下列各点。

（1）要把大多数尺寸尽量注在视图外面。在不影响图形清晰的条件下，尺寸最好注在两视图之间，如图 4－16（a）和图 4－17（a）所示。

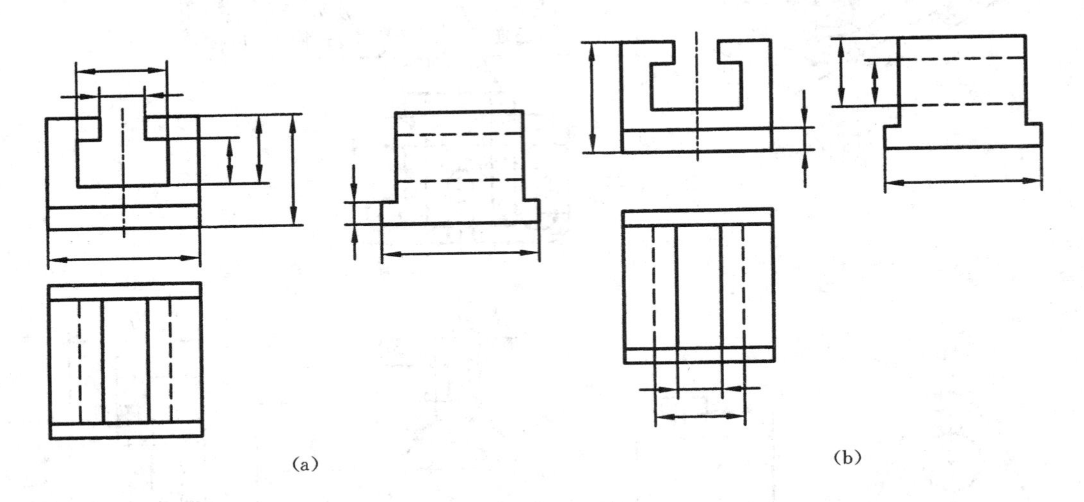

图 4－16　尺寸应集中注在反映形体特征最清晰的视图上

（a）好；（b）不好

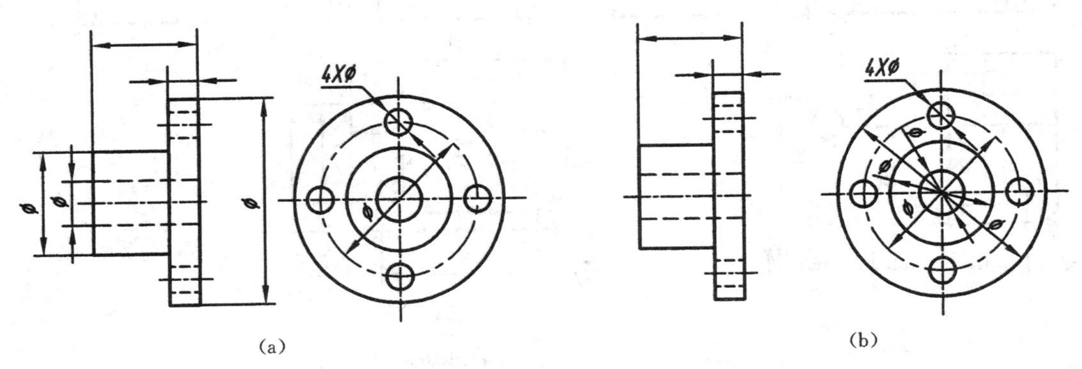

图 4－17　完整回转体、回转孔和均布小孔的尺寸注法

（a）好；（b）不好

(2) 组合体中每个简单形体的尺寸，应集中注在反映该形体的形状和位置特征最清晰的视图上，如图 4-16 (a) 所示。在图 4-16 (b) 中，除三个总体尺寸外，其余尺寸都不是注在适当的位置上。

(3) 完整的回转体或回转孔的尺寸（底板角上的小孔尺寸和圆盘上的均布小孔尺寸除外），最好集中注在非圆视图上；圆盘上均布小孔的定位尺寸和定形尺寸应集中注在反映它们的个数和分布位置最清楚的视图上，如图 4-17 (a) 所示。

(4) 尽量避免尺寸线与其他尺寸界线相交，一般情况下不允许尺寸线与尺寸线相交，也应避免把尺寸界线拉得太长，主视图如图 4-18 所示。

(5) 同一方向的尺寸线，在不互相重叠的条件下，最好画在一条线上，不要错开，如图 4-19 (a) 所示。

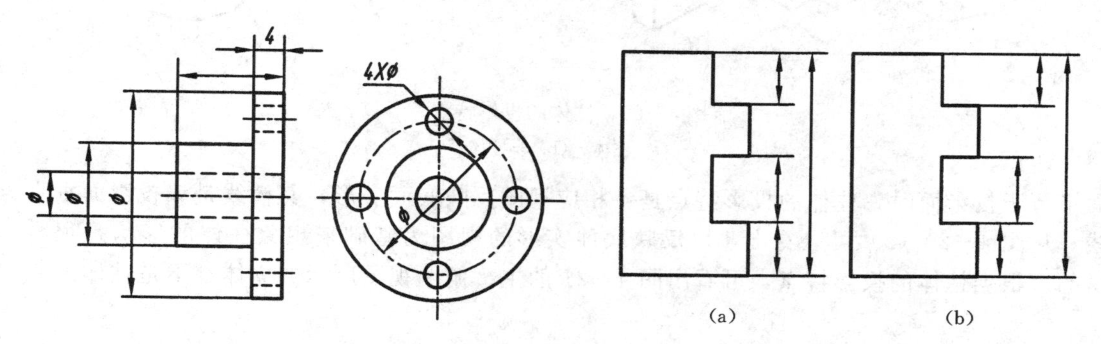

图 4-18　主视图上的尺寸布置不合理

图 4-19　不重叠的同向尺寸最好注在同一条线上
(a) 好；(b) 不好

§4-4　看组合体视图的方法

一、看图的基本知识

根据已知视图，经过投影和空间分析，想象出物体的确切形状的过程，称作看图或读图。看图是画图的逆过程，因此，看图时必须以画图的投影理论为指导。如：

(1) 三视图的投影规律：长对正、高平齐、宽相等。

(2) 各种位置直线和平面的投影特性。

(3) 常见基本几何体的投影特点。

(4) 常见回转面的截交线和相贯线的投影特点。

在熟悉上述投影理论的基础上，还要注意下列几点。

1. 把几个视图联系起来看

由于一个视图不能确定立体的形状和基本体间的相对位置，因此必须将有关视图联系起来看。例如图 4-20 (a)、(b) 和图 4-21 所示的立体，其主视图都相同，如果与俯视图联系起来看，就可以看出图 4-20 (a) 是柱体，图 4-20 (b) 和图 4-21 是非柱体。

2. 从反映形状特征的视图开始

对于柱体，其形状取决于底面的形状，应以反映其底面实形的视图为主来想象。当底

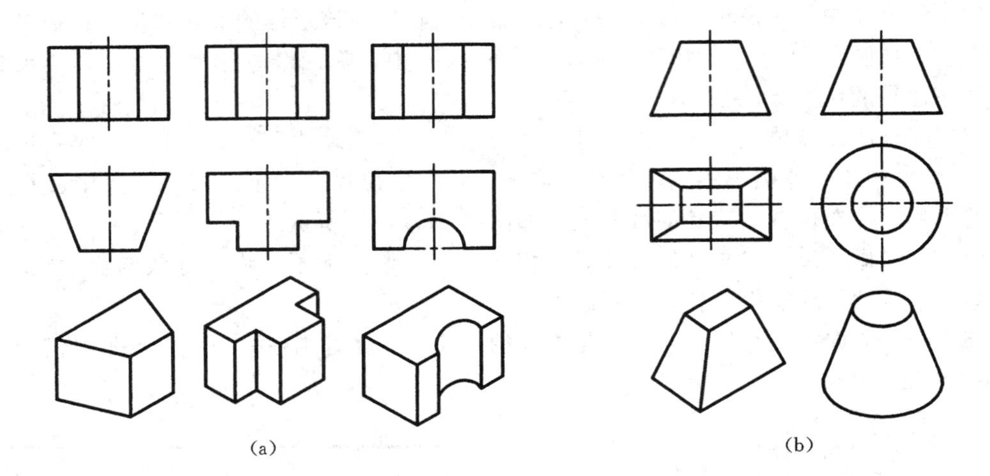

图 4-20　柱体的投影特点

(a) 柱体；(b) 非柱体

面平行于投影面时，柱体的投影特点是：相应视图反映底面实形，其棱线是该投影面垂直线。从图 4-20 (a) 可以看出，以反映底面实形的视图为基础来想象柱体的形状是很容易的。根据柱体的投影特点，可看出图 4-21 的主、俯两视图所示的立体都不是柱体。

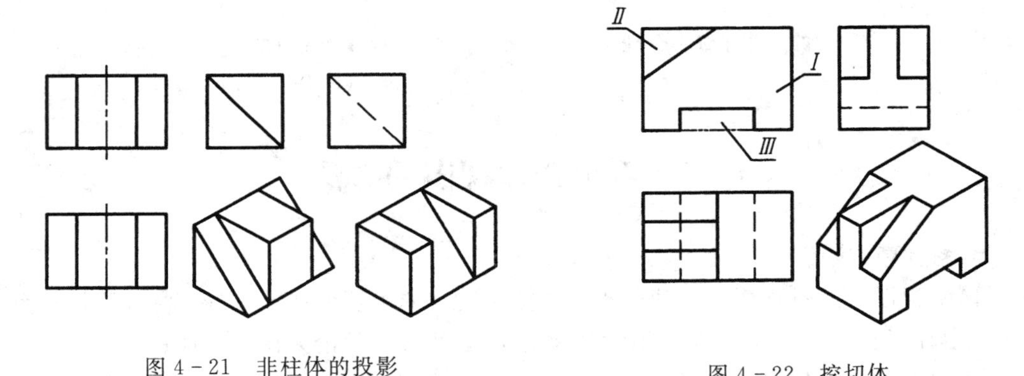

图 4-21　非柱体的投影

图 4-22　挖切体

3. 要弄清楚形体间的组合方式是挖切还是叠加

对于底面平行于投影面的柱体，如果与它组合的形体的所有投影都在这个柱体的同面投影轮廓之内，则该形体是在这个柱体上挖切形成的切口或孔；如果与它组合的形体只要有一个投影在这个柱体同面投影轮廓之外，它们就是叠加组合。例如图 4-22 所示的组合体中，形体Ⅰ是四棱柱，形体Ⅱ和形体Ⅲ的三个投影都在形体Ⅰ的同面投影轮廓之内，它们都是四棱柱上的切口。图 4-23 为底面平行于正面的五棱柱（形体Ⅰ），四

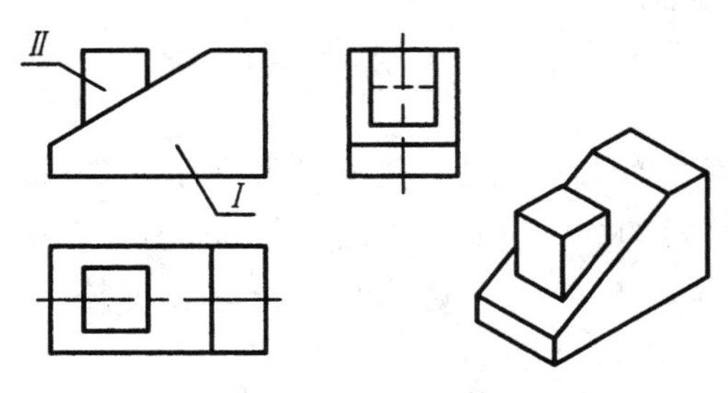

图 4-23　叠加体

棱柱（形体Ⅱ）的正面投影在五棱柱正面投影轮廓之外，可知它们是叠加关系。

4. 认真分析轮廓线的可见性，识别形体表面间的位置关系

视图中相邻或嵌套的两个线框可能表示相交的两个面，或高低错开的两个面，或一个面与一个孔，如图 4-24 所示。由俯视图中的 L 可知 A、B 面的前后关系。

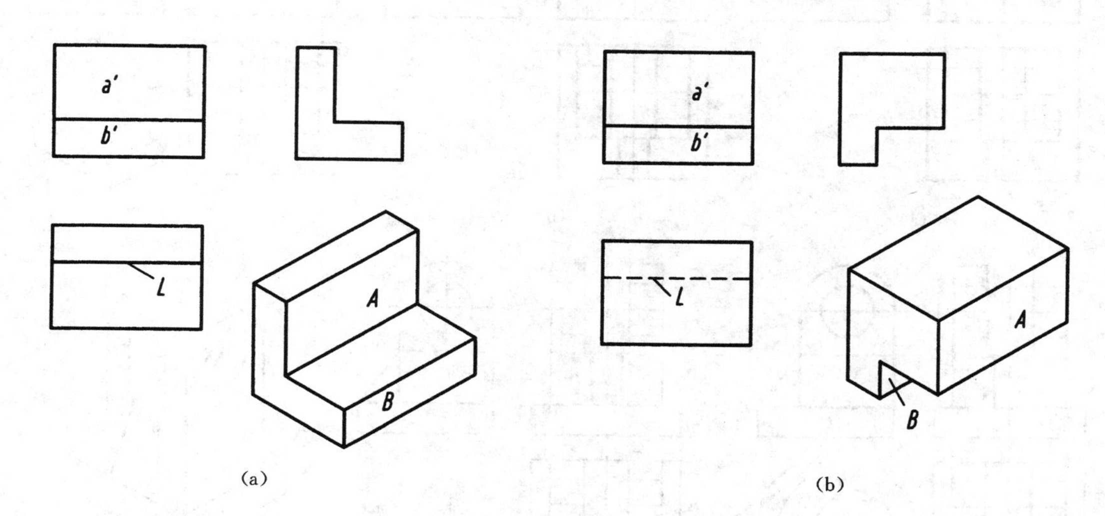

图 4-24　利用可见性判别形体间的相对位置

二、看组合体视图的方法和步骤

看图的主要方法是形体分析法。下面以图 4-25 为例说明看图的方法和具体步骤。

（1）分线框，对投影。从主视图入手，借助丁字尺、三角板和分规等，按照三视图的投影规律，把几个视图联系起来看，按照形体分析法把组合体大致分成几个部分。图 4-25（b）表示该组合体分成三个部分。

（2）识形体，定位置。根据每一部分的视图想象出形体，并确定它们的相对位置和可见性。见图 4-25（c）～（e）。

（3）综合起来想象整体。确定各个形体及其相对位置后，完整的组合体的形状就清楚了，见图 4-25（f）。此时再把看图过程想象出的组合体与给定的三视图，逐个形体，逐个视图对照检查一遍。

三、作图举例

有些组合体用两个视图就能表达清楚它的形状，看懂两视图后，应能根据这两个视图补画出第三视图。

【例 4-1】　根据图 4-26（a）所示组合体的主、俯视图，画出左视图。

【解】　该例题是看图和画图的综合。首先按照看图步骤想象出组合体的空间形状，再按照画图步骤，根据各个形体和相邻表面关系，及三视图投影规律，逐个画出形体的左视图，经检查后描深，最后再全部检查。具体步骤如下：

（1）分线框，对投影。见图 4-26（b），将主视图中的线框分成四个部分。

（2）识形体，定位置。分析并想象四个部分的形状，见图 4-26（c）、（d）、（e）。

（3）综合起来想象整体。

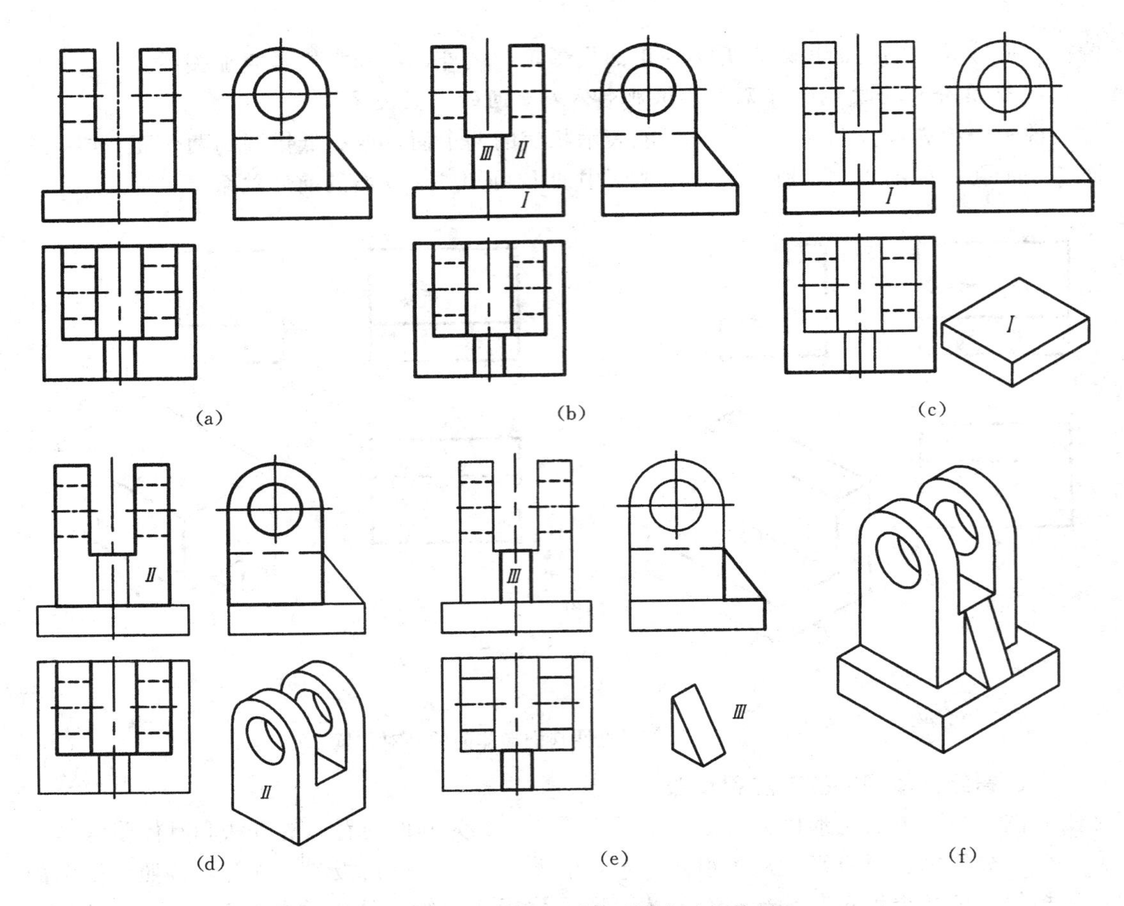

图 4-25　组合体视图的看图方法和步骤

(a) 题目；(b) 分线框，对投影；(c) 想象出形体Ⅰ；(d) 想象出形体Ⅱ；(e) 想象出形体Ⅲ；(f) 综合起来想象整体

(4) 补画左视图。见图 4-26 (c_1)、(d_1)、(e_1)、(f)。

由图 4-26 (c_1) 可见形体Ⅰ的形状，其左视图为两个矩形线框，两侧 U 形槽左面的一个，侧面投影可见。形体Ⅱ在形体Ⅰ中，是中间的空腔，要画出其左视图。空腔左右面及半个内圆柱面是左视图中由虚线实线围成的线框。第Ⅲ部分是孔，画孔的视图，实际是画孔的表面的视图，要画出其轴线、转向轮廓线。这里由两条转向轮廓线与前后面的投影围成的封闭区域就是孔的投影。第Ⅳ部分是上部的孔，画法同第三部分，注意图中的内外表面的相贯线。

(5) 检查、描深。

【例 4-2】　根据图 4-27 所示组合体的视图，想象出其形状，画出左视图。

【解】　视图中的封闭线框表示物体上的一个面的投影，而视图中两个相邻或叠合的封闭线框通常是物体上相交的两个面的投影，或者是平行的两个面的投影。在一个视图中，要确定面与面之间的相对位置，必须通过其他视图来分析。

如图 4-27 主视图中的三个封闭线框 a′、b′、c′所表示的面，在俯视图中可能对应 a、b、c 三条水平线。按照投影关系对照主视图和俯视图可见，这个组合体分前、中、后三层：前层切割成一个较小的半圆柱槽，中层切成一个直径较大的半圆柱槽，后层切割成一

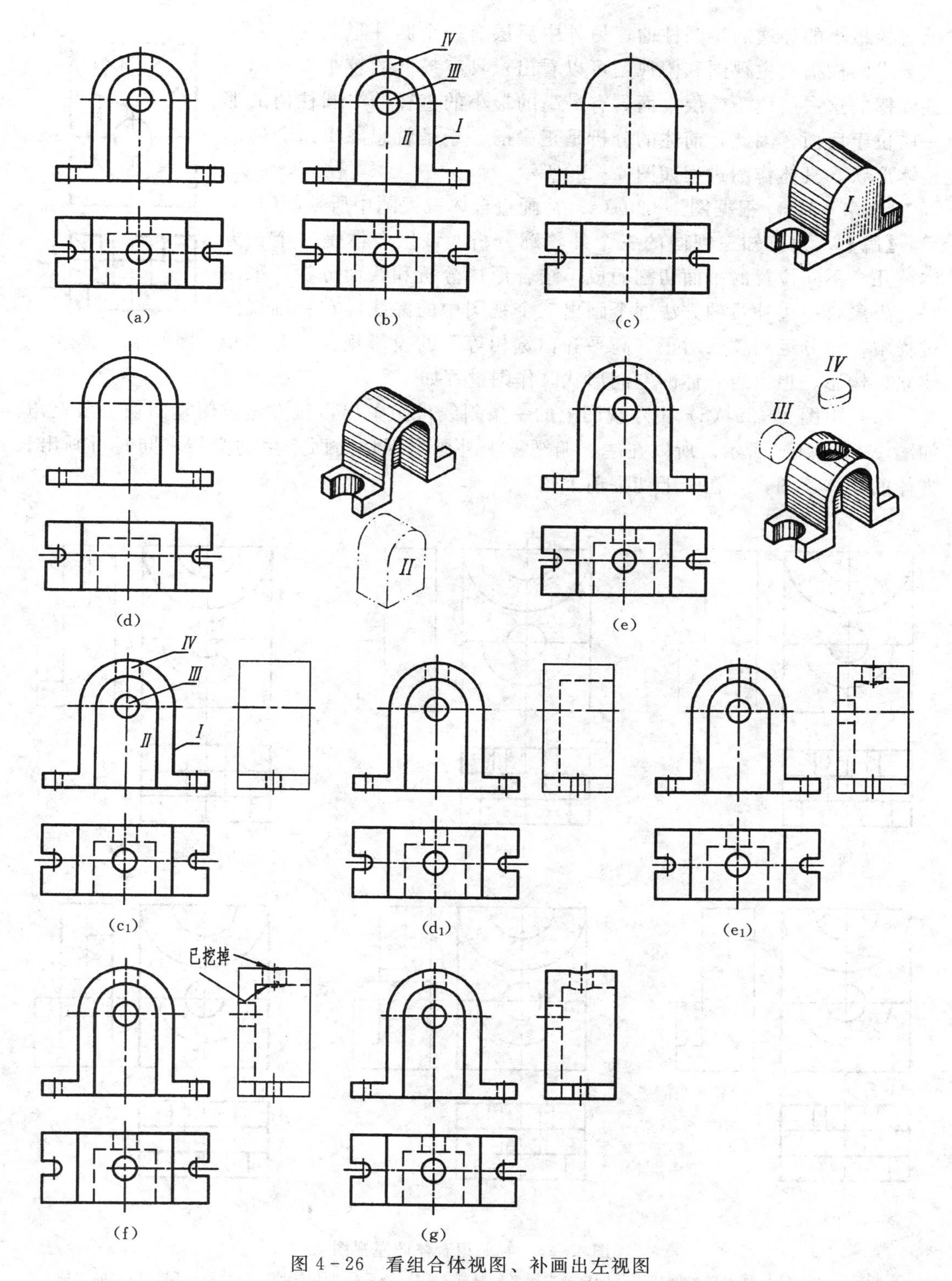

图 4-26 看组合体视图、补画出左视图

(a) 题目；(b) 分线框，对照投影关系；(c) 想象形体Ⅰ；(d) 想象形体Ⅱ；(e) 想象形体Ⅲ、Ⅳ；(c_1) 画出形体Ⅰ的左视图；(d_1) 画出形体Ⅱ的左视图；(e_1) 画出形体Ⅲ、Ⅳ的左视图；(f) 综合起来想象整体；(g) 检查

个直径最小的穿通的半圆柱槽；另外中后层有一个圆柱形通孔。由这三个半圆柱槽的主视图和俯视图可以看出：具有最低的较小直径的半圆柱槽的这一层位于前层，而具有最高的最小的直径的半圆柱槽的那一层位于后面。因此，前述的分析是正确的。于是就想象出组合体的整体形状，具体作图过程如图 4－28 所示。

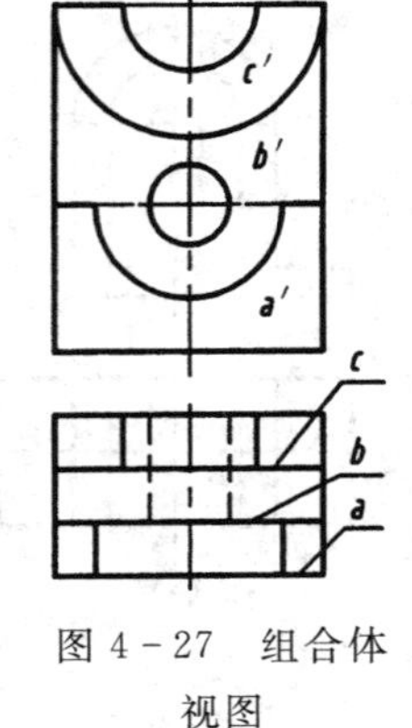

图 4－27　组合体视图

【例 4－3】　根据图 4－29（a）补画组合体三视图中所缺图线。

【解】　由已知三视图的三个外轮廓分析，该组合体是一个长方体被几个不同位置的平面切割而成。结合形体分析和线面分析，采用一边想象，一边补线的方法逐个画出三个视图中的漏线。在补画视图过程中，充分运用“长对正，高平齐，宽相等”的投影规律，并逐步建立、构思、想出组合体的空间形状。作图过程如下：

（1）由图 4－29（a）中左视图上的一条斜线可想象出，长方体被侧垂面切去前上角，如图 4－29（b）所示。所以在主、俯视图上补画出因切角而产生的交线，同时可画出长方体的立体草图，并在其上切去前上角。

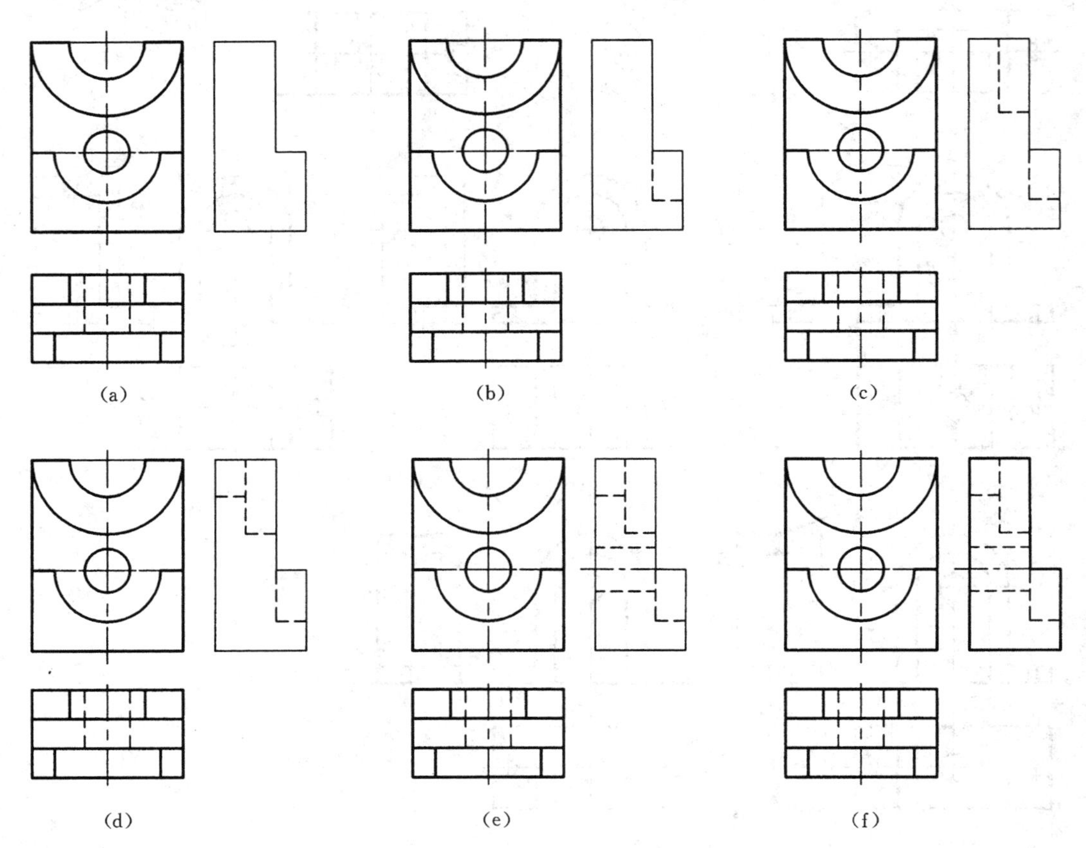

图 4－28　补画组合体的左视图

（a）画轮廓线；（b）画前层半圆柱槽；（c）画中层半圆柱槽；（d）画后层半圆柱槽；（e）画中层、后层的圆柱通孔；（f）最后结果

（2）由图4－29（a）中主、左视图上的凹口可知，长方体的上部中间挖了一个正垂的矩形槽，如图4－29（c）所示。所以在俯视图上补画出因挖矩形槽而产生的交线，同时可继续在已画出长方体的立体草图上也画出矩形槽。

（3）从图4－29（a）中俯视图前方左、右两侧分别有左右对称的缺角可看出，长方体前方的左、右两侧分别被正平面和侧平面对称地各切去一方角，如图4－29（d）所示。然后画出主、左视图中所缺的图线。同样，继续在立体草图中切去这两块。最后，对照所画出立体草图，校核补画出的三视图，作图结果如图4－29（d）所示。

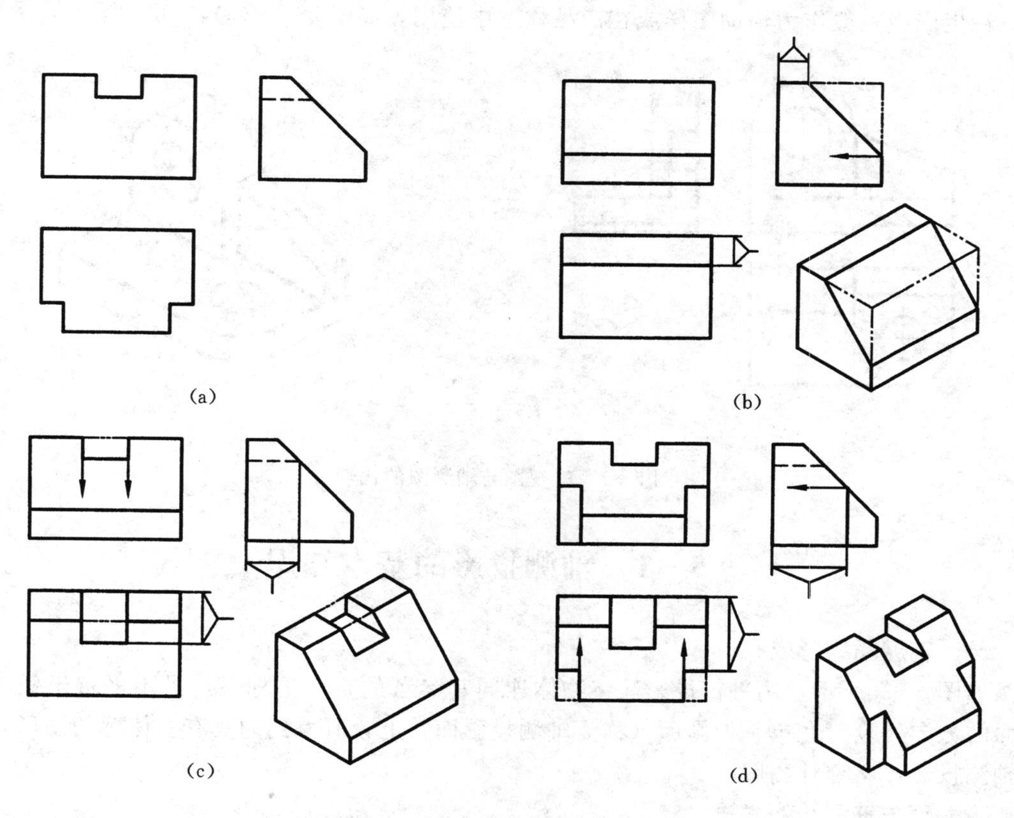

图4－29　补画三视图中所缺图线

第五章　轴　测　图

轴测图是用平行投影法得到的一种单面投影，它能同时反映立体的正面、侧面和水平面的形状，直观性强，富有立体感。但它不能同时反映上述各面的实形，度量性差。因此，在生产中一般作为辅助图样或在产品样本中使用，如图 5-1（a）、（b）所示。

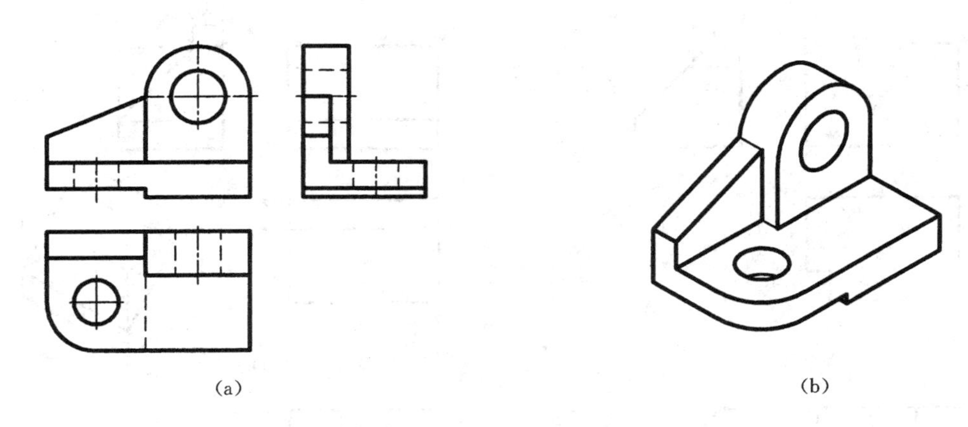

（a）　　（b）

图 5-1　三视图与轴测图的比较

§5-1　轴测投影的基本知识

一、轴测图的形成

如图 5-2 所示，用平行投影法将物体连同其参考的直角坐标系，沿不平行于任一坐标面的方向，投射在单一投影面（称为轴测投影面）上，所得到的具有立体感的图形，称为轴测投影，又称轴测图。

二、有关轴测图的术语

1. 轴测轴和轴间角

物体的参考直角坐标系的坐标轴 O_1X_1、O_1Y_1、O_1Z_1 的轴测投影 OX、OY、OZ 称为轴测轴；简称 X 轴、Y 轴、Z 轴。两根轴测轴之间的夹角 $\angle XOY$、$\angle YOZ$ 和 $\angle ZOX$ 称为轴间角。

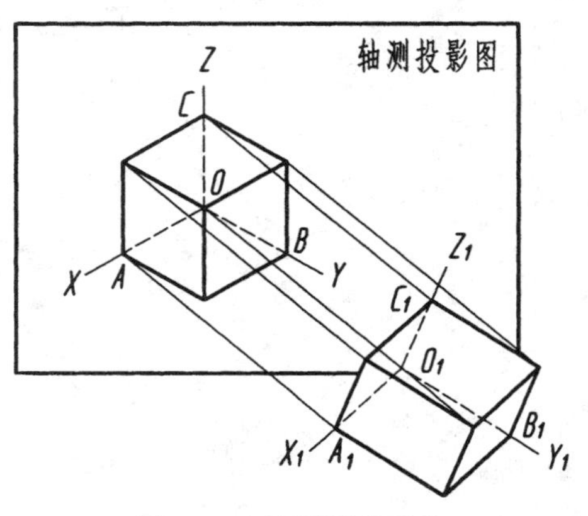

图 5-2　轴测图的形成

2. 轴向伸缩系数

轴测轴上的单位长度与相应直角坐标轴上的单位长度的比值，称为轴向伸缩系数。分别用 p、q、r 表示。例如在图 5-2 中，OA 和

O_1A_1 分别为 OX 轴和 O_1X_1 轴上的单位长度，则 OX 的轴向伸缩系数 $p=OA/O_1A_1$，OY 的轴向伸缩系数 $q=OB/O_1B_1$，OZ 的轴向伸缩系数 $r=OC/O_1C_1$。为便于作图，轴向伸缩系数的比值宜采用简单的数值，简化后的系数称简化伸缩系数，简称简化系数。

如果知道了轴间角和轴向伸缩系数，就可根据立体或立体的视图绘制轴测图。在画轴测图时，只能将物体的参考坐标轴方向的线段，沿相应的轴测轴方向，并按相应的轴向伸缩系数直接量取该线段的轴测投影长度。“轴测”二字即由此而来。

三、轴测图的投影特性

由于轴测图是用平行投影法得到的，因此具有下列投影特性：

（1）立体上互相平行的线段，在轴测图上仍互相平行。

（2）立体上两平行线段或同一直线上的两线段长度之比值，在轴测图上保持不变。

（3）立体上平行于轴测投影面的直线和平面，在轴测图上反映实长和实形。

轴测图是用平行投影法获得的空间物体的投影图，随着轴间角和轴向伸缩系数的不同，所得到的轴测图也不同，根据实践，正等轴测图和斜二轴测图立体感强，图形更美观，所以两者应用较多。后面两节介绍它们的画法。

§5-2 正等轴测图的画法

一、正等轴测图的形成、轴间角和轴向伸缩系数

1. 形成

当三根坐标轴与轴测投影面倾斜的角度相同时，用正投影法得到的投影图称为正等轴测图。简称正等测。

2. 轴间角和轴向伸缩系数

由于三根坐标轴与轴测投影面倾斜的角度相同，因此，三个轴间角相等，都是120°，其中 OZ 轴规定画成竖直方向，如图 5-3 所示。各轴向伸缩系数也相等，根据计算，$p=q=r\approx 0.82$。为了作图简便，常采用简化系数 $p=q=r=1$ 来作图，这样画出的正等轴测图，沿三个轴向（实际上任一方向）的尺寸都大约放大 1.22 倍，如图 5-4（a）所示的立体，分别用这两种轴向伸缩系数画出的轴测图，如图 5-4（b）、（c）所示。

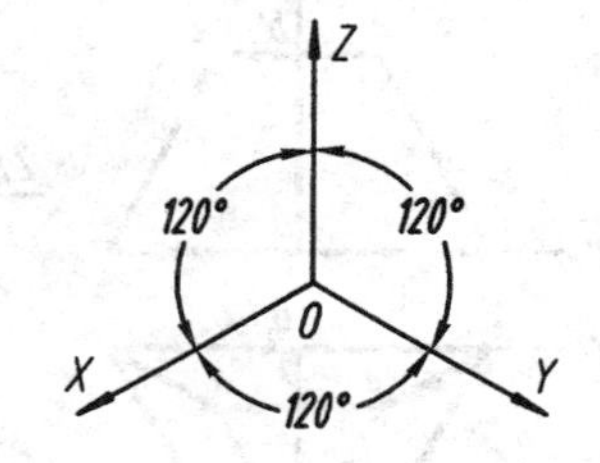

图 5-3 正等轴测图的轴间角和轴向伸缩系数

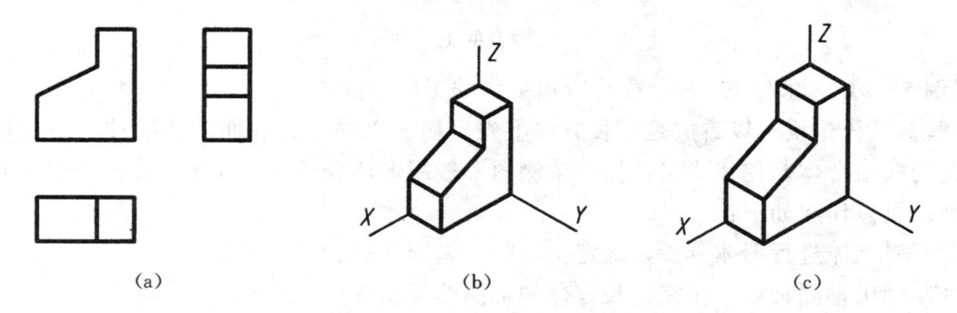

图 5-4

（a）三视图；（b）按 $p=q=r\approx 0.82$ 画的正等轴测图；（c）按 $p=q=r=1$ 画的正等轴测图

二、平面立体正等轴测图的画法

绘制平面立体轴测图的基本方法，就是按照“轴测”原理，根据立体表面上各顶点的坐标值，定出它们的轴测投影，连接各顶点，即完成平面立体的轴测图。

对于立体表面上平行于坐标轴的轮廓线，则可在该线上直接量取尺寸。下面举例说明其画法。

【例 5-1】 求作图 5-5（a）所示正三棱台的正等轴测图。

【解】 作图步骤如下：

（1）对立体进行形体分析，确定坐标轴。坐标原点和坐标轴的选择，应以作图简便为原则。这里选定下底面后底边中点为坐标原点，建立如图 5-5（a）所示的坐标系。

（2）画出轴测轴，作出下底面的轴测投影［图 5-5（b）］。具体作法是：先根据各底边顶点的 X、Y 坐标定出它们的轴测投影，即可画出下底面的轴测投影。

（3）根据尺寸 X_A，Y_A，Z_A 确定上底面的 A 点的位置，然后，过点 A 分别作与下底边的平行线，即可得到上底面 ABC 的轴测投影［图 5-5（c）］。

（4）连接上、下底面的对应顶点，加深即完成三棱台的正等轴测图［图 5-5（d）］。轴测图上的虚线一般不画。

这种根据坐标值画轴测图的方法，称坐标法。

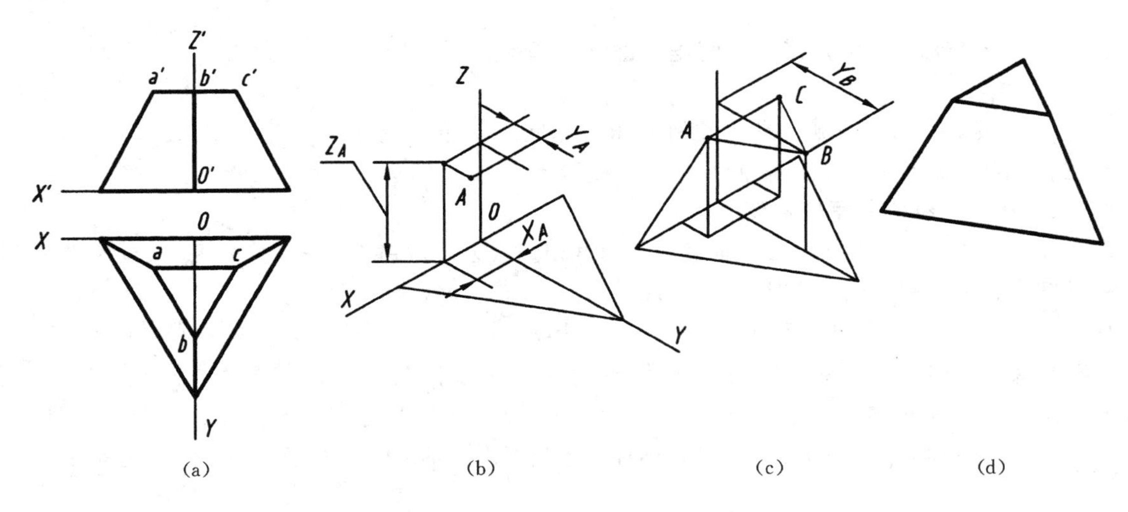

图 5-5　三棱台的正等轴测图画法

【例 5-2】 求作图 5-6（a）所示垫块的正等轴测图。

【解】 该垫块可以看成是从长方体上先后切去以梯形为底面的四棱柱和三棱柱后形成的挖切式组合体。挖切式组合体的轴测图一般用形体分析法来作图，作图步骤与画三视图相似，具体作法如下：

（1）对立体进行形体分析，确定坐标轴。如图 5-6（a）所示。

（2）画出轴测轴后，作完整长方体的轴测图［图 5-6（b）］。

（3）“切去”左上方的四棱柱体。沿相应轴测轴方向量取尺寸，先作出前面的两条边 AB 和 BC［图 5-6（c）］。应注意，倾斜线段 BC 的长度是不能从图 5-6（a）中直接转移过来的。然后从 A、B、C 三点着手，应用两平行线的投影特性，完成这个四棱柱的作图［图 5-6（d）］。

（4）“切去”三棱柱［图 5-6（e）］。三棱柱底面的三个顶点也必须按“轴测”原理求得。图 5-6（f）为完成的垫块正等轴测图。

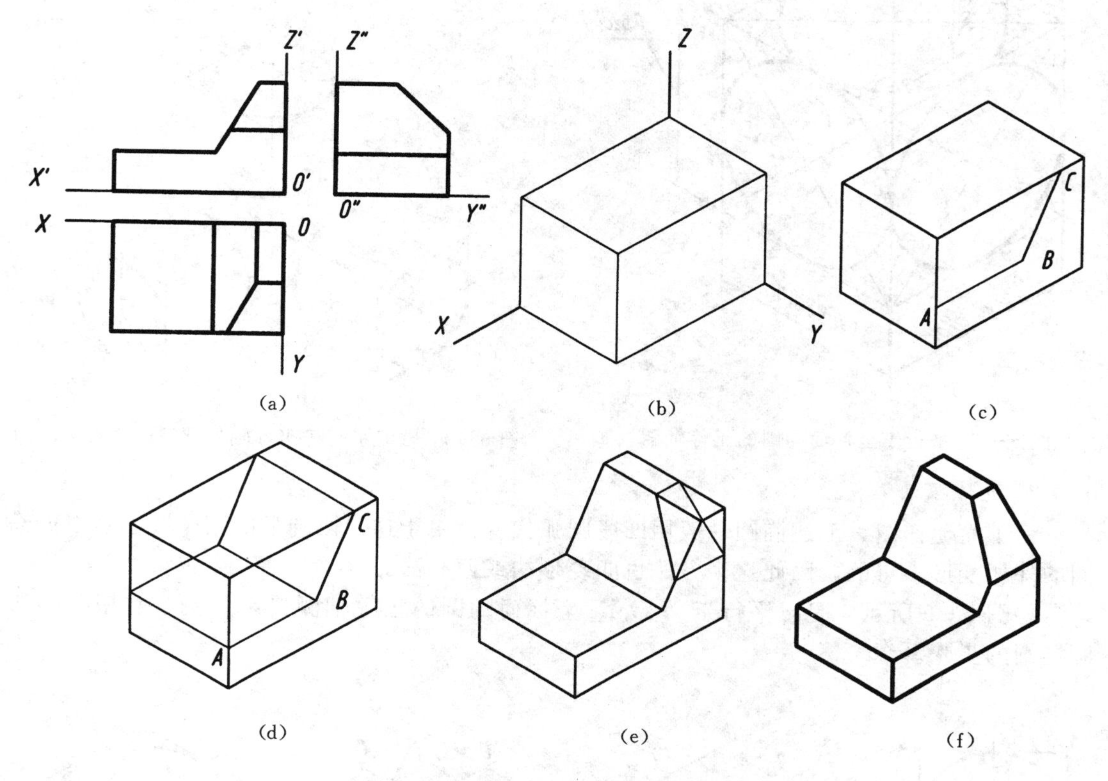

图 5-6　垫块的正等轴测图画法

三、回转体正等轴测图的画法

（一）平行于坐标面的圆的正等轴测投影及画法

1. 投影分析

从正等轴测图的形成知道，各坐标面对轴测投影面都是倾斜的，因此，平行于坐标面的圆的正等轴测投影是椭圆。

图 5-7 表示，当以立方体上的三个不可见的平面为坐标面时，在其余三个平面内的内切圆的正等轴测投影，从图中可以看出：

（1）三个椭圆的形状和大小是一样的，但方向各不相同。

（2）各椭圆的短轴与相应菱形（圆的外切正方形的轴测投影）的短对角线重合，其方向与相应的轴测轴一致，该轴测轴就是垂直于圆所在平面的坐标轴的投影。由此可以推出：在圆柱体和圆锥体的正等轴测图中，其上下底面椭圆的短轴与轴线在一条线上，如图 5-8 所示。

（3）各椭圆长、短轴的长度，按轴向伸缩系数为 0.82 或按轴向伸缩系数为 1 作图时，如图 5-7 所示。如简化作图采用后一种轴向伸缩系数。

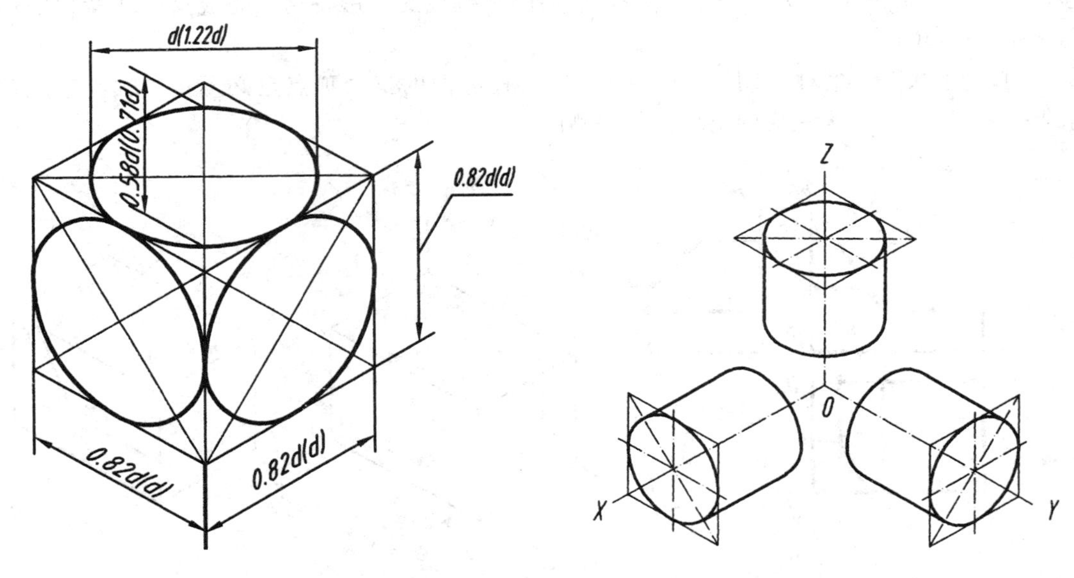

图 5-7　平行于坐标面的圆的正等轴测投影　　　图 5-8　轴线平行于坐标轴的圆柱的正等轴测图

2. 近似画法

为了简化作图，上述椭圆一般用四段圆弧代替。由于这四段圆弧的四个圆心是根据椭圆的外切菱形求得的，因此这个方法也叫菱形法或四心法。

如图 5-9 所示，是以平行于 $X_1O_1Y_1$ 坐标面的圆的正等轴测投影为例，利用菱形法画椭圆的步骤。

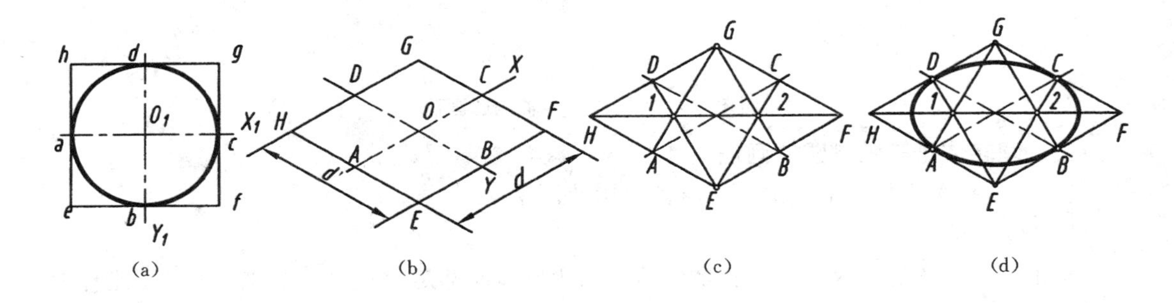

图 5-9　菱形法画平行于 $X_1O_1Y_1$ 坐标面的圆的正等轴测投影

(a) 以圆心 O 为坐标原点，两条中心线为坐标轴 O_1X_1、O_1Y_1；(b) 画轴测轴 OX、OY，以圆的直径为边长作出其邻边分别平行于 X、Y 轴的菱形 $EFGH$；(c) 菱形两钝角的顶点 E、G 和其两对边中点的连线，与长对角线交于 1、2 两点；E、G、1、2 即为四个圆心（注意：这些连线就是各菱形边的中垂线）；(d) 分别以 E、G 为圆心，以 ED 为半径，画大圆弧 $\frown DC$ 和 $\frown AB$；分别以 1、2 为圆心，以 $1D$ 为半径，画小圆弧 $\frown DA$ 和 $\frown BC$，即完成作图

（二）圆柱体的正等轴测图的画法

图 5-10 所示为轴线垂直于水平面的圆柱体的正等轴测图的作图步骤。

【例 5-3】　如图 5-11（a）所示，作带有键槽的圆柱的正等轴测图。

【解】　画图步骤如图 5-11 所示。

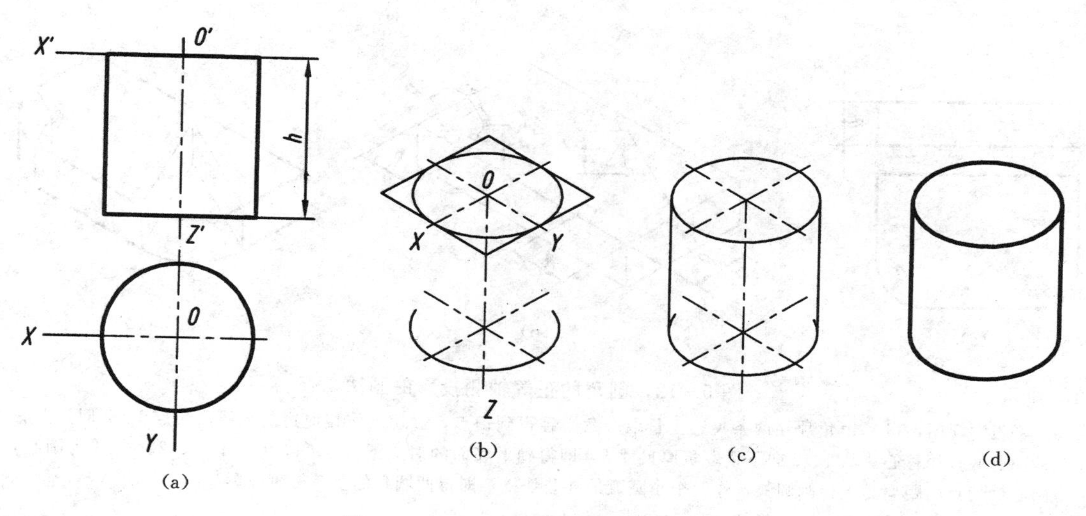

图 5－10　圆柱体的正等轴测图的画法

(a) 形体分析，确定原点及坐标轴；(b) 画轴测轴 X、Y、Z，用菱形法画出顶圆的近似椭圆，再用移心法[1]将三段圆弧的圆心向下平移 h，作出下底圆的近似椭圆；(c) 作两个椭圆的外公切线，可知下底椭圆不完全可见；(d) 擦去下底不可见部分的椭圆，加深，完成轴测图

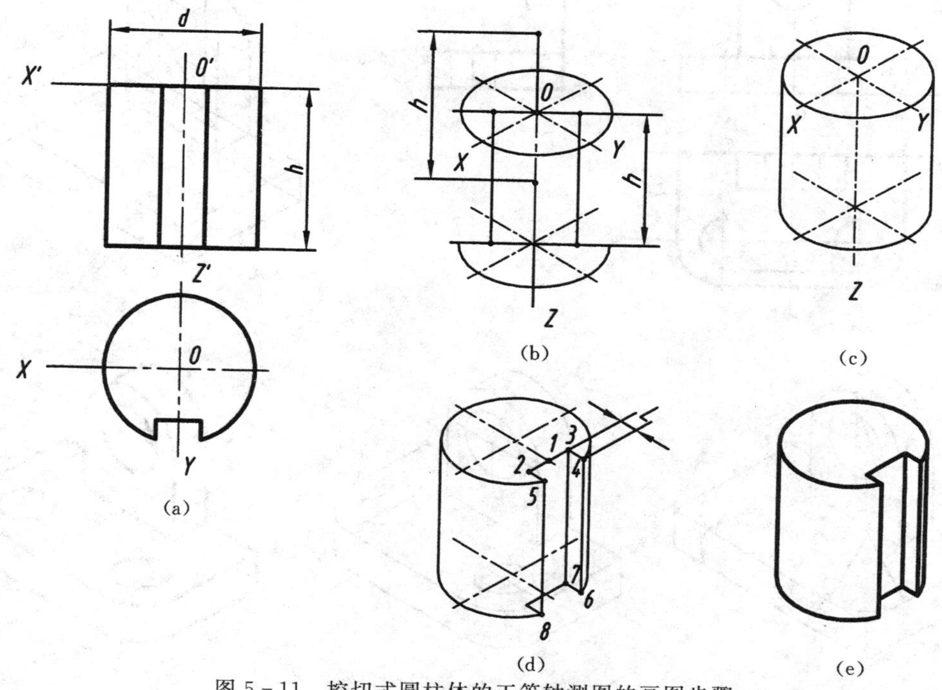

图 5－11　挖切式圆柱体的正等轴测图的画图步骤

(a) 形体分析，确定原点及坐标轴；(b) 作轴测轴，用菱形法画出顶面的近似椭圆，再用移心法将三段圆弧的圆心向下平移 h，作底面近似椭圆的可见部分；(c) 作两个椭圆的公切线，即圆柱面轴测投影的转向轮廓线；(d) 由 L 定出 1；由 1 定 2、3；由 2、3 定 4、5。再作平行于 Z 轴的各轮廓线，定出 6，7，8 画出键槽；(e) 加深，完成作图

❶　画圆柱两底圆的轴测投影时，从一个底面的圆心沿轴线方向量取圆柱高度尺寸，从而求得另一底面的对应圆心的方法，称为移心法。

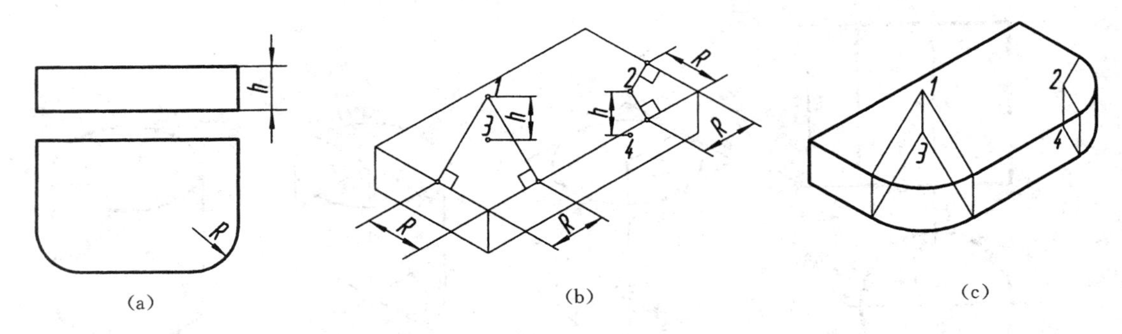

图 5-12　圆角的正等轴测投影的画法

(a) 平板的视图；(b) 由角顶在两条夹边上量取圆角半径得到切点，过切点作相应边的垂线，交点 1、2 即为上底面的两圆心；用移心法从 1、2 向下量取板厚尺寸 h，即得到下底面的对应圆心 3、4；(c) 以 1、2、3、4 为圆心，由圆心到切点的距离为半径画圆弧，作两个小圆弧的外公切线，即得两圆角的正等轴测投影

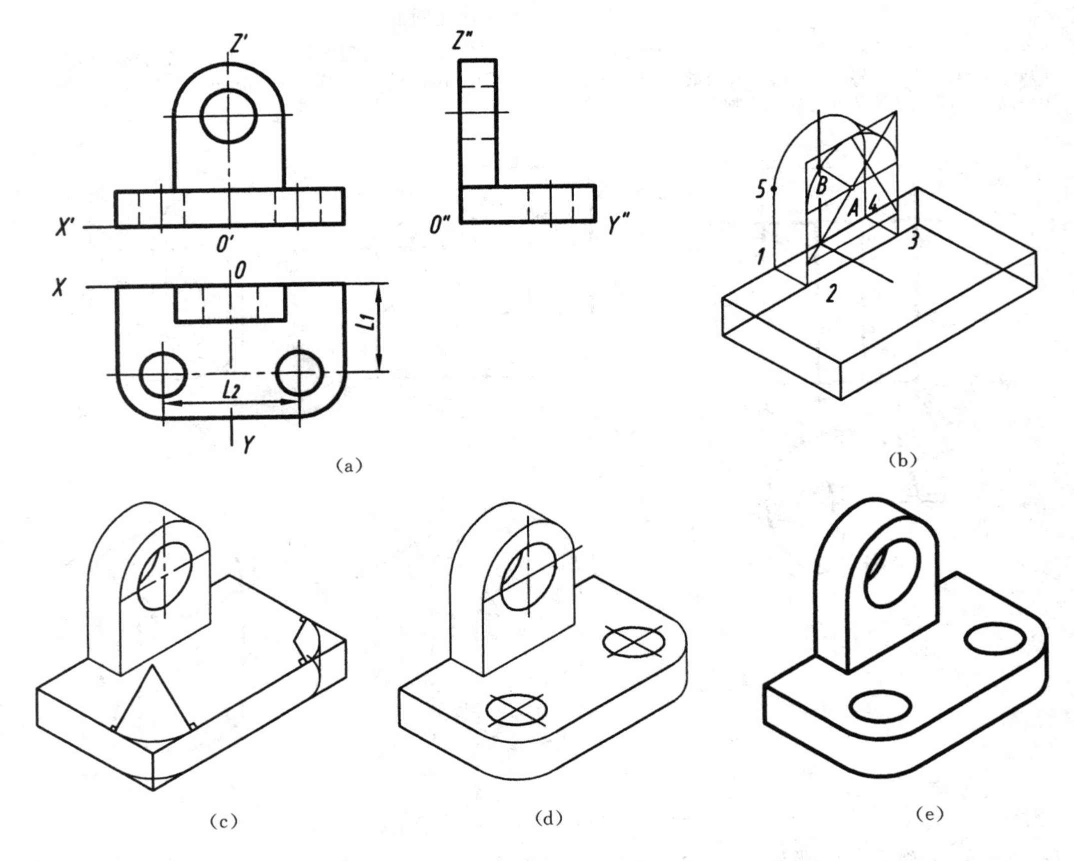

图 5-13　支架的正等轴测图画法

(a) 形体分析，确定坐标系；(b) 画出轴测轴。画出底板的轮廓，再画立板与它的交线 1234，确定立板前孔口的圆心 A，再由 A 定出后孔口的圆心 B，画出顶部近似椭圆，由 1234 作 Z 轴平行线与立板顶部圆弧相切，如 15；(c) 再作出立板上的圆柱孔，并作出底板两圆角，方法如图 5-12，完成立板的正等测轴测图；(d) 由 L_1、L_2 确定底板顶面上两个圆柱孔两端的圆心，作出其近似椭圆（底面图不可见，所以圆心未画出）；(e) 擦去作图线，加深，完成全图

（三）圆角的正等轴测图的画法

从图 5－9 所示椭圆的近似画法可以看出：菱形的钝角与大圆弧相对，锐角与小圆弧相对；菱形的相邻两条边的中垂线交点就是圆心；由此，可以得出平板上圆角的正等轴测投影的近似画法如图 5－12 所示。

四、组合体正等轴测图的画法

画组合体的轴测图，也要应用形体分析法。图 5－13（a）表示组合体的三视图，其正等轴测图的作图步骤如图 5－13 所示。画组合体中圆柱面的轴测投影时，必须找出相应椭圆中心（立体上圆心的轴测投影）的位置，并用移心法作图。应注意的是，外圆柱轴测图的两个底圆的公切线不要漏画。

【例 5－4】 求作图 5－13（a）所示支架的正等轴测图。

【解】 作图步骤如图 5－13 所示。

§5－3 斜二轴测图的画法

一、斜二轴测图的形成、轴间角和轴向伸缩系数

1. 形成

如图 5－14 所示，如果使 $X_1O_1Z_1$ 坐标面平行于轴测投影面，采用斜投影法，也能得到具有立体感的轴测图。当所选择的斜投射方向使 OY 轴与 OX 轴的夹角为 135°，并使 OY 轴的轴向伸缩系数为 $q=0.5$ 时，这种轴测图就称为斜二轴测图，简称斜二测。

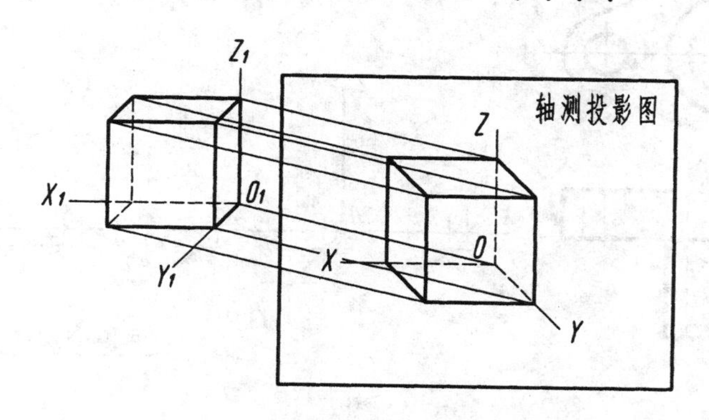

图 5－14 斜二轴测图的形成

2. 斜二轴测图的轴间角和轴向伸缩系数

形成斜二轴测图时，由于 $X_1O_1Z_1$ 坐标面平行于轴测投影面，平行于这个坐标面的轴测投影必然反映实形，因此斜二轴测图的轴间角是：OX 与 OZ 成 90°，这两根轴的轴向伸缩系数都是 $p=r=1$；OY 与水平线成 45°，其轴向伸缩系数为 $q=0.5$，如图 5－15（a）、（b）所示。

由上述斜二轴测图的特点可知：平行于坐标面 $X_1O_1Z_1$ 的圆的斜二轴测图反映实形。而平行于 $X_1O_1Y_1$、$Y_1O_1Z_1$ 坐标面的圆的斜二轴测图为椭圆，这些椭圆的短轴与相应轴测轴不平行，且作图较繁，如图 5－15（c）所示。因此，斜二轴测图一般用来表示只在互相平行的

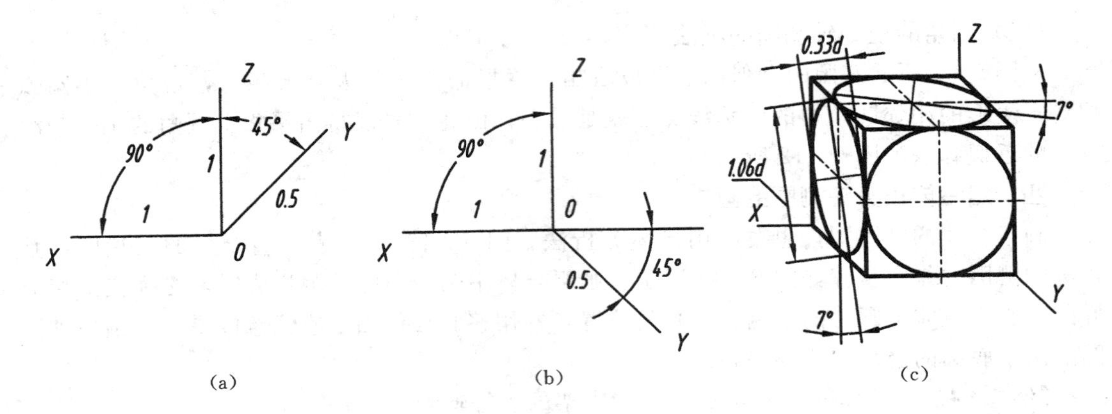

图 5－15　斜二轴测图的轴间角和轴向伸缩系数、平行于坐标面的圆的斜二轴测投影

平面内有圆或圆弧的立体，作图时，总是把这些平面定为平行于 $X_1O_1Z_1$ 坐标面。

二、斜二轴测图的画法

图 5－16 所示为一组合体斜二轴测图的作图方法和步骤。画图时，同一个圆柱面的后面那个底圆的圆心用移心法求得，如图 5－16（c）中圆柱孔的画法所示。

【例 5－5】　画出图 5－16（a）所示压盖的斜二轴测图。

【解】

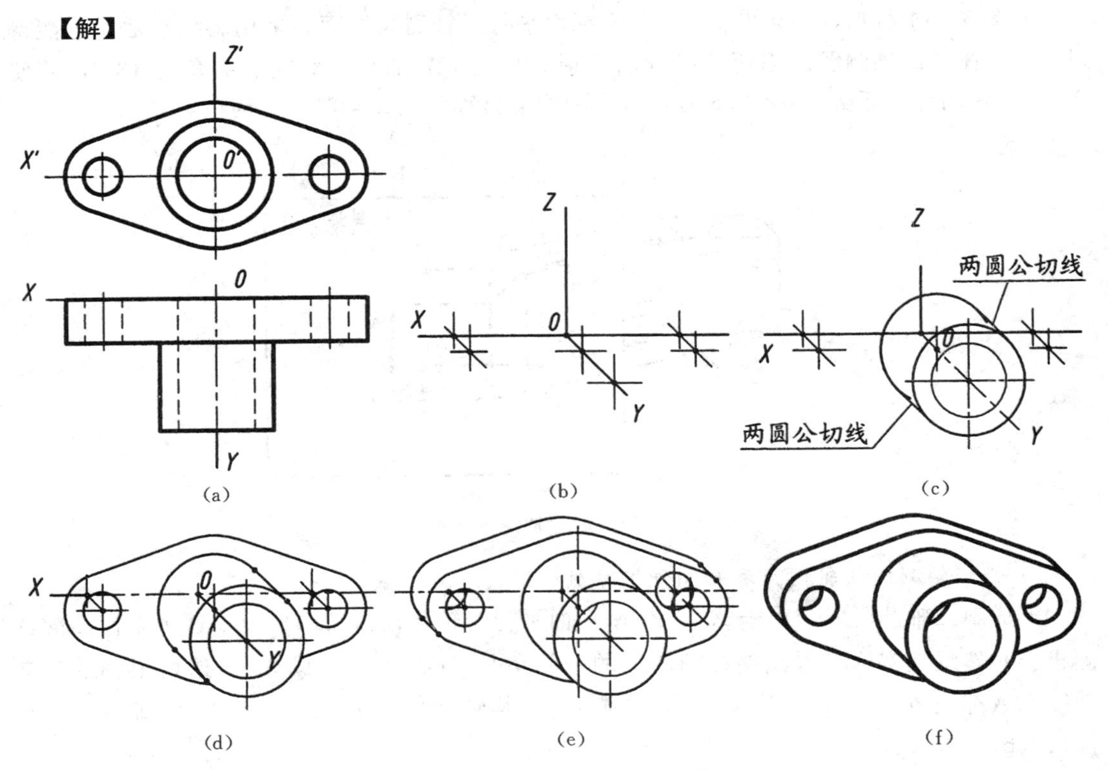

图 5－16　压盖斜二轴测图画法

(a) 形体分析，确定坐标轴；(b) 作轴测轴，在 Y 轴上量取前、中、后各面的圆心，在 X 轴上定出后面板左右两小孔的圆心；(c) 画出圆筒前端面和后端面圆，并作出公切线；(d) 擦去圆筒后端面圆不可见的线，并画出后面板前面的左右两小孔、各段圆弧及公切线；(e) 画出后面板后面可见部分孔、圆弧及切线；(f) 整理、加深，完成斜二轴测图

§5-4 轴测剖视图的画法

为了表示立体的内部形状，可假想用剖切平面切去立体的一部分，画成轴测剖视图（剖视图的概念见第六章）。

一、轴测剖视图画法的有关规定

(1) 为了在轴测图上能同时表达出立体的内外形状，通常采用平行于坐标面的两个互相垂直的平面来剖切立体，剖切平面一般应通过立体的主要轴线或对称平面，如图 5-20 (c) 所示。

(2) 被剖切平面切出的截断面上，应画剖面线（互相平行的细实线），平行于各坐标面的截断面上的剖面线的方向，规定如图 5-17 和图 5-18 所示。

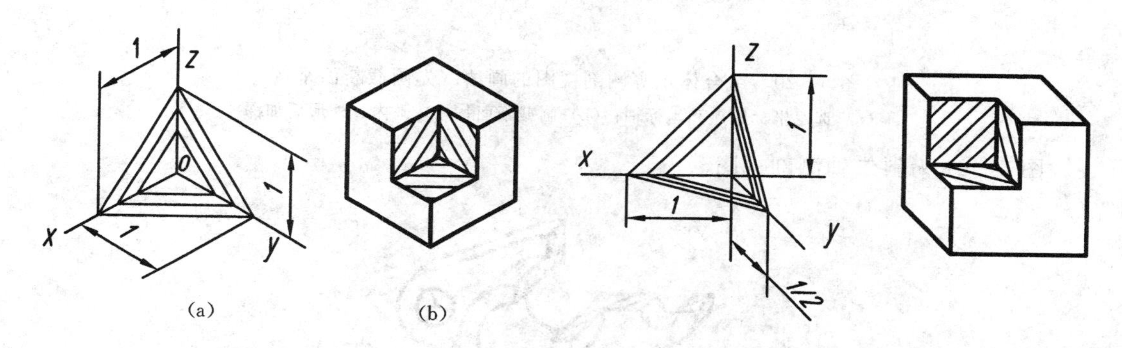

(a)　(b)

图 5-17　正等轴测图中的剖面线方向　　图 5-18　斜二轴测图中的剖面线方向

(3) 可根据表达需要，采用局部剖切方法，如图 5-19 所示。局部剖的剖切平面也应平行于坐标面；断裂面边界用波浪线表示，并在可见断裂面上画出小黑点。

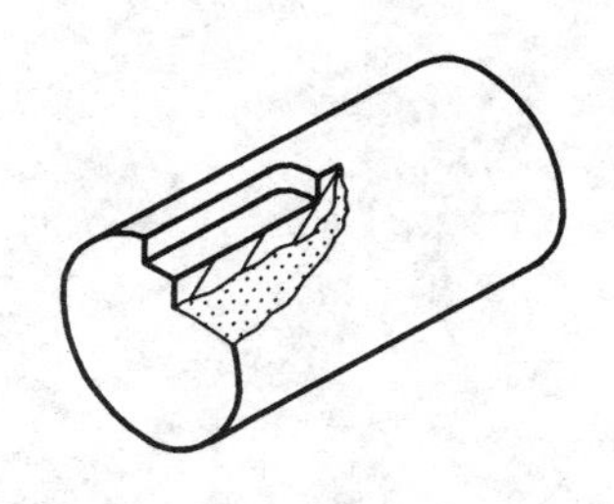

图 5-19　轴测图的局部剖画法

(4) 当剖切平面与立体的肋或薄壁结构等的纵向对称面重合时，这些结构都不画剖面符号，而用粗实线将它与相邻部分分开，如图 5-20 (c) 所示。

二、轴测剖视图的画法举例

画轴测剖视图的方法一般有两种：

(1) 先画外形，后画截断面和内形。

(2) 先画截断面，后画内、外形。

第二种画法一般比较方便，图 5-20 表示用这种方法的作图步骤。

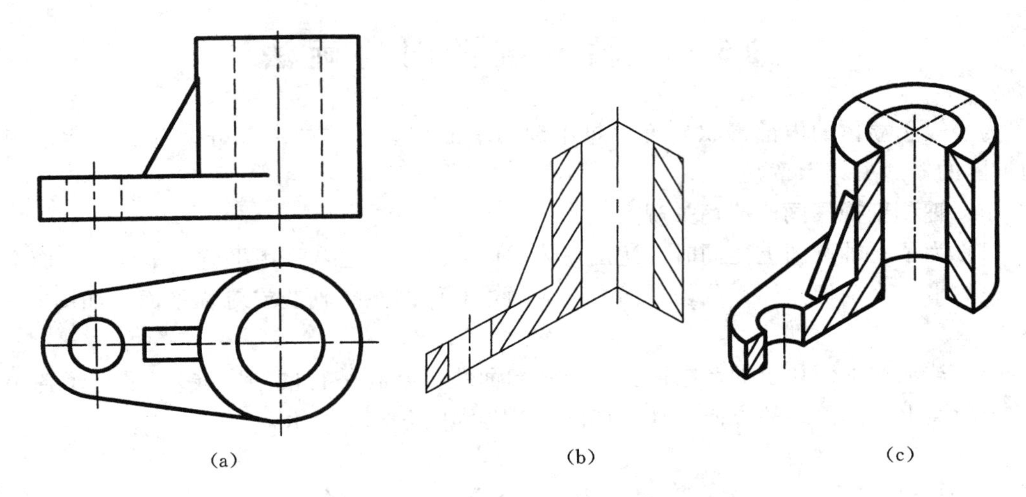

图 5-20　组合体正等测剖视图的画法（先画截断面举例）

（a）选定坐标原点和坐标轴；（b）画截断面；（c）画内、外形后加深

图 5-21 为斜二轴测剖视图。

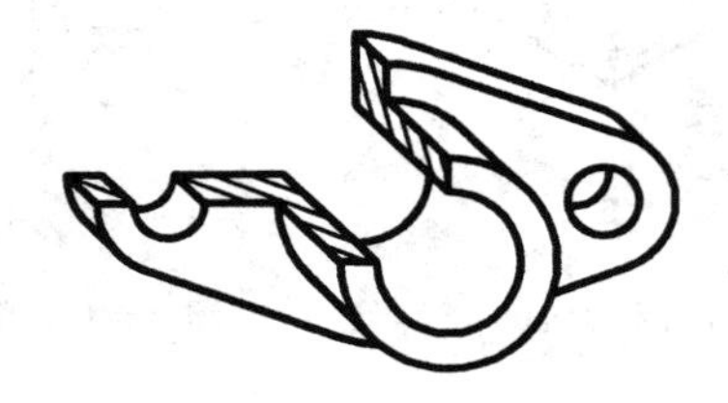

图 5-21　斜二轴测剖视图

第六章　机件常用的表达方法

根据使用要求不同，机件（包括零件、部件和机器）的结构形状是多种多样的。仅用前面介绍的三视图，在表达形状复杂的机件时是不够的，为了达到完整、准确、清晰地表达机件结构的要求，GB/T 4458.1—2002《机械制图》规定了机件的各种表达方法。本章主要介绍“图样画法”中常用的各种表达方法，初学者必须掌握它们的定义、画法、配置、标注方法和适用场合。

GB/T 17451—1998《技术制图　图样画法　视图》和 GB4458.1《机械制图》提出的基本要求：①技术图样应采用正投影法绘制，并优先采用第一角画法；②绘制技术图样时，应考虑看图方便、根据机件[1]的结构特点，选用适当的表示方法。在完整、清晰地表示机件形状的前提下，力求制图简便。本书第二、三、四章为实现基本要求第①点打下了基础。本章主要介绍“图样画法”中规定的各种表达方法。

§6-1　视　　图

根据 GB/T 4458.1—2002 的有关规定，用正投影法绘制出的机件图形，称为视图。为了便于看图，视图一般只画出机件的可见轮廓，必要时才画出其不可见轮廓。视图通常有基本视图、向视图、局部视图和斜视图。可按需选用，分别介绍如下。

一、基本视图和向视图

将机件置于长方体的六个面所构成的空箱中，以这六个平面作为基本投影面，机件向基本投影面投射所得的视图称为基本视图。基本视图除前面学过的主视图、俯视图和左视图外，还有由右向左、由下向上、由后向前投射所得到的右视图、仰视图和后视图。各投影面的展开方法如图 6-1（a）所示。展开后六个基本视图的配置关系如图 6-1（b）所示。这种配置就是以主视图为准，其他视图都和主视图保持特有的相对位置，并符合投影规律。在同一张图纸内按图 6-1（b）配置基本视图时，一律不标注视图的名称。

基本视图若不按图 6-1（b）的形式配置，而是自由配置，这种视图称为向视图。为了便于看图，向视图应按规定标注：在向视图的上方标注“×”（“×”为大写拉丁字母），在相应视图的附近用箭头指明投射方向，并标注相同的字母，如图 6-2 所示。

选用恰当的基本视图，可以清晰地表示机件的形状。图 6-3 是用基本视图表示机件形状的实例，图中选用了主、俯、左、右四个视图来表示机件的主体、上凸台、底板和左右凸缘的形状，左右两个视图中省略了不必要的虚线。

---

[1] 国家标准《技术制图》的规定适用于机械、电气、建筑和土木工程等领域的技术图样，把图样的表示对象称为“物体”，本书因仅论述机械图样，因此将“物体”改为“机件”。

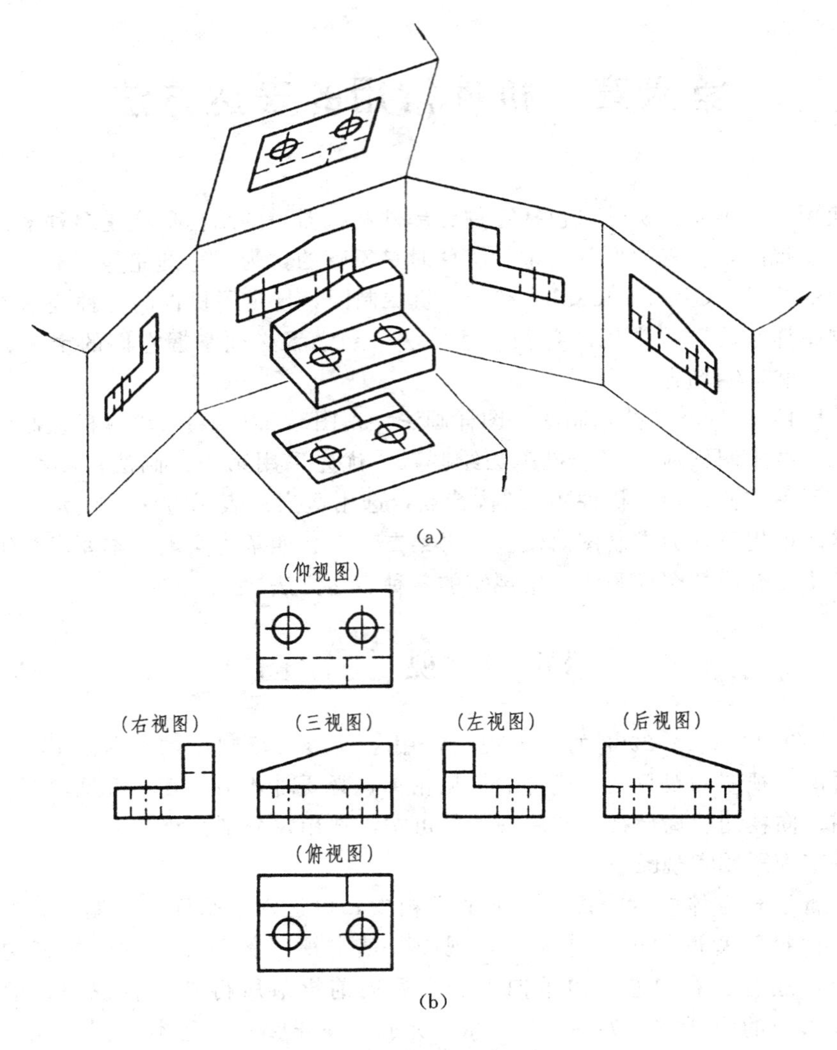

图 6-1 六个基本视图的形成及配置

(a) 六个基本视图的形成和展开；(b) 六个基本视图按照投影关系配置

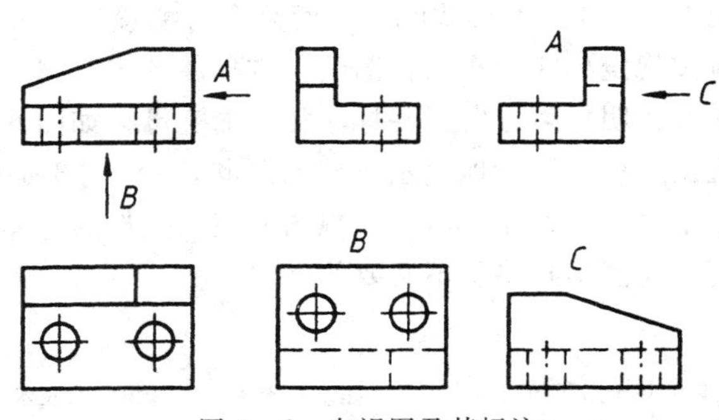

图 6-2 向视图及其标注

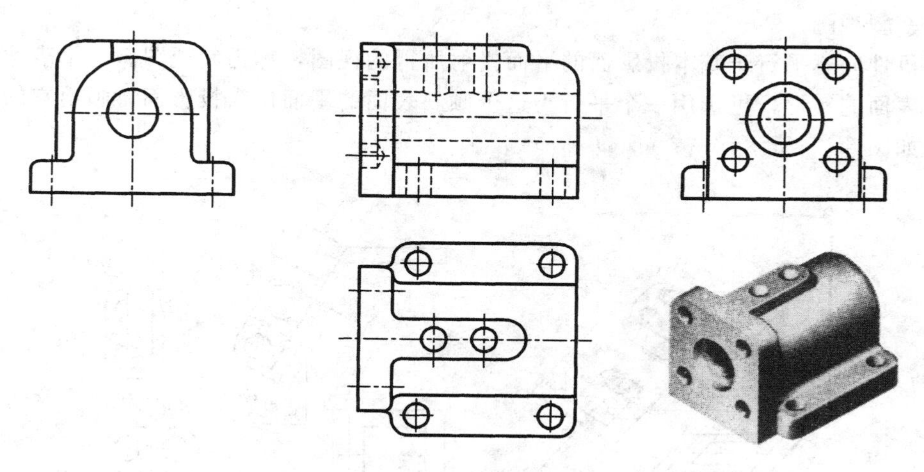

图 6-3　基本视图应用举例

二、局部视图

将机件的某一部分向基本投影面投射所得的视图，称为局部视图。例如图 6-4（a）所示的机件，如果选用主、俯、左、右 4 个视图，当然可以表示完整；但采用两个基本视图，并配合两个局部视图，如图 6-4（b）所示，这样表示就更为简练、清晰，便于看图和画图，符合国家标准中关于选用适当表示方法的要求。

局部视图的画法、配置和标注规定如下：

（1）局部视图的断裂边界一般用波浪线表示，如图 6-4（b）中的 *A* 向局部视图。当所表示的局部结构是完整的，且外轮廓线成封闭时，波浪线可省略不画，如图 6-4（b）中未作标注的局部右视图。

（2）局部视图可按基本视图的配置形式配置，如图 6-4（b）中的局部右视图和图 6-5（b）中的局部俯视图；也可按向视图的配置形式配置并标注，如图 6-4（b）中的 *A* 向局部视图所示。按前一种形式配置（即按投影关系配置）时，可省略标注。

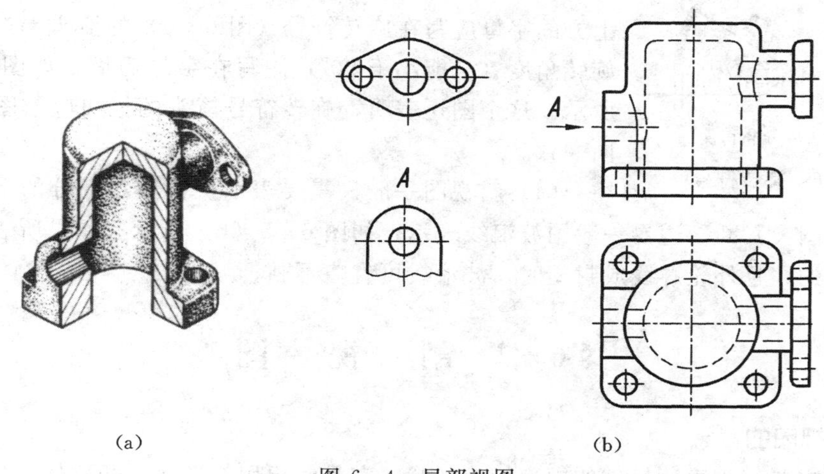

(a)　　　　(b)

图 6-4　局部视图

三、斜视图

将机件向不平行于基本投影面的平面投射所得的视图，称为斜视图。为了表达出机件上倾斜表面的实形，可选用一个平行于这个倾斜表面的平面作为投影面，画出它的斜视图即可，如图 6－5 所示。

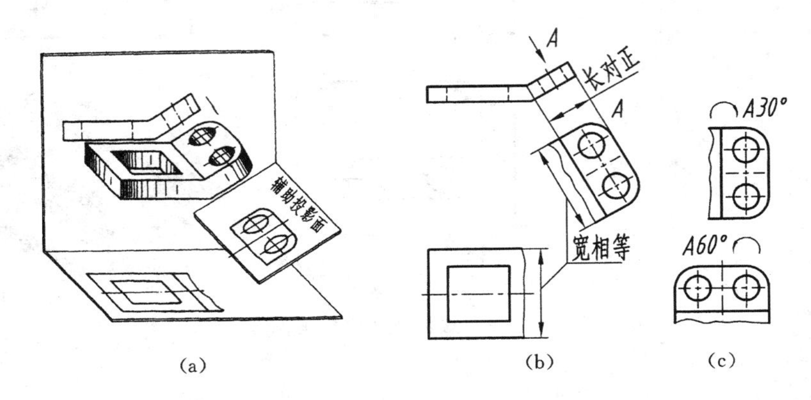

图 6－5 斜视图

斜视图的画法、配置和标注规定如下：

（1）当获得斜视图的投影面是正垂面时，斜视图和主、俯视图之间存在着“长对正、宽相等”的投影规律。例如图 6－5 中选用的辅助投影面是正垂面，这时，辅助投影面和 V 面的关系，同 H 面和 V 面的关系一样，也是相互正交的两投影面关系，因此，斜视图和主视图间应保持“长对正”；机件在辅助投影面上的投影也反映机件的宽度，因而斜视图和俯视图间则存在“宽相等”关系。同理，当获得斜视图的投影面是铅垂面时，斜视图和俯、主视图之间存在着长对正、高相等关系。

（2）斜视图通常按向视图的形式配置并标注，最好按投影关系配置，如图 6－5（b）所示，也可平移到其他位置。要注意的是：表示投射方向的箭头应垂直于倾斜表面，表示视图名称的字母必须水平书写。

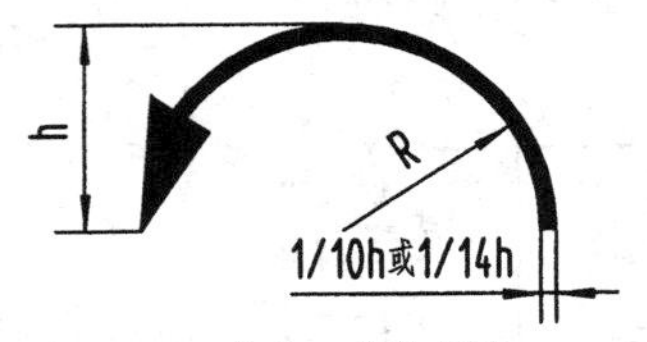

图 6－6 旋转符号

（3）必要时，允许将斜视图转正配置，这时标注在视图上方的字母应写在旋转符号（图 6－6）的箭头端；也允许将旋转角度（只能小于 90°）注写在字母后面，如图 6－5（c）所示。这个图还表明，旋转符号箭头的指向应与图的旋转方向一致。

（4）斜视图一般只需要表示机件倾斜部分的形状，常画成局部斜视图，其断裂边界一般用波浪线表示，如图 6－5（b）所示。如果所表示的倾斜结构是完整的，且外轮廓线成封闭时，波浪线可省略不画。

§6－2 剖　视　图

一、剖视图的概念

剖视图主要用于表达机件的内部结构形状，它是假想用剖切面剖开机件，将处在观察者和剖切面之间的部分移去，而将剩余部分向投影面投射所得到的图形，称为**剖视图**，简称剖视。图 6-7（b）主视图即为图 6-7（a）所示机件的剖视图。

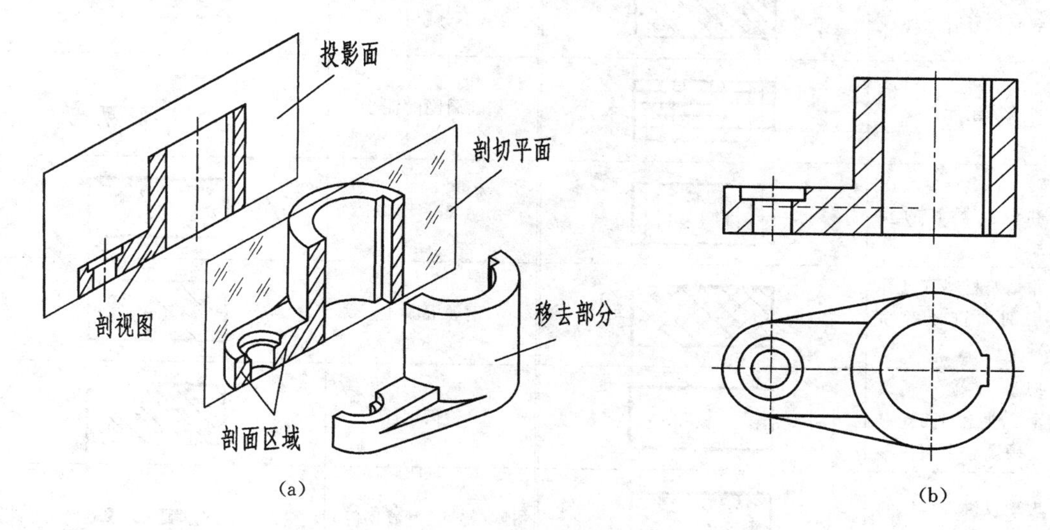

图 6-7　剖视图的概念
（a）剖视图的形成；（b）剖视图

国家标准要求尽量避免使用虚线表达机件的轮廓及棱线，采用剖视的目的，就可使机件上一些原来看不见的结构变为可见，用粗实线表示，这样对看图和标注尺寸都比较清晰、方便。

二、剖视图的配置和画法

各种视图的配置形式同样适用于剖视图。根据剖视的目的和国标中的有关规定，剖视图的画法要点如下（参见图 6-7～图 6-10）。

1. 剖切面及剖切位置的确定

根据机件的结构特点，剖切面可以是曲面，但一般为平面，表示机件内部结构的剖视，剖切平面的位置应通过内部结构的对称面或轴线。

2. 剖视图的画法

机件被假想剖开后，用粗实线画出剖切面与机件接触部分（称为剖面区域）的图形和剖切面后面的可见轮廓线；为了使剖视图清晰地反映机件上需要表示的结构，必须省略不必要的虚线。然后在剖面区域画出剖面符号。

3. 剖面符号的画法

若需在剖面区域中表示机件材料的类别时，应采用特定的剖面符号表示，见表6-1。

不需在剖面区域中表示材料类别时，可采用剖面线表示，通用剖面线应以适当角度的细实线绘制，最好与主要轮廓线或剖面区域的对称线成45°角，如图 6-8 所示；同一零件的各个剖面区域，其剖面线的画法应一致，即方向一致，间隔相等，如图 6-9～图6-11所示。

4. 画剖视图的方法步骤（见图 6-9）

表 6-1　　　　剖　面　符　号

材料	剖面符号	材料	剖面符号
金属材料（已有规定剖面符号者除外）		木质胶合板（不分层数）	
线圈绕组元件		基础周围的泥土	
转子、电枢、变压器和电抗器等的叠钢片		混凝土	
非金属材料（已有规定剖面符号者除外）		钢筋混凝土	
型砂、填砂、粉末冶金、砂轮、陶瓷刀片、硬质合金刀片等		砖	
玻璃及供观察用的其他透明材料		格网（筛网、过滤网等）	
木材　纵剖面		液体	
木材　横剖面			

注　1. 剖面符号仅表示材料的类别，材料的名称和代号必须另行注明。
　　2. 叠钢片的剖面线方向，应该与束装中叠钢片的方向一致。
　　3. 液面用细实线绘制。

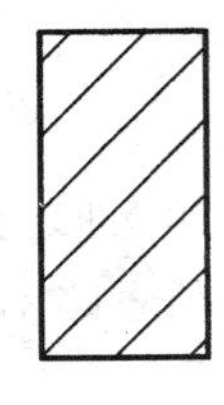
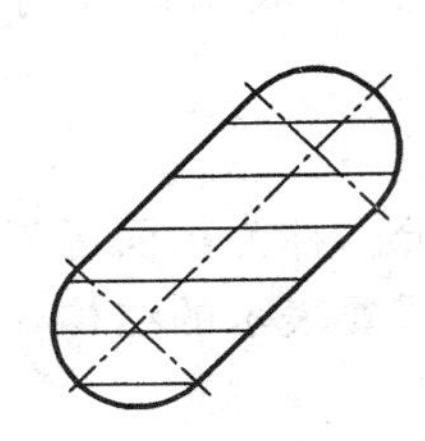
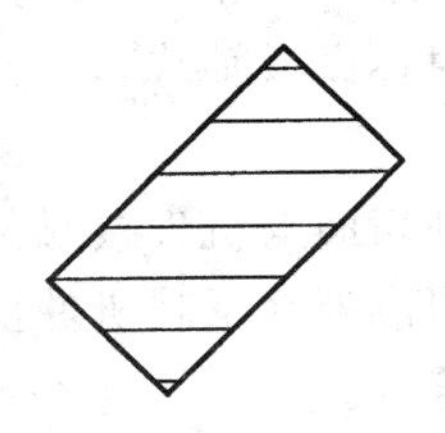
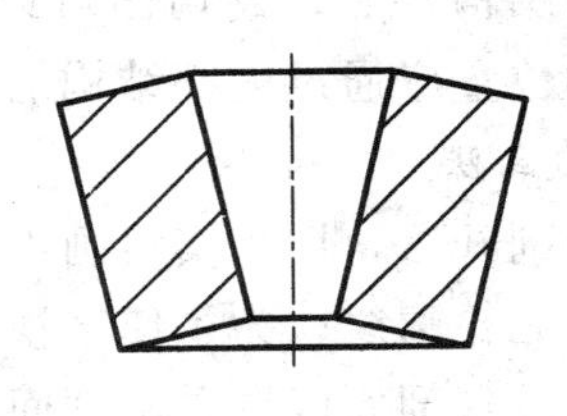
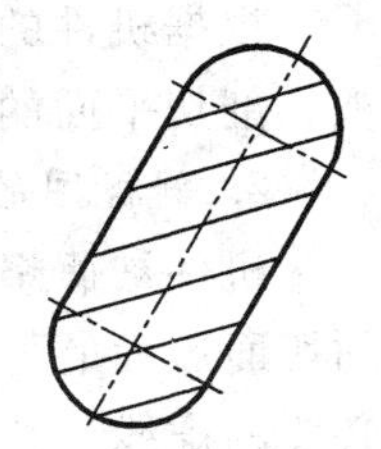

图 6-8　剖面线的角度画法

三、剖视图的种类

剖视图分全剖视图、半剖视图和局部剖视图三种。

1. 全剖视图

（1）用剖切平面完全地剖开机件所得的剖视图，称为全剖视图。例如图 6-9 和图 6-10（b）中的主视图，都是用一个平行于相应投影面的剖切平面完全地剖开机件后所得的全剖视图。

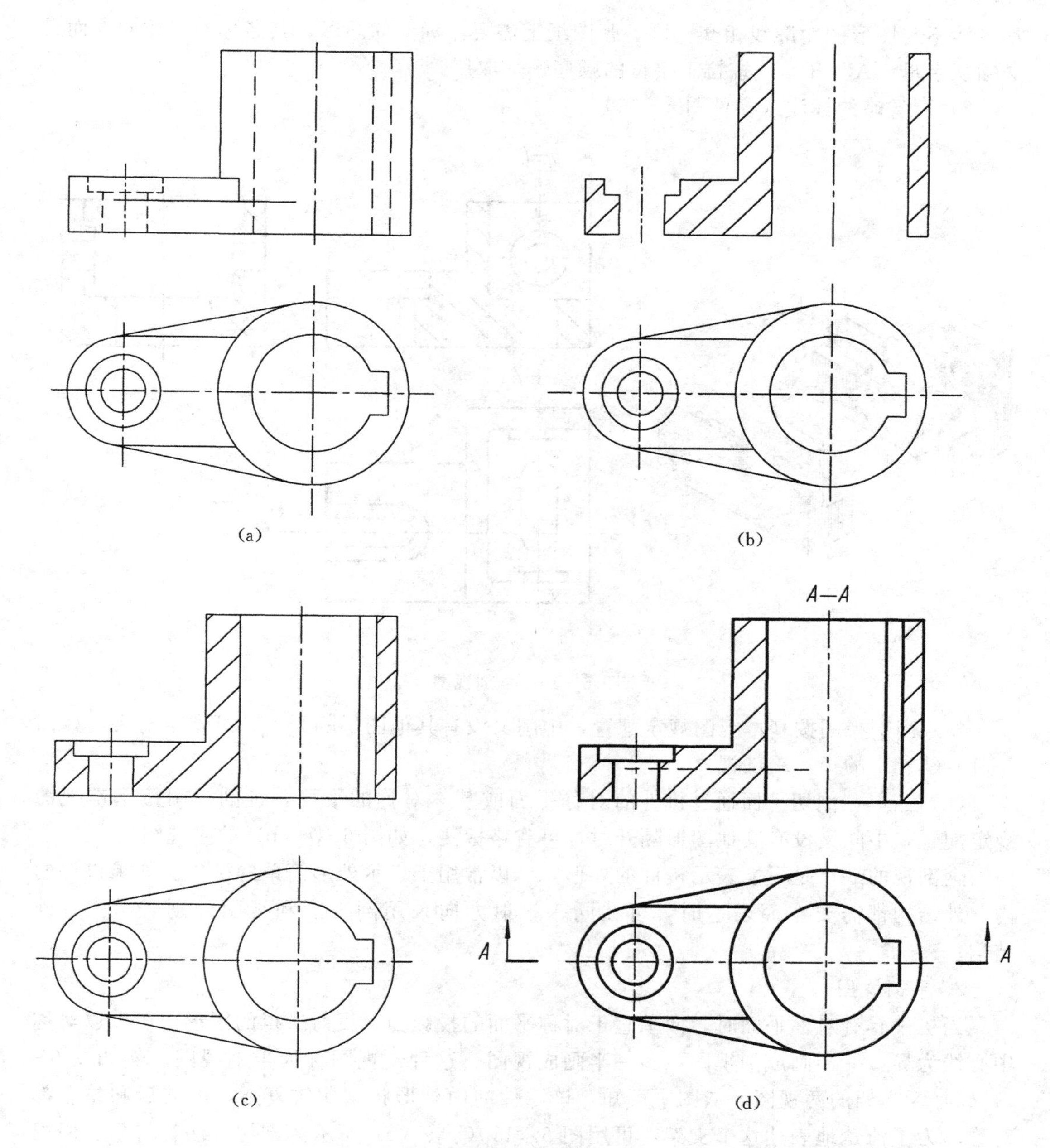

图 6-9　画剖视图的方法步骤

(a) 画出视图；(b) 画出断面图；(c) 画出断面后的投影；(d) 画出必要的虚线并标注剖切平面的位置和名称

(2) 全剖视图的标注（参见图 6-7、图 6-9、图 6-10）。

为了便于看图，剖视图一般都应按规定标注，以明确剖视图与相关视图的投影关系。

1) 标注方法。在剖视图上方，用大写拉丁字母标出剖视图的名称“×—×”；在相应的视图上标注剖切符号。剖切符号是在剖切面起、迄和转折处用粗短画表示剖切面位置，在起、迄处画出箭头表示投射方向。在起、迄和转折处注上与剖视图相同的字母。粗短画尽可能不与图形的轮廓线相交。同一张图纸上需要作标注的图形，其名称不得相同，而且必须从字母“A”开始，按拉丁字母的顺序逐一取用。

2）可省略的标注（参见图6-10）。

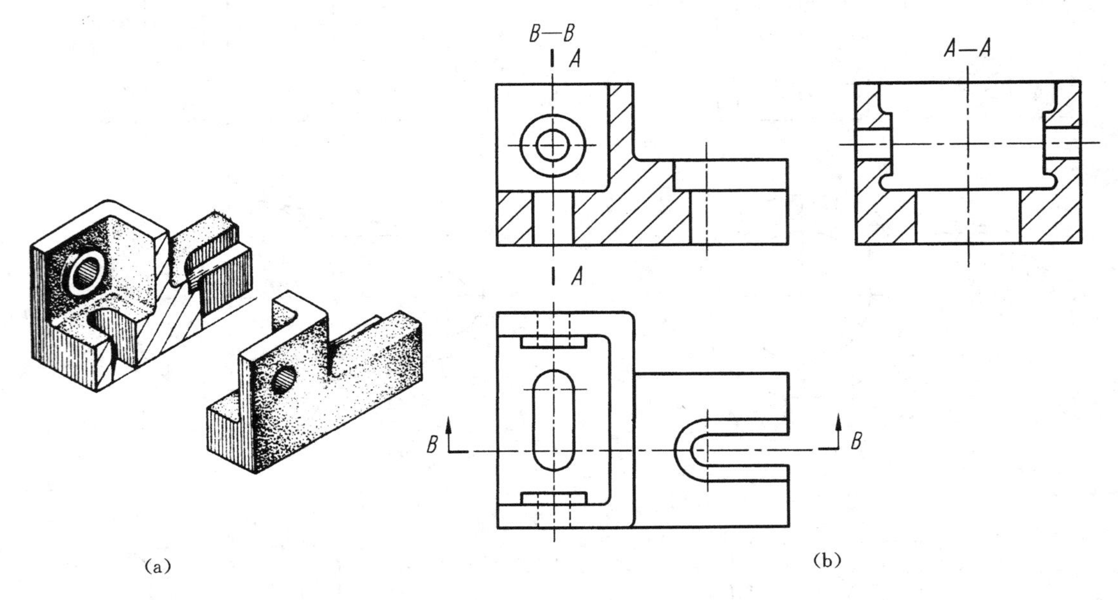

图6-10 全剖视图

（a）当剖视图按基本视图规定配置，中间又没有其他图形隔开时，可省略箭头，如图6-10（b）中的*A*—*A*剖视。

（b）当单一剖切平面通过机件的对称平面或基本对称的平面，且剖视图按基本视图规定配置，中间又没有其他图形隔开时，可省略标注，如图6-7（b）的主视图。

全剖视的缺点是不能表示机件的外形，所以常用于表示外形简单的机件。如果机件的内、外结构都需要全面表达时，可在同一投射方向采用剖视图和视图分别表示内、外结构。

2. 半剖视图

当机件具有对称平面时，向垂直于对称平面的投影面上投射所得的图形，可以以对称中心线为界，一半画成剖视图，另一半画成视图。这种剖视图称为半剖视图。例如图6-11（a）为支架的两视图，从图中可知，该零件的内外形状都比较复杂，但前后和左右都对称。为了清楚地表达这个支架，可用图6-11（b）、（c）所示的剖切方法，将主、俯视图都画成半剖视图［图6-11（d）］。由图6-11（d）可见：如果主视图采用全剖视图，则顶板下的凸台就不能表达出来；如果俯视图采用全剖视图，则长方形顶板及四个小孔也不能表达出来。

画半剖视图时应注意如下几点［参看图6-11（d）］：

（1）半个视图和半个剖视的分界线是其对称中心线，应画成细点画线，不能画成粗实线。

（2）由于图形对称，零件的内部形状已在半个剖视图中表示清楚，所以在表达外部形

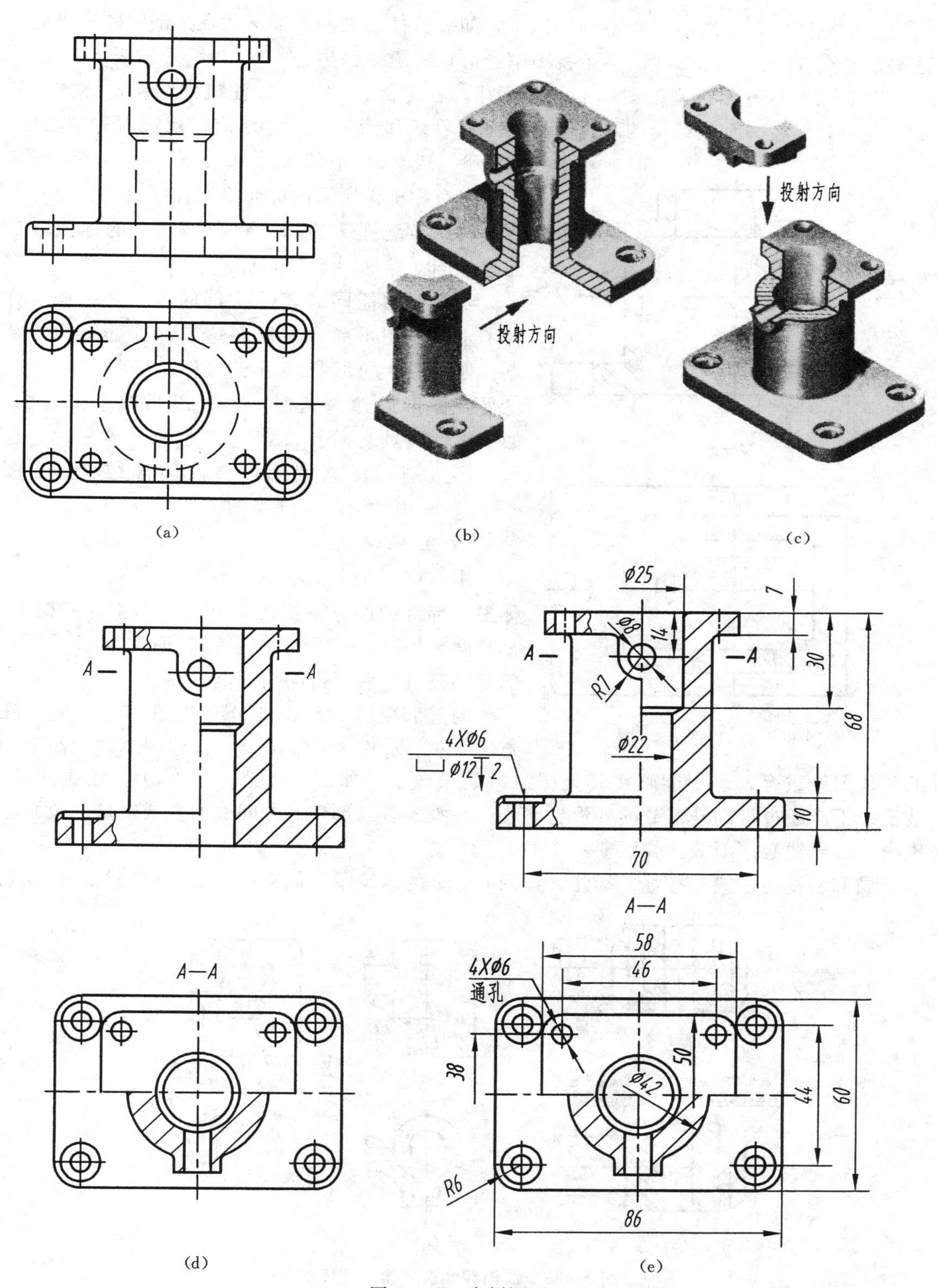

(a)
(b)
(c)
(d)
(e)

图 6-11　半剖视图

状的半个视图中，虚线应省略不画。但是，如果机件的某些内部形状在半剖视图中没有表达清楚，则在表达外部形状的半个视图中，应该将虚线画出。

图 6-11（e）是半剖视图中的尺寸标注。在半剖视图中，标注机件结构对称方向的尺寸时，只能在表示该结构的那一半画出尺寸界线和箭头，尺寸线应略超过对称中心线，如图 6-11（e）中的尺寸 ϕ22、ϕ42 和 ϕ25。与表 1-4中对称机件所示的标注情况相同。

（3）半剖视图的标注和全剖视图的标注方法完全相同［参见图 6-11（d）］。

半剖视图能同时表示机件的内、外结构，弥补了全剖视图不能完整地表达机件外部结构的缺点：如果机件的形状接近于对称，且不对称部分已另有图形表达清楚时，也可以画成半剖视图。如果机件虽具有对称面，但外形十分简单时，也可采用全剖视图来表示机件的内部结构。如图 6-10（b）中的 A—A 剖视图。

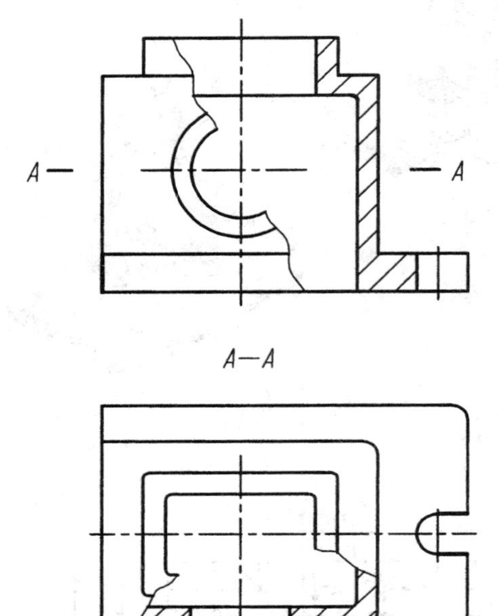

图 6-12　局部剖视图

3. *局部剖视图*

用剖切平面局部地剖开机件所得的剖视图，称为**局部剖视图**。例如图 6-12 中的主、俯视图，都是假想用一个平行于相应投影面的剖切平面局部地剖开机件后所得的局部剖视图。

局部剖视图的剖视部分和视图部分一般用波浪线分界，如图 6-12 所示。波浪线不应和图形中的其他图线重合，也不能画在其他图线的延长线上，如图 6-13（a）所示。还应注意，波浪线不应超过被剖开部分的外形轮廓线；在观察者与剖切面之间的通孔或缺口的投影范围内，波浪线必须断开，如图 6-13（c）所示。

局部剖视图一般应按规定标注，如图 6-12 的俯视图，但只用一个平面剖切、且剖切

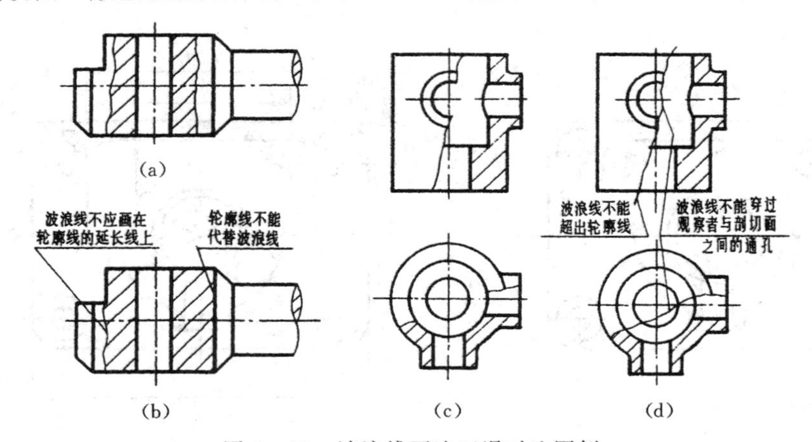

图 6-13　波浪线画法正误对比图例

（a）正确；（b）错误；（c）正确；（d）错误

位置明显时，局部剖视图的标注可省略，如图 6-12 中的主视图所示。

局部剖视图的应用不受机件形状是否对称的条件限制，具有同时表达机件内、外结构的优点，所以应用比较广泛，常用于下列情况：

（1）同时需要表示不对称机件的内、外结构，如图 6-12、图 6-13（c）所示。

（2）表示实心机件上的槽、孔结构，如图 6-13（a）所示。

（3）表示机件上的底板、凸缘上的小孔等结构，如图 6-11（e）中主视图的左边所示。

四、剖切面的种类及剖切方法

根据机件结构形状不同，可采用下列各种剖切面及相应的剖切方法，得到适当的剖视图。

1. 单一剖切面

一般用一个剖切平面剖开机件来获得剖视图。例如，图 6-10～图 6-12 分别是用单一剖切面剖开机件获得的全剖视图、半剖视图和局部剖视图。

2. 几个平行的剖切平面

用几个平行的剖切平面剖开机件，这样获得剖视图的方法称为**阶梯剖**，例如图 6-14 中的 $A—A$ 全剖视图。

在阶梯剖视图中，相邻剖切平面的剖面区域应连成一片，中间不能画分界线；图形内也不得出现不完整要素。但当两个要素在图形内具有公共的对称中心线或轴线时，可以各画一半，此时应以对称中心线或轴线为界，如图 6-15 所示。

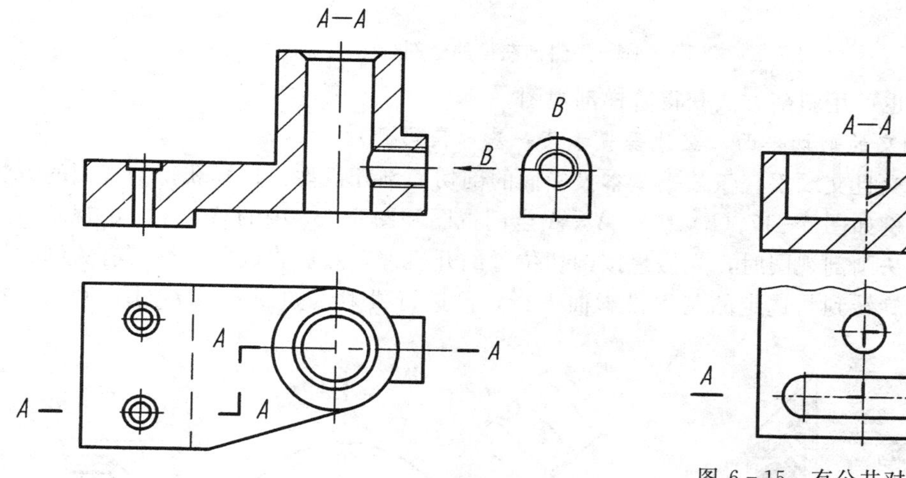

图 6-14　用阶梯剖获得的全剖视图

图 6-15　有公共对称中心线或轴线的结构的阶梯剖方法

阶梯剖视图必须按规定标注，如图 6-14 所示。剖切符号转折处的转折点不能在图形的轮廓线上。当转折处地位有限，又不致引起误解时，允许省略字母，如图 6-15 所示。

前面列举的剖视图图例中，不管是单一剖切面剖切，还是阶梯剖切，所用的剖切平面都是投影面平行面。而图 6-16（b）中的 $A—A$ 全剖视图，则是用单一正垂面剖切获得的，这种用投影面垂直面剖切机件的方法，称为**斜剖**。画斜剖视图时，除了要在剖面区域画剖面符号以外，图形的画法和配置与斜视图相同；即一般按投影关系配置（参见图 6-

16（b）中图Ⅰ），必要时可以配置在其他适当位置［参见图6－16（b）中图Ⅱ］，在不致引起误解时，允许将图形旋转配置［参见图6－16（b）中图Ⅲ］。

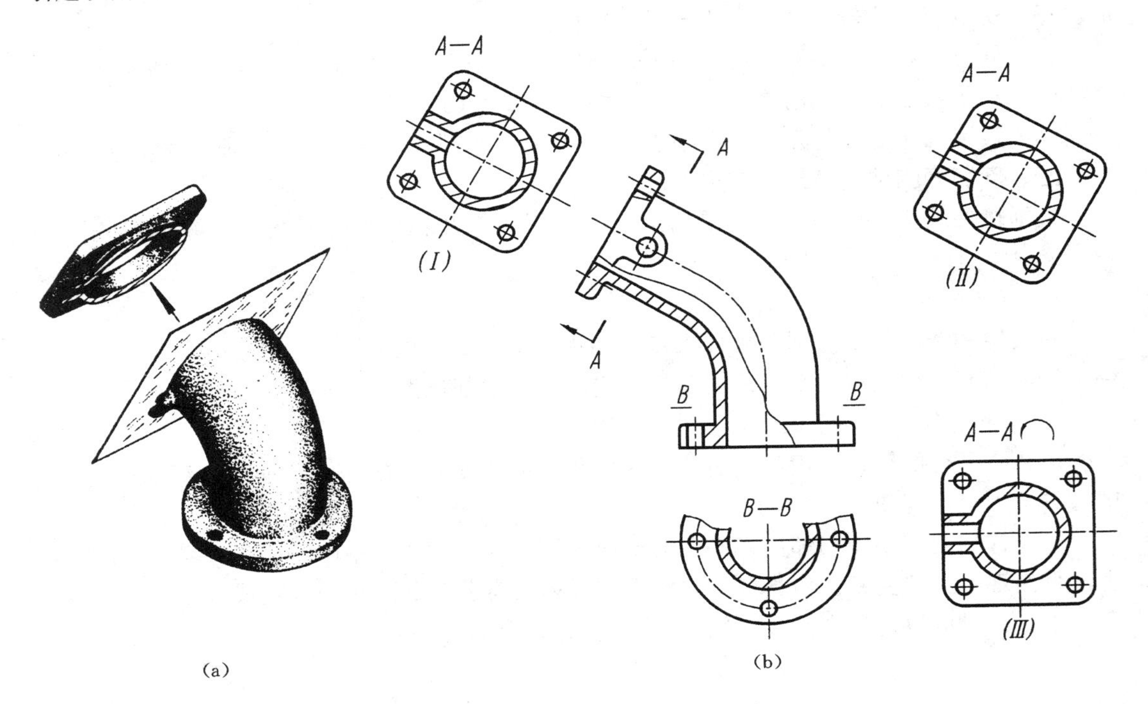

图6－16　用斜剖获得的全剖视图

需要时，也可用斜剖方法获得阶梯剖视图。

3. 几个相交的剖切平面（交线垂直于某一基本投影面）

用两个相交且交线垂直于某一基本投影面的剖切面剖开机件，这样获得剖视图的方法称为旋转剖，例如图6－17（b）中的A—A全剖视图和图6－35中的A—A全剖视图。采用这种剖切方法画剖视图时，先假想按剖切位置剖开机件，然后将剖面区域及有关结构绕剖切面的交线旋转到与选定的基本投影面平行，再进行投射，如图6－17（b）所示。在

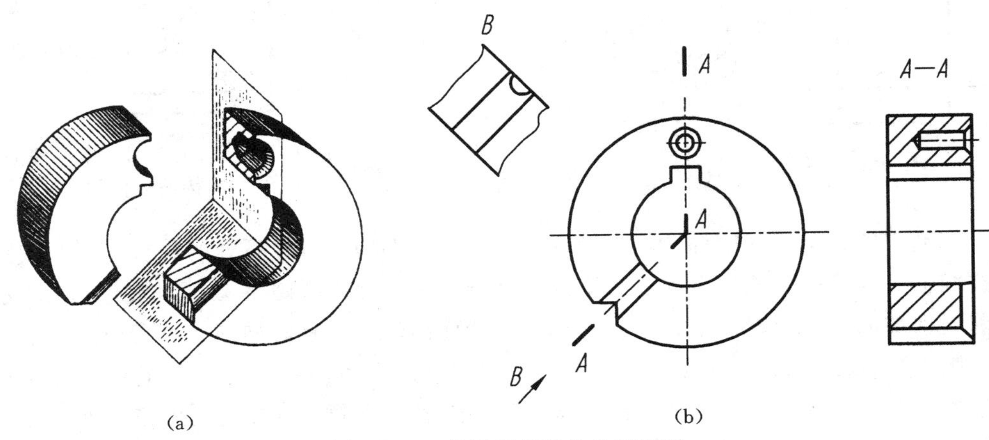

图6－17　旋转剖获得的全剖视图

剖切平面后的其他结构一般仍按原来的位置投射，如图 6－18 中部的油孔。当剖切后产生不完整要素时，应将此部分按不剖绘制，如图 6－19 中的臂。

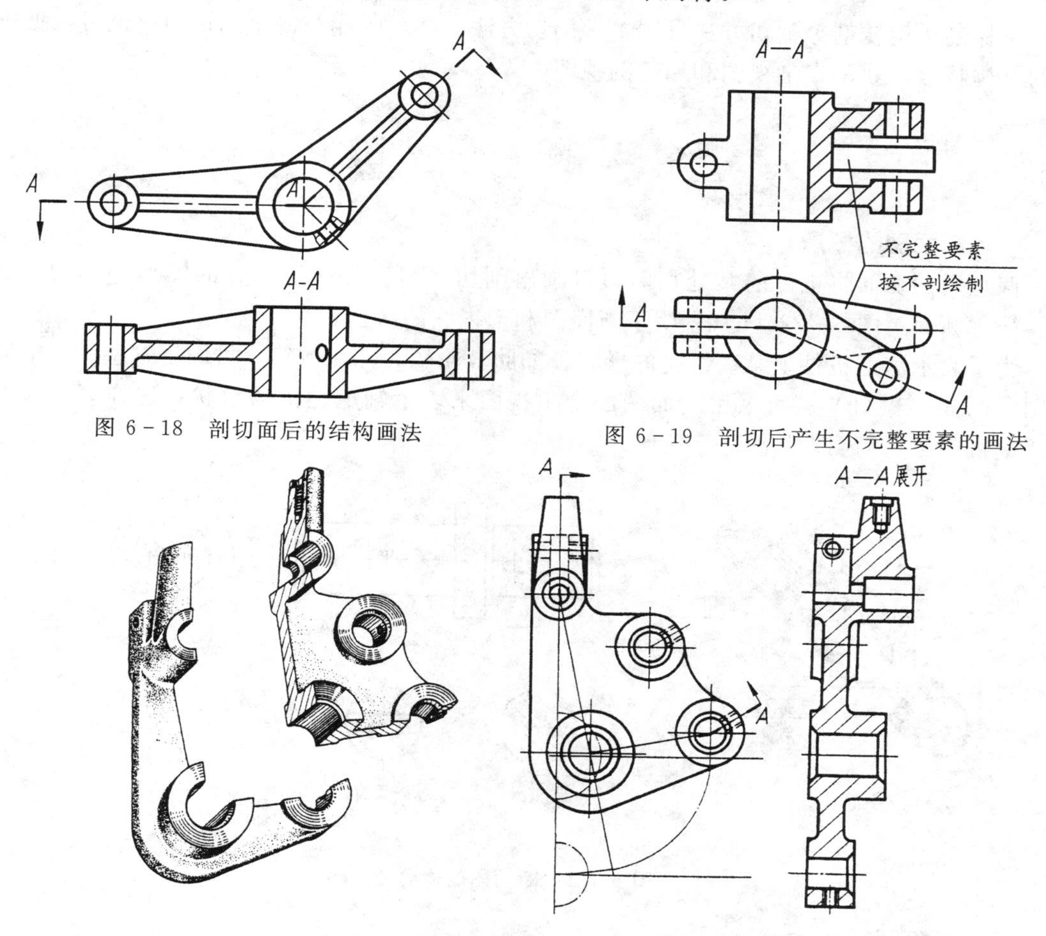

图 6－18　剖切面后的结构画法

图 6－19　剖切后产生不完整要素的画法

图 6－20　几个相交平面剖切的展开画法和标注方法

用旋转剖画出的剖视图，必须按规定标注。当转折处地位有限，又不致引起误解时，允许省略标注字母，如图 6－18所示。

图 6－20 是四个垂直于正面的相交平面剖切机件的例子。画这种剖视图时，可采用展开画法，即将各剖面区域及有关结构展开在一个与所选定的投影面平行的平面内，再进行投射，在剖视图上要标注成“×—× 展开”。此外，还可将前面的几种剖切方法组合起来使用。如图 6－21 所示采用一组剖切平面

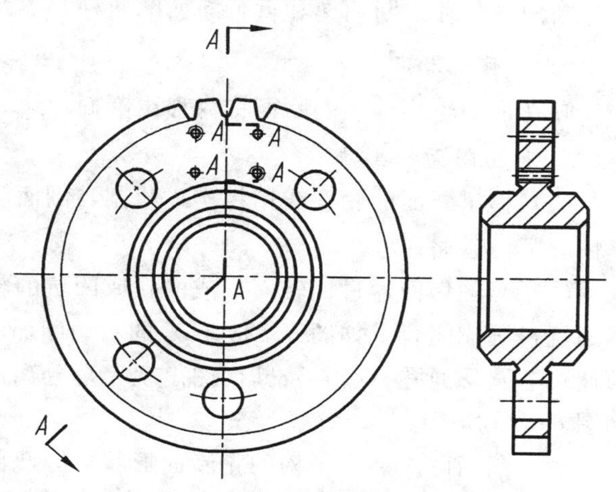

图 6－21　用复合剖获得的全剖视图

（有互相平行的，也有相交的）剖切机件。产生的剖视图集中而又清晰地表示机件的多个结构，便于识读和绘图，类似这种用组合的剖切平面剖切的方法，称为复合剖。

阶梯剖、旋转剖等剖切方法，同单一剖切方法一样，既能获得全剖视图，也可根据机件的结构特点，获得半剖视图和局部剖视图。

§6-3 断 面 图

一、断面图的概念

假想用剖切面将机件的某处切断，仅画出剖切面与机件接触部分的图形，称为断面图，简称断面，图 6-22（b）表明了断面图和剖视图的区别。

为了表示清楚机件上某些结构的形状，如肋、轮辐、孔、槽等，可画出这些结构的断面图。图 6-22（b）就可采用断面图配合主视图来表示轴上键槽的形状，这样表示显然比用剖视图更为简明。

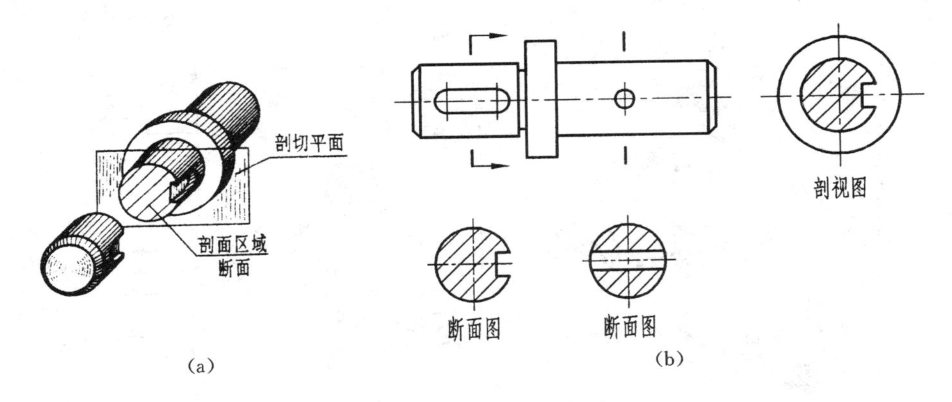

图 6-22 断面图的概念

二、断面图的种类

断面图分移出断面图和重合断面图两种。

（一）移出断面

画在视图轮廓外面的断面称为移出断面。

1. 移出断面的画法

（1）移出断面的轮廓线用粗实线绘制，剖面区域内一般要画剖面符号，在不致引起误解情况下可省略。

（2）当剖切面通过回转面形成的孔或凹坑的轴线时，这些结构均按剖视绘制，即孔口或凹坑口画成闭合，如图 6-23（a）的右边断面和图 6-24 的 $A—A$ 断面所示。当剖切平面通过非圆形通孔，会导致断面图出现完全分离的两部分时，这些结构也应按剖视绘制，如图 6-26 所示。

（3）断面图应表示结构的正断面形状，因此剖切面要垂直于机件结构的主要轮廓线或轴线，如图 6-26～图 6-28 所示。

2. 移出断面的配置

(1) 按投影关系配置，如图 6-24 所示。

(2) 配置在剖切符号或剖切线（指示剖切位置的线用点画线表示）的延长线上，如图 6-23 (a) 中的两个断面所示，这种配置便于看图，应尽量采用。

(3) 当断面图对称时，也可如图 6-25 所示，将断面图画在视图的中断处。

(4) 配置在其他位置，如图 6-23 (b) 中的 *A*—*A* 和 *B*—*B* 两个断面图所示。

(5) 在不致引起误解时，允许将倾斜剖切面切出的断面转正配置；其标注方法与斜剖视图相同，如图 6-26 所示。

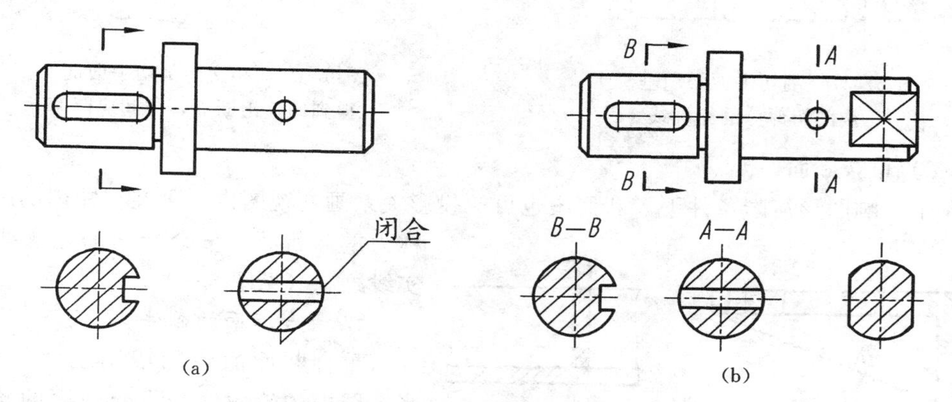

图 6-23 移出断面的画法

(a) 断面配置在剖切符号或剖切线的延长线上；(b) *A*—*A*，*B*—*B* 断面不配置在剖切符号的延长线上

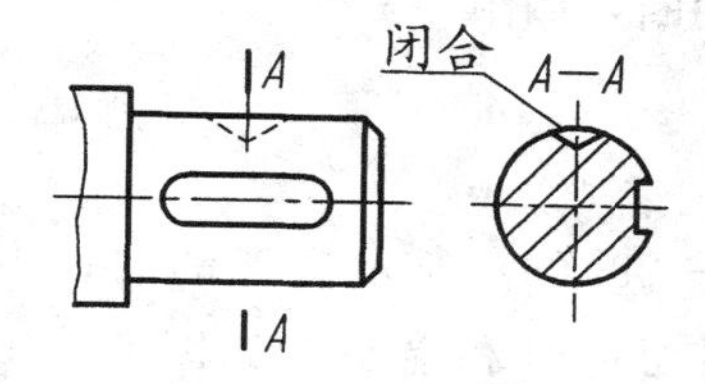

图 6-24 移出断面按投影关系配置

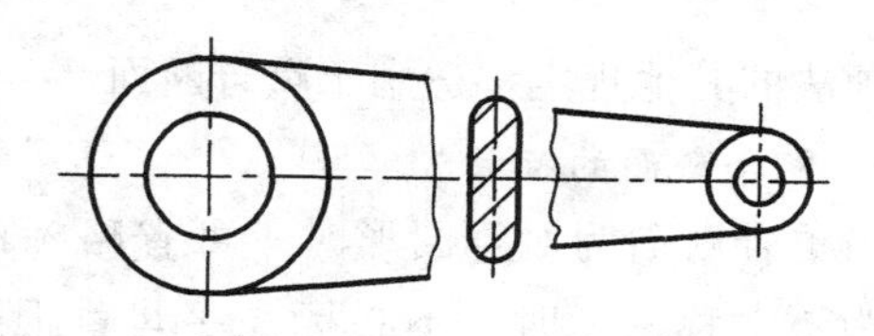

图 6-25 移出断面画在视图中断处

3. 移出断面的标注

(1) 标注方法。移出断面一般用剖切符号（粗短画）表示剖切位置，用箭头表示投影方向并注上字母，在断面图的上方用同样的字母标出相应的名称“×—×”，如图 6-22 (b) 和图 6-23 (b) 中的 *B*—*B* 断面所示。

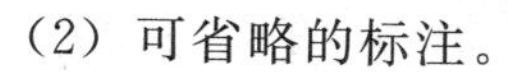

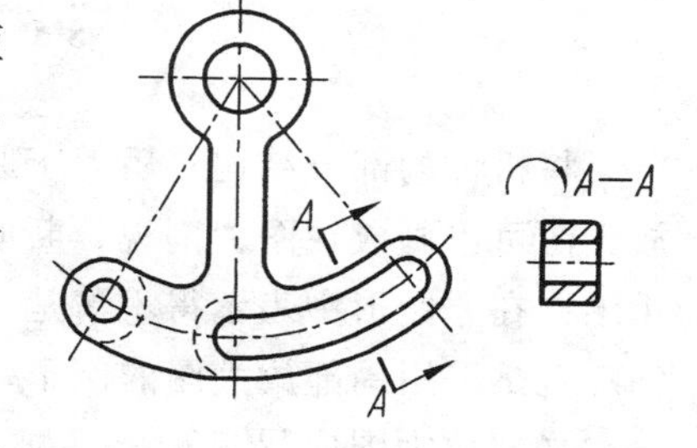

图 6-26 断面图形分离时的画法

(2) 可省略的标注。

1) 断面图形对称或按投影关系配置的断面，可省略箭头，如图 6-23 (b) 中的 *A*—*A* 断面和图 6-24 中的 *A*—*A* 断面所示。

2) 配置在剖切符号延长线上的断面可省略字母，如图 6-23 (a)、图 6-27、图 6-28 所示。

3）断面图形对称且配置在剖切线延长线上（在这种情况下只能用剖切线表示剖切位置）时，省略箭头和字母，如图 6－23（a）、（b）中右边的断面和图 6－27 和图 6－28 中的断面所示。

4）配置在视图中断处的断面不作标注，如图 6－25 所示。

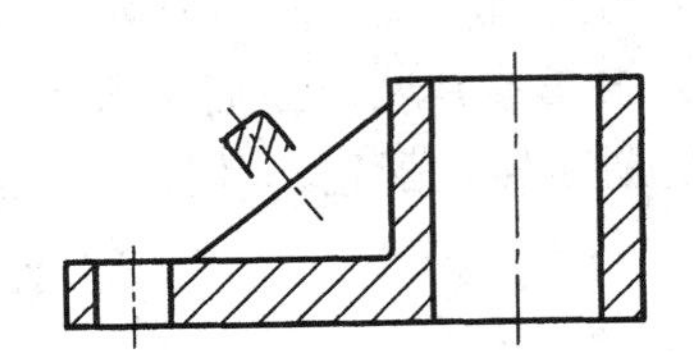

图 6－27　剖切平面必须垂直于被剖切部分的轮廓线

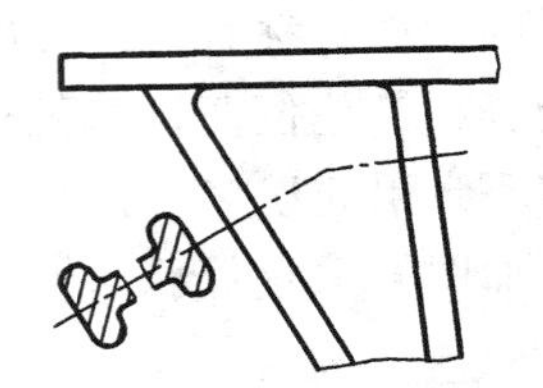

图 6－28　相交两剖切平面剖切得到的移出断面，中间应断开

（二）重合断面

在不影响图形清晰条件下，断面图也可按投影关系画在视图内。画在视图内的断面图称为重合断面，重合断面的轮廓线用细实线绘制（见图 6－29）。

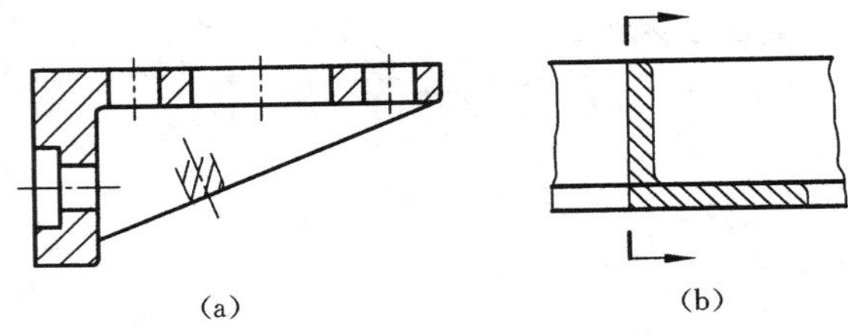

图 6－29　重合断面

1．重合断面的画法

重合断面的轮廓线用细实线绘制。当视图中的轮廓线与重合断面的轮廓线重叠时，视图的轮廓线仍应连续画出，不可间断，如图 6－29（b）所示。移出断面画法的其他规定都适用于重合断面。

2．重合断面的标注

当重合断面为对称图形时，可省略标注，如图 6－29（a）所示支架的肋；当重合断面为不对称图形时，不必标注字母，但仍要标注剖切符号和箭头，如图 6－29（b）所示。

§6－4　局部放大图

将机件的部分结构，用大于原图形所采用的比例画出的图形，称为局部放大图。局部放大图可以画成视图、剖视、断面，它与被放大部分的表示方法无关。当机件上的某些细小结构在原图形中表示得不清楚，或不便于标注尺寸时，就可采用局部放大图，图 6－30（a）就是采用局部放大图的例子。

局部放大图应尽量配置在被放大部位的附近。局部放大图的标注，如图 6－30（a）所示，用细实线圈出被放大的部位；当同一机件上有几个被放大的部分时，必须用罗马数字依次标明被放大的部位，并在局部放大图的上方标注出相应的罗马数字和采用的比例。当机件上被放大的部分仅一个时，只需在局部放大图的上方注明所采用的比例。

有些机件的结构形状在必要时还可采用几个视图来表达同一个被放大的部位，如

图6－30（b）所示。

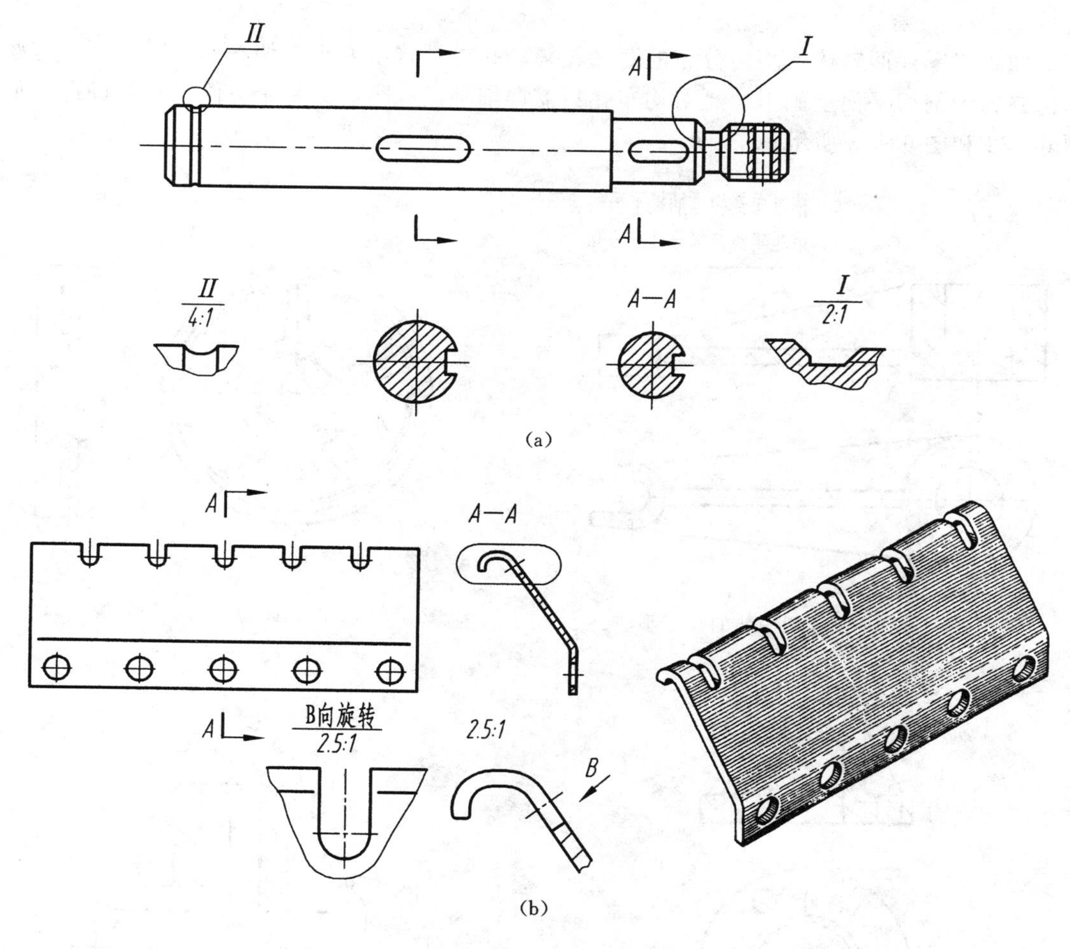

图 6－30　局部放大图

§6－5　其他规定画法和简化画法

标准中对某些特定的表达对象，所采用的某些特殊的图示方法，就是规定画法。

简化画法是在视图、剖视、断面等图样画法的基础上，对机件上某些特殊结构和结构上的某些特殊情况，通过简化图形（包括省略和简化投影等）和省略视图等办法来表示，达到在便于看图的前提下，又简化画图的目的。

一、规定画法

有关剖视图中的规定画法有：

（1）对于机件的肋、轮辐及薄壁等，如按纵向剖切[1]，这些结构都不画剖面符号，而

[1] 纵向剖切对于肋和薄壁，是指剖切平面垂直于厚度方向，从厚度中间剖切；对于轮辐，是指剖切平面通过其轴线剖切。垂直于纵向剖切方向的剖切，称为横向剖切。

用粗实线将它与其邻接部分分开，若按横向剖切，这些结构也要画剖面符号，如图 6-31 所示。

（2）当零件回转体上均匀分布的肋、轮辐、孔等结构不处于剖切平面上时，可将这些结构旋转到剖切平面上画出，且对均布孔只需详细画出一个，另一个只画出轴线即可，如图 6-32 和图 6-33 所示。

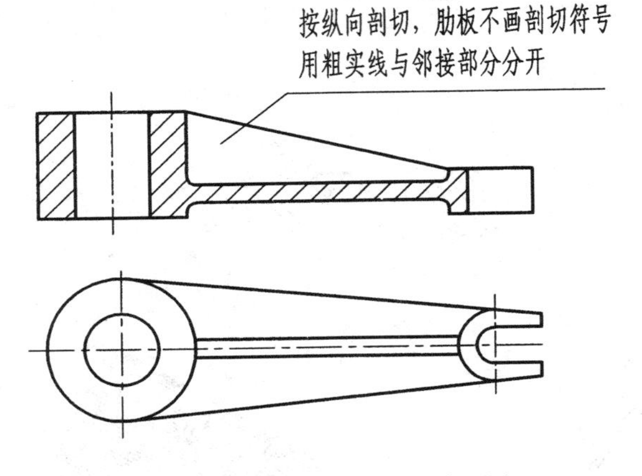

图 6-31　剖视图中肋的规定画法

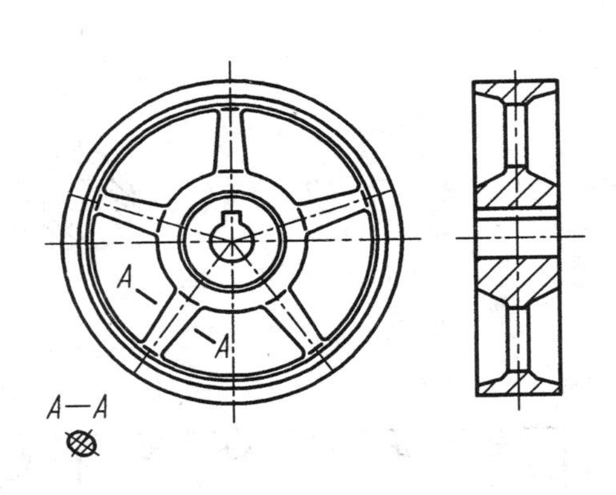

图 6-32　剖视图中均匀轮辐的规定画法

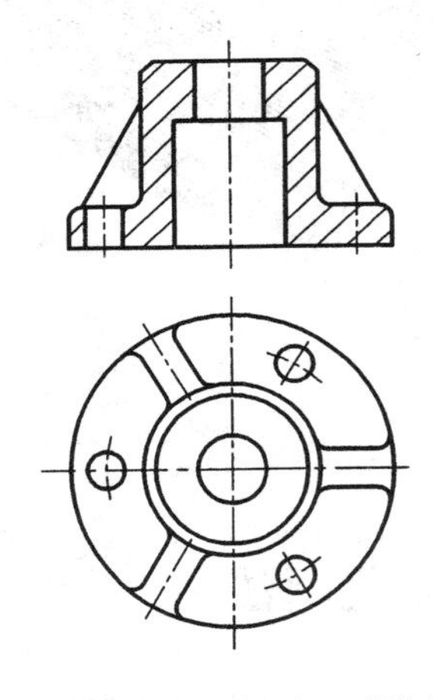

图 6-33　剖视图中均布肋和孔的规定画法

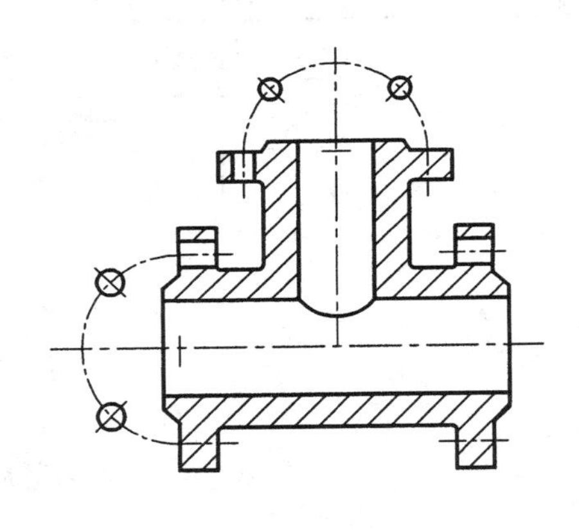

图 6-34　法兰上均布孔的简化画法

规定画法还有很多，后面将陆续介绍。

二、省略画法

包括省略视图，省略重复投影、重复要素、重复图形，省略剖面符号等。

1. 省略视图

（1）表示圆柱形法兰和类似零件上均匀分布的孔的数量和位置，可按图 6-34 绘制。

（2）在剖视图的剖面区域内可再作一次局部剖。采用这种表示方法时，两个剖面区域的剖面线应同方向、同间隔，但要互相错开，并用引出线标注其名称，如图 6-35 所示

（如果剖切位置明显，也可省略标注）。

（3）在需要表示位于剖切平面前的结构时，这些结构按假想投影的轮廓线（双点划线）绘制，如图 6－36 所示。

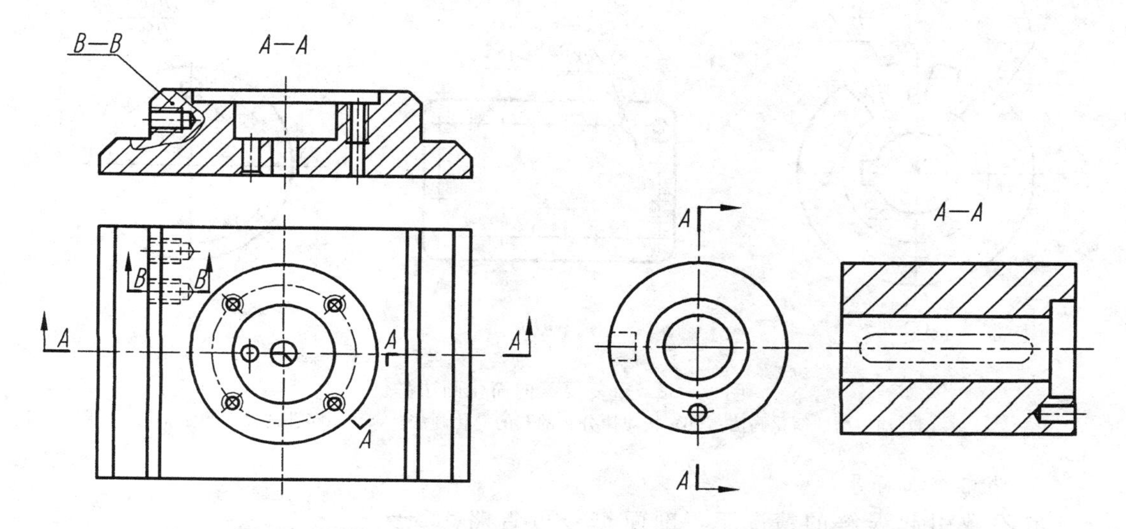

图 6－35　在剖视图的剖面区域内再作局部剖的画法　　　　图 6－36　剖切平面前的结构画法

2. 省略重复投影、重复要素、重复图形等

（1）在不致引起误解时，对于对称机件的视图可只画 1/2 或 1/4，并在对称中心线的两端画出两条与其垂直的平行细实线，如图 6－37 所示。

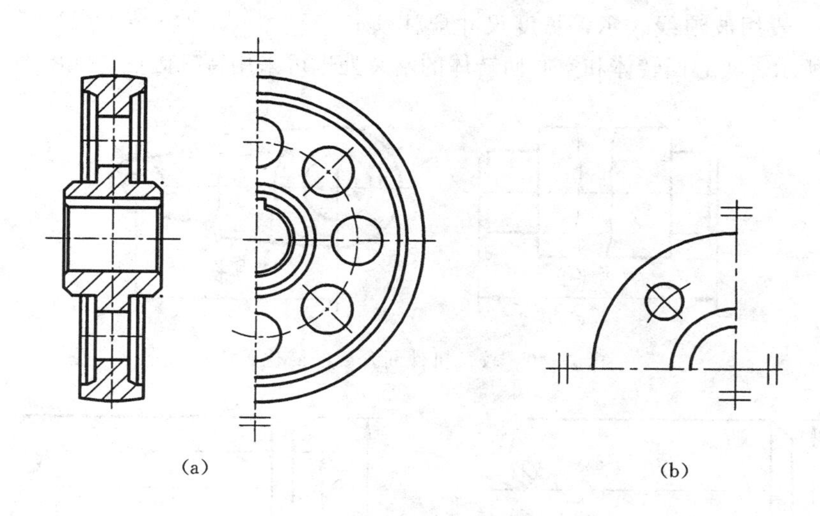

图 6－37　对称机件视图的简化画法

（a）画 1/2；（b）画 1/4

（2）当机件具有若干相同结构（如齿、槽等）并按一定规律分布时，只需画出几个完整的结构，其余用细实线连接，在零件图中则必须注明该结构的总数，如图 6－38（a）所示。当这些相同结构是直径相同的孔（圆孔、螺孔、沉孔等）时，可以仅画出一个或几

个，其余只需用点画线表示其中心位置，在零件图中应注明孔的总数，如图 6－38（c）所示。

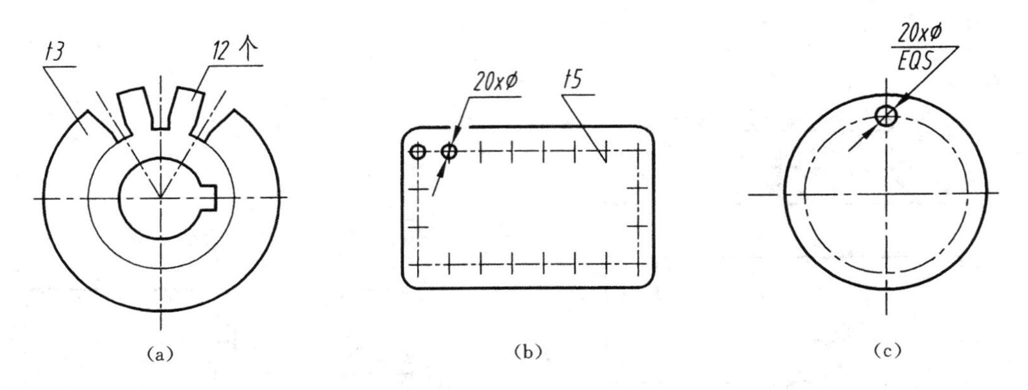

图 6－38　重复要素的简化画法举例

（a）均布槽的简化画法；（b）按规律分布的孔的简化画法；（c）均布孔的简化画法

3. 省略剖面符号

在不致引起误解的情况下，剖面符号可省略（图 6－39）。

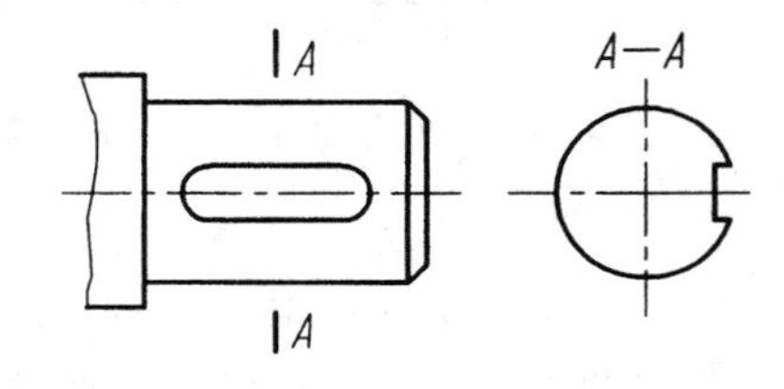

图 6－39　断面中省略剖面符号

4. 断开画法

较长的机件（轴、杆、型材、连杆等）沿长度方向的形状一致或按一定规律变化时，可断开后缩短绘制，断裂处一般用波浪线表示，长度尺寸应注实长，如图 6－40 所示。实心回转体和空心回转体的断裂处也可采用特殊画法，如图 6－41 所示。

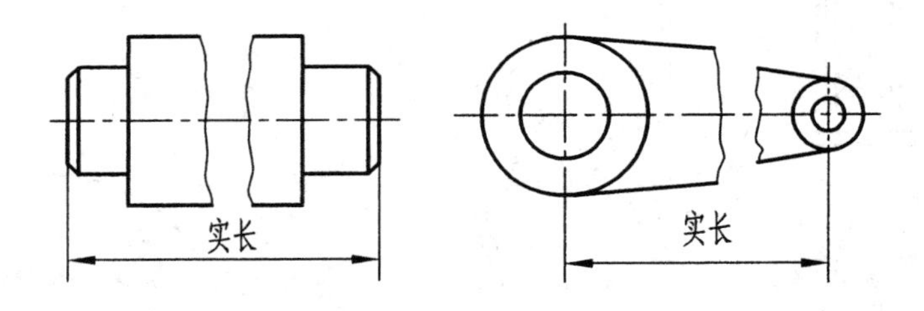

图 6－40　较长机件断开后的简化画法

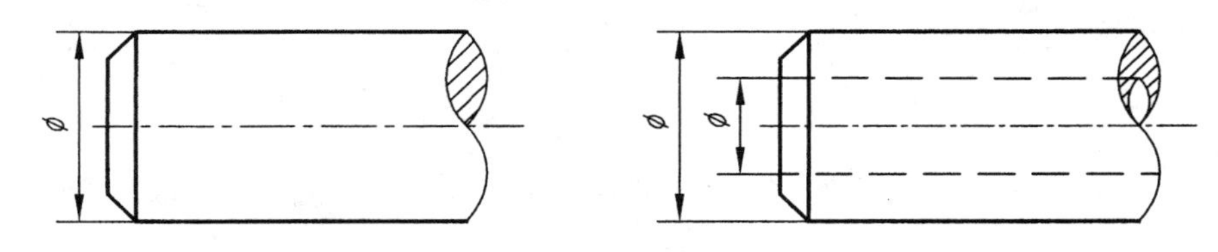

图 6－41　回转体断裂处的特殊画法

三、简化投影

（1）当机件上较小的结构或斜度等已在一个图形中表达清楚时，在其他图形中应当简化或省略，如图6-42（a）主视图左端的方头和图6-42（b）主视图扁孔的投影均省略了截交线，图6-42（b）俯视图右端省略了圆锥体的大底圆。

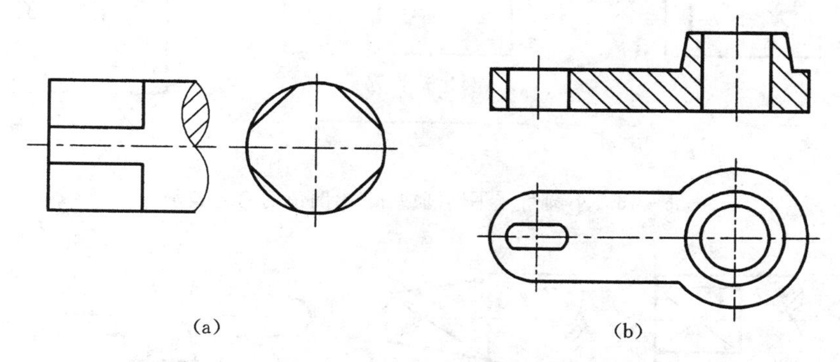

图6-42　小结构的交线和圆锥投影的省略画法

（2）在不致引起误解时，图形中的过渡线、相贯线可以简化。例如用直线代替曲线（图6-43），用圆弧代替非圆曲线。

（3）零件上对称结构的局部视图，可按图6-44的方法绘制。

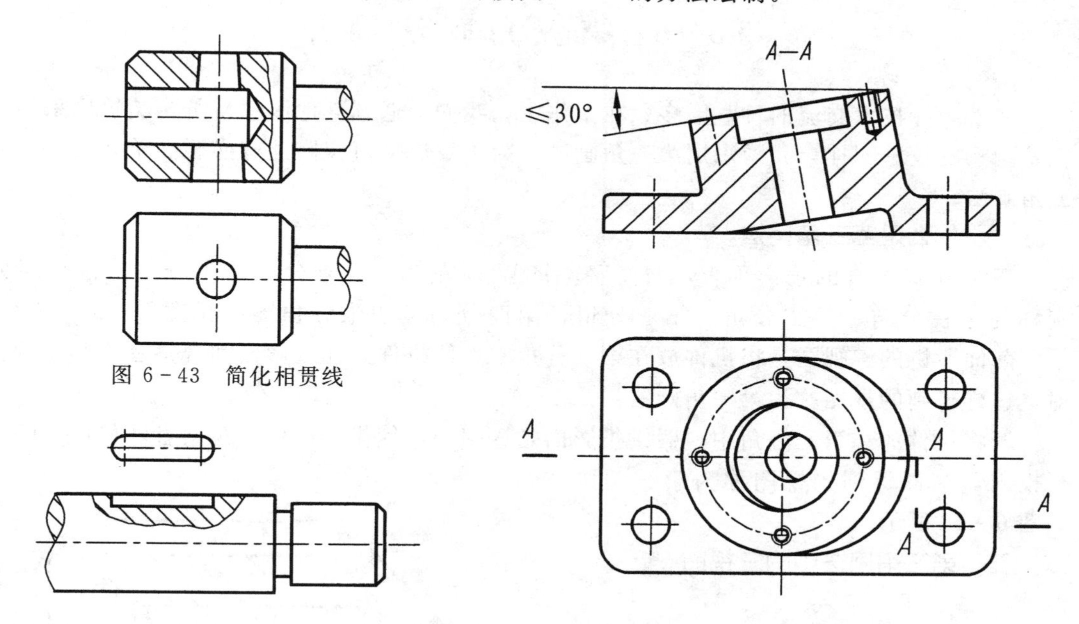

图6-43　简化相贯线

图6-44　对称结构局部视图的简化画法

图6-45　≤30°倾斜圆的简化画法

（4）与投影面倾斜角度≤30°的圆或圆弧，其投影可以用圆或圆弧来代替，如图6-45所示。

（5）在不致引起误解时，零件图中的小圆角、锐边的小倒圆或45°小倒角允许省略不画，但必须注明尺寸，或在技术要求中加以说明，如图6-46所示。

四、示意画法及其他简化画法

当回转体零件上的平面在图形中不能充分表示时，可用两条相交的细实线表示这些平面，如图6-47所示。

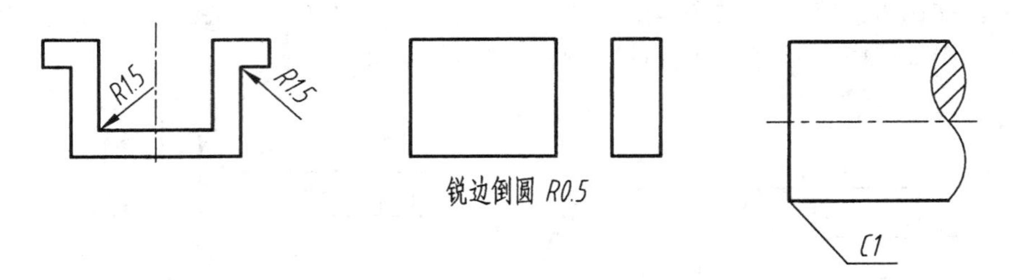

图 6-46　小圆角、小倒圆或45°小倒角的简化表示法

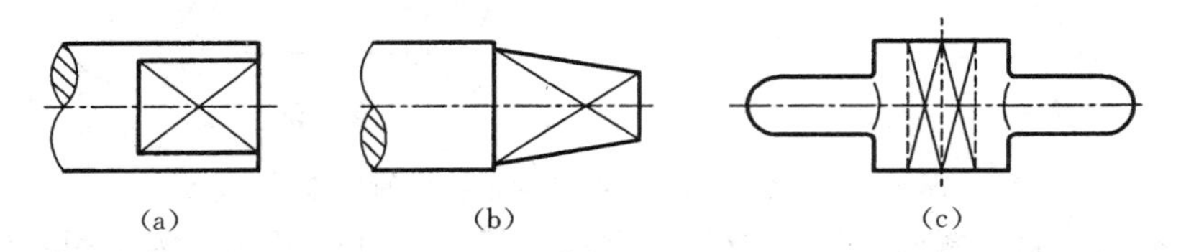

图 6-47　回转体上平面的表示

§6-6　第三角画法简介

随着国际技术交流的日益增多，在工作中，我们会遇到其他国家像英、美等国采用第三角画法的技术图样，我国采用第一角画法。为了发展交流，因此有必要简单介绍一下第三角画法。

一、什么是第三角画法

三个互相垂直的投影面 V，H，W，将 W 面左侧空间划分为四个分角，按顺序分别称为第一分角、第二分角、第三分角、第四分角，象限分角图参见图 2-8。

前面所讲的三视图是将机件放在第一分角中，使机件处在投影面和观察者之间进行投射，这样得到的视图称为第一角画法。

若将机件放在第三分角中，假设投影面是透明的，使投影面处在观察者和机件之间进行投射，这样得到的视图称为第三角画法，如图 6-48 所示。

二、第三角画法中的三视图

1. 三视图的形成

按第三角画法，将机件放在三个相互垂直的透明投影面中，就像隔着玻璃板看东西一样，在三个投影面上将得到三个视图（图 6-48）。

由前向后投射，在投影面 V 上所得到的视图称为前视图。

由上向下投射，在投影面 H 上所得到的视图称为顶视图。

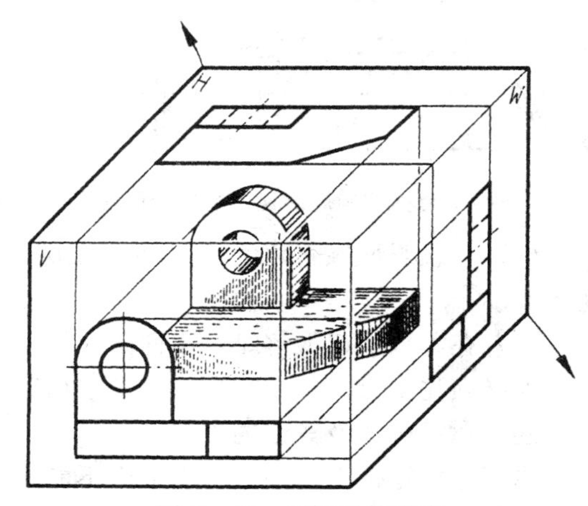

图 6-48　三视图的形成

由右向左投射，在投射面 W 上所得到的视图称为右视图。

2. 三视图的展开

为使三视图展开在同一平面上，规定 V 面不动，H 面绕它与 V 面相交的轴线向上翻转 90°，W 面绕它与 V 面相交的轴线向右转 90°，均与 V 面重合，而平摊在一平面上，如图 6－49 所示。

三视图的位置相互配置是顶视图在前视图的上方，右视图在前视图的右方。视图按照上述位置配置时，一律不注视图名称。

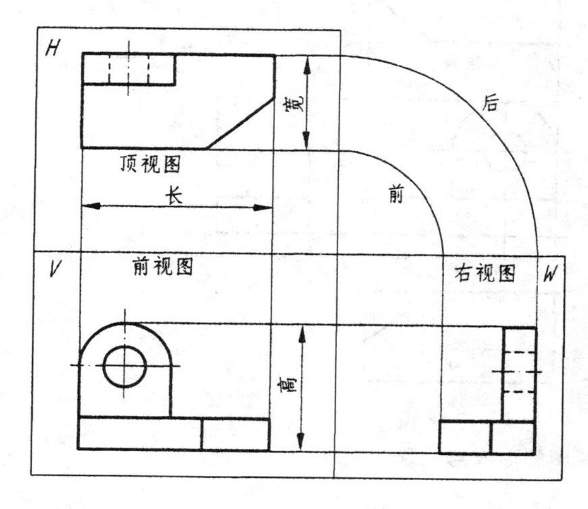

图 6－49　三视图的展开

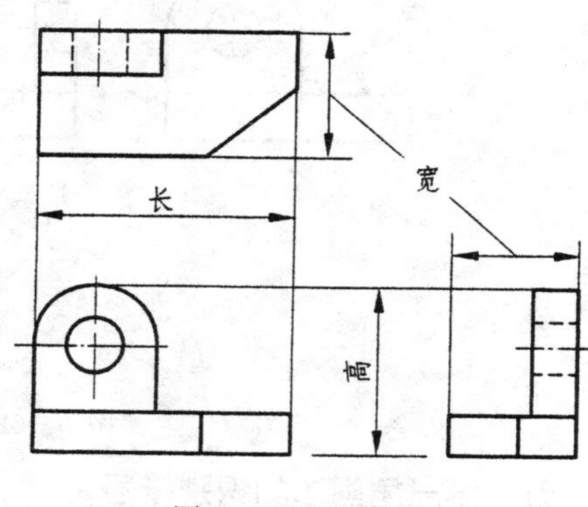

图 6－50　三视图

三、第三角画法与第一角画法的比较

第三角画法与第一角画法都是采用正投影法，所以正投影法的规律，如度量方面三视图的对应关系，对两者是完全适用的（图 6－50）。这是它们的共同点，不同点是：

（1）视图的名称和相互位置有所不同。

（2）两种画法所反映的机件部位有所不同。在第一角画法中，俯视图和左视图远离主视图的一侧，反映的是机件前面部位；而在第三角画法中，顶视图和右视图远离前视图的一侧，反映的是机件的后面部位，参见图 6－51。

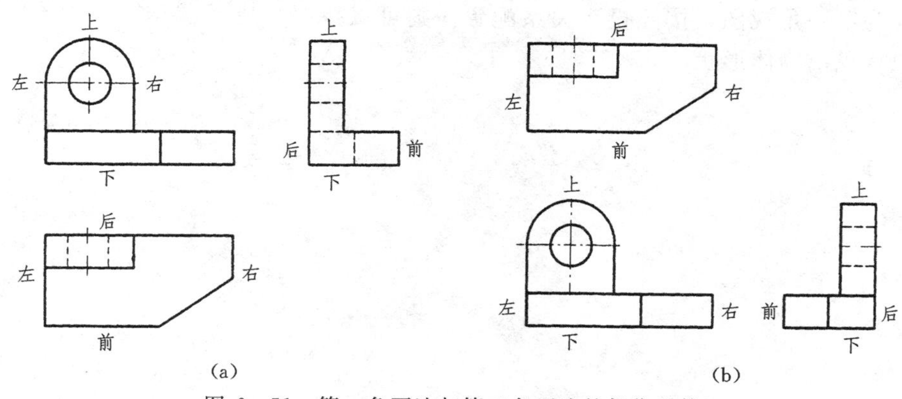

图 6－51　第一角画法与第三角画法的部位比较

四、第三角画法的六面视图

按第三角画法，若将机件放在六面体中，向六个投影面投射，也将得到六个基本视图。除上述三个视图外，另外三个视图是：由左向右投射所得视图称为左视图，由下向上投射所得视图称为底视图，由后向前投射所得视图称为后视图。按图 6－52 所示的位置配置时，一律不注视图的名称。

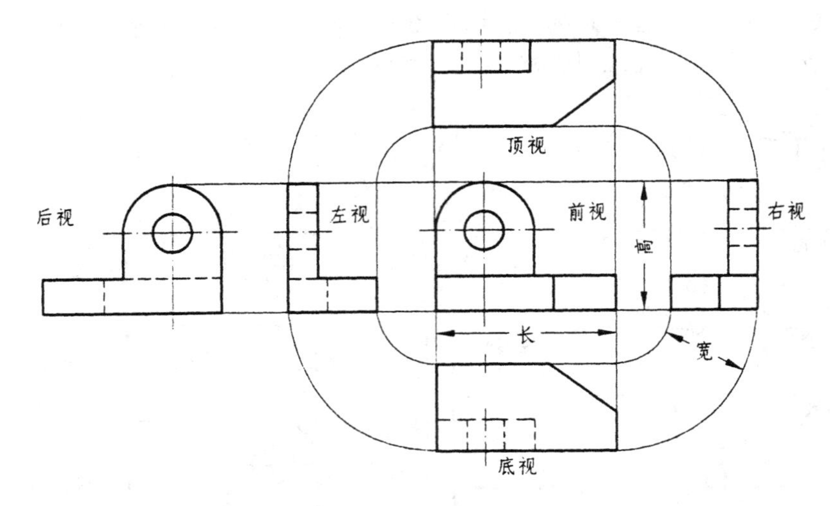

图 6－52　六视图的形成与配置

五、第三角画法的识别符号

采用第三角画法绘制的图样中，必须画出第三角画法的识别符号，如图 6－53 所示。了解了上述基本特点，在熟悉了第一角画法的基础上，就不难掌握第三角画法。

六、第三角画法与第一角画法六个基本视图的比较及转换

按照投影关系配置第三角主、底、顶、左、右、后视图与第一角相应名称的视图对比：①图形完全相同，图形方向也相同；②位置不同。

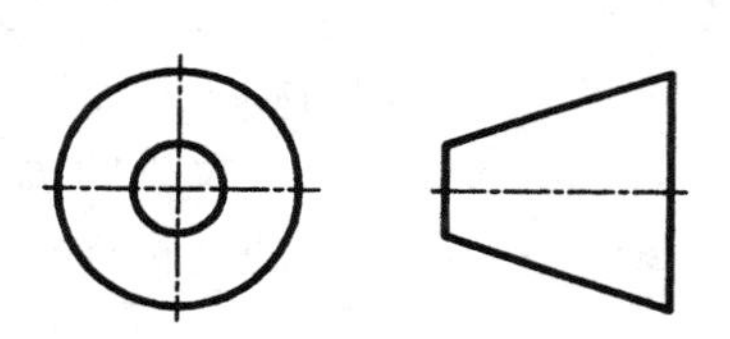

图 6－53　第三角画法识别符号

转换方法：把第三角的各个基本视图，主视图和后视图不动，左视图、右视图位置对换，底视图和顶视图位置对换，成为第一角视图，按照投影关系配置。则可以按照习惯想象构思出物体形状。

第七章　零　件　图

§7-1　零件图的作用和内容

任何一部机器都是由各种零件组成的。表达单个零件的图样，称为零件图。零件图是制造、检验零件及保证零件质量的重要技术文件。如图7-1是滑动轴承上轴瓦的零件图。

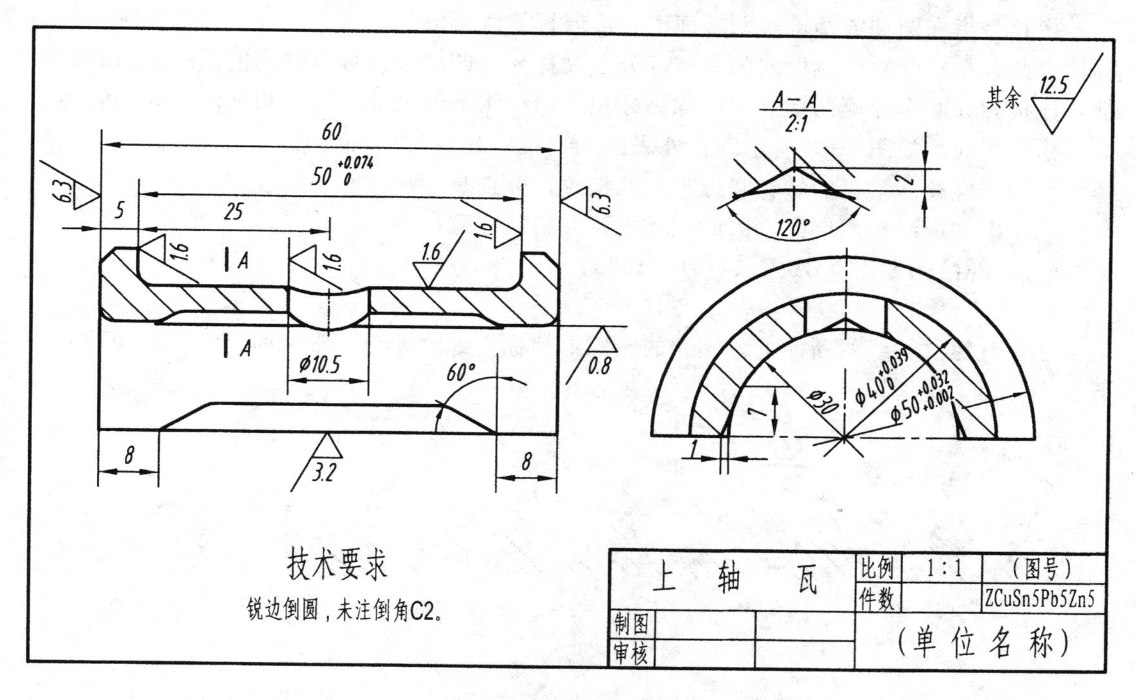

图7-1　上轴瓦零件图

零件图是制造零件的依据，它不仅要将零件的材料、内外结构和大小表达清楚，而且还要对零件的加工、检验、测量等提供必要的技术要求。因此它必须具备以下内容：

1. 一组视图

用视图、剖视图、断面图及其他规定画法，正确、完整、清晰地表达出零件的内外结构形状。

2. 完整的尺寸

正确、完整、清晰、合理地标注出制造零件所需的全部尺寸。

3. 技术要求

标注或说明零件制造、检验、装配、调整过程中要达到的一些技术要求。如尺寸公差、形位公差、表面粗糙度、表面热处理等要求。

4. 标题栏

填写单位名称、零件名称、材料、数量、比例、图号等内容。

§7-2 零件的螺纹结构及常见的工艺结构

零件的结构形状，主要是由它在部件（或机器）中的作用决定的。但是，制造工艺对零件的结构，也有一些要求。为了正确绘制图样，对零件上的一些常见结构，应有所了解。下面介绍它们的基本知识和表示方法。

一、螺纹

（一）螺纹的形成

螺纹是指在圆柱或圆锥等回转面上，沿着螺旋线形成的、具有规定牙型的连续凸起和沟槽。凸起是指螺纹两侧面间的实体部分，又称牙；凹槽部分称螺纹沟槽。螺纹凸起的顶部，连接相邻两个牙侧的螺纹表面称为牙顶；螺纹沟槽的底部，连接相邻两个牙侧的螺纹表面称为牙底。如图7-3所示。在外表面上形成的螺纹称为外螺纹，在内表面上形成的螺纹称为内螺纹。常见的螺钉和螺母上的螺纹，分别是外螺纹和内螺纹。

由于圆柱螺纹应用广泛，因此下面主要介绍圆柱螺纹。

（二）螺纹的要素（GB/T 14791—1993）

1. 牙型

在通过螺纹轴线的断面上，螺纹的轮廓形状称为螺纹牙型。常见的螺纹牙型如图7-2所示。

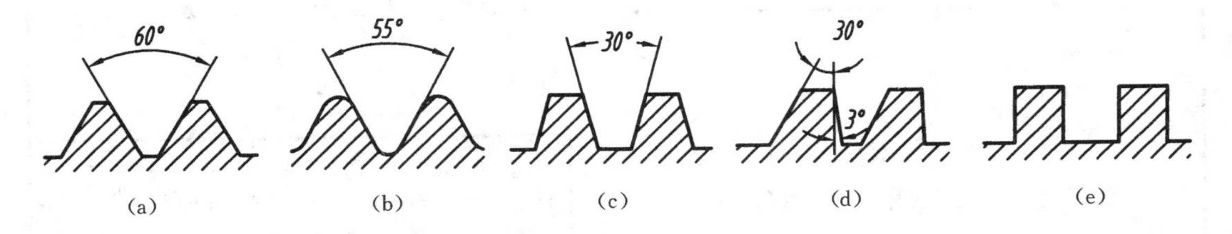

图7-2 常见的螺纹牙型

(a) 普通螺纹（M）；(b) 管螺纹（G或Rp）；(c) 梯形螺纹（Tr）；(d) 锯齿形螺纹（B）；(e) 矩形螺纹

普通螺纹（特征代号为“M”）和圆柱管螺纹（特征代号为“G”或“Rp”）一般用来紧固连接零件，称为连接螺纹。梯形螺纹（特征代号为“Tr”）、锯齿形螺纹（特征代号为“B”）和矩形螺纹一般用来传递运动和动力，称为传动螺纹。

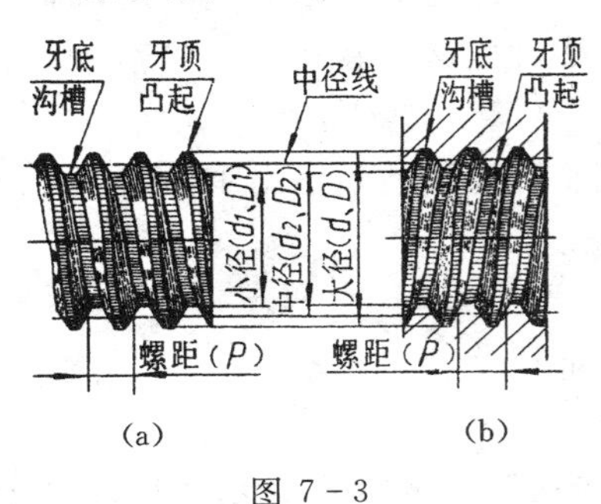

图7-3

(a) 外螺纹；(b) 内螺纹

2. 公称直径

公称直径是代表螺纹尺寸的直径，指螺纹大径的基本尺寸。如图7-3所示，大径（d、D）、小径（d_1、D_1）和中径（d_2、D_2）（外螺纹的符号用小写，内螺纹用大写），与外螺纹的牙顶或内螺纹的牙底相切的假想圆柱面的直径（即螺纹的最大直径）称为大径。与外螺纹的牙底或内螺纹的牙顶相切的假想圆柱面的直径（即螺纹的最小直径）称为小径。在大径和小径之间假想有一圆柱，其母线通过牙型上沟槽宽度和凸起宽度相等的地方，此假想圆柱称为中径圆柱，其母线称为中径线，其直径称为螺纹中径。

3. 线数 n

如图 7-4 所示，螺纹有单线和多线之分，沿一条螺旋线所形成的螺纹，称为单线螺纹；沿两条或两条以上，在轴向等距离分布的螺旋线所形成的螺纹，称为多线螺纹。

4. 螺距 P 和导程 P_h

螺纹相邻两牙在中径线上对应两点间的轴向距离称为螺距。同一条螺旋线上的相邻两牙在中径线上对应两点间的轴向距离，称为导程。单线螺纹的导程等于螺距，即 $P_h=P$；多线螺纹的导程等于线数乘螺距，即 $P_h=nP$，如图 7-4 所示。

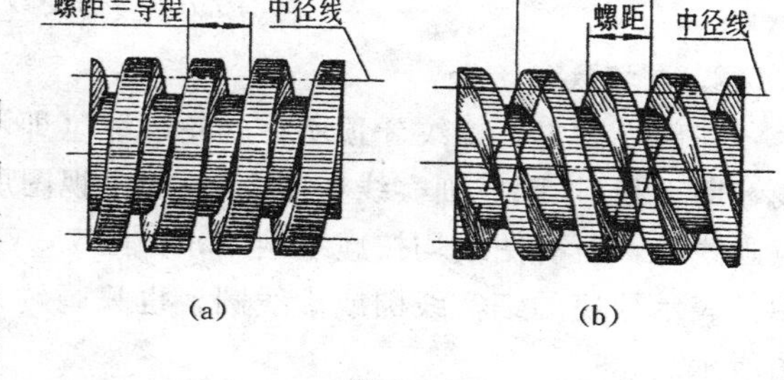

图 7-4
(a) 单线左旋螺纹；(b) 双线右旋螺纹

5. 旋向

顺时针旋转时旋入的螺纹，称为右旋螺纹；逆时针旋转时旋入的螺纹，称为左旋螺纹，如图 7-4 所示。工程上常用右旋螺纹。

螺纹由牙型、公称直径、螺距、线数、旋向五个要素确定，因此通常称之为螺纹的五要素，只有五要素都相同的外螺纹和内螺纹才能互相旋合。

（三）螺纹的种类

在机器设备中，螺纹应用极为广泛，为了便于设计、制造和修配，国家标准对螺纹的牙型、大径和螺距作了统一的规定。当这三个因素都符合标准规定时，称为标准螺纹。若牙型符合标准，而大径、螺距不符合标准，称为特殊螺纹。凡牙型不符合标准的螺纹，称为非标准螺纹。标准螺纹中包括普通螺纹、管螺纹、梯形螺纹和锯齿形螺纹等，这些螺纹都有各自的特征代号。矩形螺纹是非标准螺纹，它没有特征代号。

根据生产需要，普通螺纹又有粗牙和细牙之分。粗牙和细牙的区别，就是螺纹大径相同而螺距不同，螺距最大的一种称为粗牙，其余的都称为细牙。

（四）螺纹的规定画法

画螺纹的投影很复杂，同时由于螺纹可用五要素来确定，所以生产图纸上也没有必要将螺纹的真实投影画出来，为了便于看图和画图，国家标准（GB/T 4459.1—1995）对螺纹的表示法作了规定。螺纹的规定画法如下。

1. 外螺纹

螺纹牙顶所在的轮廓线（即大径），画成粗实线；螺纹牙底所在的轮廓线（即小径），画成细实线，小径通常画成大径的 0.85 倍（实际的小径数值可查阅有关标准）；螺纹终止线也用粗实线表示。螺杆的倒角或倒圆部分也应画出，倒角（即圆台）是为了便于内、外螺纹旋合，并防止螺纹碰伤在螺纹端部制出的；在垂直于螺纹轴线的投影面的视图中，表示牙底的细实线圆只画约 3/4 圈，此时倒角省略不画，如图 7－5（a）、（b）所示。

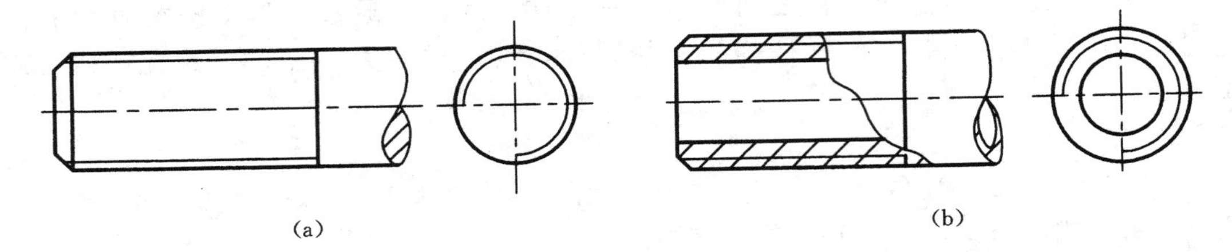

图 7－5　外螺纹的规定画法

2. 内螺纹

在剖视图中，螺纹牙顶所在的轮廓线（即小径），画成粗实线；螺纹牙底所在的轮廓线（即大径），画成细实线如图 7－6 的主视图所示，在不可见螺纹中，除螺孔的轴线为细点画线外，所有图线均按虚线绘制，如图 7－7 所示。在垂直于螺纹轴线的投影面的视图中，表示牙底的细实线圆或虚线圆，也只画约 3/4 圈，倒角圆省略不画，如图 7－6 左视图所示。

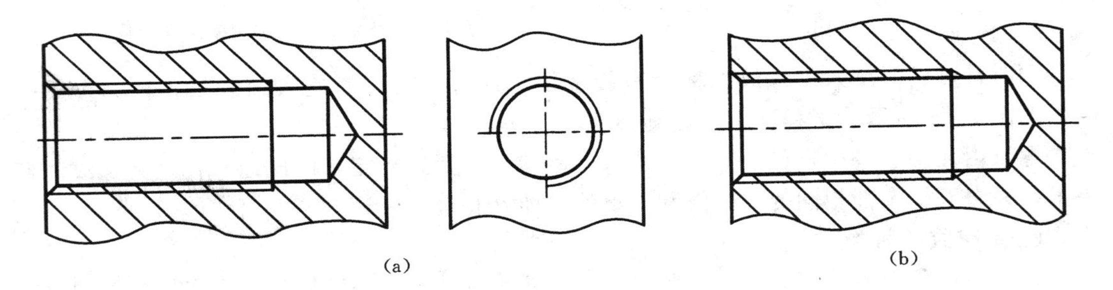

图 7－6　内螺纹的规定画法

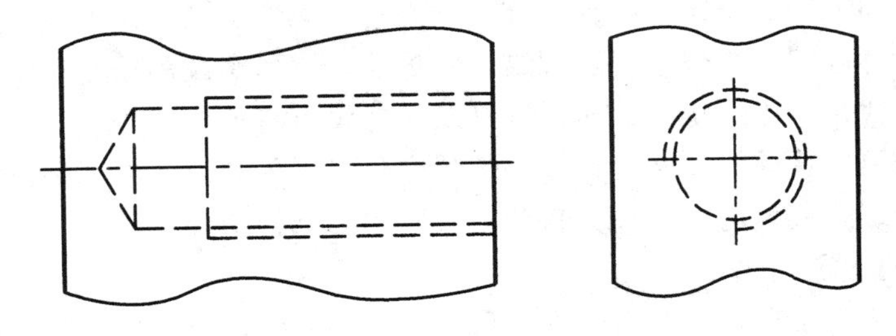

图 7－7　不可见的内螺纹画法

3. 其他的一些规定画法

（1）在剖视图或断面图中，内、外螺纹的剖面线都应画到粗实线。当需要表示螺纹牙型时，可采用剖视或局部放大图来表示，如图 7－8 所示。

（2）完整螺纹的终止界线（简称螺纹终止线）用粗实线表示，外螺纹终止线处被剖开时，螺纹终止线只画出表示牙型高度的一小段。外螺纹终止线如图 7－5 所示，内螺纹终止线如图 7－6 所示，螺纹的长度是指完整螺纹的长度，即不包含螺尾在内的有效螺纹长度。

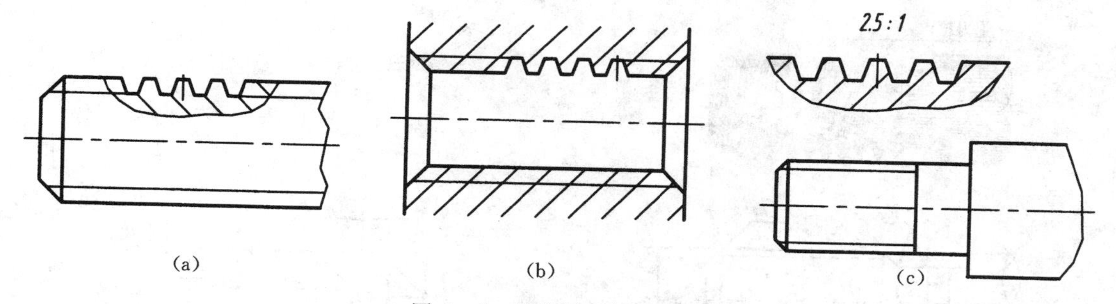

(a)　(b)　(c)

图 7-8　螺纹牙型的表示法
(a) 用局部剖表示；(b) 在剖视图中表示；(c) 用局部放大图表示

(3) 螺纹收尾部分的牙型是不完整的，这一段牙型不完整的收尾部分为螺尾，螺尾是由于加工工艺的原因而形成的，图上一般不必画出；当需要表示螺纹收尾时，螺尾部分的牙底用与轴线成30°的细实线绘制，如图 7-9 和图 7-6 (b) 所示。螺尾是不能旋合的，为了消除螺尾，可在螺纹终止处做出比螺纹稍深的退刀槽，如图 7-11 和图 7-12 所示。螺纹退刀槽的形状和尺寸有标准规定。

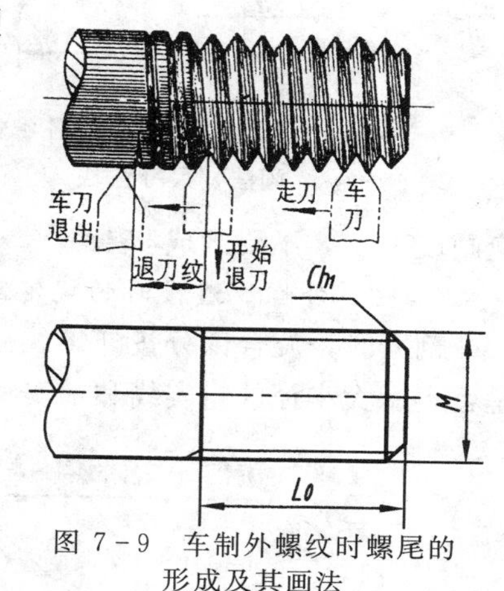

图 7-9　车制外螺纹时螺尾的形成及其画法

(4) 如图 7-10 (c) 所示，绘制不通孔的螺孔，一般应将钻孔深度 L_3 和螺纹部分的深度 L_2 分别画出，钻孔深度应比螺孔深度深，通常取 $0.5D$。由于钻头的刃锥角约等于 120°，因此，钻孔底部以下的圆锥坑的锥角

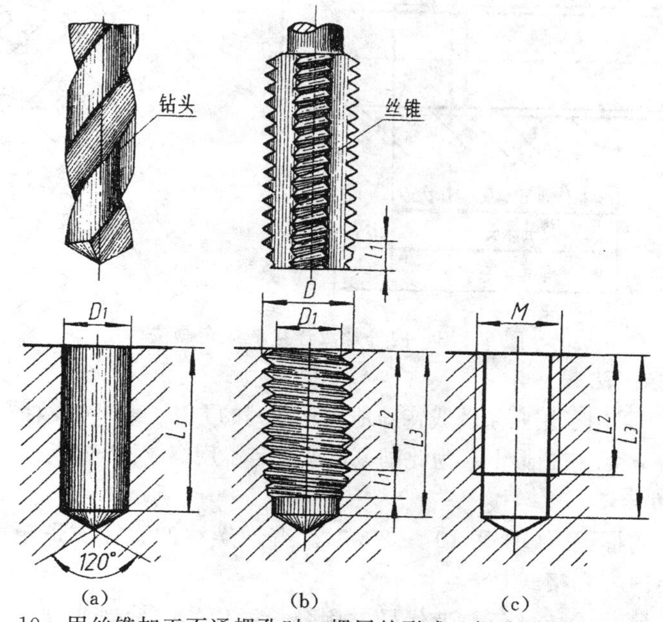

(a)　(b)　(c)

图 7-10　用丝锥加工不通螺孔时，螺尾的形成、螺孔的画法和尺寸注法
(a) 钻孔；(b) 攻螺纹；(c) 画法

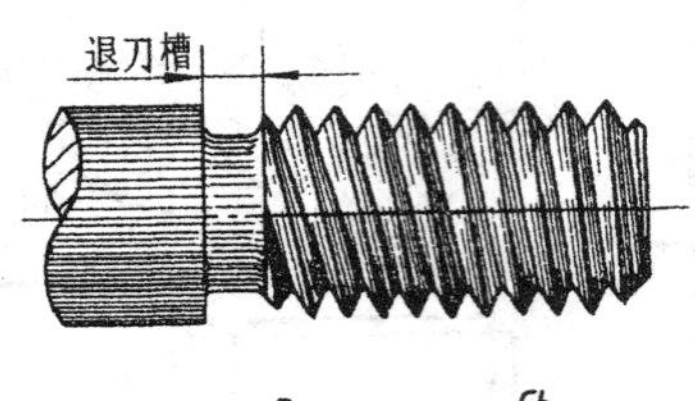

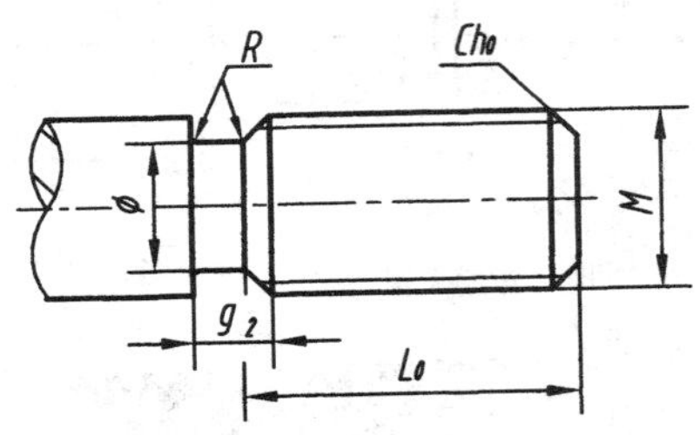

图 7-11　具有退刀槽的外螺纹、画法、尺寸注法

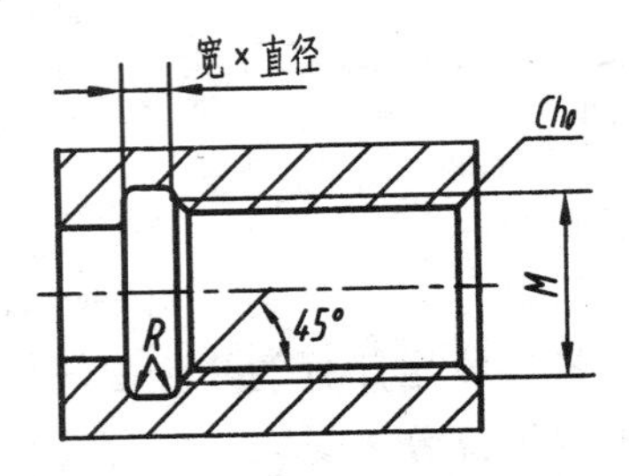

图 7-12　具有退刀槽的螺孔的画法

应画成 120°，不要画成 90°。

4. 内、外螺纹连接时的规定画法

剖开时，旋合部分按外螺纹画法绘制，不旋合部分仍按各自的画法表示。要注意的是：表示大小径的粗实线和细实线应分别对齐，而与倒角的大小无关，如图 7-13 所示。

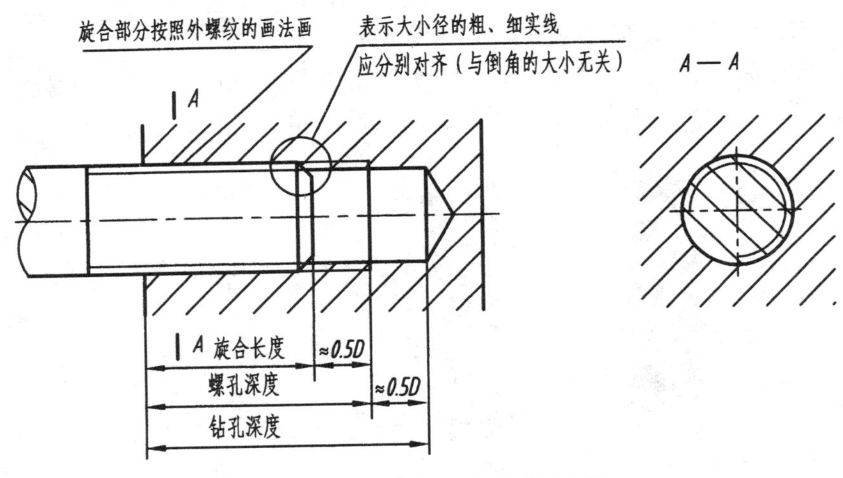

图 7-13　内外螺纹连接的规定画法

（五）螺纹的标注法

在图样中，由于采用了用两条图线特殊地表示牙型的方法，使得螺纹的牙型及各部分的尺寸和精度要求不能都标注在图形上。为此国家标准规定了用螺纹标记表示螺纹的设计要求。

1. 标准螺纹的标记

(1) 普通螺纹的标记（GB/T 197—2003）。普通螺纹的直径、螺距可查阅附表 3。普通螺纹完整标记的内容和格式是：

螺纹特征代号尺寸代号—公差带代号—旋合长度代号—旋向代号

1）螺纹特征代号：普通螺纹用“M”表示。

2）尺寸代号：用“公称直径×螺距”表示（粗牙普通螺纹不注螺距，细牙普通螺纹注螺距。）

3）公差带代号：公差带代号表示尺寸的允许变动范围。由数字后加字母组成，内螺纹字母用大写，外螺纹用小写，例如“7H”、“5g”。最常用的中等公差精度螺纹（公称直径小于1.4mm的5H、6h和公称直径大于1.4mm的6H、6g）不标注公差带代号。

普通螺纹的公差带代号包括中径公差带代号与顶径（指外螺纹大径和内螺纹小径）公差带代号，中径与顶径公差带代号相同时，只注写一个公差带代号。

4）旋合长度代号：螺纹旋合长度分短旋合长度、中等旋合长度和长旋合长度三组，分别用符号“S”、“N”和“L”表示。中等旋合长度“N”一般不标。当特殊需要时，也可注明旋合长度的数值，如：M20×1.5－5g－40中的40。

5）旋向代号：“LH”表示左旋螺纹，右旋螺纹不注旋向。标注时，尺寸代号、螺纹公差带代号、旋合长度代号、旋向代号之间，用“－”隔开。以单线左旋细牙普通螺纹M16×1.5－5g6h－S－LH为例，标记中各项内容说明如下：

“M”——表示普通螺纹。

“16×1.5”——公称直径16mm，细牙普通螺纹，螺距1.5mm。

“5g6h”——外螺纹的中径公差带代号为5g，顶径公差带代号为6h。

“S”——短旋合长度。

“LH”——左旋。

例如：M20×2－7H－LH表示公称直径20mm，螺距为2mm，左旋的细牙普通螺纹（内螺纹），中径和小径的公差带均为7H，中等旋合长度。

M30－8g－L表示公称直径为30mm，右旋的粗牙普通螺纹（外螺纹），中径、大径公差带均为8g，旋合长度属于长的一组。

再如：“M16”表示粗牙普通螺纹，公称直径是16，中径、顶径公差带代号均为6g（内螺纹）或6H（外螺纹），右旋，中等旋合长度。

（2）梯形螺纹的标记（GB/T 5796.4—1986）。

梯形螺纹的直径和螺距系列等可查阅附表5。由梯形螺纹的螺纹特征代号、尺寸代号、旋向代号、公差带代号及旋合长度代号所组成。

各项内容分别说明如下：

1）梯形螺纹特征代号为：“Tr”。

2）尺寸代号：“公称直径（指大径）×螺距”（用于单线螺纹）或“公称直径×导程（螺距）”（用于多线螺纹）。

3）旋向代号：左旋注“LH”，右旋不注。

4）梯形螺纹中径公差带代号即代表梯形螺纹公差带，由数字后加字母组成，内螺纹字母用大写，外螺纹则用小写，例如“8H”、“8e”。

5）旋合长度分中等旋合长度“N”和长旋合长度“L”两组，“N”一般不注。

例如：“Tr 40×7－7H”表示公称直径为40mm，螺距为7mm的单线右旋梯形螺纹（内螺纹）；“Tr 40×14（P7）LH－8e－L”表示公称直径为40mm，导程为14mm，螺距为7mm的双线左旋梯形螺纹（外螺纹），中径公差带代号为8e，长旋合长度。

（3）锯齿形螺纹的标记（GB/T 13576—1992）。

锯齿形螺纹标记与梯形螺纹标记相似。其特征代号为B。

例如：单线 B40×7－7A；多线 B40×14（P7）－8c－L

（4）管螺纹的标记。管螺纹牙型、尺寸代号等可查阅附表4。管螺纹分非螺纹密封的管螺纹和用螺纹密封的管螺纹，它们的规定标记如下：

1）55°非密封管螺纹标记（GB/T 7307—2001）。

例如：内螺纹 G1 $\frac{1}{2}$－LH；外螺纹 G1A，G1/2B

各项内容说明如下：

(a) G——非螺纹密封管螺纹的特征代号。

(b) 1 $\frac{1}{2}$，1，1/2——尺寸代号。它不是螺纹的大径或小径，是近似等于管子的孔径。

(c) LH——左旋螺纹，若为右旋螺纹，则不标注。

(d) A，B——外螺纹的中径公差有A级和B级之分。

2）55°密封管螺纹标记（GB/T 7306.1—2000）。

例如：圆柱内螺纹 R_P 3/4－LH；圆锥内螺纹 R_C 3/4；圆锥外螺纹 R_1 3/4、R_2 3/4。

各项内容说明如下：

(a) R_P，R_C，R_1，R_2——圆柱内螺纹、圆锥内螺纹、与圆柱内螺纹相配合的圆锥外螺纹、与圆锥内螺纹相配合的圆锥外螺纹的特征代号。

(b) 3/4——尺寸代号，近似等于管子的孔径（3/4英寸）。

(c) LH——左旋螺纹，若为右旋则不标。

2. 螺纹标记的标注方法

普通螺纹、梯形螺纹和锯齿形螺纹的标记在图样上的注法，与一般线性尺寸的注法相同，必须注在大径的尺寸线或其引出线上。管螺纹的标记必须引出标注，指引线一般指向大径。上述几种螺纹的标记在图样上的注法见表7-1。

表7-1　　螺纹的尺寸和标注举例

螺纹类别			特征代号	标注示例	标记说明
连接螺纹	普通螺纹	粗牙	M	M20-8g	粗牙普通螺纹，公称直径20mm，右旋。螺纹公差带：中径、大径均为8g，旋合长度属中等的一组
		细牙		M20x1.5-7H-L	细牙普通螺纹，公称直径20mm，螺距为1.5mm，左旋。螺纹公差带：中径、小径均为7H，旋合长度属长的一组

续表

螺纹类别			特征代号	标注示例	标记说明
连接螺纹	管螺纹	非螺纹密封的管螺纹	G	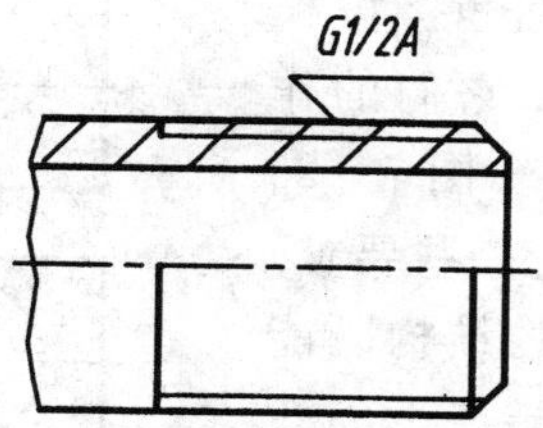 G1/2A	非螺纹密封的外管螺纹，尺寸代号 1/2，公差等级为 A 级，右旋，用引出标注
		用螺纹密封的管螺纹	Rc Rp R	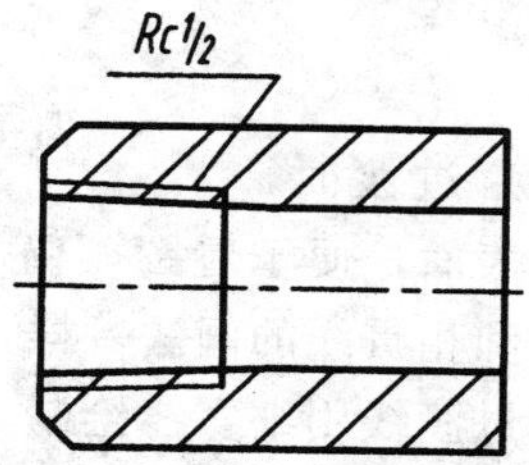 Rc1/2	螺纹密封的圆锥内管螺纹，尺寸代号 1/2，右旋。用引出标注，R_P、R 分别是用螺纹密封的圆柱内管螺纹、圆锥外管螺纹的牙型代号
传动螺纹	梯形螺纹		Tr	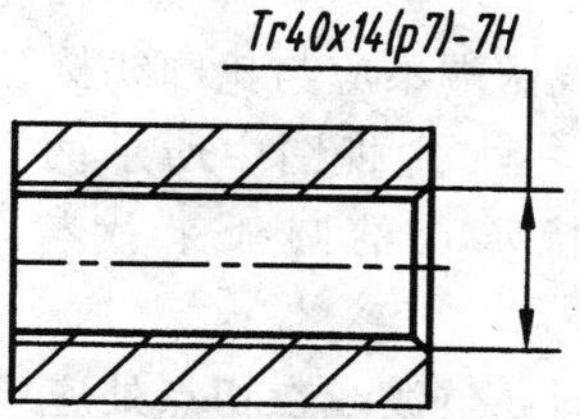 Tr40x14(p7)-7H	梯形螺纹，公称直径 40mm，双线螺纹，导程 14mm，螺距 7mm，中径公差带代号为 7H。中等旋合长度，右旋
	锯齿形螺纹		B	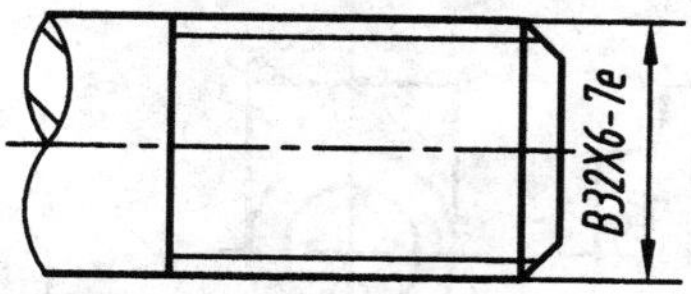 B32X6-7e	锯齿形螺纹，公称直径 ϕ32mm，单线，螺距 6mm，中等旋合长度，右旋
	矩形螺纹（非标准螺纹）			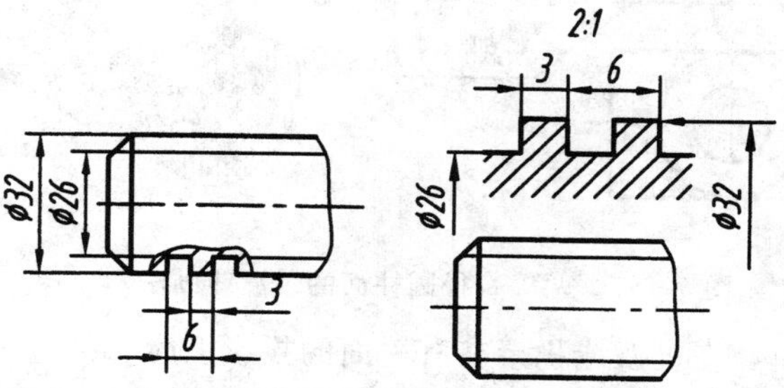 ϕ32 ϕ26 3 6 注法一；2:1 3 6 ϕ26 ϕ32 注法二	矩形螺纹，单线，右旋，螺纹尺寸如图所示 公称直径 ϕ32，小径 ϕ26，螺距 6mm，牙宽为 3mm

3. 特殊螺纹和非标准螺纹的标注方法

特殊螺纹的标注可查阅有关国家标准。对于非标准螺纹，应画出螺纹的牙型，在图中注出完整的尺寸及有关要求（见表 7-1）。线数为多线，旋向为左旋时，应在图纸的适当位置注明。

二、常见的零件工艺结构

为了保证零件质量，便于加工制造，应掌握一些铸件和压塑件上的工艺结构知识，如壁厚应均匀或逐渐地变化、圆角、拔模（或脱模）斜度、凸台和凹槽等，它们的作用、特点和表示方法，如图 7-14～图 7-23 所示。制造工艺对零件的结构也有一些要求。因此，画零件图时，应该使零件的结构既能满足使用上的要求，又要方便制造。下面介绍一些常见的工艺结构，供画图时参考。

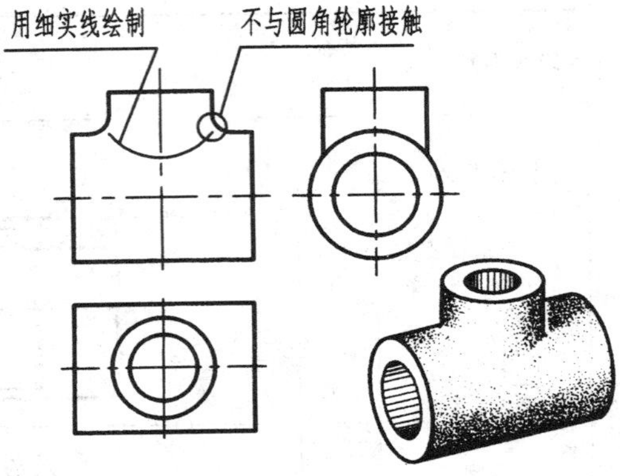

用细实线绘制

不与圆角轮廓接触

图 7-14　两圆柱面的过渡线画法

（一）过渡线

当零件表面的相交处用小圆角过渡时，交线就不明显了，但为了区分不同表面，便于看图，仍需画出没有圆角时的交线的投影，这种线称为过渡线。过渡线的画法和相贯线的画法一样，按没有圆角的情况求出相贯线的投影，画到理论上的交点处为止，过渡线用细实线绘制。过渡线的画法与原有交线投影画法的主要区别如下：

（1）当两个面相交时，过渡线两端不应与轮廓线接触，如图 7-14 所示。

在图样中，一般不要求图 7-14 主视图中所示两圆柱面的过渡线画得很准确，为了简化作图，可以用通过三个特殊点的圆弧来代替，该圆弧的半径为大圆柱面的半径。

（2）当两曲面的轮廓线相切时，过渡线在切点处应该断开，如图 7-15 所示。

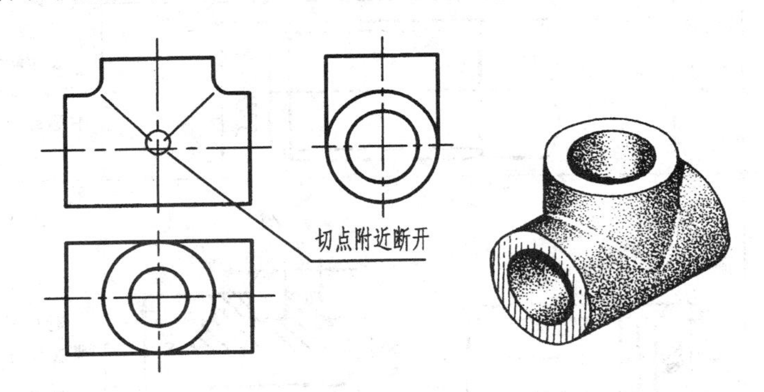

图 7-15　两等直径圆柱面的过渡线画法

应该注意：在视图中，当过渡线积聚在有关面的投影上时，则应画成该面的投影；例如，上述图例 7-14 和图 7-15 中有关圆柱面的投影为圆时，仍画成完整的圆，不能断开。

（3）在画平面与平面或平面与曲面的过渡线时，应该在转角处断开，并加画过渡圆弧，其弯向与铸造圆角的弯向一致，如图 7-16 所示。

（4）零件上圆柱面与板块组合时，该处过渡线的形状和画法取决于板块的断形状及与圆柱相切或相交的情况，如图 7-17 所示。

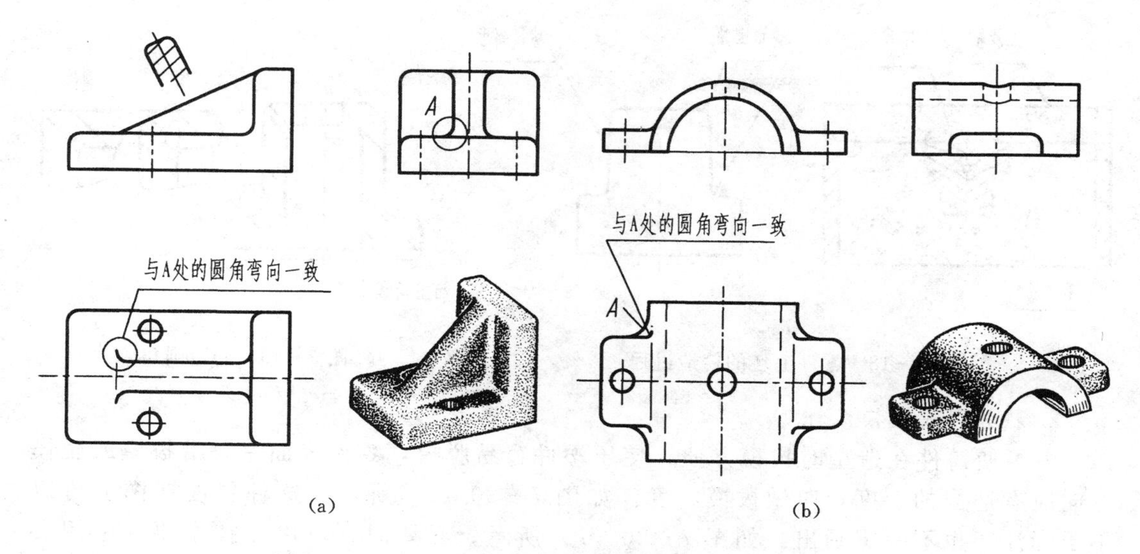

图 7-16　平面与平面、平面与曲面相交所产生的过渡线

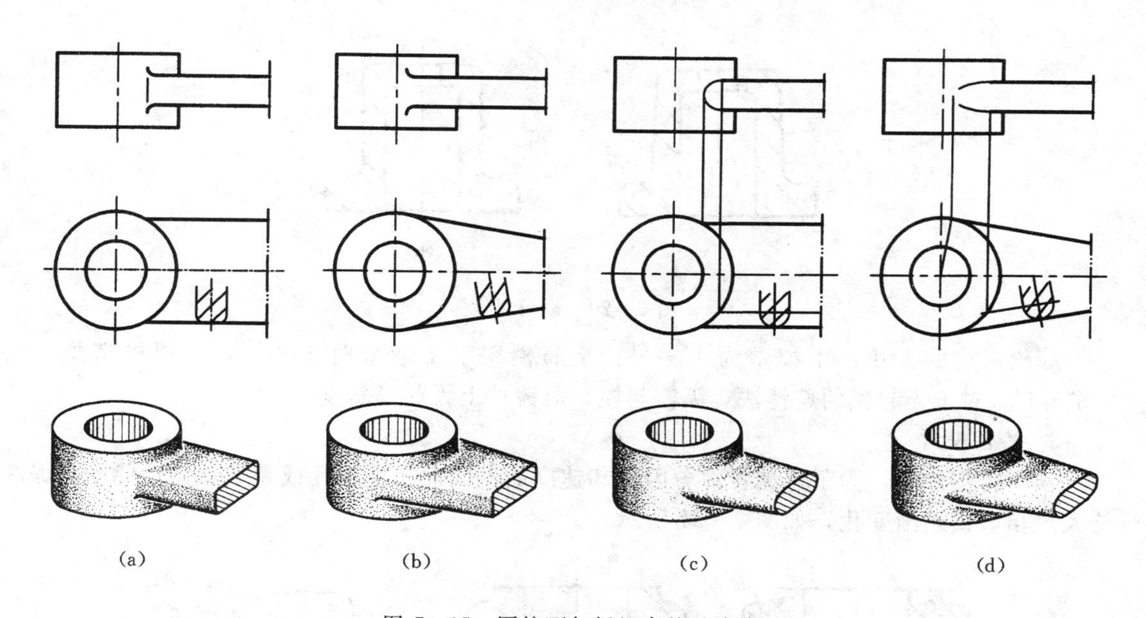

图 7-17　圆柱面与板组合的过渡线

（二）铸件和压塑件的工艺结构及其表示方法

1. 铸造圆角

用铸造的方法制造零件毛坯时，为防止浇铸时铁水将砂型转角处冲坏，或在铸件转角处产生裂缝或缩孔，在铸件毛坯各表面的相交处，都以圆角过渡，零件毛坯的铸造过程如图 7-18 所示。铸造圆角在图上一般不予标注，常集中注写在技术要求中。图 7-19 所示的铸件毛坯的底面，经过切削加工后，铸造圆角被削平，此时不能再画出圆角。压制压塑件时，圆角能保证原料充满压模，且便于将零件从压模中取出。

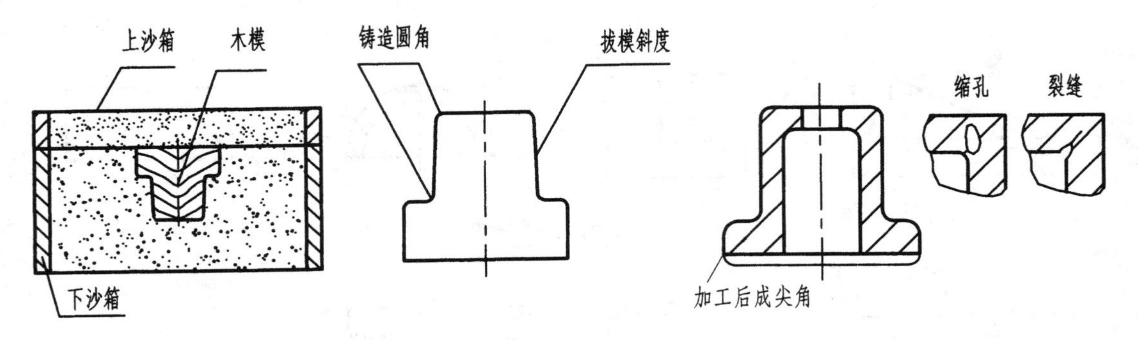

图 7-18　零件毛坯的铸造过程　　　　图 7-19　铸造圆角

2. 拔模（或脱模）斜度

为了使铸件在造型时拔模方便，使压塑件容易脱模，零件表面一般沿拔模或脱模方向应有适当的斜度，叫做**拔模斜度**。如图 7-20（a）所示。这种斜度在图上可以不予标注，也不一定画出，如图 7-20（b）所示；必要时，可以在技术要求中用文字说明。

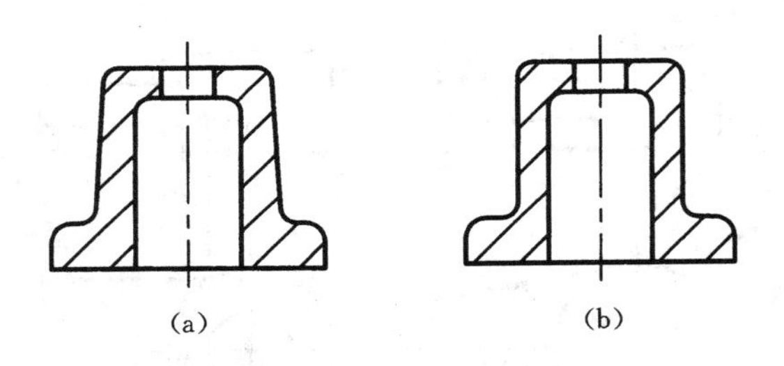

图 7-20　拔模斜度

起模斜度的大小：木模常为 1°～3°；金属模用手工造型时 1°～2°，用机械造型时 0.5°～1°。对于无起模的熔铸法，无需起模，故铸件上无起模斜度。

3. 铸件壁厚

在浇铸零件时，为了避免各部分因冷却速度的不同而产生缩孔或裂缝，铸件壁厚应保持大致相等或逐渐变化，如图 7-21 所示。

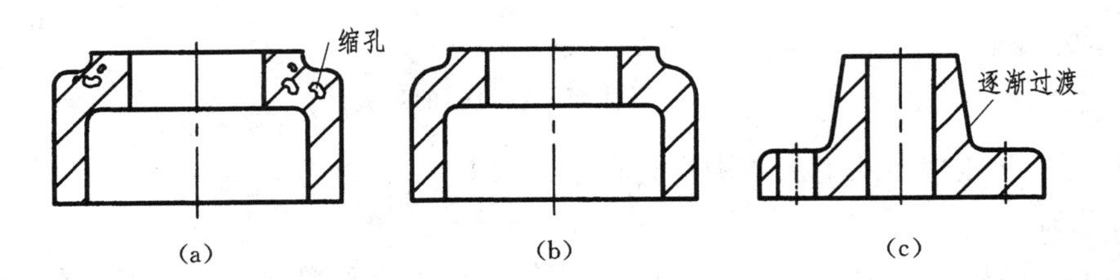

图 7-21　铸件壁厚均匀

（a）不好；（b）正确；（c）正确

4. 凹槽、凸台和凹坑

零件上与其他零件的接触面，一般都需要加工。为接触良好，应合理减少接触面积。

这样的结构对铸件可以减少加工面积，例如箱体类零件底面的凹槽如图7－22所示。常常在铸件上设计出凸台、凹坑，如图7－23所示。

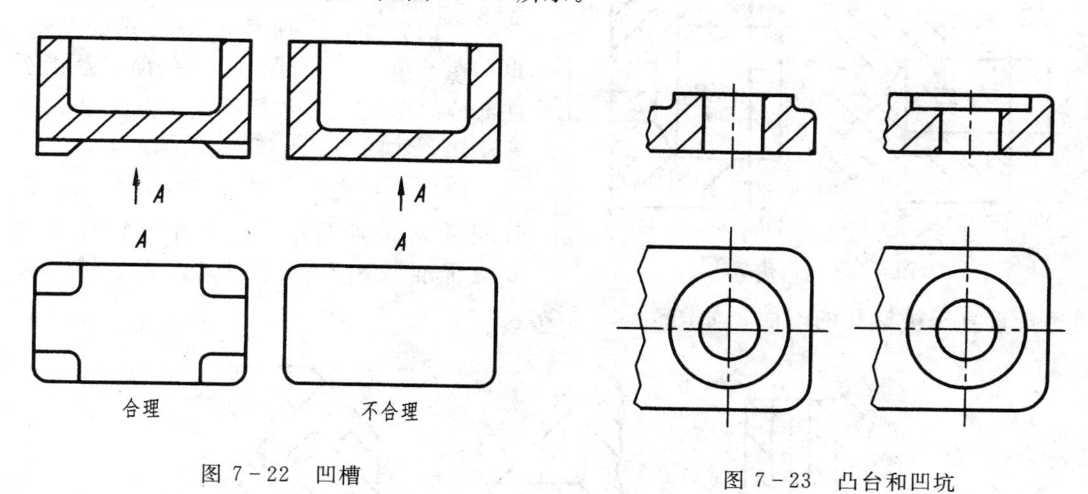

图7－22　凹槽

图7－23　凸台和凹坑

（三）零件上的机械加工工艺结构及其表示方法

1. 倒角和倒圆

如图7－24所示，为了去除零件的毛刺、锐边、便于装配和保护装配面，轴或孔的端部，一般都加工成倒角；为了避免因应力集中而产生裂纹，轴肩处往往加工成圆角的过渡形式，称为倒圆。倒角和倒圆的尺寸系列，可查阅附录中的附表1。

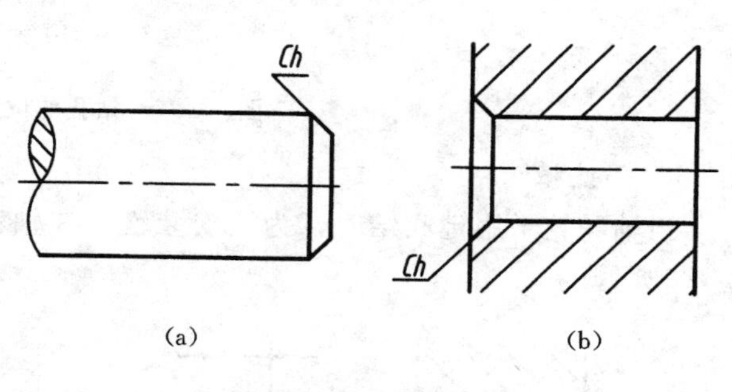

图7－24　倒角

2. 退刀槽和砂轮越程槽

在切削加工中，特别是在车螺纹和磨削时，为了便于退出刀具以及在装配时与相邻零件保证靠紧，常在接触面的根部预先加工出退刀槽或砂轮越程槽，如图7－25所示。砂轮越程槽的结构尺寸系列，可查阅附录中的附表2。

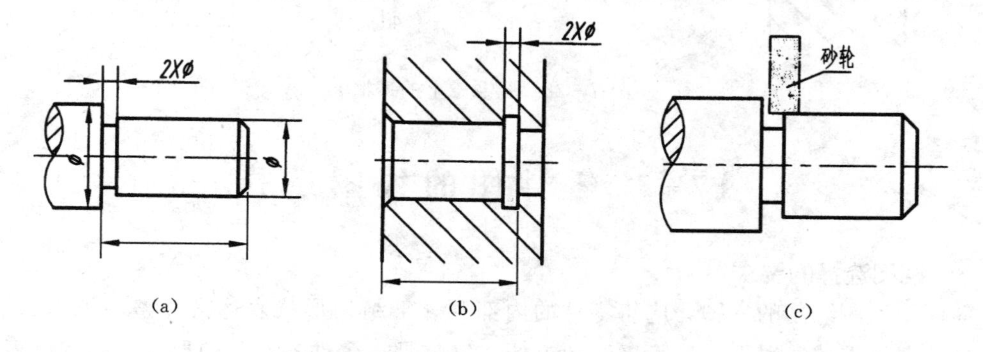

图7－25　退刀槽和砂轮越程槽

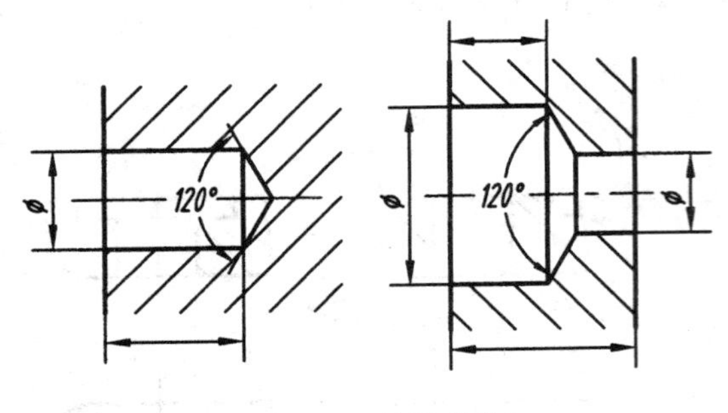

图 7-26　钻孔结构

3. 钻孔结构

用钻头钻出的盲孔，在孔的末端有一个 120°的锥角，在阶梯形钻孔的过渡处，也存在锥角 120°的圆台。钻孔深度是指圆柱部分的深度，不包括锥坑，其画法及尺寸注法，如图 7-26 所示。

用钻头钻孔时，被加工零件的结构设计应考虑到加工方便，以保证钻孔的主要位置准确和不损坏刀具。要求钻头轴线尽量垂直于被钻孔的端面，如图 7-27 所示。

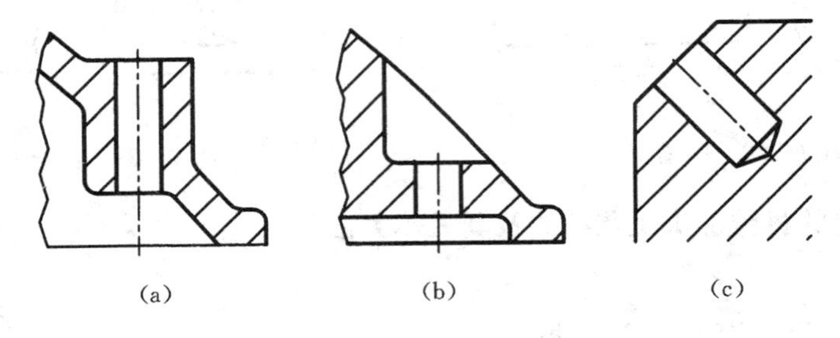

图 7-27　钻孔的位置和结构

4. 平键槽

当轴和轮子用键联结时，为了安装键，在轴和轮子上，必须分别加工出键槽，如图 7-28所示。

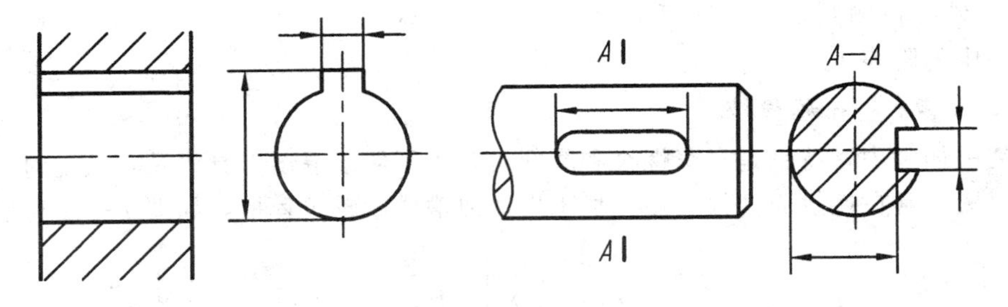

图 7-28　孔及轴上的键槽

§7-3　零件图的视图选择

一、视图选择的要求

零件图上所绘制的视图，应将零件的内部和外部结构形状表达得完整、正确、清晰，在符合生产要求的情况下，应考虑看图方便。完整是指零件各部分的形状、结构要表达完全；正确是指各视图间的投影关系、表达方法要符合标准；清晰是指所画的图形清楚、简明、易懂。

二、视图选择的过程

选择视图时必须将零件的外部形状和内部结构结合起来考虑，首先要选择好主视图，然后合理地选择其他视图，确定一个比较合理的表达方案。一般应按以下步骤进行：

首先了解零件在机器中的作用和工作位置，对零件进行形体分析及结构分析；然后根据零件的特点，选择主视图的投射方向，确定安放位置；最后，选择其他视图，注意灵活运用各种表达方法，并使所选择的视图互相配合，将零件的内、外结构表达清楚。

（一）主视图的选择

主视图是主要的视图，是一组图形的核心，选择得合理与否对看图和画图是否方便影响很大。应以表示零件信息最多的那个视图作为主视图。因此，主视图应满足下列要求。

1. 主视图应较多地反映零件的形状特征

这一条称为“形状特征原则”，是选择主视图投射方向的依据。从形体分析角度来说，就是要选择能将零件各组成部分的形状及其相对位置反映得最好的方向作为主视图的投射方向。例如：图 7-29 所示的轴和图 7-30 所示的滑动轴承盖，按箭头 A 的方向投射所得到的视图，与按箭头 B 的方向及其他方向投射所得到的视图相比较，前者反映形状特征更好，因此应以 A 向作为主视图的投射方向。

主视图的投射方向只能确定主视图的形状，不能确定主视图在图纸上的方位；例如，按箭头 A 的方向投射，可以把上述轴的主视图轴线画成水平，也可以画成竖直或倾斜，因此还必须确定零件的安放位置。

2. 主视图应尽可能反映零件的加工位置或工作位置

这一条称为“加工位置原则”或“工作位置原则”，是确定零件在投影面体系中摆放状态的依据。

加工位置就是零件在机床上加工时的装夹状态。主视图与加工位置一致的优点是便于工人看图。轴、套、轮和圆盖等类零件的主视图，一般按卧式车床车削加工位置安放，即将轴线垂直于侧面，并将车削加工量较多的一头放在右边，如图 7-29（b）所示。

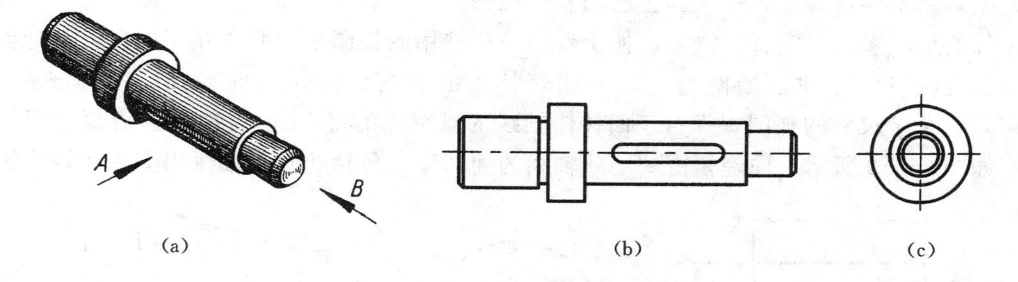

(a) (b) (c)

图 7-29 轴的主视图选择
（a）轴；（b）A 向好；（c）B 向不好

工作位置就是零件安装在机器中工作时的摆放状态。主视图与工作位置一致的优点是便于对照装配图来看图和画图。支座、箱体等类零件，一般按工作位置安放，因为这类零件结构形状一般比较复杂，在加工不同的表面时往往其加工位置也不同。

图 7－30（b）所示滑动轴承盖的两个剖视图就是按工作位置绘制的，图 7－30（b）更好地满足了形状特征原则。如果零件的工作位置是倾斜的，或者工作时在运动，其工作位置是不断变化的，则习惯上将零件摆正，使尽量多的表面平行或垂直于基本投影面。

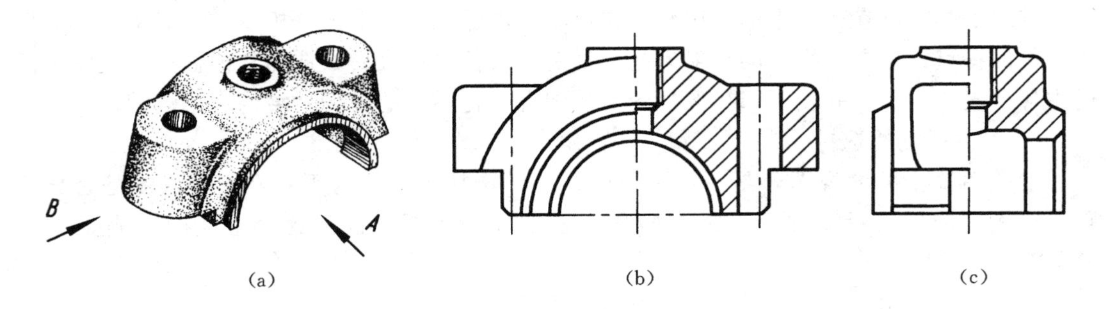

图 7－30　滑动轴承盖的主视图选择

（a）滑动轴承盖；（b）A 向好；（c）B 向不好

（二）其他视图的选择

其他视图的选择原则，就是在明确地表达出零件形状而又便于看图的前提下，使用的视图（包括剖视图、断面图）数量较少而又较简单，并尽量避免使用虚线表达。

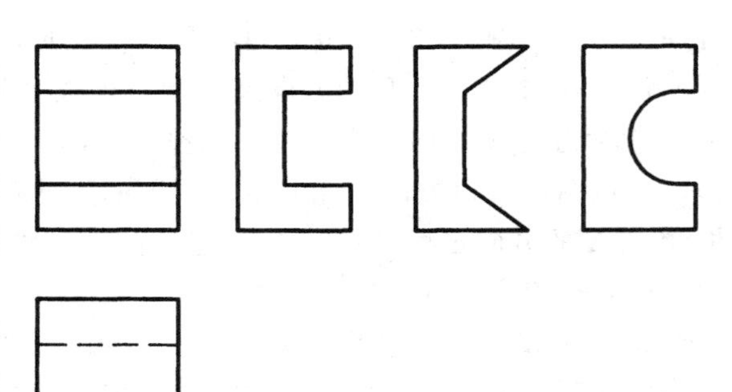

图 7－31

要表达清楚一个零件的形状，就是要表达清楚该零件的每个组成部分的形状和它们的相对位置。在一般情况下，柱体及其他基本几何体的形状，两个基本几何体的相对位置，至少需要两个视图才能表达清楚。例如，在图 7－31 中，根据主视图和三个左视图中的任何一个左视图就能确定柱体的形状，这是因为左视图表示了柱体底面的实形；但如果不要左视图，仅根据主视图和俯视图就不能确定立体的形状。由此可见，为了将零件的形状表达得完整、清晰，便于看图，所选用的视图之间必须互相配合，有时还要考虑到视图与尺寸注法的配合。对于回转体，由于在标注尺寸时要加上符号“ϕ”或“Sϕ”，一个带尺寸的视图（平行于回转体轴线的投影面的视图），就能表达清楚它们的形状，如图 7－32 所示。同理，由一些同轴线的回转体（包括孔）及轴线相交的回转体所组

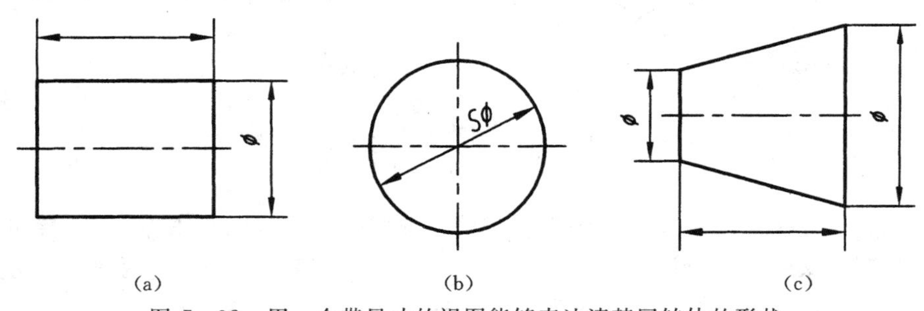

图 7－32　用一个带尺寸的视图能够表达清楚回转体的形状

成的零件，用一个带尺寸的视图也能把它们的形状表达清楚，如图 7 - 33 所示。

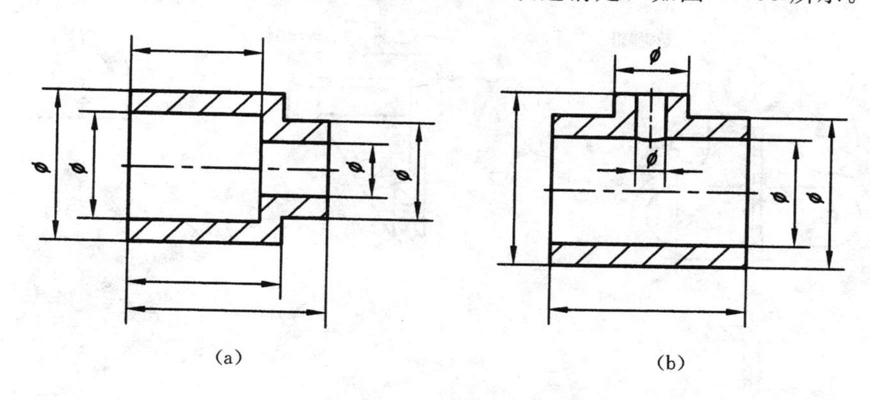

图 7 - 33　用一个带尺寸的视图能够表达清楚其形状的零件
(a) 由同轴回转体和孔组成的零件；(b) 由轴线相交的回转体和孔组成的零件

从上述图例可以看出，主视图选定后，如果依靠尺寸标注还不能表达清楚零件的结构形状，则在选择其他视图时，应根据形体分析和结构分析，对零件各组成部分首先是主要组成部分逐个考虑。为了表示清楚每个组成部分的形状和相对位置，首先考虑还需要哪些视图（包括断面）与主视图配合，然后考虑其他视图之间的配合。就是说，每个图形都应该有明确的表达目的。

三、几种典型零件的视图表达

在生产中，零件的结构形状是千变万化、多种多样的，但就其结构特点来说，大致可分为：叉架类、箱体类、轴套类、盘盖类、薄板冲压件和镶嵌类零件等。

下面结合典型例子介绍这几类零件的视图表达方法。

（一）叉架类零件

这类零件形状较复杂，加工位置多变，包括拨叉、连杆、支座等零件。在选择主视图时，应主要考虑工作位置和形状特征。

1. 形体分析及结构分析

图 7 - 34 是一轴承架的轴测图。该轴承架由三部分构成：上部是轴承（圆筒）孔内装回转轴，其顶部有凸台，凸台中间的螺纹孔用于安装油杯，以润滑运动轴；轴承一端与安装板连接，安装板下部有两个对称的通孔；圆筒与安装板之间是加强结构强度的三角形肋板。

零件的表达就是选择一组恰当的视图将零件的结构形状表达清楚。由于零件的结构形状有简有繁，因此表达其形状所需的视图就有多有少，同一个零件可以有不同的表达方案。如图 7 - 34 所示，方案Ⅰ用了四个视图；方案Ⅱ用了五个视图；方案Ⅲ仅用了三个视图。

以上三种表达方案都已将轴承架的结构形状表达清楚，但三种方案在选择主视图及视图数量、表达方法等方面都各有特点。下面从两方面来分析比较这三种表达方案。

2. 主视图的选择

三种方案的主视图都符合零件的主要加工位置或工作位置。方案Ⅰ、Ⅱ的主视图投

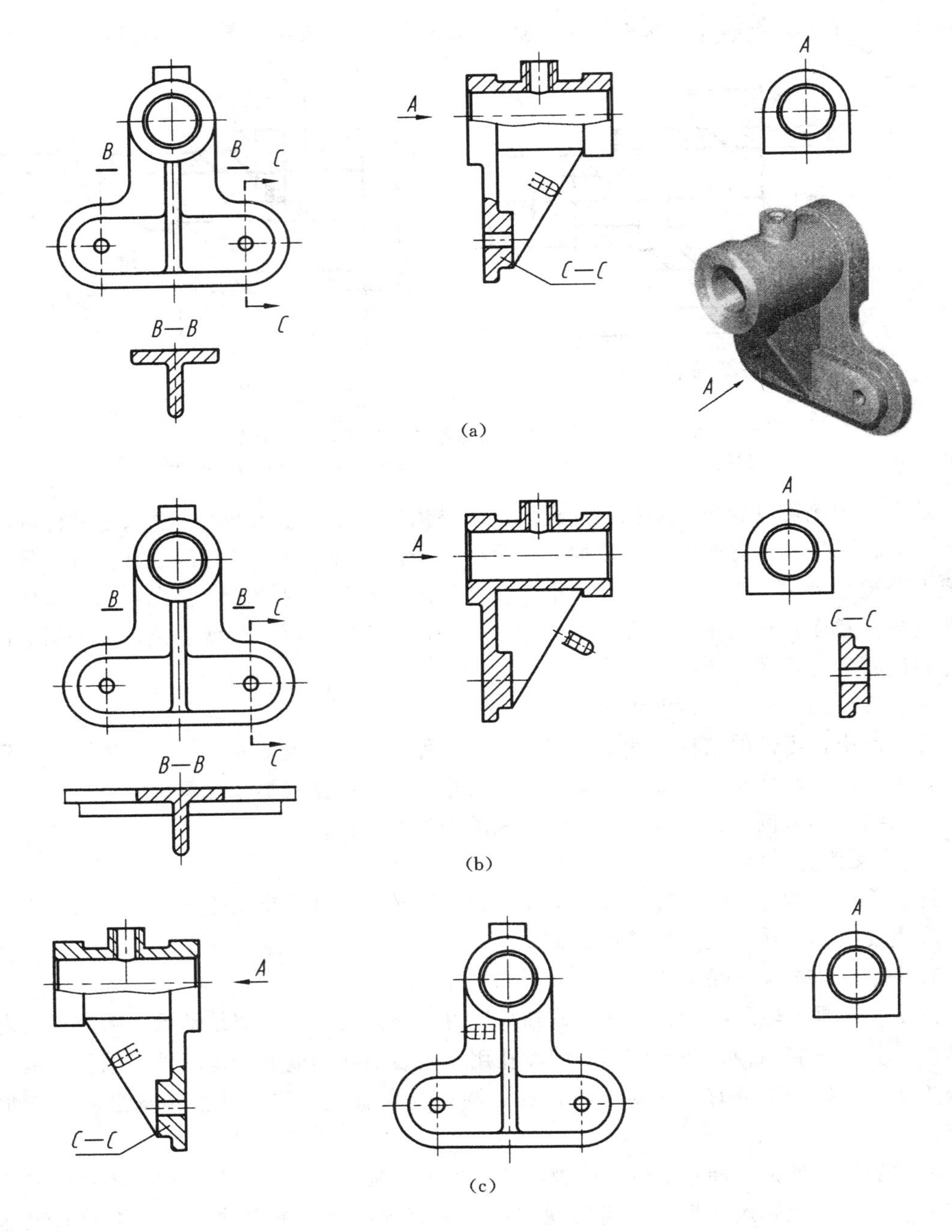

图 7-34　轴承架的表达方案

(a) 方案Ⅰ；(b) 方案Ⅱ；(c) 方案Ⅲ

射方向相同，主要反映安装板的形状特征及其与轴承、肋板的关系；方案Ⅲ的主视图突出表示轴承以及凸台、螺孔的结构形状。对于轴承架来说，轴承是它的主要结构；在主视图上直接显示轴承的结构比反映安装板的形状更为重要。所以方案Ⅲ的主视图选择较合理。

3. 其他视图的选择

主视图确定以后，应考虑还需哪几个视图才能清楚完整地表达轴承架的结构形状，三个方案都采用A向局部视图和主、左视图。但为了表示安装板和肋板的断面形状，方案Ⅰ补充了$B-B$断面图，方案Ⅱ加了$B-B$全剖视图和$C-C$断面图。比较两个方案，方案Ⅱ采用$B-B$剖视图，显然不如方案Ⅰ采用$B-B$断面图简明；对于安装板上的两个圆孔，方案Ⅰ在左视图中采用局部剖视表达，而方案Ⅱ则加了$C-C$断面图，显得多余。所以方案Ⅰ比方案Ⅱ简明。但方案Ⅲ的表达更为简练，因为通过主、左视图已将安装板和肋板的外形表示清楚，只需用重合断面表示它们的轮廓形状和厚度即可。

综上所述，方案Ⅲ由于抓住了选择主视图这一关键，用较少的视图正确、完整、清晰地表达了轴承架的结构形状，是三种方案中的最佳表达方案。

（二）箱体类零件

箱体类零件是用来支承、包容、保护其他零件的。一般来说，这类零件都具有箱形的特点，形体较为复杂，多为铸造件，加工位置也多。

下面以图7－35滑动轴承座的视图表达为例来分析箱体类零件的视图选择方案。

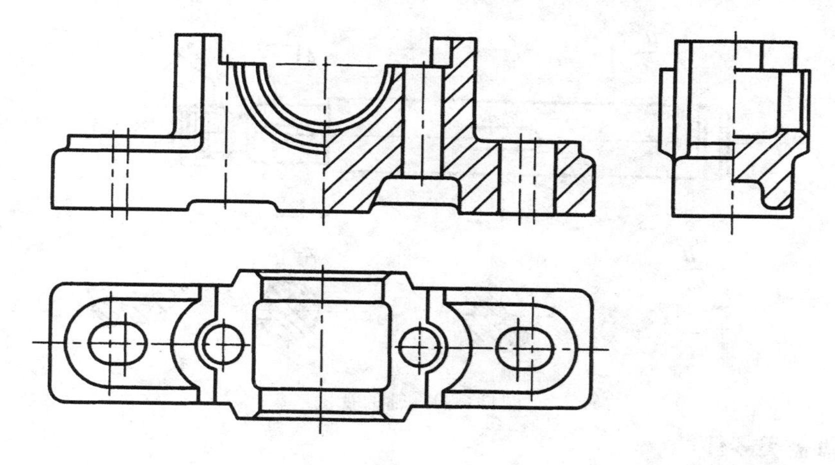

图7－35　滑动轴承座

1. 零件的形体与结构分析

轴承座是滑动轴承的主体零件。它的上部安装轴瓦和轴承盖，下面则用螺栓与座板装在一起。所以轴承座的上部有半圆孔（装轴瓦）、矩形槽（装轴承盖），下部有安装孔（与座板相连接），左、右各有上下穿通孔一个，孔下端有矩形凹槽（图中未画出）。螺栓就从此孔的下端向上直穿到轴承盖的对应孔中，以便将轴承座与轴承盖紧紧连接在一起。另外，轴承座上还有凸台、倒角、圆角等工艺结构。

2. 主视图的选择

轴承座属箱体类零件应按其工作位置和形体特征较突出的投影方向作为主视图，如图7－35所示。由于轴承座的内、外结构都需要表达清楚，而且它又有对称平面，故视图可采用半剖视图。

3. 其他视图的选择

除主视图外，由于轴承座上有长圆孔、圆角等结构，因此必须有俯视图，但是对于某些结构表达得不完整或不清楚的，则需进一步分析。如轴承座下部的矩形凹槽，在主视图上只反映了它的长度方向的投影，还不能确定它的整个形状和大小，可以再画一仰视图（只取局部），也可再画一左视图，在适当部位作剖视，但从能否进一步将零件形状的某些特征表达清楚来看，采用左视图较好，因此得到图 7－35 所示的表达方案。

（三）轴套类零件

轴套类零件的基本形状是同轴回转体，轴的主要加工工序在车床上进行。因此，选择主视图的投射方向与轴线垂直，即将轴线按加工位置水平放置。这类零件一般用一个基本视图，再辅以适当的断面图、局部视图、局部剖视图或局部放大图等表达方法，将键槽、退刀槽及其他未表达清楚的部位表达出来。

如图 7－36 所示的轴，主视图摆放位置采用加工位置，投射方向垂直于轴线，因右端有一通孔，采用局部剖表达，能把回转体各段的形状、大小、相对位置及通孔、倒角等结构反映出来，又补充了两个移出断面图和局部放大图，用来表达键槽、轴肩、退刀槽等局部结构。

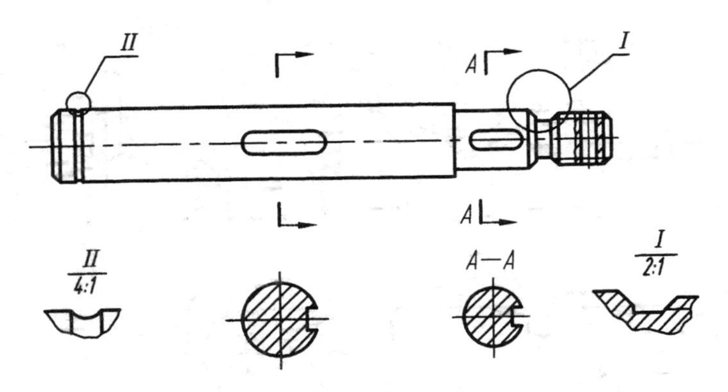

图 7－36　轴的视图

（四）盘盖类零件

1. 形体分析及结构分析

盘盖类零件包括各种手轮、皮带轮、法兰盘和圆形端盖等。这类零件的主体形状也是同轴回转体，其厚度相对于直径来说比较小，呈扁平的盘状，在盘盖类零件上常带有各种形状的凸缘、均布的圆孔和肋等结构。

2. 主视图的选择

盘盖类零件的主视图一般采用全剖视，或旋转剖视。因为盘盖类零件也主要在车床上加工，所以将其轴线按水平位置放置。

3. 其他视图的选择

盘上的孔、槽、肋、轮辐等结构的分布状况，一般要采用左视图来表示，如图 7－37 所示。

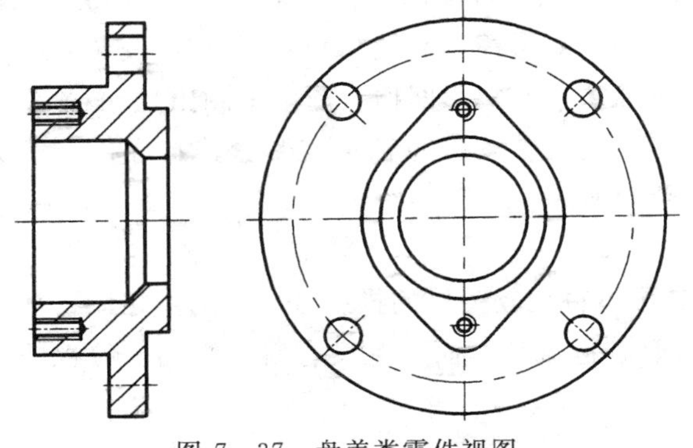

图 7－37　盘盖类零件视图

（五）薄板冲压件

冲压件是在常温下将金属板材用冲模加工而成的零件。冲压加工分冲孔、落料、弯曲、拉延等基本工序。这类零件在电器设备中常用，如簧片、罩壳、机箱等。

冲压件在弯折处一般是圆角过渡。冲压件在视图表达上有一些特点，例如，板材中的通孔，一般只画出反映其形状特征的投影，在其他视图中则画出轴线，不必用剖视或虚线表示；冲压件的零件图中，根据需要可画出展开图，在展开图的上方应标注“展开图”字样，如图7-38所示。冲压件可利用零件的展开图标注尺寸，如图7-38所示。

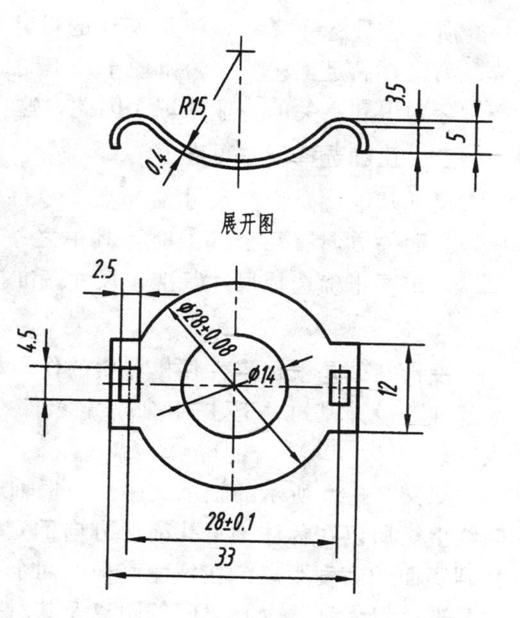

图7-38　在冲压件的展开图中标注尺寸

（六）镶嵌类零件

这类零件是用压型铸造方法将金属嵌件与非金属材料铸合在一起，如电器上广泛用塑料内铸有铜片的各种触头及机械上常用的铸有金属嵌件的塑料手柄、手轮等。这类零件的视图表达与前述几种基本相同，只是在剖视中应该用不同剖面符号来区分铸合的材料。为了保证联接的牢固性，提高结合面的附着力，通常在嵌件表面做一些凸起、沟槽或网纹，如图7-39所示。为了避免嵌件尖角应力集中，在嵌件端部与沟槽处均应做成圆角。

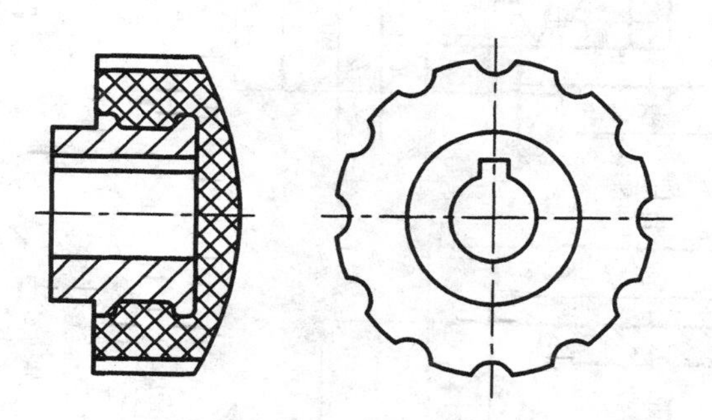

图7-39　手轮的视图

§7-4　零件图中尺寸的合理标注

一、零件图中尺寸标注的基本要求

零件图中的尺寸标注，应符合国家标准、完整、清晰和合理。在第一、四章中分别介绍了国家标准标注尺寸的基本规定，以及用形体分析法标注尺寸正确、完整、清晰的问题。这里主要介绍合理标注尺寸的基本知识。

所谓合理标注尺寸，就是所注的尺寸必须：第一，满足设计要求，以保证机器的质量；第二，满足工艺要求，以便于加工制造和检测。要达到这些要求，必须掌握一定的生产实际知识和有关的专业知识。因此，这里只能作初步介绍。

二、正确选择尺寸基准

尺寸基准就是标注尺寸的起点。零件的长、宽、高三个方向都至少要有一个尺寸基准，当同一方向有几个基准时，其中之一为主要基准，其余为辅助基准。要合理标注尺寸，一定要正确选择尺寸基准，尺寸基准按用途分类有设计基准和工艺基准。

1. 设计基准

设计基准是根据零件在机器中的作用和结构特点，为保证零件的设计要求而选定的一些基准。设计基准一般是用来确定零件在机器中位置的接触面、对称面、回转面的轴线等。

如图 7-40 所示的轴承支座。一根轴通常要由两个轴承支承，因此两个孔必须在同一轴线上。所以在标注轴承孔高度方向的定位尺寸时，应该以底面 A 为基准，以保证轴承孔到底面的高度距离。在标注底板上两个孔的定位尺寸时，长度方向以底板的对称平面 B 为基准，以保证两个孔之间的距离及其对孔的对称关系。

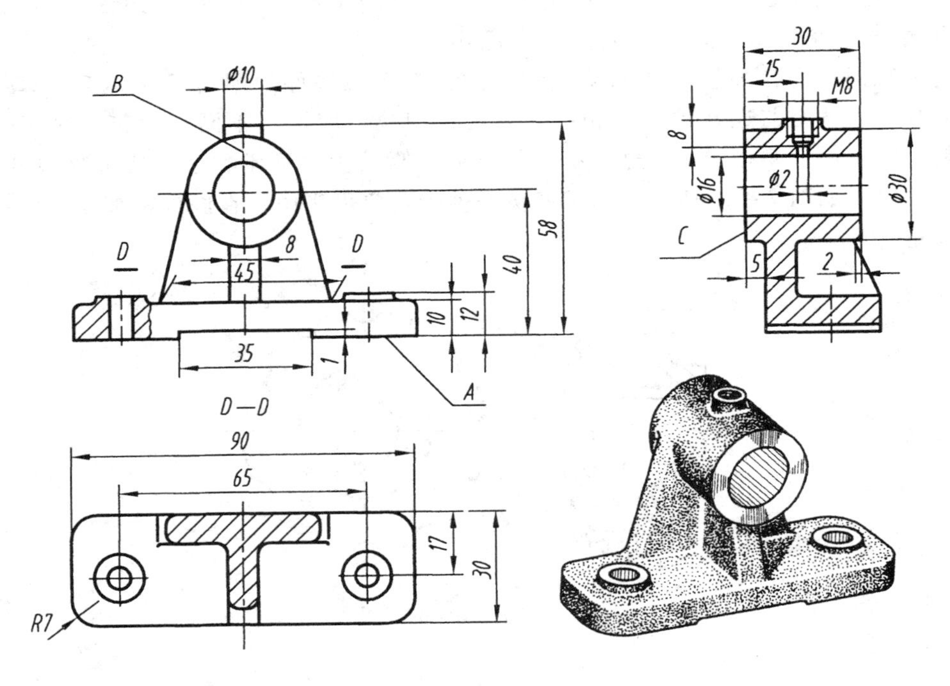

图 7-40 轴承支座的尺寸基准

底面 A 和对称面 B 都是满足设计要求的基准，所以是设计基准。

2. 工艺基准

工艺基准是确定零件在机床上加工时的装夹位置，以及测量零件尺寸时所利用的点、线、面。例如，图 7-41 所示的套在车床上加工时，用其左端的大圆柱面来定位；而测量

有关轴向尺寸 a、b、c 时，则以右端面为起点，因此，这两个面是工艺基准。

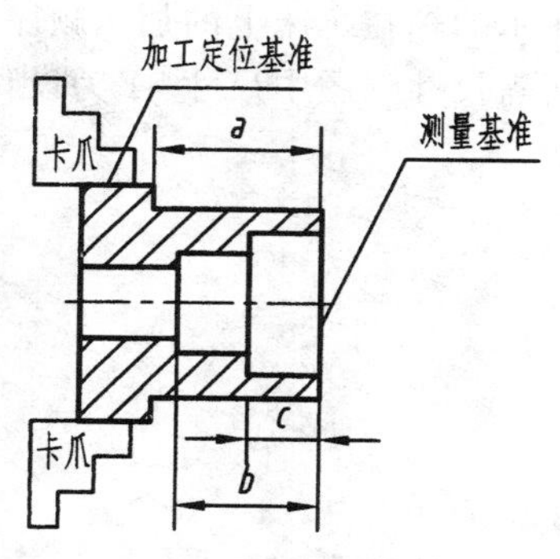

图 7-41　套的工艺基准

从设计基准出发标注尺寸，能保证设计要求；从工艺基准出发标注尺寸，则便于加工和测量。因此，最好使工艺基准和设计基准重合。当设计基准和工艺基准不重合时，所注尺寸应在保证设计要求的前提下，满足工艺要求。

三、合理标注尺寸时应注意的一些问题

1. 主要尺寸必须直接注出

零件上的尺寸可以分为主要尺寸和非主要尺寸，也称为功能尺寸和非功能尺寸。功能尺寸是影响产品工作性能、工作精度和装配技术要求的尺寸。非功能尺寸则是指非配合的直径、长度和外轮廓尺寸。由于零件在加工制造时总会产生尺寸误差，为了保证零件质量，而又避免不必要地增加产品成本，在加工时，图样中所标的尺寸都必须保证其精确度要求，没有注出的尺寸则不检测。因此，主要尺寸必须直接注出。

图 7-42 (a) 表示从设计基准出发标注轴承座的主要尺寸，图 7-42 (b) 所示的注法是错误的。

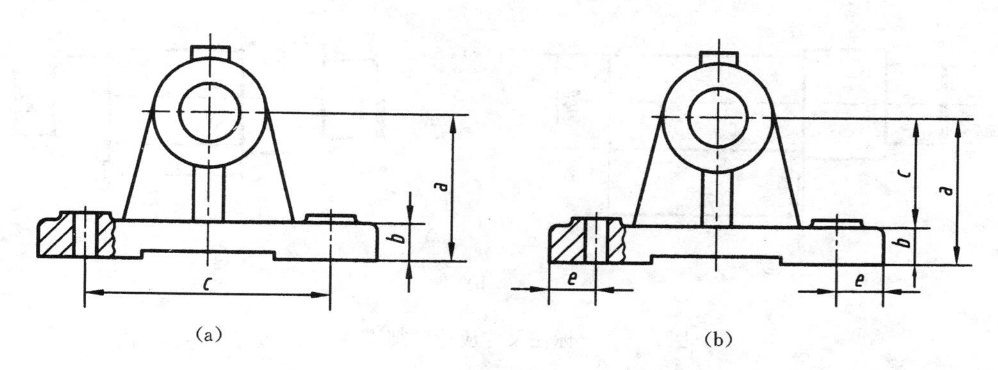

图 7-42　主要尺寸直接注出
(a) 正确；(b) 错误

从这里可以看出，如果不考虑零件的设计和工艺要求，按第四章所介绍的组合体视图的尺寸注法来标注零件图的尺寸，往往不能达到"合理"的要求。

2. 非主要尺寸的注法要符合制造工艺要求

零件的制造工艺取决于它的材料、结构形状、设计要求、产量大小和工厂设备条件等，因此，按制造工艺标注尺寸时，必须根据具体情况来处理。以下举例说明。

(1) 用木模造型的铸件，要符合木模制造工艺。

按形体分析法标注尺寸，一般能满足木模制造工艺需要。如图 7-40 所示轴承座的非主要尺寸是按形体分析法标注的。对于零件上半径相同的一种小圆角半径尺寸，应在图样右上角作统一说明。

(2) 轴套类零件要符合加工顺序和方便测量。

图 7-43 (a) 所示的阶梯轴，长度方向尺寸的标注应符合加工顺序。从图 7-43 (b)

所示的轴在车床上的加工顺序可看出，从下料到每一加工工序①～④，都在图中直接注出所需尺寸（图中尺寸 51 为设计要求的主要尺寸）。

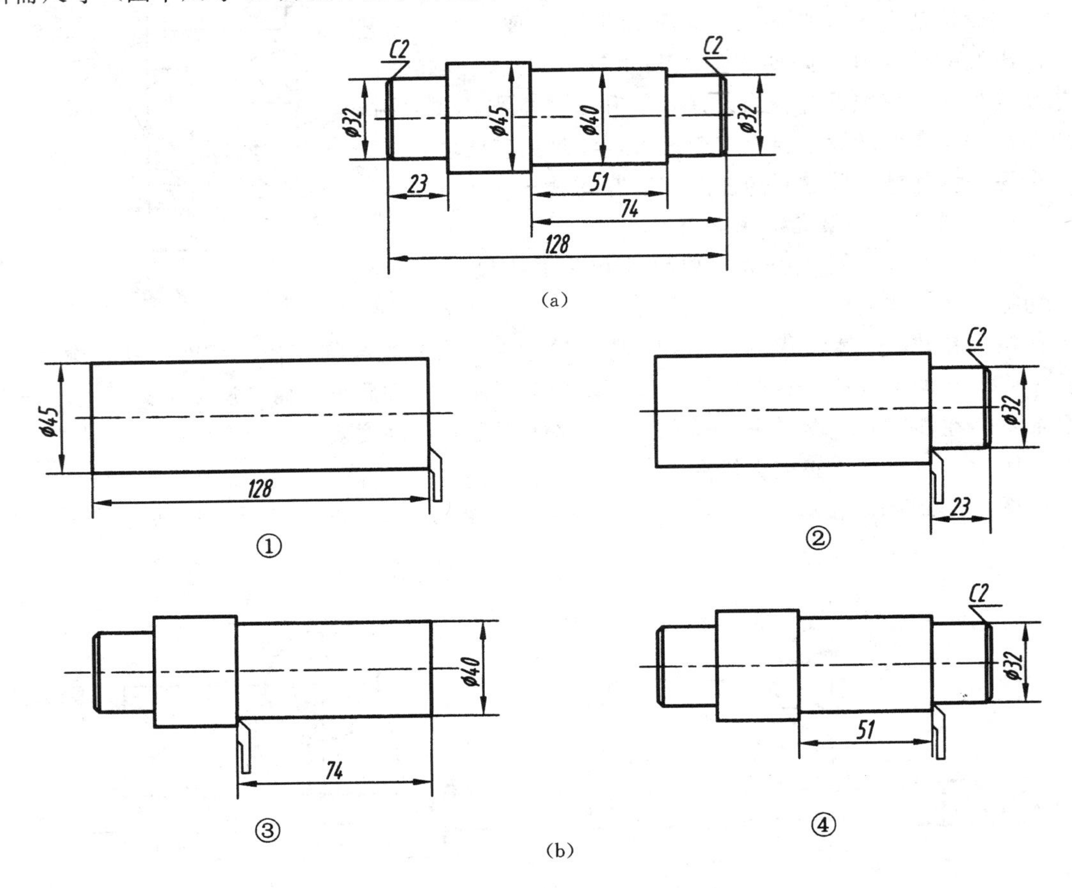

图 7-43　标注尺寸应符合加工顺序

（3）不能注成封闭的尺寸链。

封闭尺寸链是首尾相接，形成一整圈的一组尺寸，每个尺寸叫尺寸链中的一环。图 7-44（b）中，尺寸 L_1、L_2、L_3、L_4 就是一组封闭尺寸，这样标注的问题在于存在一个多余尺寸。加工时，由于要保证每一个尺寸的精确度要求，从而会增加加工成本，如果只保证其中任意三个尺寸，例如 L_1、L_2、L_3，则尺寸 L_4 的误差为另外三个尺寸误差的总

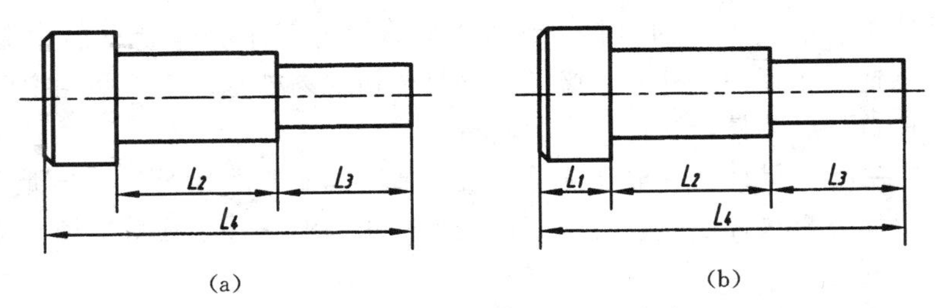

图 7-44　避免出现封闭的尺寸链

（a）正确；（b）错误

和，可能达不到设计要求。因此，尺寸一般都应注成开口的［图 7－44（a)］，即不能有多余尺寸，这时对精确度要求最低的一环不注尺寸，称为开口环；这样既保证了设计要求，又可降低加工费用。在某些情况下，为了避免加工时作加、减计算，把开口环尺寸加上括号标注出来，称为“参考尺寸”，生产中对参考尺寸一般不进行检验。

（4）阶梯轴及套类零件，常有退刀槽（或砂轮越程槽）和倒角，在标注孔和轴的分段的长度尺寸时，必须把这些工艺结构包括在内，才符合工艺要求，如图 7－45（a）所示，图 7－45（b）的注法是错误的。

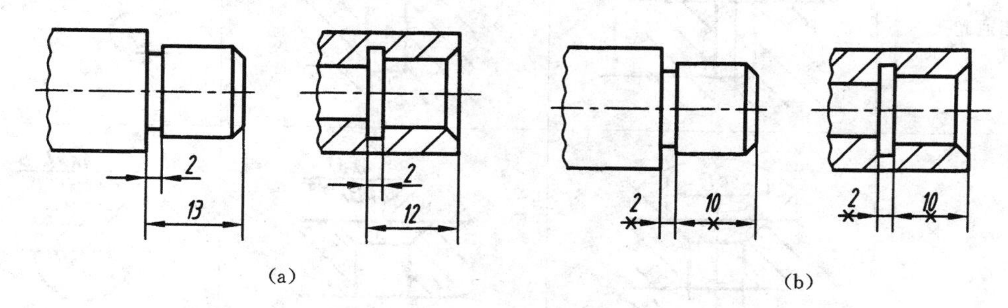

图 7－45　符合工艺要求的标注

（a）正确；（b）错误

（5）阶梯孔的尺寸注法。

在加工阶梯孔时，一般是从端面起按相应深度先做成小孔，然后依次加工出大孔。因此，在标注轴向尺寸时，应从端面标注大孔的深度，以便测量，如图 7－46（a）所示。

（6）毛面的尺寸注法。

标注零件上毛面的尺寸时，加工面与毛面之间，在同一个方向上，只能有一个尺寸联系，其余则为毛面与毛面之间或加工面与加工面之间联系。图 7－47（a）表示零件的左、右两个端面为加工面，其余都是毛面，尺寸 4 为加工面与毛面的联系尺寸。图 7－47（b）的注法是错误的，这是由于毛坯制造误差大，加工面不可能同时保证对两个及两个以上毛

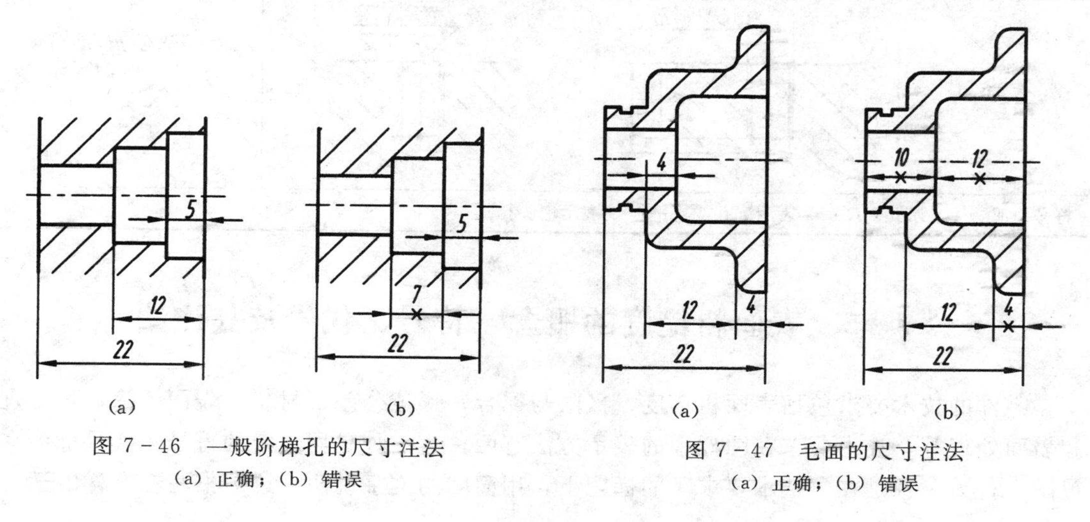

图 7－46　一般阶梯孔的尺寸注法

（a）正确；（b）错误

图 7－47　毛面的尺寸注法

（a）正确；（b）错误

面的尺寸要求。

零件上各种孔的尺寸，除采用普通注法外，还可采用简化注法，如表 7－2 所示。

表 7－2　　各种孔的尺寸注法

类　型	普　通　注　法	简　化　注　法	
不通光孔	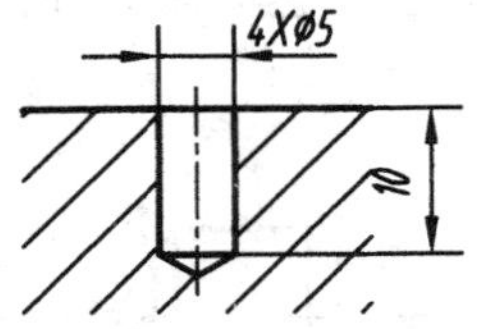 4XØ5 10	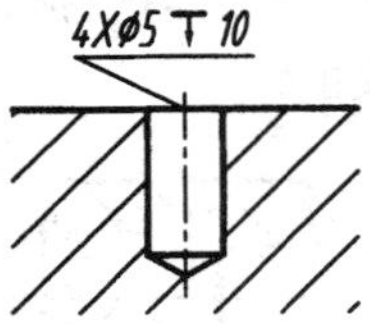 4XØ5 ⊤10	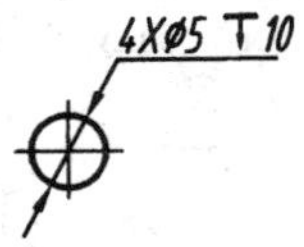 4XØ5 ⊤10
埋头孔和沉孔	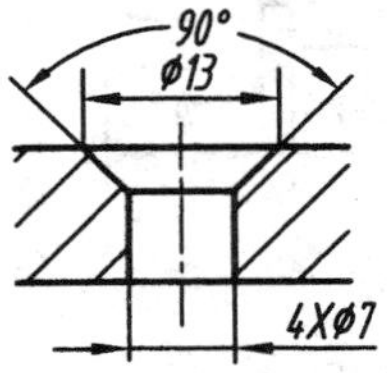 90° Ø13 4XØ7	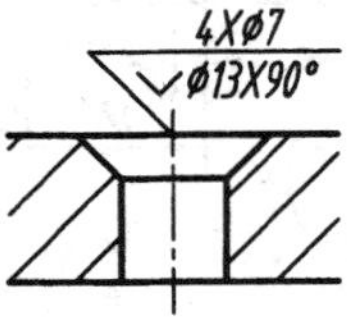 4XØ7 ⌵Ø13X90°	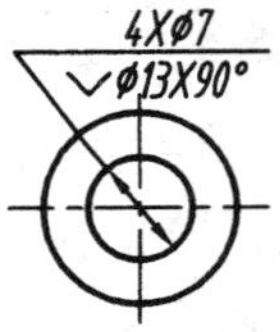 4XØ7 ⌵Ø13X90°
	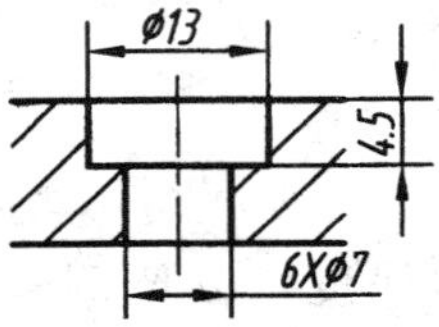 Ø13 4.5 6XØ7	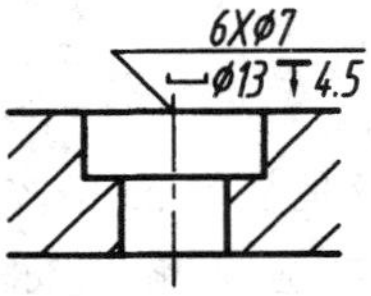 6XØ7 ⌴Ø13 ⊤4.5	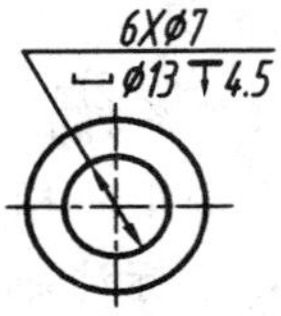 6XØ7 ⌴Ø13 ⊤4.5
锪平	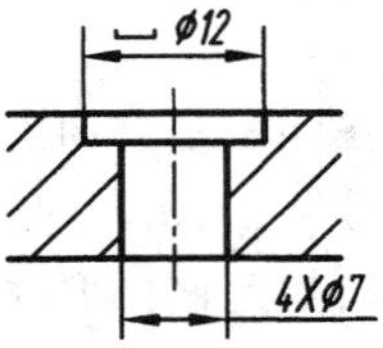 ⌴Ø12 4XØ7	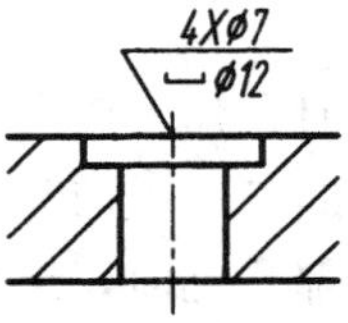 4XØ7 ⌴Ø12	 4XØ7 ⌴Ø12
不通螺孔	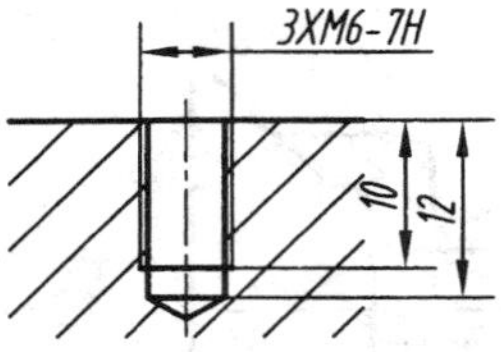 3XM6-7H 10 12	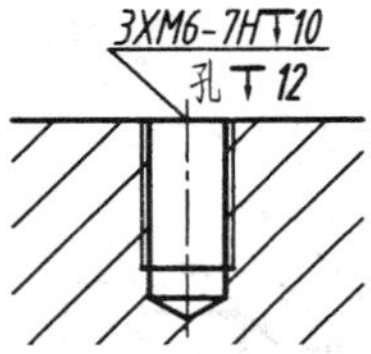 3XM6-7H⊤10 孔⊤12	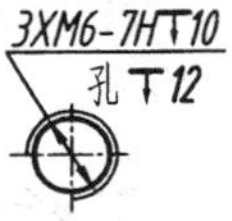 3XM6-7H⊤10 孔⊤12
符号说明：⊤表示孔深度；⌴表示沉孔或锪平；⌵表示埋头孔			

§7－5　表面粗糙度的概念、符号、代号及其注法

零件的技术要求包括表面粗糙度、极限与配合、形位公差、材料、表面镀涂、热处理和表面处理等。技术要求在图样中的表示方法有两种：一种是用规定的符号、代号标注在视图中；另一种是在“技术要求”的标题下，用简明的文字说明，逐项书写在图样的适当

位置（一般在标题栏的上方或左边）。

本节主要介绍 GB/T 131—1993 规定的表面粗糙度的概念、符号、代号及其在图样上的标注方法。

一、表面粗糙度的概念及其主要评定参数

零件的表面，不管经过怎样精细的加工，如果放在显微镜下观察，会看到高低不平的凸峰和凹谷，如图 7-48 所示。表面粗糙度是指零件表面上具有的较小间距和峰谷所组成的微观几何形状特性。一般由所采用的加工方法、所用的刀具、零件的材料以及机床的振动等因素形成的。

表面粗糙度是评定零件表面质量的重要指标之一。它对零件的耐磨性、耐腐蚀性、密封性、抗疲劳强度、零件的配合和外观质量都有显著影响，是零件图中必不可少的一项技术要求。

GB/T 3505—2000 和 GB/T 1031—1995 规定了表面粗糙度的评定参数及其数值系列等。GB/T 131—1993 规定了表面粗糙度在图样上的标注方法。

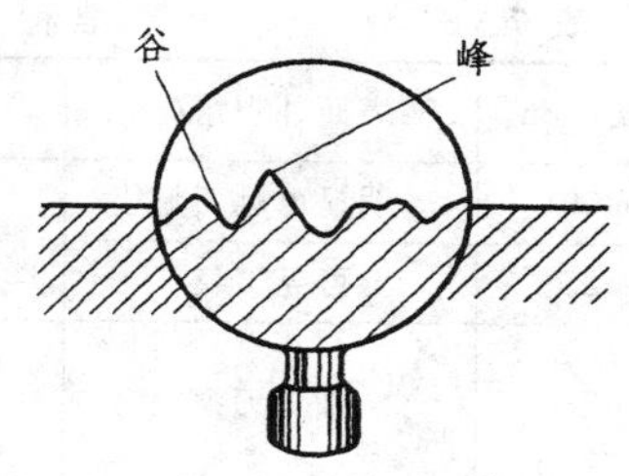

图 7-48　零件表面的微观情况

在生产中评定表面粗糙度的参数有轮廓算术平均偏差、微观不平度十点高度和轮廓最大高度，轮廓算术平均偏差（Ra）是目前生产中评定表面粗糙度用得最多的参数。这里主要介绍轮廓算术平均偏差。

轮廓算术平均偏差是在取样长度 l_r 内，测量方向（z 方向）轮廓线上的点与基准线之间距离绝对值的算术平均值，用 Ra 表示，如图 7-49 所示。

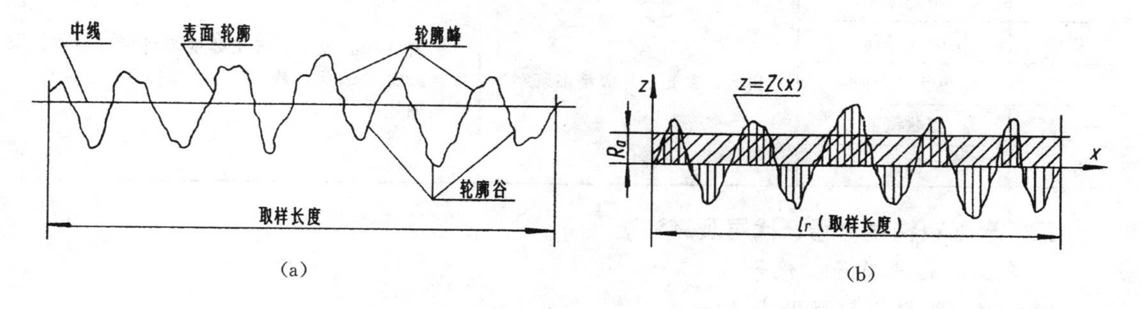

图 7-49　轮廓算术平均偏差 Ra

$$Ra = \frac{1}{l_r}\int_0^{l_r} |Z(x)|\ \mathrm{d}x$$

纵坐标值 Z（x）为被评定轮廓在任一位置距 x 轴的高度（若纵坐标位于 x 轴下方，该高度被视为负值，反之则为正值）l_r 为求参数 Ra 时的取样长度。

在实际应用中，Ra 用得更广；Ra 的数值系列如表 7-3 所示。

Ra 的取样长度推荐值见表 7-4。

表面粗糙度参数数值的选择，既要考虑表面功能的需要，也要考虑产品的制造成本。因此，在满足使用性能要求的前提下，应尽可能选用较大的表面粗糙度参数数值。

表 7-5 说明参数 Ra 的值在不同范围内的表面状况，以及获得它们一般所采用的加

工方法和应用举例，可供参考。

表 7-3　轮廓算术平均偏差 *Ra* 的数值

(GB/T 1031—1995) 单位：μm

Ra	0.012	0.2	3.2	50
	0.025	0.4	6.3	100
	0.05	0.8	12.5	
	0.1	1.6	25	

表 7-4　*Ra* 的取样长度 *l* 的推荐值

(GB/T 1031—1995)

Ra (μm)	*l* (mm)	*Ra* (μm)	*l* (mm)
≥0.008～0.02	0.08	>2.0～10.0	2.5
>0.02～0.1	0.25	>10.0～80.0	8.0
>0.1～2.0	0.8		

表 7-5　各种 *Ra* 值下的表面状况、加工方法和应用举例

Ra (μm)	表面外观情况	主要加工方法	应用举例
50	明显可见刀痕	粗车、粗铣、粗刨、钻孔、粗锉和粗砂轮加工	粗糙度最大的加工面，一般很少应用
25	可见刀痕		
12.5	微见刀痕	粗车、刨、立铣、平铣、钻	不接触表面、不重要的接触面，如螺钉孔、倒角、机座底面等
6.3	可见加工痕迹	精车、精铣、精刨、铰、镗、粗磨等	没有相对运动的零件接触面，如箱、盖、套筒要求紧贴的表面、键和键槽工作表面；相对运动速度不高的接触表面，如支架孔、衬套、带轮轴孔的工作表面
3.2	微见加工痕迹		
1.6	看不见加工痕迹		
0.80	可辩加工痕迹方向	精车、精铣、精刨、铰、镗、粗磨等	要求很好密合的接触面，如与滚动轴承配合的表面、锥销孔等；相对运动速度较高的接触面，如滑动轴承的配合表面、齿轮轮齿的工作表面等
0.40	微辩加工痕迹方向		
0.20	不可辩加工痕迹方向		
0.10	暗光泽面	研磨、抛光、超级精细研磨等	精密量具的表面、极重要的零件的摩擦面，如汽缸的内表面、精密机床的主轴颈、坐标镗床的轴颈等
0.05	亮光泽面		
0.025	镜状光泽面		
0.012	雾状镜面		
0.006	镜面		

二、表面粗糙度符号、代号及其注法

1. 表面粗糙度符号、代号

(1) 表面粗糙度符号见表 7-6。

表 7-6　表面粗糙度符号

符　　号	意　　义
	基本符号，表示表面可用任何方法获得。当不加注粗糙度参数值或有关说明（如表面处理、局部热处理状况等）时，仅适用于简化代号标注
	基本符号上加一短画，表示表面是用去除材料方法获得，如车、铣、钻、磨、剪切、抛光、腐蚀、电火花加工、气割等
	基本符号上加一小圆，表示表面是用不去除材料的方法获得，例如铸、锻、冲压变形、热轧、冷轧、粉末冶金等，或者是用于保持原供应状况的表面（包括保持上道工序的状况）

续表

符　　号	意　　义
	在上述三个符号的长边上均可加一横线，用于标注有关参数和说明
	在上述三个符号上均可加一小圆圈，表示所有表面具有相同的表面粗糙度要求

（2）表面粗糙度符号的画法如图 7-50 所示，符号尺寸与图中粗实线的宽度有关，见表 7-7。

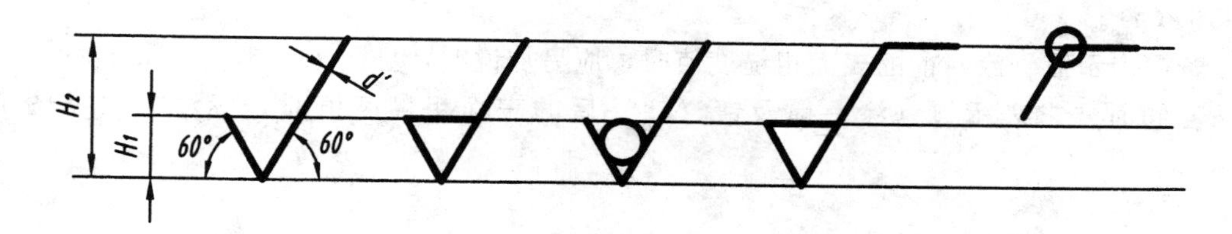

图 7-50　表面粗糙度符号的画法

表 7-7　　**表面粗糙度符号尺寸**　　单位：μm

轮廓线的线宽	0.35	0.5	0.7	1	1.4	2	2.8
数字与大写字母（或/小写字母）的高度 h	2.5	3.5	5	7	10	14	20
符号的线宽 d' 数字与字母的笔画宽度 d	0.25	0.35	0.5	0.7	1	1.4	2
高度 H_1	3.5	5	7	10	14	20	28
高度 H_2	8	11	15	21	30	42	60

（3）表面粗糙度的轮廓算术平均值 Ra 的标注见表 7-8。

表 7-8　　**表面粗糙度代号（*Ra*）的意义**

代号	意　　义	代号	意　　义
3.2	用任何方法获得的表面，Ra 的上限值为 3.2μm	3.2	用不去除材料的方法获得的表面，Ra 的上限值为 3.2μm
3.2	用去除材料的方法获得的表面，Ra 的上限值为 3.2μm	3.2 1.6	用去除材料的方法获得的表面，Ra 的上限值 Ra_{max} 为 3.2μm，下限值 Ra_{min} 为 1.6μm

在代号中用数值表示（单位为 μm）。由于 Ra 值是生产上使用最广泛的一种表面粗糙度高度参数，所以 Ra 值前的 Ra 字样省略不注。如有需要，还可以同时填写 Ra 的上限和下限值，若只注写一个数值，则表示是 Ra 的上限值。

(4) 取样长度、加工方法、镀（涂）或其他表面处理的标注。

取样长度（单位为 mm）应标注在符号长边横线下面，如图 7－51 所示。若按标准规定选用对应的取样长度时，在图样上可省略标注。

如果该表面的粗糙度要求需由指定的加工方法获得时，可用文字标注在符号长边的横线上面，如图 7－52 所示。

在符号长边横线上面也可以注写镀（涂）或其他表面处理的要求。

需要表示镀（涂）或其他表面处理后的表面粗糙度值时，标注方法见图 7－53 (a)。

若需表示镀（涂）前的表面粗糙度值时，应另加说明，见图 7－53 (b)。

若同时要求表示镀（涂）前及镀（涂）后的表面粗糙度值时，标注方法见图 7－53 (c)。

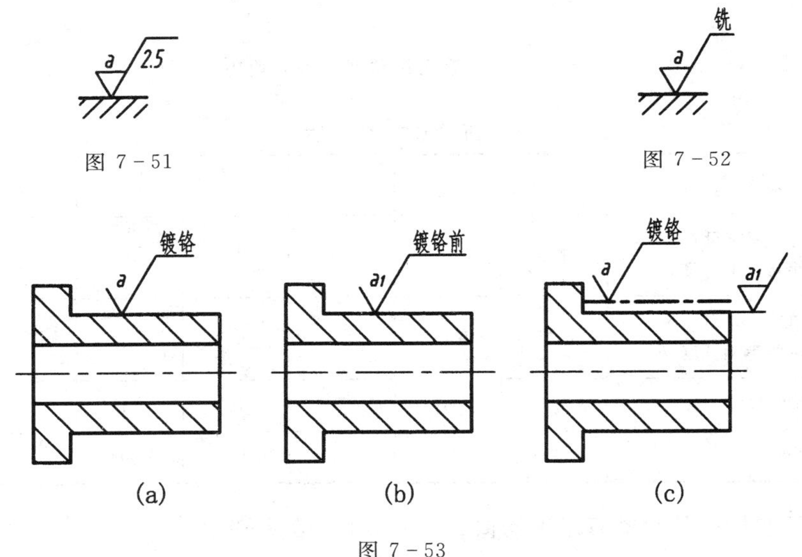

图 7－51

图 7－52

图 7－53

2. 表面粗糙度代（符）号在图样上的注法

图样上所注的表面粗糙度代（符）号，是该表面完工后的要求。

在图样上标注表面粗糙度的原则是：

(1) 在同一图样上，每一表面只注一次表面粗糙度代号，并尽可能靠近有关的尺寸线。

(2) 表面粗糙度代号应注写在可见轮廓线、尺寸线、尺寸界线或它们的延长线上，符号的尖端必须从材料外指向表面。代号中数字及符号方向应与尺寸数字方向相同，如图 7－54 所示。

表 7－9 列举了表面粗糙度在图样上标注的一些方法。

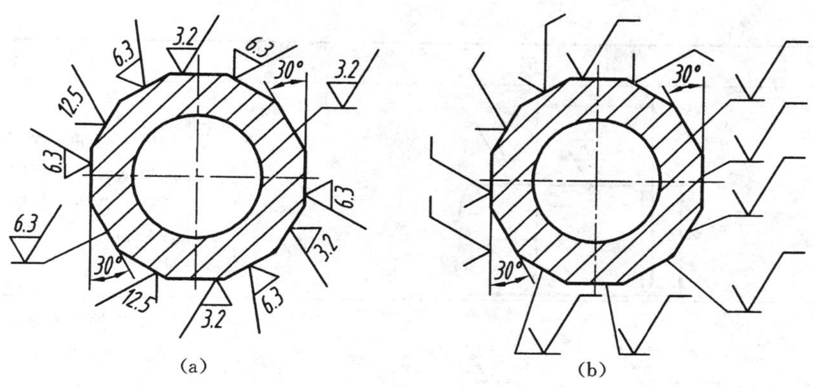

图 7-54

表 7-9　　表面粗糙度标注示例

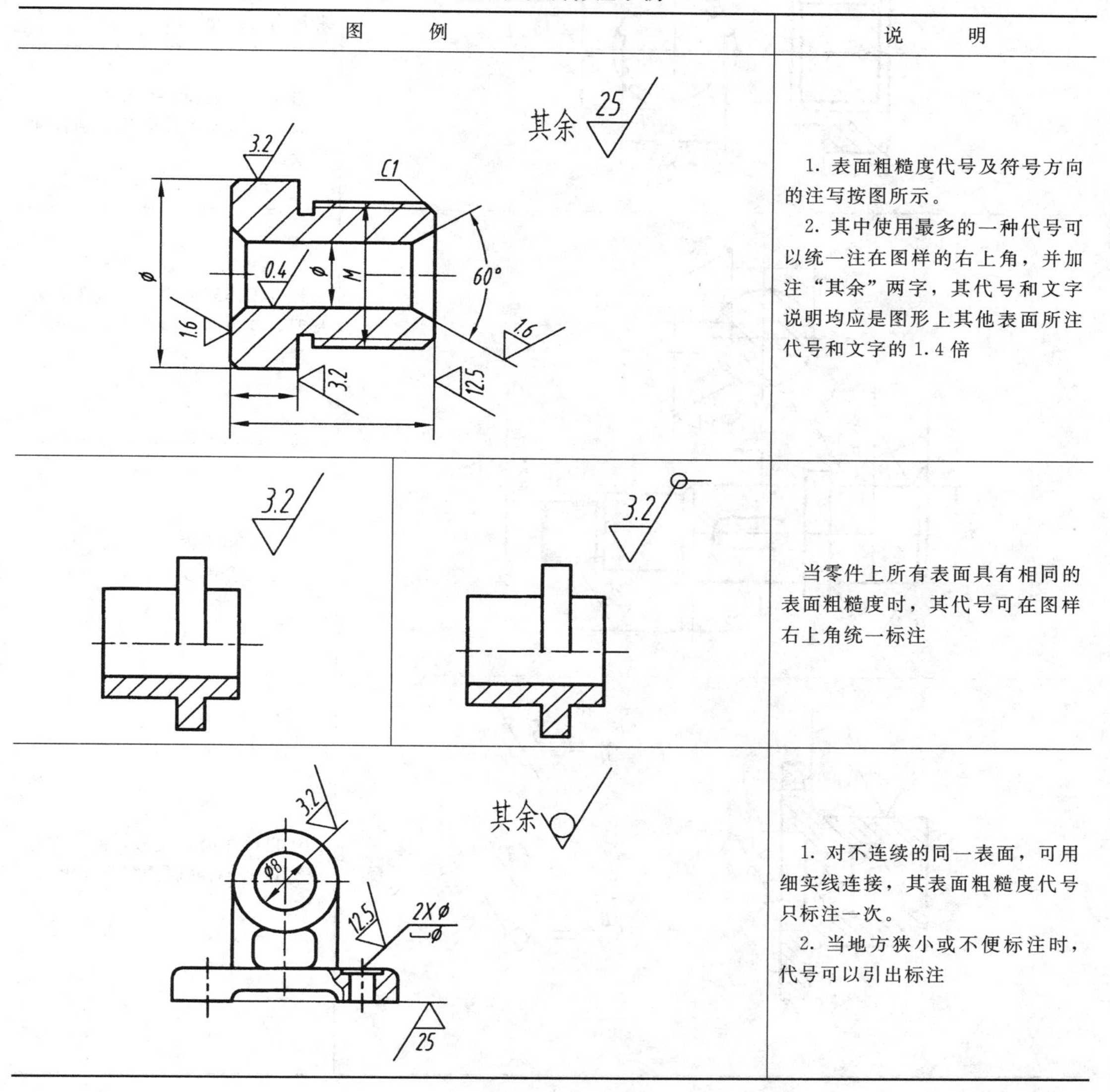

图　　例	说　　明
	1. 表面粗糙度代号及符号方向的注写按图所示。 2. 其中使用最多的一种代号可以统一注在图样的右上角，并加注“其余”两字，其代号和文字说明均应是图形上其他表面所注代号和文字的 1.4 倍
	当零件上所有表面具有相同的表面粗糙度时，其代号可在图样右上角统一标注
	1. 对不连续的同一表面，可用细实线连接，其表面粗糙度代号只标注一次。 2. 当地方狭小或不便标注时，代号可以引出标注

续表

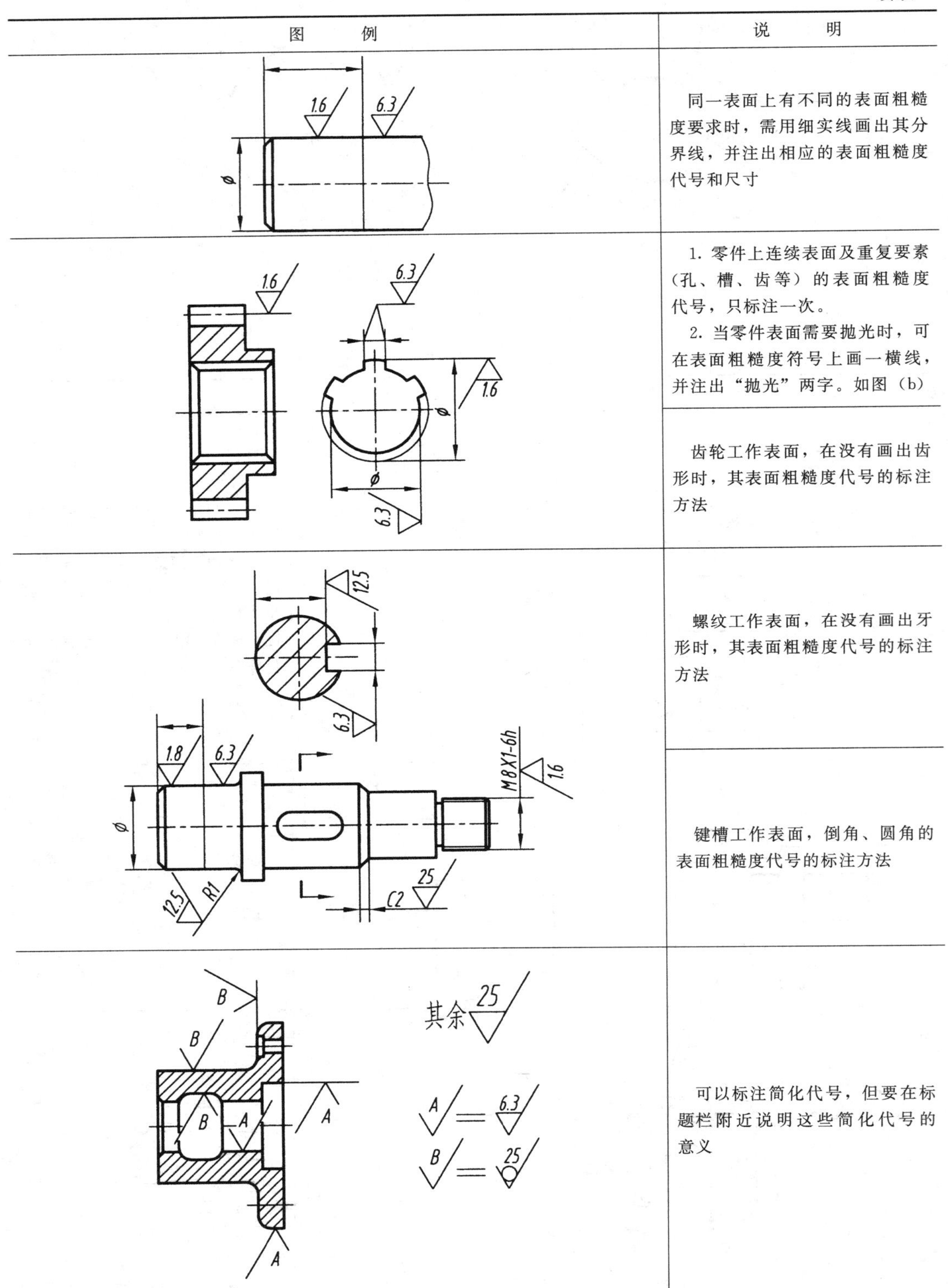

图例	说明
	同一表面上有不同的表面粗糙度要求时，需用细实线画出其分界线，并注出相应的表面粗糙度代号和尺寸
	1. 零件上连续表面及重复要素（孔、槽、齿等）的表面粗糙度代号，只标注一次。 2. 当零件表面需要抛光时，可在表面粗糙度符号上画一横线，并注出“抛光”两字。如图（b）
	齿轮工作表面，在没有画出齿形时，其表面粗糙度代号的标注方法
	螺纹工作表面，在没有画出牙形时，其表面粗糙度代号的标注方法
	键槽工作表面，倒角、圆角的表面粗糙度代号的标注方法
	可以标注简化代号，但要在标题栏附近说明这些简化代号的意义

续表

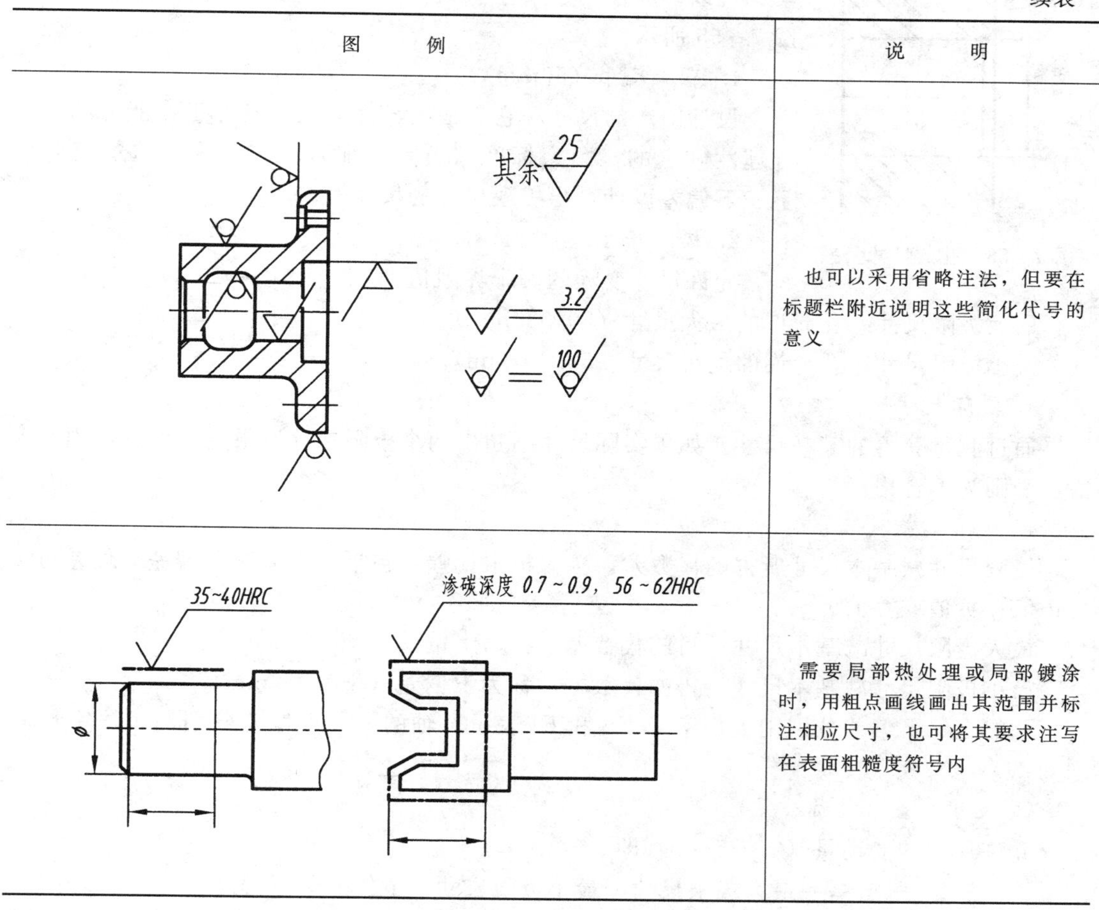

图例	说明
其余 25；3.2；100	也可以采用省略注法，但要在标题栏附近说明这些简化代号的意义
35~40HRC；渗碳深度 0.7~0.9，56~62HRC	需要局部热处理或局部镀涂时，用粗点画线画出其范围并标注相应尺寸，也可将其要求注写在表面粗糙度符号内

§7-6 极限与配合

一、零件的互换性

在装配机器或部件时，从一批规格相同的零件中任取一件，不经修配就能装配到机器上，并能保证机器的使用性能，零件的这种性质称为互换性。

零件具有互换性，给机器的装配和维修带来方便，而且满足生产部门广泛协作，为大批量生产和专门化生产创造了条件，从而缩短了生产周期，提高了劳动生产率和经济效益。

建立极限与配合制度是保证零件具有互换性的必要条件。下面简要介绍国家标准《极限与配合》（GB/T 1800、GB/T 1801）的基本内容。

二、尺寸公差与极限

零件在制造过程中，由于加工和测量等因素的影响，完工后的实际尺寸达到绝对精确是不可能的。为了保证零件的互换性，必须将零件的实际尺寸控制在允许变动的范围内，这个允许尺寸的变动量称为尺寸公差（简称公差）。

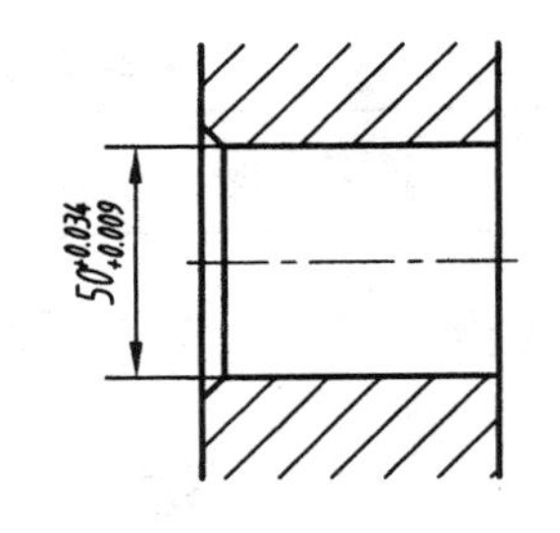

图 7-55 孔的尺寸公差

现以一圆柱孔的尺寸 $\phi50^{+0.034}_{+0.009}$ 为例介绍有关公差的术语，如图 7-55 所示。

1. 基本尺寸（50mm）

设计给定的尺寸。它是根据零件应该具备的工作能力和结构合理性确定的。国家标准《极限与配合》定义为：通过它应用上、下偏差可计算出极限尺寸的尺寸。

2. 极限尺寸

允许尺寸变动的两个界限值。

最大极限尺寸。孔允许的最大尺寸（50.034mm）。

最小极限尺寸。孔允许的最小尺寸（50.009mm）。

3. 实际尺寸

通过测量获得的某一尺寸。如果实际尺寸不超出两个极限尺寸所限定的范围，则为合格，否则为不合格。

4. 极限偏差

极限尺寸减基本尺寸所得的代数差，称为极限偏差。包括上偏差和下偏差，偏差可以为正值、负值或零值。

最大极限尺寸减基本尺寸所得的代数差，称为上偏差（＋0.034mm）。

最小极限尺寸减基本尺寸所得的代数差，称为下偏差（＋0.009mm）。

孔的上、下偏差分别用大写字母 ES 和 EI 表示；轴的上、下偏差分别用小写字母 es 和 ei 表示。

5. 尺寸公差（简称公差）

允许尺寸的变动量（0.025mm）即

$$公差＝最大极限尺寸－最小极限尺寸＝上偏差－下偏差$$

尺寸公差是一个没有符号的绝对值。

6. 极限制

经标准化的公差与偏差制度。

7. 零线

在极限与配合图解（简称公差带图）中，表示基本尺寸的一条直线，以其为基准确定偏差和公差（图 7-56）。通常零线沿水平方向绘制，正偏差位于其上，负偏差位于其下。

8. 公差带

在公差带图中，由代表上、下偏差或最大、最小极限尺寸的两条直线所限定的一个区域。

公差带既表示了公差大小，又表示了公差带相对于零线的位置（公差带位置）。

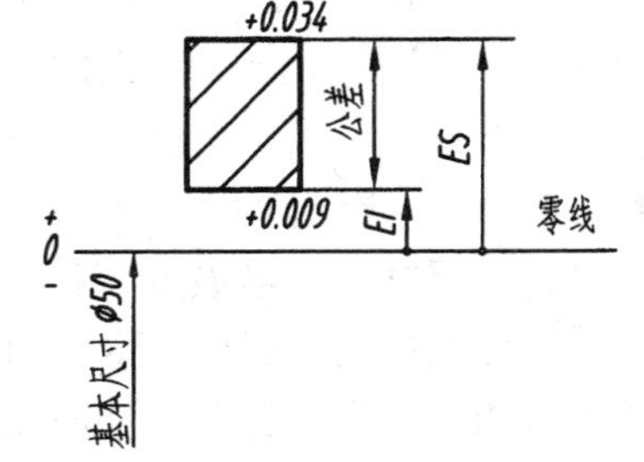

图 7-56 孔的公差带示意图

三、配合

基本尺寸相同的相互结合的孔和轴公差带之间的关系，称为配合。由于孔和轴的实际尺寸不同，配合后会产生间隙或过盈。孔的尺寸减去相配合的轴的尺寸之差为正时是间隙，为负时是过盈。

相配合的孔和轴公差带之间的关系有三种，因而产生三类不同的配合，即间隙配合，过盈配合和过渡配合。

1. 间隙配合

只能具有间隙（包括最小间隙等于零）的配合。此时，孔的公差带在轴的公差带之上，如图 7－57（a）所示，图中 X_{max} 表示最大间隙，X_{min} 表示最小间隙。

2. 过盈配合

只能具有过盈（包括最小过盈等于零）的配合。此时，孔的公差带在轴的公差带之下，如图 7－57（b）所示，图中 X_{max} 表示最大过盈，X_{min} 表示最小过盈。

3. 过渡配合

可能具有过盈，也可能具有间隙的配合。此时，孔的公差带与轴的公差带相互交叠，如图 7－57（c）所示。

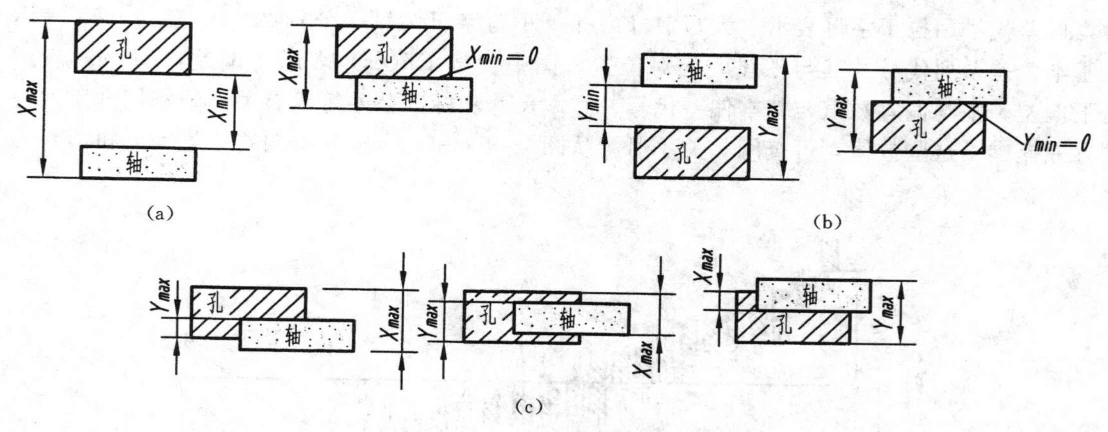

图 7－57　配合中孔、轴公差带的三种关系

（a）间隙配合；（b）过盈配合；（c）过渡配合

四、标准公差和基本偏差

国家标准规定，孔、轴公差带由标准公差和基本偏差两个要素组成。标准公差确定公差带大小，基本偏差确定公差带位置，如图 7－58 所示。

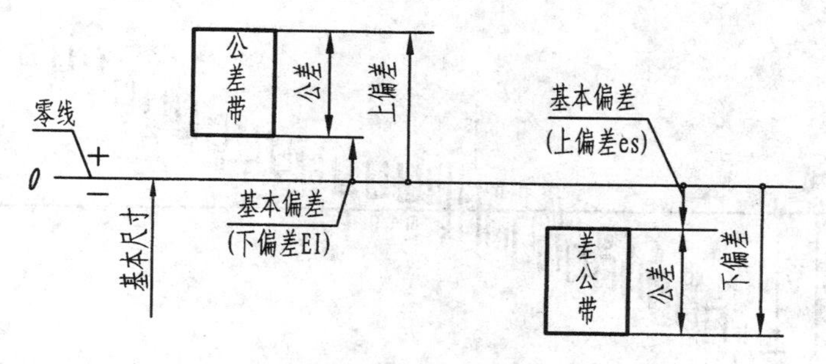

图 7－58　公差带大小及位置

1. 标准公差

标准公差是标准所列的，用来确定公差带大小的任一公差。标准公差的数值由基本尺

寸和公差等级确定，其中公差等级用来确定尺寸的精确程度。

极限制将标准公差等级分为 20 级，其代号为 IT01、IT0、IT1、IT2、…、IT18。IT 表示标准公差，数字表示公差等级。IT01 公差最小，精度最高；IT18 公差最大，精度最低。同一公差等级对所有基本尺寸的一组公差，被认为具有同等精确程度。在一般机器的配合尺寸中，孔用 IT6～IT12 级，轴用 IT5～IT12 级。IT01～IT11 用于配合尺寸，IT12～IT18 用于非配合尺寸。在保证产品质量的条件下，应选用较低的公差等级。

附表 21 列出了基本尺寸至 500mm、公差等级由 IT1 至 IT18 级的标准公差数值。

2. 基本偏差系列

基本偏差是标准中所列的，用来确定公差带相对零线位置的上偏差或下偏差，一般是指孔和轴公差带中靠近零线的那个偏差。当公差带在零线的上方时，基本偏差为下偏差；反之则为上偏差如图 7-58 所示。

为了满足各种配合要求，国家标准（GB/T 1800.2—1998）规定了基本偏差系列；基本偏差代号用拉丁字母表示，大写字母为孔，小写字母为轴，分别 28 个。图 7-59 表示基本偏差系列代号及其与零线的相对位置，图中代号 ES(es) 表示上偏差，EI(ei) 表示下偏差。基本偏差数值与基本偏差代号、基本尺寸和标准公差等级有关，国家标准用列表方式提供了这些数值，可查阅相关手册。从图 7-59 和孔、轴基本偏差数值表可知：

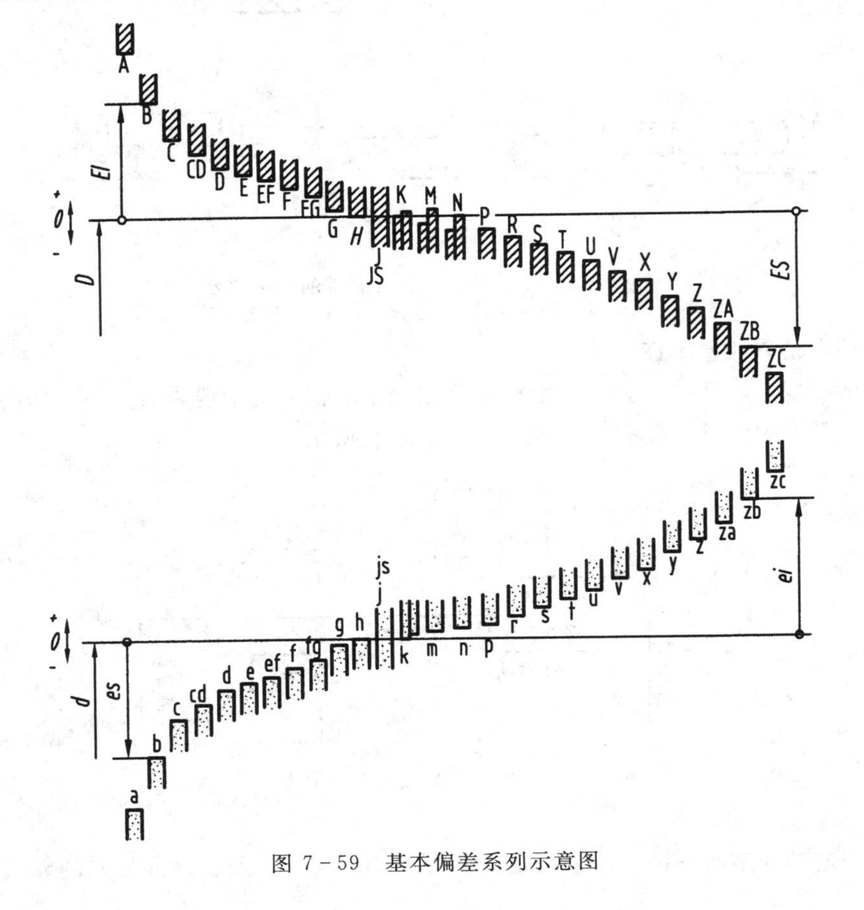

图 7-59　基本偏差系列示意图

(1) 对于孔，A～H 的基本偏差为下偏差（EI），J～ZC 的基本偏差为上偏差（ES）；对于轴，a ～h 的基本偏差为上偏差（es），j～zc 的基本偏差为下偏差（ei）

(2) 孔 JS 和轴 js 的公差带对称分布于零线两边，其基本偏差为上偏差（+IT/2）或下偏差（−IT/2）。

基本偏差系列图只表示公差带的位置，不表示公差带的大小，因此，公差带的一端是开口的，开口的另一端由标准公差限定。

如果基本偏差和公差等级确定了，那么孔和轴的公差带的大小和位置就确定了，这时其配合类别也就确定了。

根据尺寸公差的定义，基本偏差和标准公差有以下计算公式：

$$ES=EI+IT \text{ 或 } EI=ES-IT$$

$$es=ei-IT \text{ 或 } es=ei+IT$$

3. 公差带代号

轴和孔的公差带代号由基本偏差代号与公差等级代号组成。例如 G7、H8 为孔的公差带代号，s7、h6 为轴的公差带代号。

五、配合制

在制造互相配合的零件时，使其中一种零件作为基准件，它的基本偏差固定，通过改变另一种非基准件的偏差来获得各种不同性质的配合制度称为配合制。根据生产实际需要，国家标准规定了两种配合制。

1. 基孔制配合

基本偏差为一定的孔的公差带，与不同基本偏差的轴的公差带形成各种配合的一种制度，如图 7-60 所示。

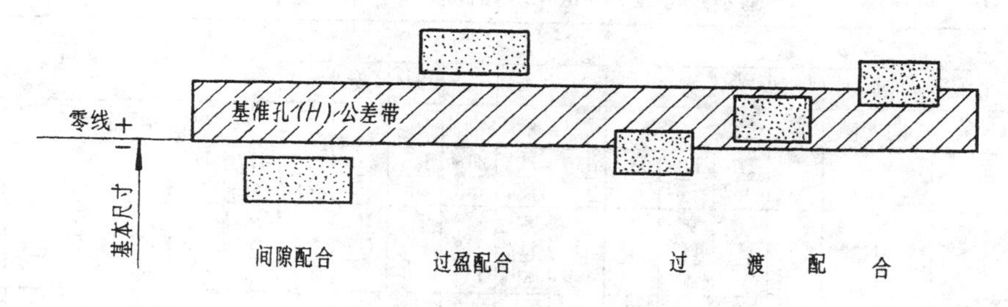

图 7-60　基孔制配合示意图

基孔制配合的孔称为基准孔，基准孔的基本偏差代号为 H，H 的公差带在零线之上，基本偏差（下偏差）为零。

2. 基轴制配合

基本偏差为一定的轴的公差带，与不同基本偏差的孔的公差带形成各种配合的一种制度，如图 7-61 所示。

基轴制配合的轴称为基准轴，基准轴的基本偏差代号为 h，h 的公差带在零线之下，基本偏差（上偏差）为零。

在一般情况下，优先采用基孔制配合。

从图 7-59 基本偏差系列示意图可以看出，由于基准孔和基准轴的基本偏差代号为 H 和

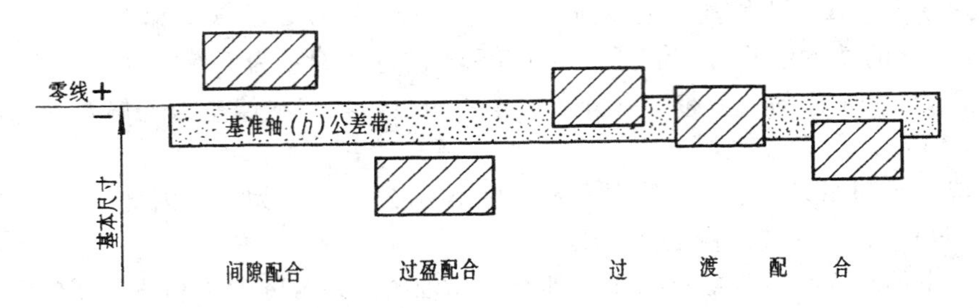

图 7-61 基轴制配合示意图

h，因此与 a～h 和 A～H 一定组成间隙配合，与 j～zc 和 J—ZC 则组成过渡配合或过盈配合。

3. 配合代号

配合代号由组成配合的孔、轴公差带代号组成，写成分数形式：分子为孔的公差带代号，分母为轴的公差带代号，例如 H8/s7、K7/s6。

六、优先和常用配合

按照配合定义，只要基本尺寸相同的孔、轴公差带结合起来，就可组成配合。即使采用基孔制和基轴制配合，配合的数量仍很多，这样就不能发挥标准的作用，不利于生产和使用。因此，从经济性出发，避免量具刃具的品种规格的过于繁杂，国家标准 GB/T 1800.4—1999 对公差带的选择作了限制，但仍然很广。GB/T 1801—1999 作了进一步的限制，规定了基本尺寸至 3150mm 的孔和轴的公差带的选择范围，并将允许选用的基本尺寸至 500mm 的孔和轴的公差带，分为“优先选用”、“其次选用”和“最后选用”的孔、轴公差带（本书未列入）和相应的优先和常用的配合（见表 7-10 和表 7-11），表

表 7-10　　基本尺寸至 500mm 基孔制优先、常用配合

基准孔	轴																				
	a	b	c	d	e	f	g	h	js	k	m	n	p	r	s	t	u	v	x	y	z
	间隙配合								过渡配合			过盈配合									
H6						H6/f5	H6/g5	H6/h5	H6/js5	H6/k5	H6/m5	H6/n5	H6/p5	H6/r5	H6/s5	H6/t5					
H7						H7/f6	◤H7/g6	◤H7/h6	H7/js6	◤H7/k6	H7/m6	◤H7/n6	◤H7/p6	H7/r6	◤H7/s6	H7/t6	◤H7/u6	H7/v6	H7/x6	H7/y6	H7/z6
H8					H8/e7	◤H8/f7	H8/g7	◤H8/h7	H8/js7	H8/k7	H8/m7	H8/n7	H8/p7	H8/r7	H8/s7	H8/t7	H8/u7				
				H8/d8	H8/e8	H8/f8		H8/h8													
H9			H9/c9	◤H9/d9	H9/e9	H9/f9		◤H9/h9													
H10			H10/c10	H10/d10				H10/h10													
H11	H11/a11	H11/b11	◤H11/c11	H11/d11				◤H11/h11													
H12		H12/b12						H12/h12	1. 标注◤的配合为优先配合。 2. H6/n5、H7/p6 在基本尺寸小于或等于 3mm 和 H8/r7 在小于或等于 100mm 时为过渡配合												

表 7-11　　基本尺寸至 500mm 基轴制优先、常用配合

基准轴	孔																				
	A	B	C	D	E	F	G	H	Js	K	M	N	P	R	S	T	U	V	X	Y	Z
	间隙配合								过渡配合			过盈配合									
h5						F6/h5	G6/h5	H6/h5	Js6/h5	K6/h5	M6/h5	N6/h5	P6/h5	R6/h5	S6/h5	T6/h5					
h6						F7/h6	◤G7/h6	◤H7/h6	Js7/h6	◤K7/h6	M7/h6	◤N7/h6	◤P7/h6	R7/h6	◤S7/h6	T7/h6	◤U7/h6				
h7					E8/h7	◤F8/h7		◤H8/h7	Js8/h7	K8/h7	M8/h7	N8/h7									
h8				D8/h8	E8/h8	F8/h8		H8/h8													
h9				◤D9/h9	E9/h9	F9/h9		◤H9/h9													
h10				D10/h10				H10/h10													
h11	A11/h11	B11/h11	◤C11/h11	D11/h11				◤H11/h11													
h12		B12/h12						H12/h12	标注◤的配合为优先配合												

中左上角标有符号"◤"者为优先配合。基孔制常用配合 59 种，优先配合 13 种。基轴制常用配合 47 种，优先配合 13 种。

为了查阅方便，本书在附表 22、附表 23 中分别列出了优先配合轴和孔公差带的极限偏差表。

七、极限与配合在图样中的标注及查表

（一）极限与配合在图样中的标注

1. 在装配图上的标注形式

在装配图中，表示孔和轴配合的部位要标注配合代号，采用组合形式标注，如图 7-62 所示。配合代号放在基本尺寸后面，用分式形式表示，分子为孔的公差带代号，分母为轴的公差带代号。通常分子中含 H 的为基孔制配合，分母中含 h 的为基轴制配合。

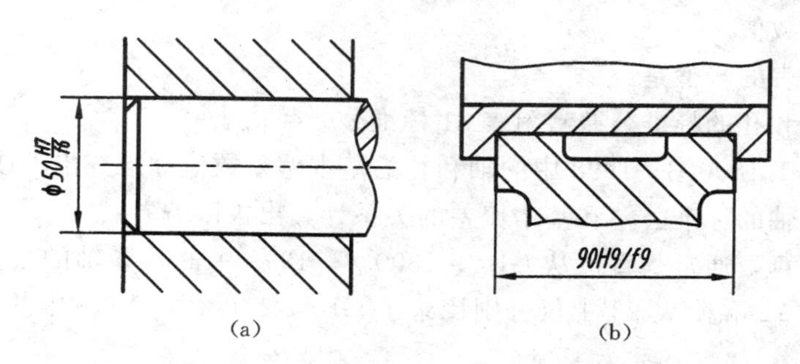

图 7-62　装配图中配合代号的一般注法

2. 在零件图上的标注形式

在零件图中，需要与另一零件配合的尺寸应标注极限偏差或公差带代号，具体有三种形式：

（1）在孔或轴的基本尺寸后边，标注公差带代号［图 7-63（a）］。

（2）在孔或轴的基本尺寸后边，标注上、下偏差，如图 7-63（b）所示。上偏差写在基本尺寸的右上方，下偏差应与基本尺寸注在同一底线上，偏差数字应比基本尺寸数字小一号。上、下偏差前面必须标出正、负号，上、下偏差的小数点必须对齐，小数点后的位数也必须相同。当上偏差或下偏差为“零”时，用数字“0”标出，并与下偏差或上偏差的小数点前的个位数对齐。

当公差带相对于基本尺寸对称的配置，即两个偏差相同时，偏差只需注写一次，并应在偏差与基本尺寸之间注出符号“±”，且两者数字高度相同，例如“50±0.25”。必须注意，偏差数值表中所列的偏差单位为微米（μm），标注时必须换算成毫米（1μm =1/1000mm）。

（3）在孔或轴的基本尺寸后面，同时标注公差带代号和上、下偏差，这时，上、下偏差必须加上括号，如图 7-63（c）所示。

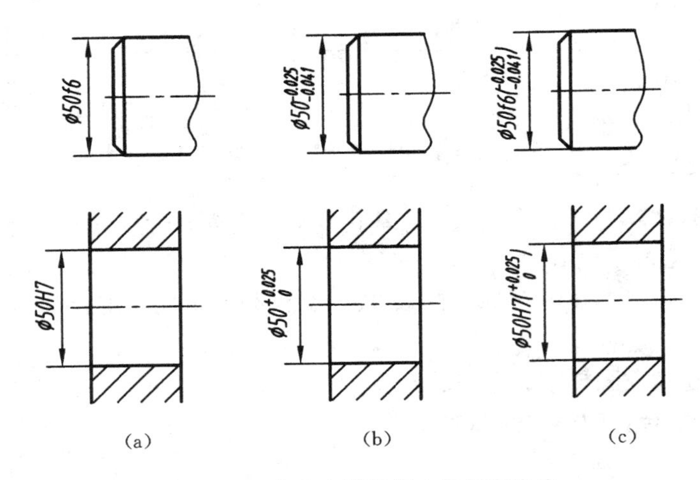

图 7-63　公差在零件图中的规定注法

（二）查表方法

互相配合的孔和轴，按基本尺寸和公差带代号可通过查阅 GB/T 1800.3—1998 的表格获得极限偏差数值。

一般地，查表的步骤是：

（1）查出轴和孔的标准公差（附表 21 标准公差数值表）；

（2）由 GB/T 1800.3—1998 中的轴和孔的基本偏差数值标准查出轴或孔的基本偏差；

（3）由孔和轴的标准公差和基本偏差的关系计算出极限偏差。

为了简化计算，通常是直接从 GB/T 1800.4—1999 中的孔和轴的公差带极限偏差数值表查出，附表 22 和附表 23 中仅分别摘录了 GB/T 1800.4—1999 中的优先配合中孔和轴的极限偏差。

【例 7-1】　查表确定 φ50H8/f7 中孔和轴的极限偏差数值。

【解】　配合尺寸 φ50H8/f7 是基孔制配合，孔的尺寸是 φ50H8，轴的尺寸是 φ50f7。先根据基本尺寸 50（在大于 30 至 50 尺寸段）和公差带代号，分别查表得到孔和轴的标准公差和基本偏差数值，再分别算出孔和轴的另一极限偏差。

（1）从附表21查得基本尺寸为50的标准等级为8的标准公差为39μm，基本尺寸为50的标准等级为7的标准公差为25μm。

（2）从附表22查得轴的基本尺寸为50，公差带代号为f7的基本偏差为上偏差－0.025μm。基准孔的基本偏差为下偏差EI＝0。

所以，孔ϕ50H8的上偏差ES＝EI＋IT＝0＋0.039＝0.039mm。

轴ϕ50f7的下偏差ei＝es－IT＝－0.025－0.025＝－0.050mm。

孔、轴公差带图如图7－64所示。

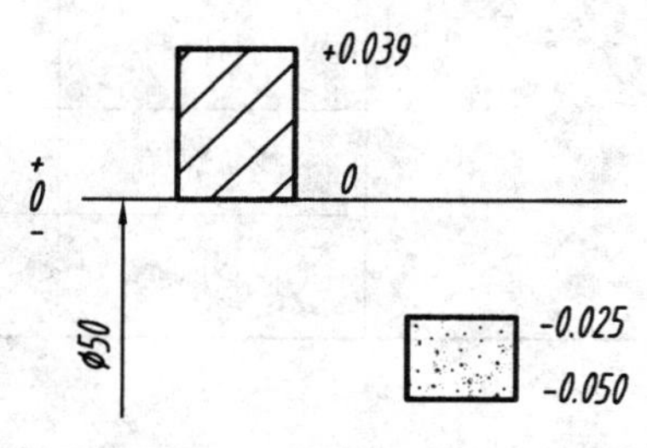

图7－64　孔、轴公差带图

八、形状和位置公差及常用材料简介

在机器中某些精确程度较高的零件，不仅需要保证其尺寸公差，而且还要求保证其形状和位置公差。形状和位置公差是指零件的实际形状和实际位置对理想形状和理想位置的允许变动量。

对一般零件来说，它的形状和位置公差，可由尺寸公差、加工机床的精度等加以保证。对有些要求较高的零件，则根据设计要求，需要在零件图上标注出有关的形状和位置公差。

如图7－65（a）所示的滚轴，为了保证其工作性能，除标注出直径的尺寸公差外，还标注出轴线的形状公差，表示实际轴线与理想轴线之间的变动量——直线度必须保证在ϕ0.006mm的圆柱面内。又如图7－65（b）所示，为了保证箱体上两孔轴线的垂直位置，应注出位置公差——垂直度，它以侧孔轴线为基准，上孔轴线必须位于距离为0.05mm且垂直于侧孔轴线的两平行平面之间。

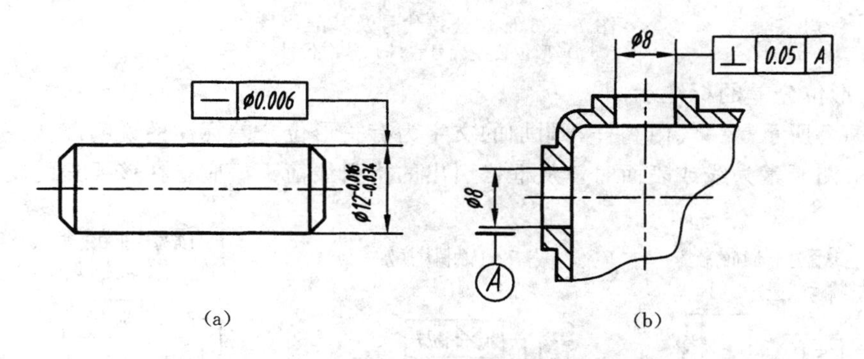

图7－65　形位公差标注示例

（a）形状公差；（b）位置公差

（一）形状和位置公差代号

国家标准GB/T 1182—1996规定用代号来标注形状和位置公差（简称形位公差）。在实际生产中，当无法用代号标注形位公差时，允许在技术要求中用文字说明。

形位公差代号包括：形位公差特征项目的符号（见表7－12），形位公差框格及指引线，形位公差数值和其他有关符号，以及基准代号等。图7－66给出了这些内容的有关说明。框格内的字体与图样中的尺寸数字等高。

表 7-12　　形位公差特征项目及符号

分　类	特征项目	符　号
形状公差	直线度	—
	平面度	▱
	圆度	○
	圆柱度	⌭
	线轮廓度	⌒
	面轮廓度	⌓

分　类		特征项目	符　号
位置公差	定向	平行度	//
		垂直度	⊥
		倾斜度	∠
	定位	同轴（同心）度	◎
		对称度	⌯
		位置度	⊕
	跳动	圆跳动	↗
		全跳动	⌰

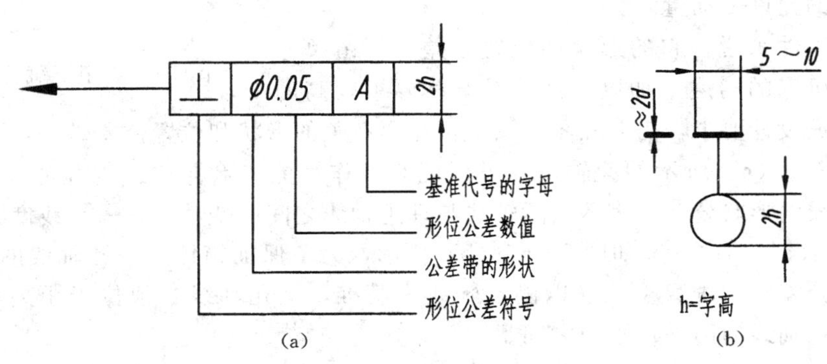

（a）　　（b）

图 7-66 形位公差代号及基准代号
（a）形位公差代号；（b）基准代号

（二）形位公差的标注示例

图 7-67 所示是一气门阀杆，附加的文字为有关形位公差标注的说明。从该图中可以看到，当被测要素为线或表面时，从框格引出的指引线箭头，应指在该要素的轮廓线或其

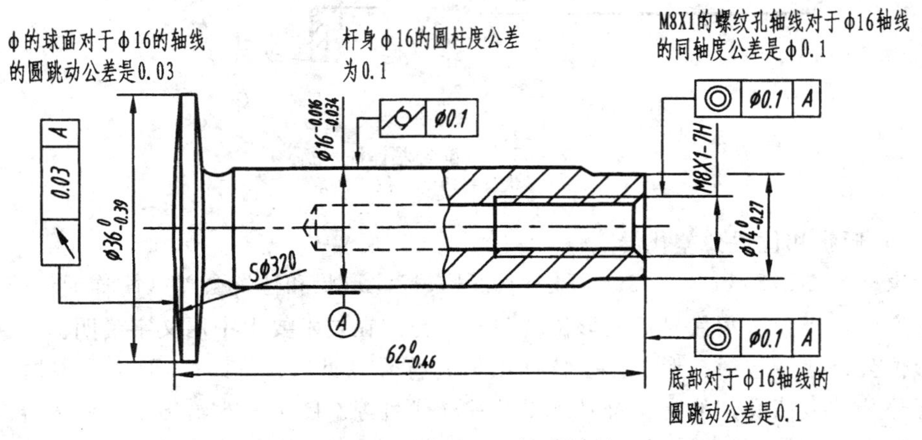

图 7-67　形位公差的标注示例

延长线上；当被测要素是轴线，应将箭头与该要素的尺寸线对齐，如 M8×1 轴线的同轴度注法；当基准要素是轴线时，应将基准符号与该要素的尺寸线对齐，如基准 A。

（三）零件的常用材料及热处理

制造零件所用的材料很多，有各种钢、铸铁、有色金属和非金属材料，附表 24，附表 25 列出了黑色金属、有色金属材料。热处理和表面处理对金属材料的机械性能如强度、弹性、塑性、韧性和硬度的改善和对提高零件的耐磨性、耐热性、耐腐蚀性、耐疲劳和美观等有显著的作用。

根据零件的不同要求可采用不同方法处理，常见的热处理和表面处理方法可查阅相关手册。

§7－7　零件测绘和零件草图

零件测绘就是根据实际零件画出它的生产图样。在仿造、技术改革和维修机器时，都要进行零件测绘。

一、零件草图的作用和要求

在测绘零件时，先要画出零件草图，零件草图是画装配图和零件图的依据。在修理机器时，往往将草图代替零件图直接交车间制造零件。因此，画草图时绝不能潦草从事，必须认真绘制。

零件草图和零件图的内容是相同的，它们之间的主要区别是在作图方法上，零件草图用徒手绘制，并凭目测估计零件各部分的相对大小，以控制视图各部分之间的比例关系。合格的草图应当：表达完整，线型分明，字体工整，图面整洁，投影关系正确，各项技术要求齐全。

二、绘制零件草图的方法和步骤

（1）分析零件，选择视图。仔细了解零件的名称、用途、材料、结构特点、加工方法、工作位置及与其他零件的装配关系等，为零件测绘工作做好准备。选择主视图及其他视图，确定视图表达方案。

（2）画草图底稿：

1）根据零件大小，视图数量多少，选择图纸图幅，布置视图位置，画出基准线。

2）按形体分析法，用细实线画出各视图的轮廓线。画图时，应注意不要把零件加工制造完的缺陷和使用后的磨损等毛病反映在图上。

（3）确定需要标注的尺寸，画出尺寸界线、尺寸线和箭头。

（4）测量尺寸并逐个填写尺寸数字。测量尺寸时要合理选用量具，并要注意正确使用各种量具。例如，测量毛面的尺寸时，选用钢尺和卡钳；测量加工表面的尺寸时，选用游标尺、分厘卡或其他适当的测量手段。这样既保证了测量的精确度，又维护了精密量具的使用寿命。对于某些用现有量具不能直接量得的尺寸，要善于根据零件的结构特点，考虑采用比较准确而又简便的测量方法。零件上的键槽、退刀槽、紧固件通孔和沉孔等标准结构尺寸，可量取其相关尺寸后查表得到。

（5）加深后注写各项技术要求。技术要求应根据零件的作用和装配关系来确定。

（6）填写标题栏，全面检查草图。

图 7－68 是图 7－1 所示滑动轴承中“上轴瓦”零件的草图及其绘制步骤。

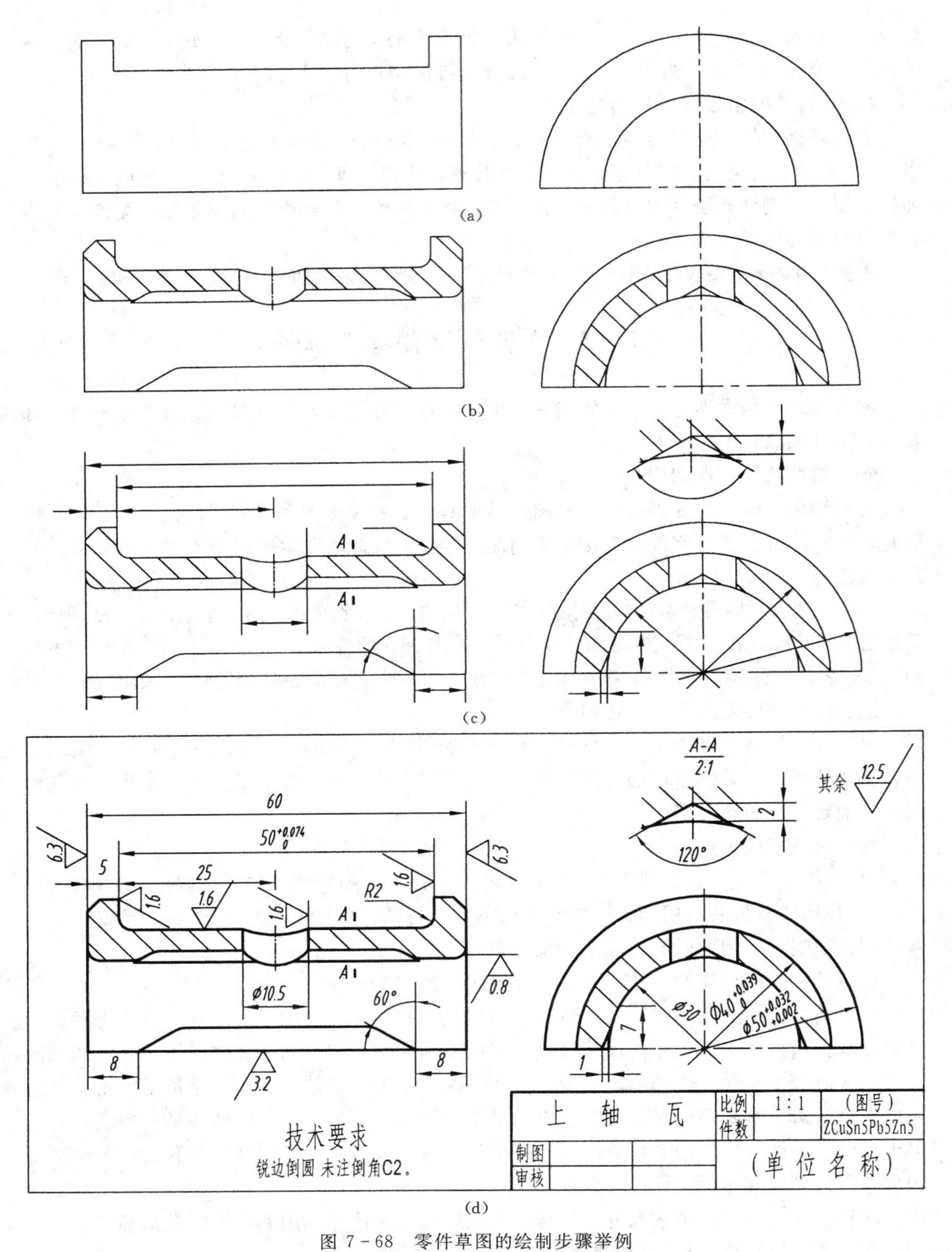

图 7-68 零件草图的绘制步骤举例

(a) 根据目测比例关系，画出基本轮廓；(b) 完成视图底稿；(c) 画出尺寸界线、尺寸线和箭头；(d) 测量并填写尺寸数字后加深，完成草图

§7-8 读 零 件 图

在生产实际中读零件图，就是要求在了解零件在机器中的作用和装配关系的基础上，弄清零件的材料、结构形状、尺寸和技术要求等，评价零件设计上的合理性，必要时提出改进意见，或者为零件拟订适当的加工制造工艺方案。工程界的技术人员，必须具备读零件图的能力。

一、读零件图的方法和步骤

1. 概括了解

首先从标题栏入手，了解零件的名称、材料、比例等内容。联系典型零件的分类，从名称可判断该零件属于哪一类零件，从材料可大致了解其加工方法，从比例可估计零件的实际大小，对这个零件有一个初步了解。然后通过装配图或其他途径了解零件的作用和其他零件的装配关系。

2. 分析视图，想象形状

(1) 弄清各视图之间的投影关系。分析零件各视图的配置及零件图所采用的表达方法，从主视图入手，结合其他视图可看出零件的大体内外形状；结合局部视图、斜视图以及断面等表达方法，进一步读懂零件的局部形状；同时，结合设计和加工方面的要求，分析了解零件上一些结构的作用。

(2) 以形体分析法为主（在具备一定的机械设计和工艺知识以后，应以结构分析为主），结合零件上的常见结构知识，逐一看懂零件各个部分的形状，然后综合起来 想象出整个零件的形状。要注意零件结构形状的设计是否合理。

3. 分析尺寸

首先找出长、宽、高三个方向上尺寸标注的主要基准和重要尺寸，然后进一步用形体分析法了解各组成部分的定位尺寸和定形尺寸，要注意尺寸是否注得齐全、合理。

4. 了解技术要求

了解零件图上表面粗糙度、尺寸公差、形位公差和其他技术要求。要注意这些技术要求的确定是否妥当。

5. 综合归纳

把所读零件的结构形状、尺寸标注和技术要求等内容综合起来，有时还需参考相关的技术资料，就能比较完整准确地读懂这张零件图。

二、读零件图举例

以图 7-69 滑动轴承盖的零件图为例，说明读零件图的方法和步骤。

1. 读标题栏

零件的名称是轴承盖，属盘盖类零件。按 1∶2 绘制，比实物小一倍，材料是灰铸铁，属铸件。

2. 分析视图，想象形状

该零件共采用了主、俯、左三个视图来表达，按工作位置放置。主、左视图均采用半剖视图；俯视图采用视图，零件前后左右对称；从主、左视图可以看出：轴承盖的内腔是

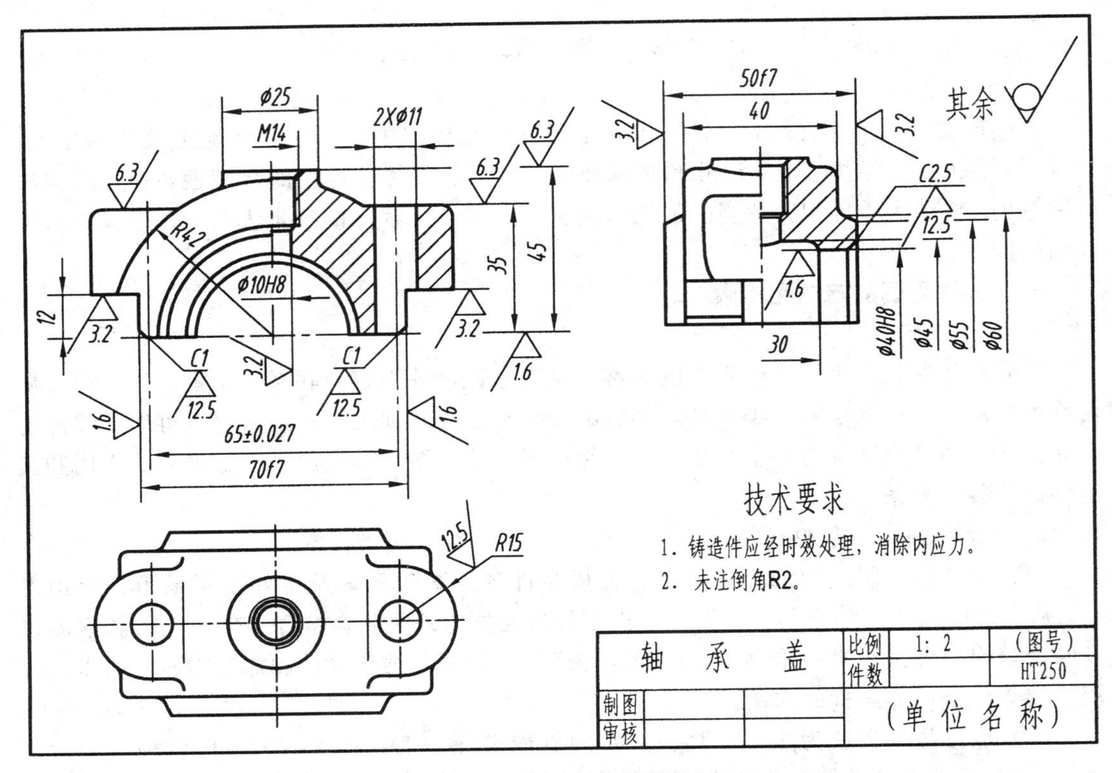

图 7-69 滑动轴承盖零件图

半圆阶梯孔（装轴瓦），顶部有一带凸台的螺纹孔（连接油杯）；结合俯视图，可知外形主要为半圆柱形，且左右各有一穿通的用螺栓与轴承座连接的安装孔，安装孔外形也是半圆柱形，底部左右各有一矩形台阶，与轴承座配合；另外，轴承盖上还有倒角、圆角等工艺结构。

3. 分析尺寸

根据以上对零件各部分的分析，轴承盖的主体部分为回转体，因此以轴孔的轴线作为径向尺寸基准，即高度基准，由此注出轴承盖各部分同轴线的直径尺寸；长度和宽度方向基准，分别是左右对称平面和前后对称平面，凡是尺寸数字后面注有公差代号或偏差值，说明零件该部分与其他件有配合关系。如 ϕ40H8，ϕ70f7 分别与轴瓦、轴承座配合。

4. 了解技术要求

轴承盖中，重要尺寸都标注了公差代号或偏差值，所以其表面粗糙度的要求也高，Ra 值为 1.6μm 或 3.2μm。轴承盖是铸件，需进行时效处理，消除内应力。视图中有小圆角过渡的表面是不加工表面。此外，还补充说明了未注铸造圆角 R2。

5. 综合分析

轴承盖是滑动轴承中的主要零件，其质量的好坏直接关系到滑动轴承系统的性能和使用，应注意加工。

建议读者以图 7-70 所示的零件为例，作为看零件图的练习。

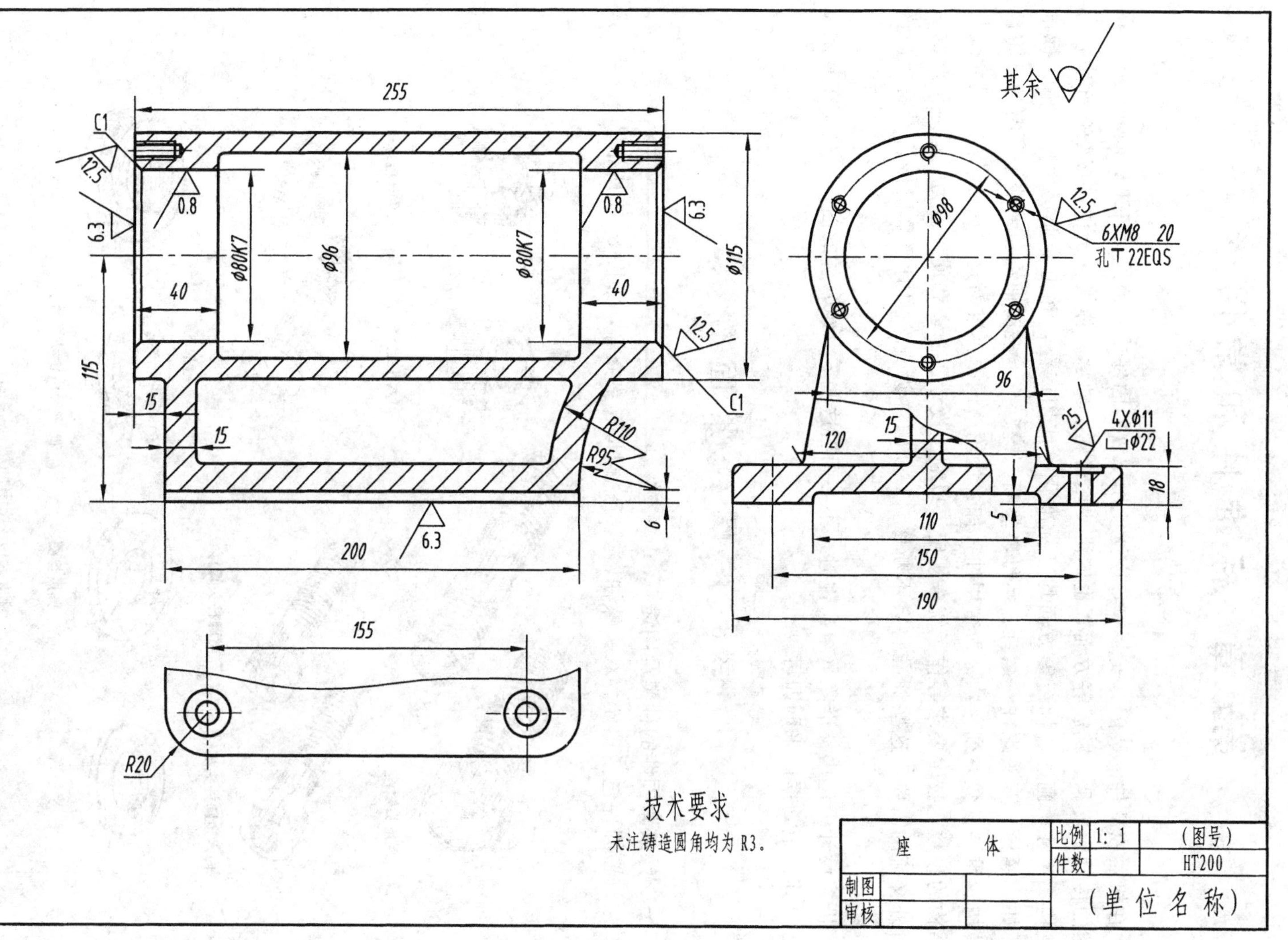
255
C1
12.5
6.3
0.8
0.8
6.3
ϕ80K7
ϕ96
ϕ80K7
ϕ115
40
40
12.5
115
C1
15
15
R110
R95
6
200
6.3
155
R20
其余
ϕ98
12.5
6XM8 20
孔⊤22EQS
96
25
4Xϕ11
⌴ϕ22
120
15
18
5
110
150
190
技术要求
未注铸造圆角均为R3。
座 体
比例 1:1
(图号)
件数
HT200
制图
审核
(单位名称)

图 7-70 座体零件图

第八章　标准件和常用件

在机器或部件的装配、安装中，广泛使用螺纹紧固件或其他连接件来紧固和连接，在机械的传动、支承、减震等方面，也广泛使用齿轮、轴承、弹簧等机件，这些机件中，有的结构、尺寸、画法、标记等方面均已标准化，使用广泛，并由专业厂生产，称为标准件，如：螺栓、双头螺柱、螺钉、螺母、垫圈、键、销、滚动轴承和弹簧等。有的已将部分结构、重要参数系列化，称为常用件，如：齿轮。国家标准对这些件的结构、尺寸或某些结构的参数、技术要求等作了统一规定，以利于设计、制造和使用。为了适应生产发展和对外交流的需要，这些标准将会不断修订，所以在设计绘图时要采用最新发布实施的标准。

机器设计中选用标准零（组）件时，不必画出这些零（组）件的图样，只需在装配图中写出其标记，据此采购即可。

§8-1　螺纹紧固件

一、螺纹紧固件的种类及用途

螺纹紧固件包括螺栓、双头螺柱、螺钉、螺母、垫圈等，如图8-1所示。

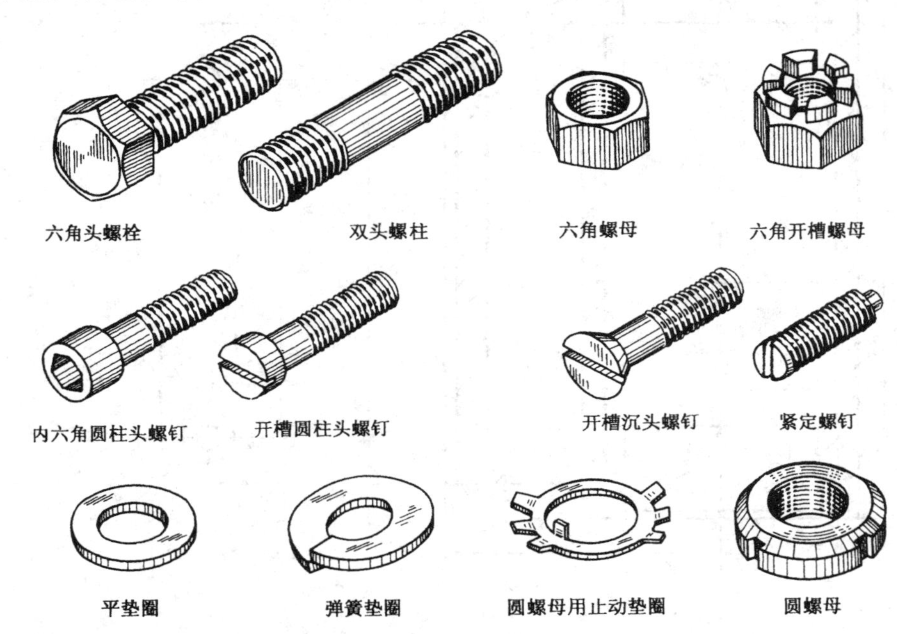

图8-1　常用的螺纹紧固件

螺栓、螺柱、螺钉都是在圆柱表面上加工出螺纹，起到连接其他零件的作用，其公称

长度 l 是由被连接零件的有关厚度决定的。

螺栓一般用于被连接件不太厚钻成通孔经常拆卸的情况，如图 8-2（a）所示。

双头螺柱用于被连接零件太厚或由于结构上的限制不宜用螺栓连接的场合。如图 8-2（b)所示。

螺钉一般用于受力不大而又不需经常拆装的地方，按用途可分为连接螺钉图8-2（c）和紧定螺钉图 8-6（d）等。

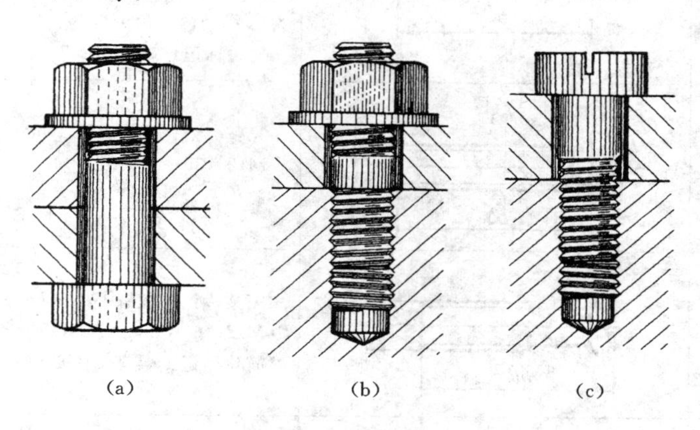

图 8-2　常用的螺纹紧固件连接

(a) 螺栓连接；(b) 螺柱连接；(c) 螺钉连接

螺纹紧固件的结构、型式、尺寸和技术要求等都可以根据标记从标准中查得。表8-1列举了一些常用的螺纹紧固件以及它们的简图和标记。除垫圈外，简图中注写数字的尺寸是该螺纹紧固件的规格尺寸。相关标准见附表 8～附表 15。

国家标准 GB/T 1237—2000 标记方法中规定有完整标记和简化标记两种。并规定了完整标记的内容和格式，以及标记的简化原则。其标记示例见表 8-1。

表 8-1　　**常用螺纹紧固件的图例及标记**

名称及标准编号	图　例	标记示例及说明
六角头螺栓 GB/T 5782—2000	M12 50	完整标记：螺栓 GB/T 5782—2000 M12×50—10.9—A—O [表示螺纹规格为 d = M12、公称长度为 l = 50mm、性能等级为 10.9 级、表面氧化、产品等级为 A 级的六角头螺栓，当性能等级为常用的 8.8 级时，省略标注，以下同] 简化标记：螺栓 GB/T 5782　M12×50—10.9 (常用的性能等级在简化标记中省略标注，以下同)
双头螺柱 (bm=1.25d) GB/T 898—1988	M12 b_m　50	完整标记：螺柱 GB/T 898—1988 M12×50—B—4.8 [表示螺纹规格为 d = M12、公称长度为 l = 50mm、性能等级为 4.8 级、不经表面氧化处理、两端均为粗牙普通螺纹的 B 型双头螺柱] 简化标记：螺柱 GB/T 898 M12×50

续表

名称及标准编号	图　例	标记示例及说明
内六角圆柱头螺钉 GB/T 70.1—2000	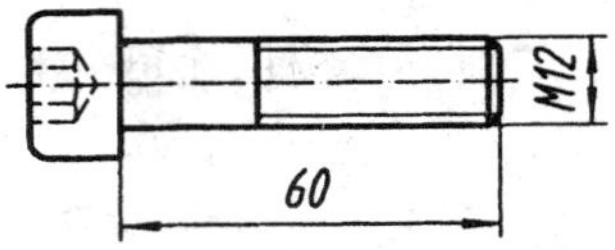	完整标记：螺钉 GB/T 70.1—2000 M12×60—8.8—A—O [表示螺纹规格为 d＝M12、公称长度为 l＝60mm、性能等级为 8.8 级、表面氧化、产品等级为 A 级的内六角头螺钉] 简化标记：螺钉 GB/T 70.1　M12×60
开槽圆柱头螺钉 GB/T 65—2000	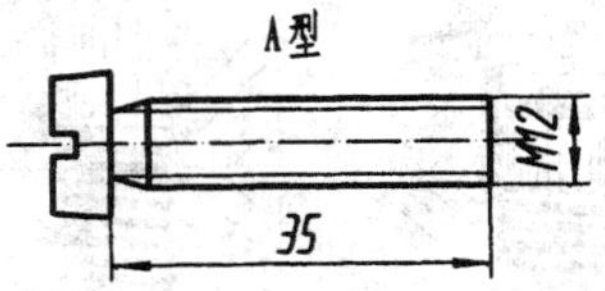	完整标记：螺钉 GB/T 65—2000 M12×35—8.8—A—O 简化标记：螺钉 GB/T 65　M12×35
开槽沉头螺钉 GB/T 68—2000	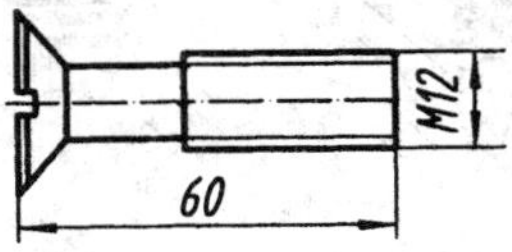	完整标记：螺钉 GB/T 68—2000 M12×60—8.8—A—O 简化标记：螺钉 GB/T 68　M12×60
十字槽沉头螺钉 GB/T 819.1—2000	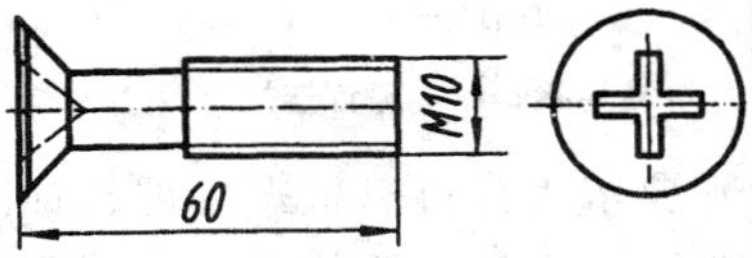	完整标记：螺钉 GB/T 819.1—2000 M12×60—8.8—A—O 简化标记：螺钉 GB/T 819.1　M12×60
开槽锥端紧定螺钉 GB/T 68—2000	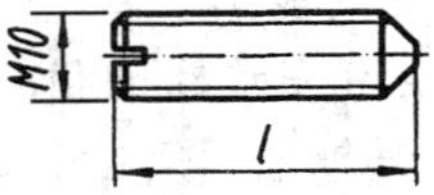	完整标记：螺钉 GB/T 71—2000 M10×35—8.8—A—O 简化标记：螺钉 GB/T 71　M10×35
Ⅰ型六角螺母 GB/T 6170—2000	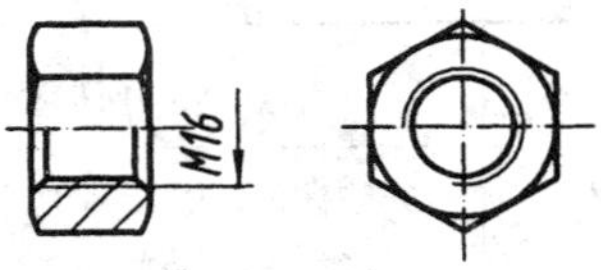	完整标记：螺母 GB/T 6170—2000 M16—8—A [表示螺纹规格为 D＝ M16、性能等级为常用的 8 级、产品等级为 A 级的Ⅰ型六角螺母] 简化标记：螺母 GB/T 6170　M16
平垫圈 A 级 GB/T 97.1—2002 平垫圈 倒角型 A 级 GB/T 97.2—2002	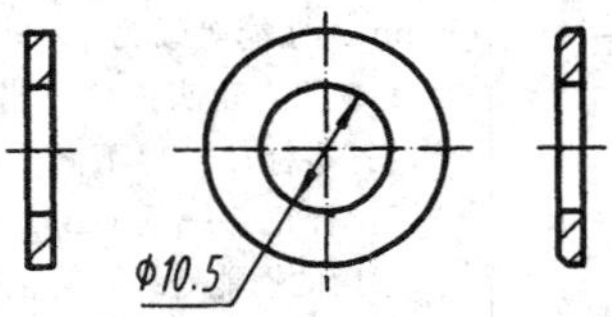	完整标记：垫圈 GB/T 97.1—2002 10—140HV—A—O [表示螺纹规格为 D＝M10、性能等级为常用的 140HV 级、产品等级为 A 级的平垫圈] 简化标记：垫圈 GB/T 97.1　10 从表中查得该垫圈内径 d_1 为 ϕ10.5
弹簧垫圈 GB/T 93—1987	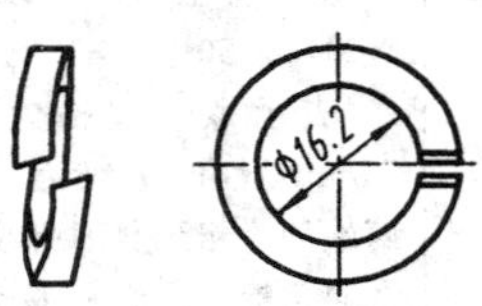	完整标记：垫圈 GB/T 93—1987　16—O [表示规格为 16mm、材料为 65Mn、表面氧化的标准型弹簧垫圈] 简化标记：垫圈 GB/T 93 16 从表中查得该垫圈内径 d_1 为 ϕ16.2mm

螺纹紧固件的基本连接形式有螺栓连接，双头螺柱连接和螺钉连接三种。

二、螺栓连接

螺栓连接中，应用最广的是六角头螺栓连接，它是用六角头螺栓、螺母和垫圈来紧固被连接零件的，如图 8-2（a）所示。

垫圈的作用是防止拧紧螺母时损伤被连接零件的表面，并使螺母的压力均匀分布到零件表面上。被连接零件都加工出无螺纹的通孔，通孔的直径 d_h（参见图 8-3）稍大于螺纹大径，具体尺寸可查标准。螺孔、螺栓、螺钉通孔和沉头座可查阅附表 6、附表 7。

在画装配图时（图 8-3），应根据各紧固件的型式、螺纹大径（d）和被连接零件的厚度（δ），按下列步骤确定螺栓的公称长度（l）和标记。

（1）通过计算，初步确定螺栓的公称长度 l。

$l \geqslant$被连接零件的总厚度（$\delta_1+\delta_2$）＋垫圈厚度（h）＋螺母高度（m）＋螺栓伸出螺母的高度（b_1）。式中 h、m 的数值从相应标准查得，b_1 一般取为 $0.2 \sim 0.3d$。

（2）根据公称长度的计算值，在螺栓标准的 l 公称系列值中，选用标准长度 l。

（3）确定螺栓的标记。

例如，已知螺纹紧固件的标记为：螺栓 GB/T 5782　M16×l、螺母 GB/T 6170　M16、垫圈 GB/T 97.1　16，被连接零件的厚度 $\delta_1=12$mm、$\delta_2=15$mm。应先查标准，找出 $h=3$mm、$m_{max}=14.8$mm，然后算出 $l \geqslant 12+15+3+14.8+(0.2 \sim 0.3) \times 16=48 \sim 49.6$，再查螺栓标准中的 l 公称系列值，从中选取螺栓的公称长度 $l=50$mm。这样就确定螺栓的标记为：

螺栓 GB/T 5782　M16×50。

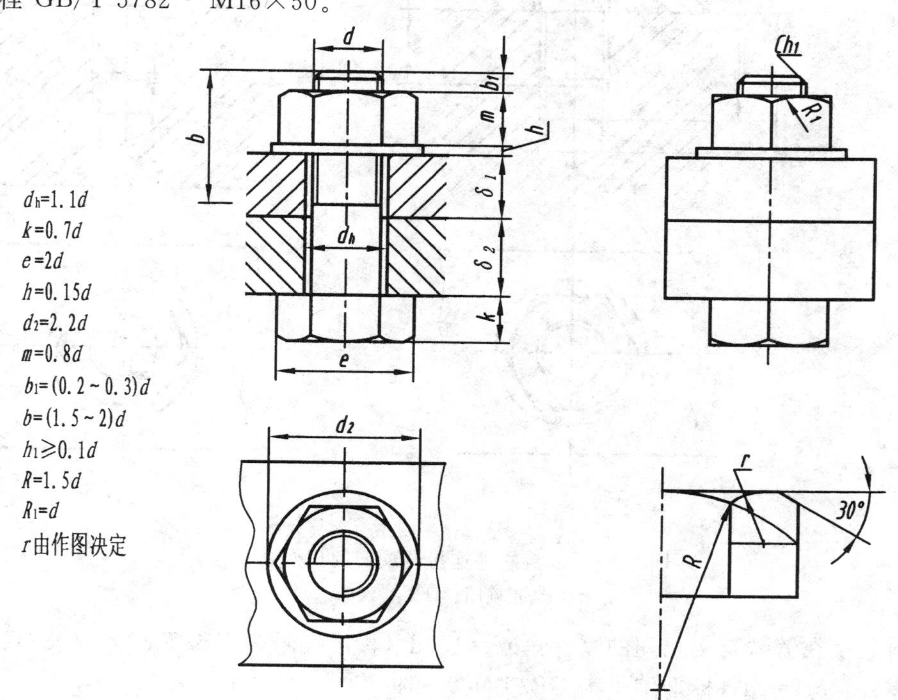

图 8-3　六角头螺栓连接装配图的比例画法

为了画图方便，装配图中的螺纹紧固件可以不按标准中规定的尺寸画出，而采用按螺纹大径（d）的比例值画图，如图 8-3 所示，这种近似画法称为比例画法。图中右下角的图形是主视图中螺栓的六角头和六角螺母上的倒角及截交线画法的局部放大图。

三、双头螺柱连接

双头螺柱连接是用双头螺柱、垫圈、螺母来紧固被连接零件的，如图 8-2（b）所示。被连接零件中的一个件加工出螺孔，其余零件加工出通孔。图 8-4 中选用了弹簧垫圈，它能起防松作用。

双头螺柱两端都有螺纹，一端必须全部旋入被连接零件的螺孔内，称为旋入端；另一端用以拧紧螺母，称为紧固端。如图 8-4 所示，旋入端的长度 b_m 与螺孔和钻孔的深度尺寸 L_2 和 L_3，由螺纹大径和加工出螺孔的零件材料决定，螺孔和钻孔深度的尺寸数值可查有关标准。按旋入端长度 b_m 不同，国家标准规定双头螺柱有下列四种：

用于：钢、青铜零件：b_m＝1d（标准编号为 GB/T 897—1988）。

铸铁零件：b_m＝1.25d（标准编号为 GB/T 898—1988）。

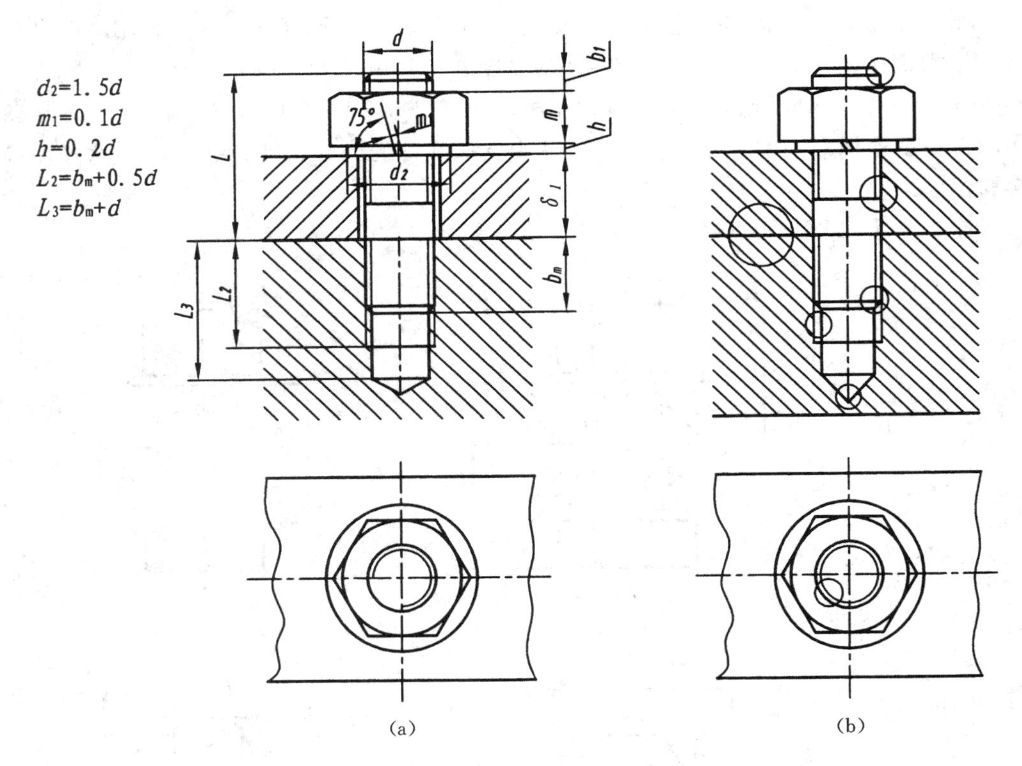

图 8-4　双头螺柱连接装配图的比例画法

（a）正确图；（b）错误图

材料强度在铸铁与铝之间的零件：b_m＝1.5d（标准编号为 GB/T 899—1988）。

铝零件：b_m＝2d（标准编号为 GB/T 900—1988）。

画双头螺柱连接的装配图和画螺栓连接的装配图一样，应先计算出双头螺柱的近似长

度 l [$l \geqslant \delta$（加工出通孔的零件的厚度）$+h+m+b_1$]，再取标准长度值，然后确定双头螺柱的标记。装配图的比例画法如图 8－4（a）所示。图中未注出比例值的尺寸，都与螺栓连接装配图中对应处的比例画法相同。

四、螺钉连接

螺钉连接不用螺母，被连接零件中的一个加工出螺孔，其余零件加工出通孔，如图 8－5 所示。

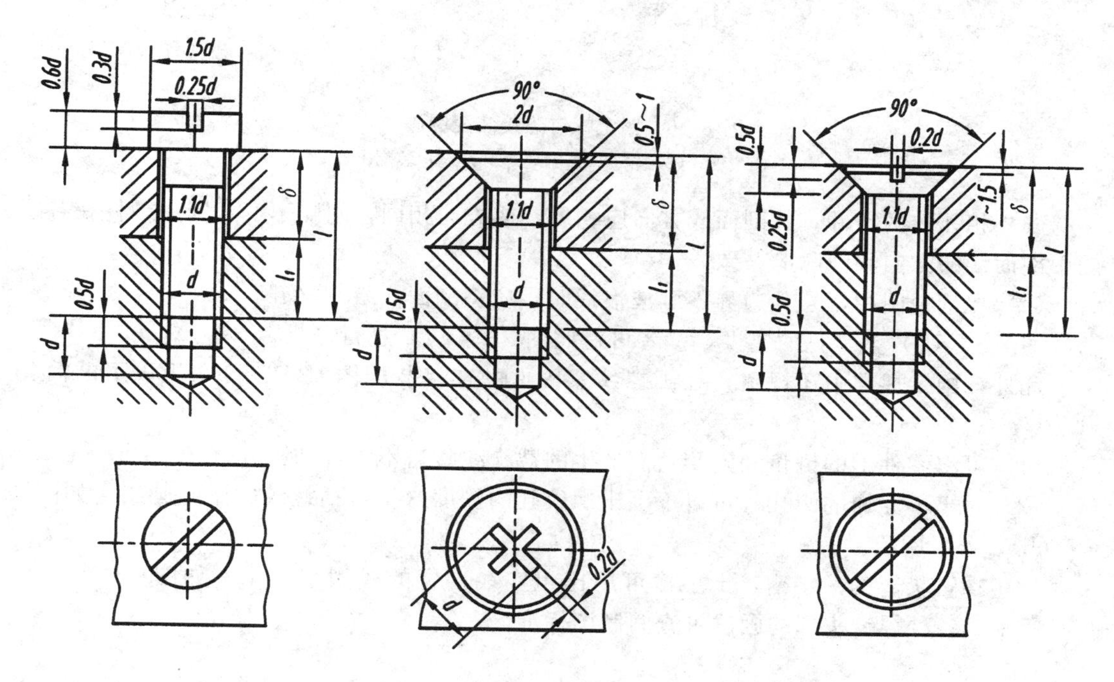

图 8－5　常见螺钉连接装配图的比例画法

画螺钉连接的装配图时，也要先计算出螺钉的近似长度 l [$l \geqslant \delta$（加工出通孔的零件厚度）$+L_1$（螺钉旋入螺孔的深度）]，再取标准长度值。螺钉旋入螺孔的深度 l_1 的大小，也与螺纹大径和加工出螺孔的零件材料有关，画图时，可按双头螺柱旋入端长度 b_m 的计算方法来确定，最后确定螺钉的标记。螺钉装配的比例画法如图 8－5 所示。要注意螺钉头部起子槽的画法，它在主、俯两个视图之间是不符合投影关系的，在俯视图上要与圆的对称中心线成 45°倾斜。

紧定螺钉用来固定两个零件的相对位置，图 8－6（d）就是紧定螺钉连接装配图的画法。

五、螺纹紧固件连接装配图的规定画法

从以上螺栓连接、双头螺柱连接和螺钉连接的画法可以看出，在画螺纹紧固件的连接装配图时，应遵守下列规定：

（1）两零件的接触面只画一条线，不接触面应画两条线。

（2）在剖视图中，若剖切平面通过螺纹紧固件的轴线时，这些标准件均按不剖处理，仍画其外形。

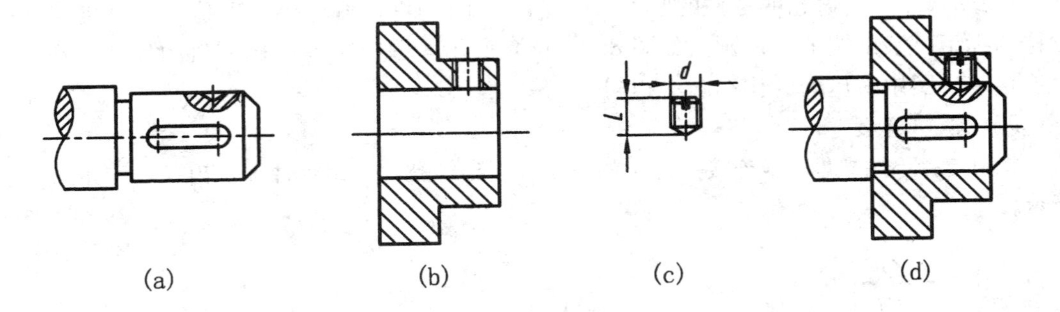

图 8-6　紧定螺钉连接装配图画法

(a) 轴；(b) 轮；(c) 紧定螺钉；(d) 装配图

(3) 相邻的两零件，其剖面线方向应相反，或方向相同，间隔不等。同一零件在各视图中剖面线的方向和间隔应一致。

(4) 在剖视图中，当其边界不画波浪线时，应将剖面线绘制整齐。

图 8-4 (b) 是常见的错误，读者可对照图 8-4 (a) 进行分析。

此外，国家标准中还规定，在画螺纹紧固件的连接装配图时，还可采用以下的简化画法：

(1) 可将零件上的倒角和因倒角而产生的截交线省略不画，如图 8-7 (a) 所示。

(2) 对于不穿通的螺孔，可以不画出螺纹孔的深度（不包括螺纹收尾）画出，如图 8-7 (b)、(c) 所示。

(3) 螺钉头部的一字槽、十字槽可用比粗实线稍宽的线型来表示，如图 8-7 (b)、(c) 所示。各种螺钉头部的画法可查阅制图标准。

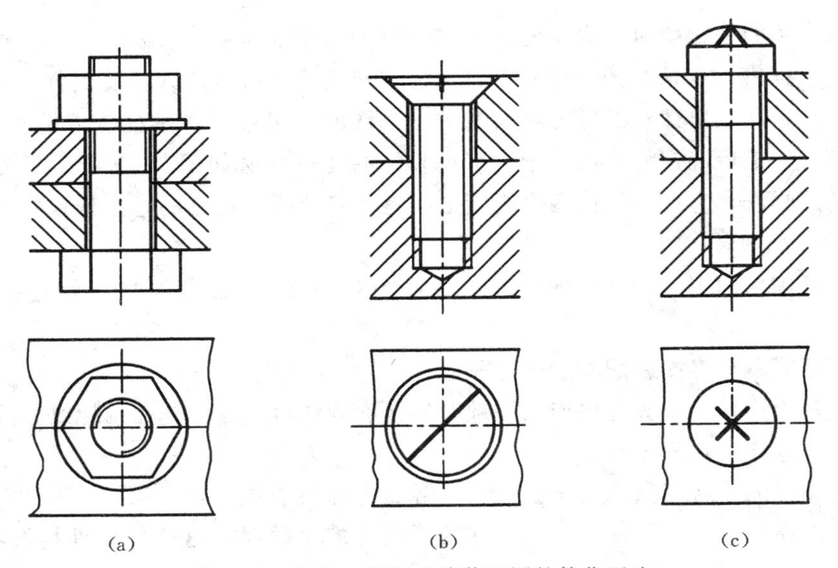

图 8-7　螺栓、螺钉连接装配图的简化画法

§8－2 键 与 销

一、键联结

为了使轮、轴联结到一起同时转动，在轴及孔的轮毂处分别开一键槽，并将键嵌入，如图 8－8 所示。常用的键有普通平键、半圆键、钩头楔键三种，如图 8－9 所示。用键联结轴和轮时，必须在轴和轮上加工出键槽。装配好后，键有一部分嵌在轴上的键槽内，另一部分嵌在轮上的键槽内，这样就保证了轮和轴一起转动。

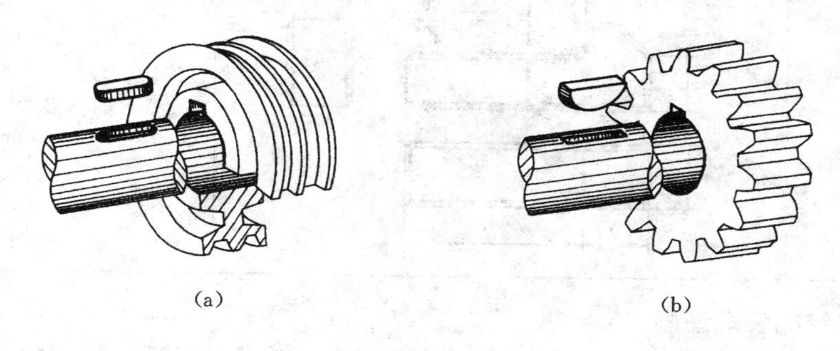

(a)　　(b)

图 8－8　键联结

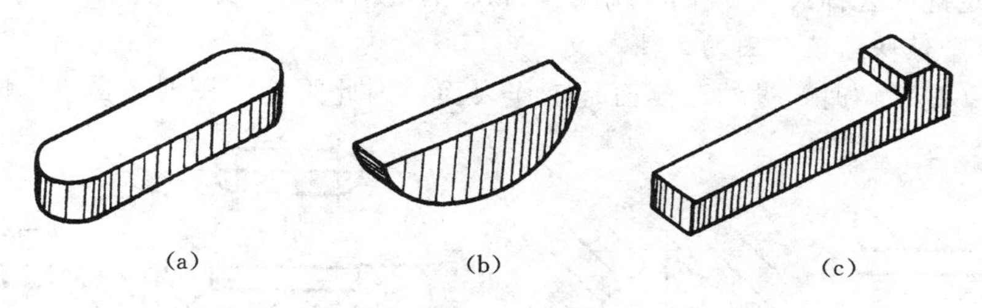

(a)　　(b)　　(c)

图 8－9　键

(a) 普通平键；(b) 半圆键；(c) 钩头楔键

二、键的种类和标记

它们的简图和标记如表 8－2 所示。

表 8－2　　常用键的简图和标记举例

名称及标准编号	图　例	标记示例及说明
普通平键 GB/T 1096—2003	h b l	GB/T 1096　键 8×7×30 [表示圆头普通平键（A型），其宽度 b=8mm，高度 h=7mm，长度 l=30mm]

续表

名称及标准编号	图　例	标记示例及说明
半圆键 GB/T 1099—2003		GB/T 1099　键 6×10×25 [表示半圆键，其宽度 $b=6$mm，高度 $h=10$mm，直径 $d_1=2.5$mm]
钩头楔键 GB/T 1565—2003		GB/T 1565　键 8×30 [表示钩头楔键，其宽度 $b=8$mm，长度 $l=30$mm]

三、键联结的装配图画法

画键联结的装配图时，首先要知道轴的直径和键的型式，然后根据轴的直径查出有关标准值，确定键的公称尺寸 b 和 h、d_1、轴和轮的键槽尺寸以及选定键的标准长度。

1. 普通平键联结装配图的画法

用普通平键联结时，键的两侧面是工作表面，因此画装配图时（图 8-10），键的两

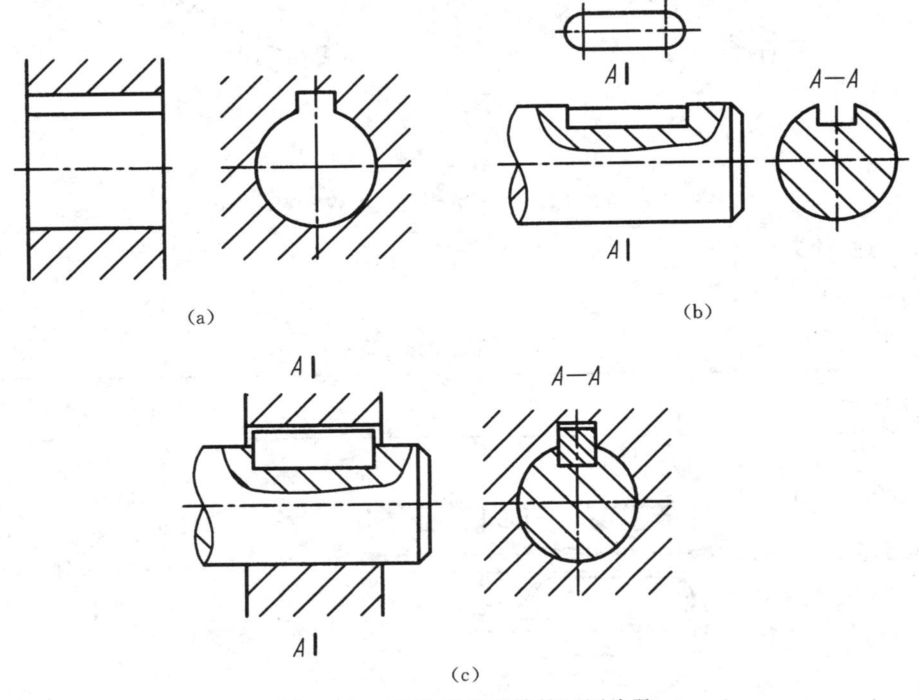

图 8-10　普通平键联结的画图步骤

侧面和下底面应和轴底面，轴轮两侧面接触，而键的上底面和轮上的键槽底面间应有间隙。此外，在剖视图中，当剖切平面通过键的纵向对称平面时，键按不剖绘制；当剖切平面垂直于轴线剖切键时，被剖切的键应画出剖面线。

2. 半圆键和钩头楔键联结的装配图画法

半圆键联结的装配图画法和普通平键联结的装配图画法类似，如图 8-11 所示。

在钩头楔键联结中，键的斜面与轮上键槽的斜面必须紧密接触，图上不能有间隙，如图 8-12 所示。

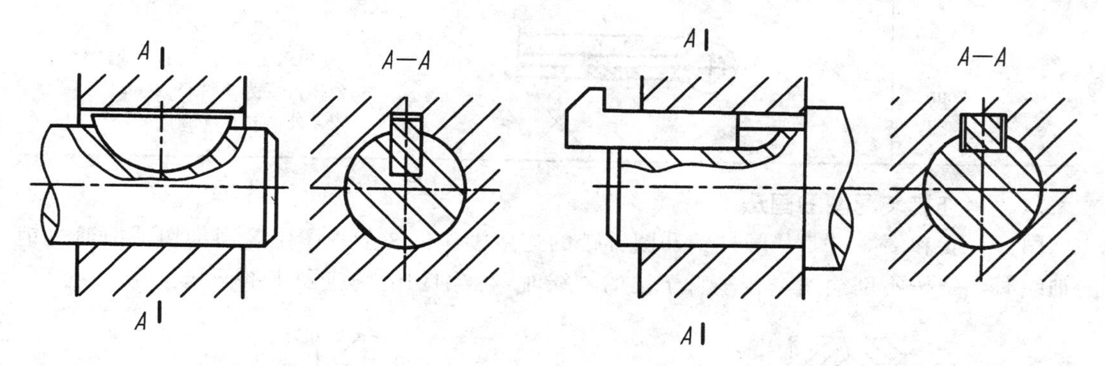

图 8-11 半圆键联结装配图的画法

图 8-12 钩头楔键联结装配图的画法

四、销连接

常用的销有圆柱销、圆锥销和开口销，如图 8-13 所示，圆柱销和圆锥销通常用于零件间的连接或定位，而开口销则用来防止螺母回松或固定其他零件。

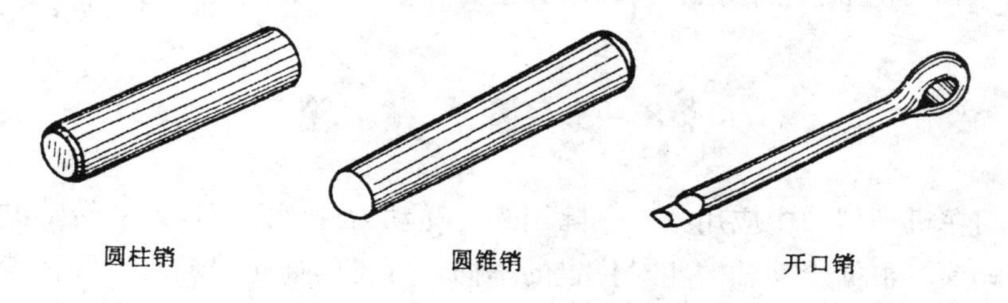

图 8-13 常用销

五、销的种类和标记

销的简图和简化标记举例见表 8-3。

表 8-3 **销的简图和简化标记举例**

名称标准编号	图　例	标记示例及说明
圆柱销 GB/T 119.1—2000	d l	销 GB/T 119.1　$dh8\times l$ ［表示公称直径为 d、公差为 $h8$ 公称长度为 l、材料为钢、不淬火、不经表面处理的圆柱销］

续表

名称标准编号	图　　例	标记示例及说明
圆锥销 GB/T 117—2000	1:50 d l	销 GB/T 117　$d\times l$ ［表示公称直径为 d、公称长度为 l、材料为 35 钢、热处理硬度 28～38HRC、表面氧化处理的 A 型圆锥销］
开口销 GB/T 91—2000	l d	销 GB/T 91　$d\times l$ ［表示公称直径为 d、公差为 $h8$ 公称长度为 l 材料为 Q215、不经表面处理的开口销］

六、销连接装配图的画法

图 8－14 和图 8－15 是圆柱销和圆锥销的连接画法。在剖视图中，当剖切平面通过销的轴线时，销按不剖绘制；若垂直于销的轴线时，被剖切的销应画出剖面线。

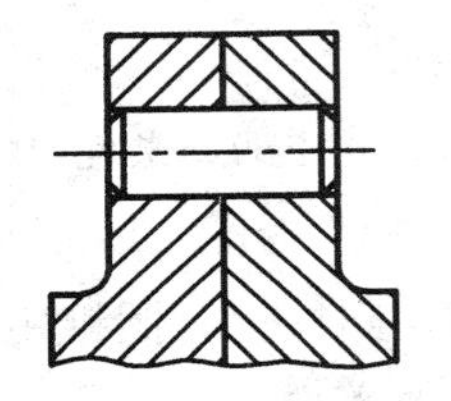

图 8－14　圆柱销连接装配图

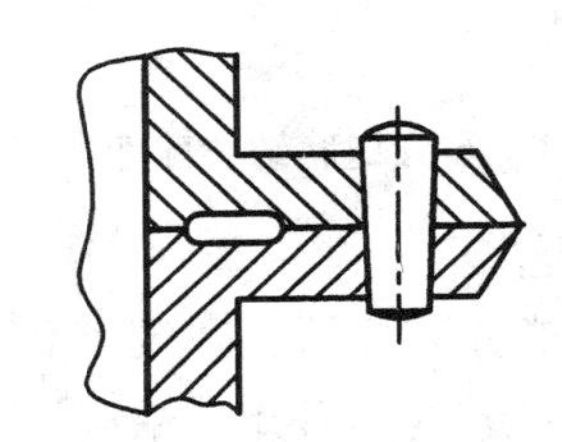

图 8－15　圆锥销连接装配图

§8－3　齿　　　轮

齿轮传动在机械传动中应用很广，除用来传递动力外，还可以改变转动方向、转动速度和运动方式等。根据传动轴的相对位置的不同，常见的齿轮传动有：**圆柱齿轮传动**——用于两平行轴的传动；**锥齿轮传动**——用于两相交轴的传动；**蜗轮蜗杆传动**——用于两交叉轴的传动，如图 8－16 所示。

齿轮上的齿称为**轮齿**，当圆柱齿轮的轮齿方向与圆柱的素线方向一致时，称为**直齿圆柱齿轮**。轮齿的齿廓形状最常见的是渐开线，有的齿廓是摆线或圆弧。下面主要介绍直齿圆柱齿轮的基本知识和画法。

一、直齿圆柱齿轮的轮齿的各部分名称、基本参数和尺寸关系（参见图 8－17）

1. 齿轮轮齿的各部分名称（GB/T 3374）

齿顶圆（直径 d_a）——通过齿顶的圆。

齿根圆（直径 d_f）——通过齿根的圆。

分度圆（直径 d）——作为计算轮齿各部分尺寸的基准圆。

节圆——当两齿轮传动时，其齿廓（轮齿在齿顶圆和齿根圆之间的曲线段）在连心线

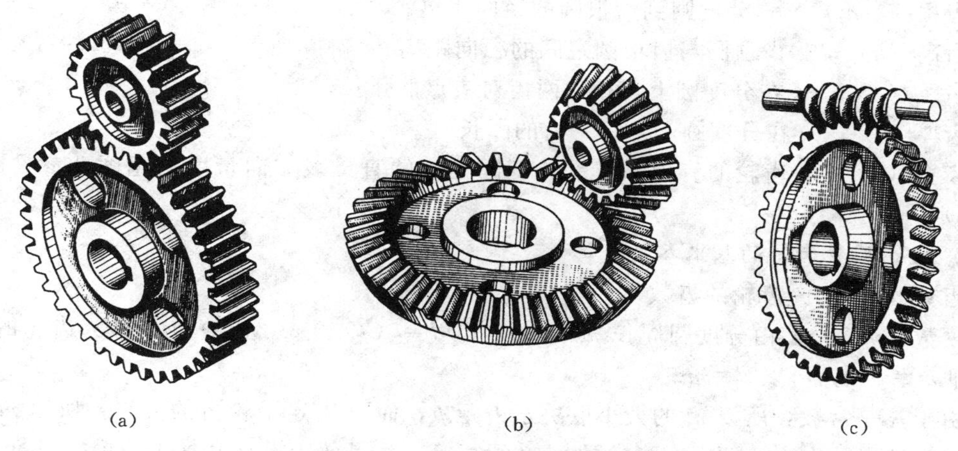

图 8-16　常见的三种齿轮传动

(a) 圆柱齿轮传动；(b) 圆锥齿轮传动；(c) 蜗轮蜗杆传动

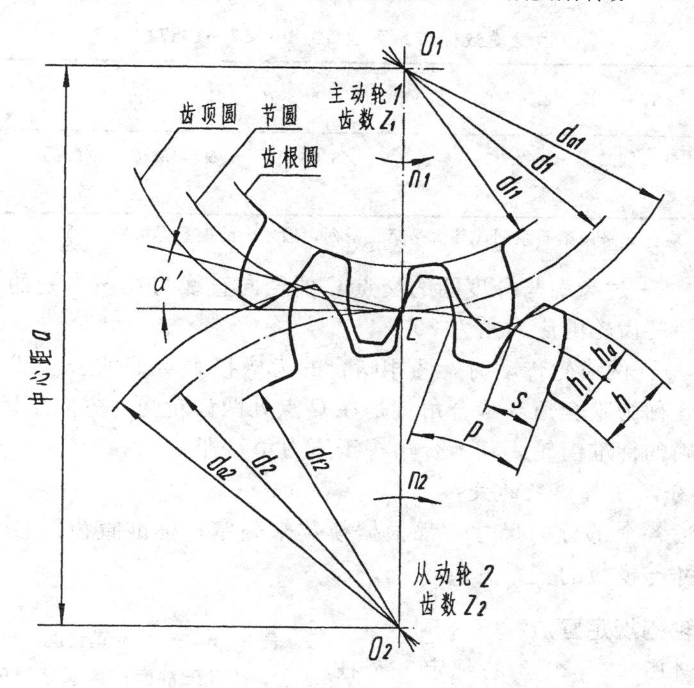

图 8-17　直齿圆柱齿轮轮齿各部分名称

O_1O_2 上的接触点 C 处，两齿轮的圆周速度相等，以 O_1C 和 O_2C 为半径的两个圆称为相应齿轮的节圆。由此可见，两个节圆相切于 C 点（称为节点）。节圆直径只有在装配后才能确定。一对装配准确的标准齿轮[1]，其节圆和分度圆重合。

齿顶高（h_a）——分度圆到齿顶圆的径向距离。

---

[1] 凡模数、压力角、齿顶高系数（$=h_a/m$）和径向间隙系数 [$=(h_f-h_a)/m$]，均取标准值，且分度圆上的齿厚和齿槽宽（$=p-s=p/2$）相等的齿轮，称为标准齿轮

齿根高（h_f）——分度圆到齿根圆的径向距离。

齿高（h）——齿顶圆与齿根圆之间的径向距离。

齿距（p）——在分度圆上，相邻两齿对应点的弧长。

齿厚（s）——在分度圆上，每一齿的弧长。

齿宽（b）——齿轮的有齿部位沿分度圆柱面的直母线方向量度的宽度［参见图 8－18（a）］。

2. 直齿圆柱齿轮的基本参数

齿数（z）——齿轮的齿数。

模数（m）——由分度圆周长 $\pi d = zp$，得 $d=(p/\pi)z$。比值 p/π 称为齿轮的模数 m，即 $m=p/\pi$，所以 $d=mz$。

由于 π 是常数，所以 m 的大小取决于齿距 p，而 p 决定了轮齿的大小，所以 m 的大小即反映轮齿的大小。两啮合齿轮的 m 必须相等。为了便于设计和加工，模数已标准化，见表 8－4。

表 8－4　齿轮模数标准系列（GB/T 1357—1987）

第一系列	1　1.25　1.5　2　2.5　3　4　5　6　8　10　12　16　20　25　32　40　50
第二系列	1.75　2.25　2.75　(3.25)　3.5　(3.75)　4.5　5.5　(6.5)　7　9　(11)　14　18　22　28　36　45

注　在选用模数时，应优先采用第一系列，其次是第二系列，括号内的模数尽可能不用。

压力角（α）——过齿廓与分度圆的交点 C 的径向直线与在该点处的齿廓切线所夹的锐角。我国规定标准齿轮的压力角为 20°。

啮合角（α'）——两齿轮传动时，两相啮合的齿廓接触点处的公法线与两节圆的内公切线所夹的锐角，称为啮合角。啮合角就是在 C 点处两齿轮受力方向与运动方向的夹角。

一对装配准确的标准齿轮，其啮合角等于压力角，即 $\alpha=\alpha'$。

3. 轮齿各部分尺寸与模数的关系

标准齿轮轮齿各个部分的尺寸，都根据模数来确定；标准直齿圆柱齿轮轮齿（正常齿）各个部分尺寸与模数的关系见表 8－5。

表 8－5　标准直齿圆柱齿轮轮齿（正常齿）各部分的尺寸关系

名　称	尺寸关系
齿顶高	$h_a=m$
齿根高	$h_f=1.25m$
齿高	$h=h_a+h_f=2.25m$
分度圆直径	$d=mz$
齿顶圆直径	$d_a=d+2h_a=m(z+2)$
齿根圆直径	$d_f=d-2h_f=m(z-2.5)$
两啮合齿轮中心距	$a=(d_1+d_2)/2=m(z_1+z_2)/2$

二、圆柱齿轮的规定画法

根据 GB/T 4459.2—2003 的规定，圆柱齿轮的画法如下。

1. 齿轮轮齿部分的画法（参见图 8－18）

（1）齿顶圆和齿顶线用粗实线绘制。

（2）分度圆和分度线用细点画线绘制（分度线应超出轮齿两端 2～3mm）。

（3）齿根圆和齿根线用细实线绘制，也可省略不画，如图 8－18（a）所示。

（4）在剖视图中，齿根线用粗实线绘制，

当剖切平面通过齿轮的轴线时，轮齿一律按不剖绘制，如图 8－18（b）所示。如需表示斜齿与人字齿的齿线形状时，可用三条与齿线方向一致的细实线表示如图 8－18（c）、（d）所示。

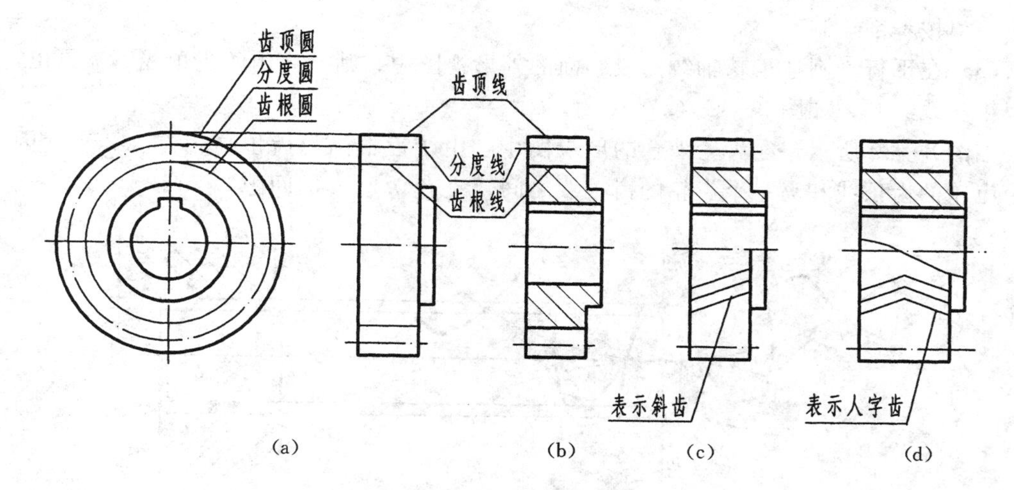

图 8－18　圆柱齿轮的画法

（a）直齿（外形视图）；（b）直齿（全剖视图）；（c）斜齿（半剖视图）；（d）人字齿（局部剖视图）

2. 单个圆柱齿轮的画法

单个圆柱齿轮的轮齿部分按上述规定绘制，其余部分按真实投影绘制，如图 8－18（a）、（b）、（c）、（d）所示。

3. 圆柱齿轮的啮合画法

（1）在垂直于圆柱齿轮轴线的投影面的视图中，两节圆应相切。在啮合区内的齿顶圆均用粗实线绘制，如图 8－19（a）所示；也可省略不画，如图 8－19（b）所示；齿根圆全部不画。

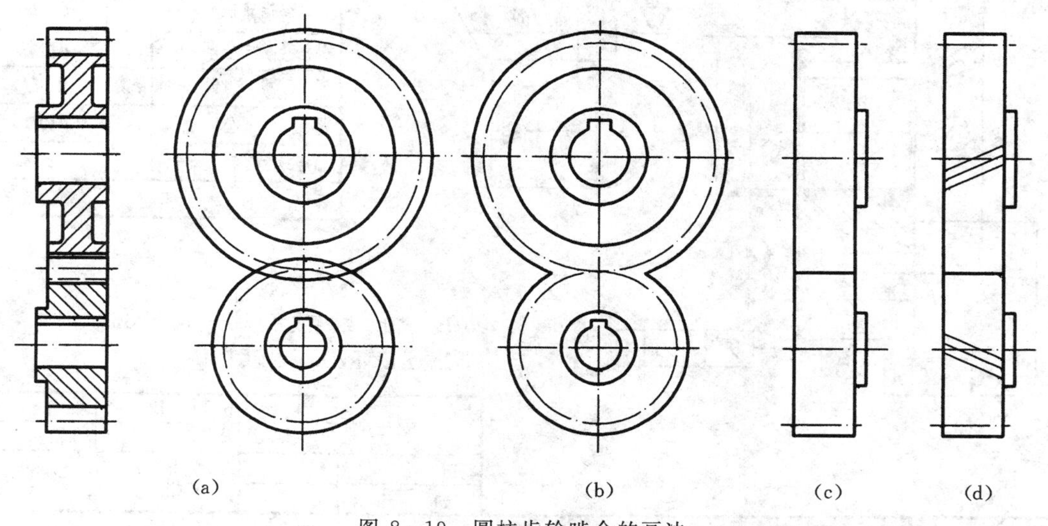

图 8－19　圆柱齿轮啮合的画法

（a）直齿（全剖视图）；（b）省略画法；（c）直齿（外形视图）；（d）斜齿（外形视图）

（2）当画成剖视图且剖切平面通过两啮合齿轮的轴线时，在啮合区内，将一个齿轮的轮齿用粗实线绘制，另一个齿轮的轮齿被遮挡的部分用虚线绘制，如图 8－19（a）主视图所示（这条虚线也可省略不画）。在剖视图中，当剖切平面不通过啮合齿轮的轴线时，齿轮一律按不剖绘制。

（3）在平行于圆柱齿轮轴线的投影面的外形视图中，啮合区内的齿顶线不需画出，节线用粗实线绘制，如图 8－19（c）、（d）所示。

如图 8－20 所示，在齿轮啮合的剖视图中，由于齿根高与齿顶高相差 0.25m，因此，一个齿轮的齿顶线和另一个齿轮的齿根线之间，应有 0.25m 的间隙。

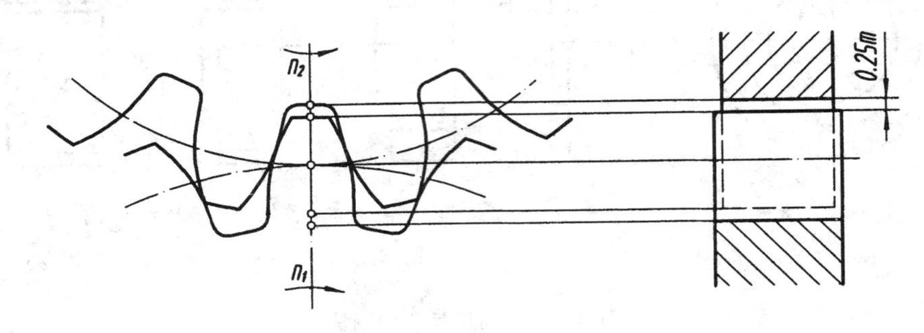

图 8－20　啮合齿轮的间隙

图 8－21 是一个直齿圆柱齿轮的零件图。

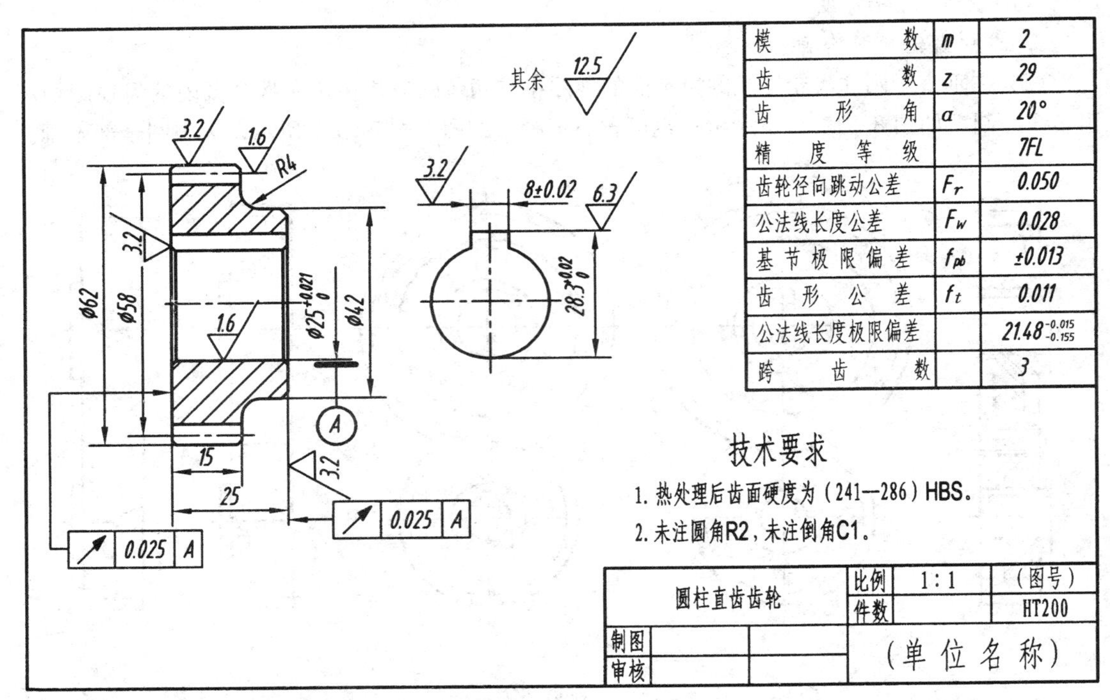

图 8－21　直齿圆柱齿轮的零件图

§8-4 滚 动 轴 承

滚动轴承是支承转动轴的标准部件。其主要优点是摩擦阻力小，结构紧凑。

滚动轴承一般由外圈（座圈）、内圈（轴圈）、滚动体和保持架（隔离圈）等零件组成。外圈安装在机座的孔内，内圈安装在轴上，滚动体和保持架安装在内外圈间滚道中。滚动轴承的类型很多，每一类型在结构上各有特点，可应用于不同的场合。表 8-6 列举了三种类型的滚动轴承（参见表左边一列的轴测图）。

一、滚动轴承表示法（GB/T 4459.7—1998）

国家标准规定，滚动轴承在装配图中有两种表示法：即简化画法和规定画法。简化画法中又有通用画法和特征画法两种。这些画法的具体规定摘要如下。

1. 基本规定

（1）图线。无论采用哪一种画法，其中的各种符号、矩形线框和轮廓线均用粗实线绘制。

（2）比例。绘制滚动轴承时，其矩形线框或外形轮廓的大小应与滚动轴承的外形尺寸一致，并与所属图样采用同一比例。

规定画法、特征画法的尺寸比例见表 8-6。通用画法的尺寸比例，如图 8-22 所示。

（3）剖面符号。

1）在剖视图中用简化画法绘制滚动轴承时，一律不画剖面符号（剖面线）。

2）在剖视图中采用规定画法绘制滚动轴承时，轴承的滚动体不画剖面线，其各套圈等可画成方向和间隔相同的剖面线。在不致引起误解时，也可以省略不画。

3）若轴承带有其他零件或附件时，其剖面线应与套圈的剖面线呈不同的方向或不同的间隔。在不致引起误解时，也允许省略不画。

2. 简化画法

采用简化画法绘制滚动轴承时，应采用通用画法或特征画法，但在同一图样中一般只采用其中的一种。简化画法应绘制在轴的两侧。

（1）通用画法。

1）在剖视图中，当不需要确切地表示滚动轴承的外形轮廓、载荷特性、结构特征时，可用矩形线框及位于线框中央正立的十字形符号表示。十字形符号不应与矩形线框接触，如图 8-23（a）所示。

2）如需确切地表示滚动轴承的外形，则应画出其断面轮廓，中间十字符号画法与上面相同，如图 8-23（b）所示。

（2）特征画法。在剖视图中，如需要较形象地表示滚动轴承的结构特征时，可采用在矩形线框内画出其结构要素符号的方法表示。表 8-6 中列出了深沟球轴承、圆锥滚子轴承和推力球轴承的特征画法。

在垂直于滚动轴承轴线的投影面的视图上，无论滚动体的形状（如球、柱、针等）及尺寸如何，均可按图 8-24 绘制。

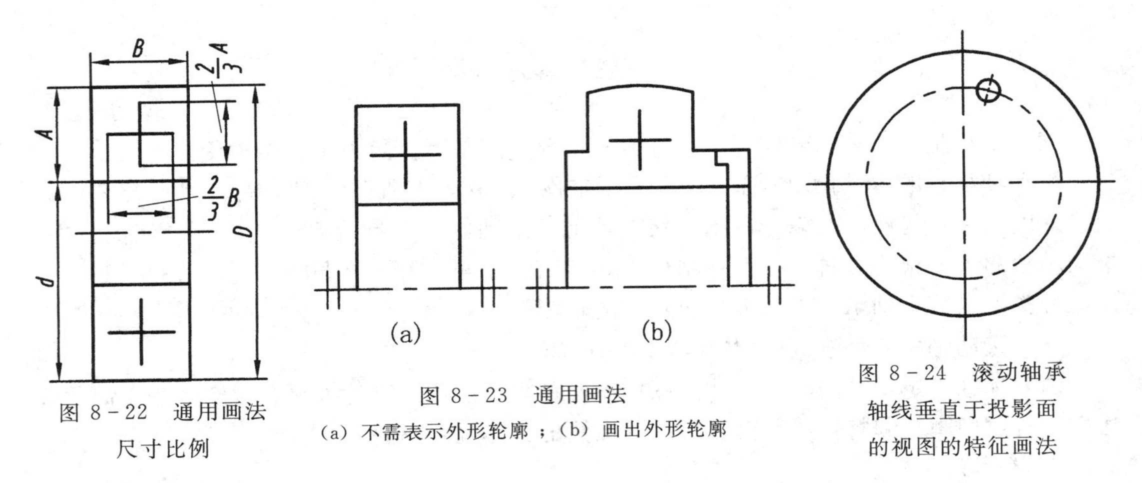

图 8-22　通用画法尺寸比例

图 8-23　通用画法
(a) 不需表示外形轮廓；(b) 画出外形轮廓

图 8-24　滚动轴承轴线垂直于投影面的视图的特征画法

3. 规定画法

在剖视图中，如需要表达滚动轴承的主要结构时，可采用规定画法。规定画法一般只绘制在轴的一侧，另一侧用通用画法绘制；在装配图中，滚动轴承的保持架及倒角等可省略不画。深沟球轴承、圆锥滚子轴承和推力球轴承的规定画法及尺寸比例见表 8-6。

表 8-6　　常用滚动轴承名称、类型、画法和标记

轴承名称类型及标准号	类型代号	规定画法	特征画法	标记及说明
深沟球轴承 60000 型 GB/T 276—1994 外圈 滚珠 内圈 隔离圈	6			滚动轴承 6204 GB/T 276—1994 [按 GB/T 276—1994 制造，内径代号为 04（公称内径为 20mm）直径系列代号为 2，宽度系列代号为 0（省略）的深沟球轴承]
圆锥滚子轴承 3000 型 GB/T 297—1994	3			滚动轴承 30205 GB/T 297—1994 [按 GB/T 297—1994 制造，内径代号为 05（公称内径为 25mm）尺寸系列代号为 02 的圆锥滚子轴承]

续表

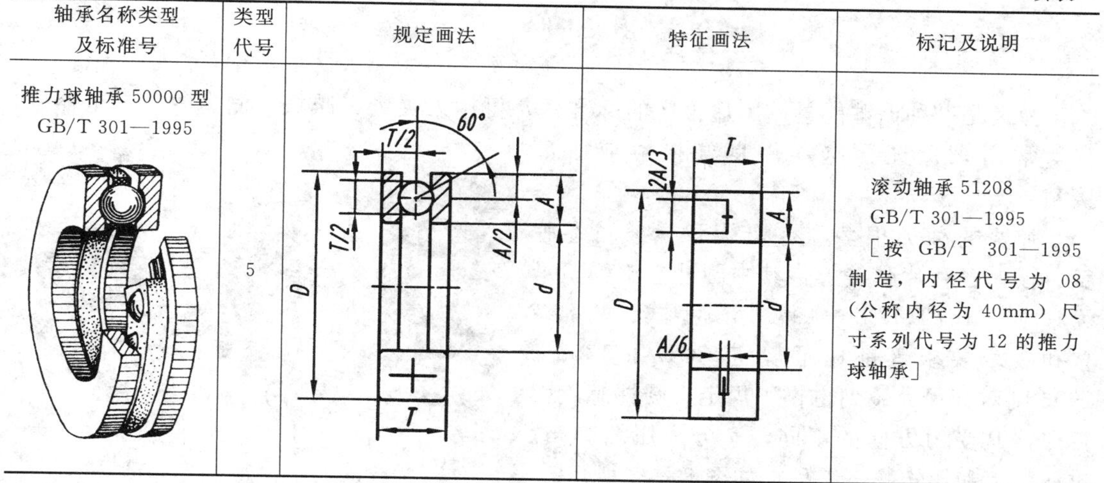

轴承名称类型及标准号	类型代号	规定画法	特征画法	标记及说明
推力球轴承 50000 型 GB/T 301—1995	5			滚动轴承 51208 GB/T 301—1995 ［按 GB/T 301—1995 制造，内径代号为 08（公称内径为 40mm）尺寸系列代号为 12 的推力球轴承］

二、滚动轴承的标记和代号（GB/T 272—1993，GB/T 271—1997）

滚动轴承的标记举例如表 8-6 所示。它由名称、代号和标准编号组成。其格式如下：

名称　代号　标准编号

名称：滚动轴承。

代号：各种不同的滚动轴承用代号表示。它由前置代号、基本代号、后置代号三部分组成。通常用其中的基本代号表示。基本代号表示轴承的基本类型、结构和尺寸，是轴承代号的基础。其中类型代号用数字或字母表示，其余都用数字表示，最多为 7 位。基本代号的排列形式为：

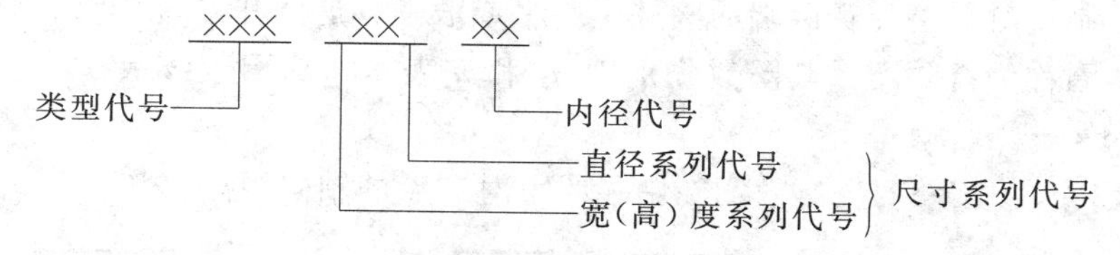

类型代号：表示轴承的基本类型。各种不同的轴承类型代号可查有关标准或轴承手册。例如深沟球轴承（GB/T 276—1994）的类型代号为 6。

尺寸系列代号：由轴承的宽度（高）度系列代号和直径系列代号组合而成。宽（高）度系列代号表示轴承的内、外径相同的同类轴承有几种不同的宽（高）度。直径系列代号表示内径相同的同类轴承有几种不同的外径。尺寸系列代号均可查阅有关标准。

内径代号：表示滚动轴承的内径尺寸。当轴承在 20～480mm 范围内，内径代号乘以 5 为轴承的公称内径。内径不在此范围内的，内径代号另有规定，可查阅有关标准或滚动轴承手册。

为了便于识别轴承，生产厂家一般将轴承代号打印在轴承圈的端面上。

例如：滚动轴承 6208 GB/T 276—1994

　　　滚动轴承 6308 GB/T 276—1994

　　　滚动轴承 6408 GB/T 276—1994

§8-5 弹　簧

弹簧是一种储蓄能量、用途很广的标准件，可用来夹紧、减振、测力等。在电器中，弹簧常用来保证导电零件良好接触或脱离接触。

弹簧的种类很多，有螺旋弹簧、涡卷弹簧、板弹簧和片弹簧等，其中圆柱螺旋弹簧最为常见，GB/T 1239—1992 对其型式、端部结构和技术要求等都作了规定，GB/T 1358—1993 则对其尺寸系列也作了规定。圆柱螺旋弹簧根据其受力方向的不同，又分为压缩弹簧、拉伸弹簧和扭转弹簧三种，如图 8-25 所示。

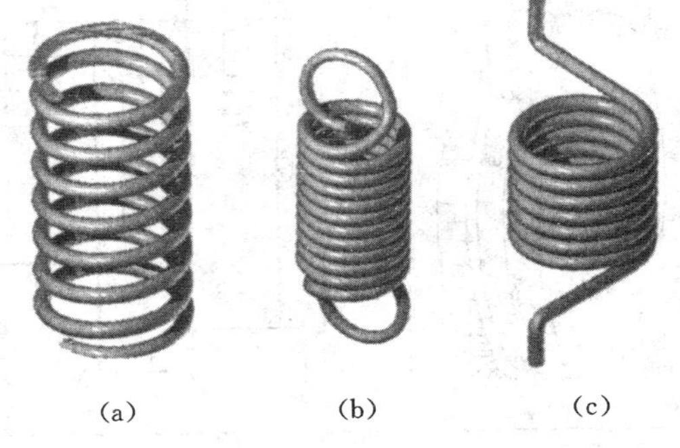

图 8-25　圆柱螺旋弹簧

(a) 压缩弹簧；(b) 拉伸弹簧；(c) 扭转弹簧

下面主要介绍圆柱螺旋压缩弹簧的有关术语、代号、规定画法和标记。

一、圆柱螺旋压缩弹簧各部分名称及其相互关系（图 8-26）

(1) 弹簧簧丝直径（d）：制造弹簧用的材料直径。

(2) 弹簧的外径（D_2）、内径（D_1）和中径（D）：外径 D_2 和内径 D_1 是弹簧的最大和最小直径，中径 $D= D_2-d=D_1+d$。

(3) 有效圈数（n）、支承圈数（n_2）和总圈数（n_1）：为了使压缩弹簧工作平稳，端面受力均匀，制造时需将弹簧两端的圈并紧磨平或锻平，这些并紧磨平或锻平的圈成为支承圈，其余的圈称为有效圈，其圈数分别用 n_2 和 n 表示，总圈数 $n_1=n+n_2$，n_2 一般为 1.5、2、2.5 圈。

(4) 节距（t）：相邻两个有效圈在中径线上对应点的轴向距离。

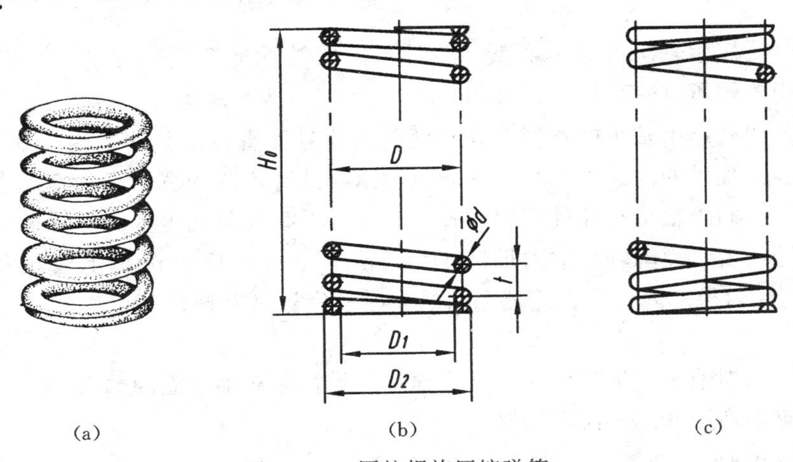

(a)　(b)　(c)

图 8-26　圆柱螺旋压缩弹簧

(a) 轴测图；(b) 全剖；(c) 不剖

(5) 自由高度（H_0）：未受负荷时的弹簧高度，$H_0 = nt + (n_2 - 0.5)d$。

(6) 展开长度（L）：制造弹簧时，所需钢丝的长度，称为展开长度。

$$L = \pi D n_1 / \cos\alpha \approx \pi D n_1$$

式中　α 为螺旋升角，一般为 5°～ 9°。

注意：GB/T 2089—1994 对圆柱螺旋压缩弹簧的 d、D、t、H_0、n、L 等尺寸都已作了规定，使用时可查阅该标准。

二、圆柱螺旋压缩弹簧的规定画法（GB/T 4459.4—2003）

根据 GB/T 4459.4—2003，螺旋弹簧的规定画法如下（参见图 8-26）。

(1) 在平行于螺旋弹簧轴线的投影面的视图中，各圈的轮廓应画成直线。

(2) 螺旋弹簧均可画成右旋，对必须保证的旋向要求在技术要求中注明。但左旋螺旋弹簧不论画成左旋还是右旋，一律要注出旋向“LH”。

(3) 对于螺旋压缩弹簧，如要求两端并紧且磨平时，不论支承圈的圈数多少和末端贴紧情况如何，均按图 8-26（b）、（c）的形式绘制，即有效圈是整数，支承圈为 2.5 圈。必要时也可按支承圈的实际结构绘制。

(4) 有效圈数在四圈以上的螺旋弹簧，其中间部分可以省略而只画出两端的 1～2 圈（支承圈除外）。中间部分省略后，用通过弹簧钢丝中心的两条细点画线表示，并允许适当缩短图形的长度。

(5) 在装配图中，型材尺寸较小（直径或厚度在图形上等于或小于 2mm）的螺旋弹簧，允许用示意图绘制，如图 8-27（a）所示。当弹簧被剖切时，断面直径或厚度在图形上等于或小于 2mm 时，也可用涂黑表示，如图 8-27（b）所示。

(6) 在装配图中，被弹簧挡住的结构一般不画出，可见部分应从弹簧的外轮廓线或从弹簧钢丝断面的中心线画起，如图 8-28 所示。

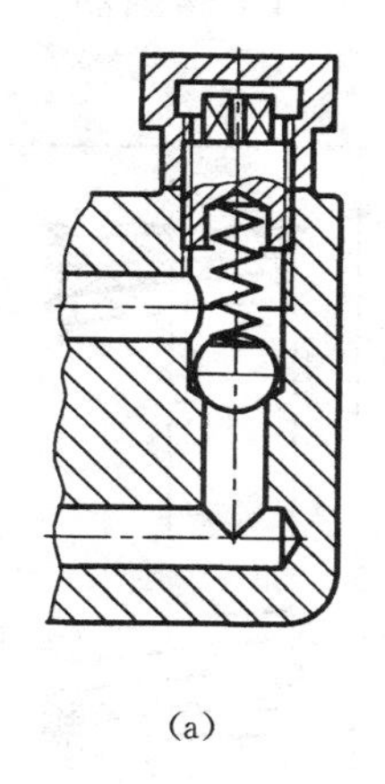

(a)

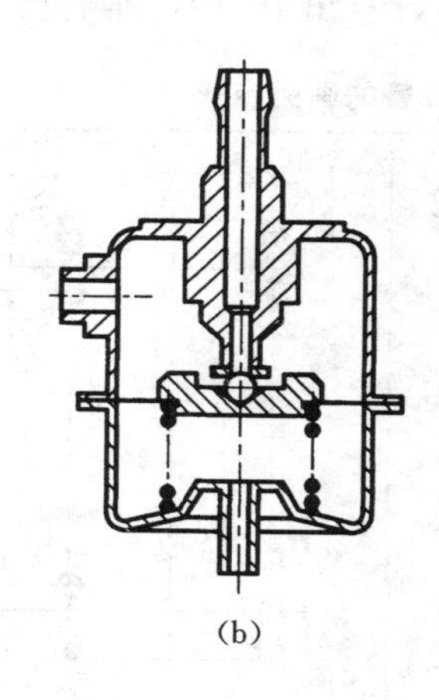

(b)

图 8-27　在装配图中，弹簧材料直径在图形上不大于 2mm 时的画法

（a）示意画法；（b）涂黑画法

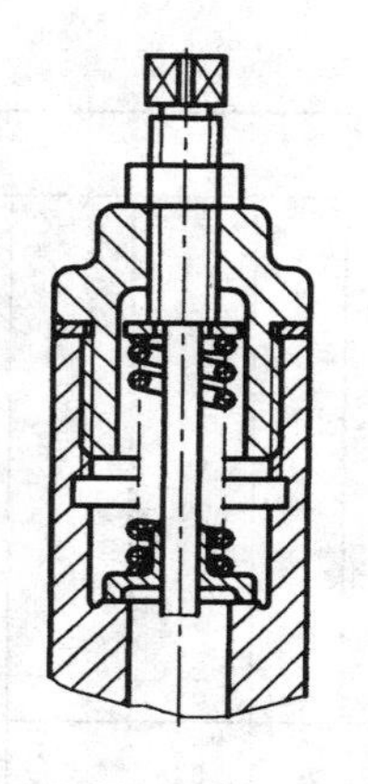

图 8-28　被弹簧挡住的零件结构的画法

三、圆柱螺旋压缩弹簧的标记

GB/T 2089—1994 规定圆柱螺旋压缩弹簧的标记内容及格式为：

名称　型式　$d\times D\times H_0$—精度　旋向　标准编号　材料牌号—表面处理

各项内容说明如下：

（1）圆柱螺旋压缩弹簧的名称用代号“Y”表示。

（2）型式用代号“A”或“B”表示。“A”为两端并紧磨平型，“B”为两端并紧锻平型。

（3）d、D、t、H_0 尺寸单位为 mm。

（4）精度用代号表示。制造精度分为 2、3 级，3 级右旋弹簧最多。如果按 3 级精度制造省略标注，按 2 级精度制造应注明“2”，

（5）旋向为左旋时，应注明“LH”，右旋不注。

（6）圆柱螺旋压缩弹簧的标准号为 GB/T 2089—1994。

（7）弹簧直径大小和加工工艺以及应用场合不同，其材料也不同，选用时可查有关标准。

（8）表面处理一般不表示。如要求镀锌、镀镉、磷化等镀层及化学处理时，应按有关标准规定标注。

标记示例：

【例 1】 圆柱螺旋压缩弹簧，A 型，材料直径为 1.2mm，弹簧中径为 8mm，自由高度为 40mm，精度为 2 级，左旋，材料为碳素弹簧钢丝 B 级，表面镀锌处理。其标记为：

YA　1.2 ×8×40－2 LH　GB/T 2089—1994　B 级—D—Zn

【例 2】 圆柱螺旋压缩弹簧，B 型，材料直径为 16mm，弹簧中径为 90mm，自由高度为 200mm，精度为 3 级，右旋，材料为 60Si2MnA，表面涂漆处理。其标记为：

YB　16×90×200　GB/T 2089—1994

四、圆柱螺旋压缩弹簧的画图步骤

当已知弹簧的簧丝直径 d、中径 D、自由高度 H。（画装配图时，采用初压后的高度）、有效圈数 n，总圈数 n_1 和旋向后，即可计算出节距 t，然后按表 8－7 的步骤画图。

表 8－7　圆柱螺旋压缩弹簧的画图步骤

图形	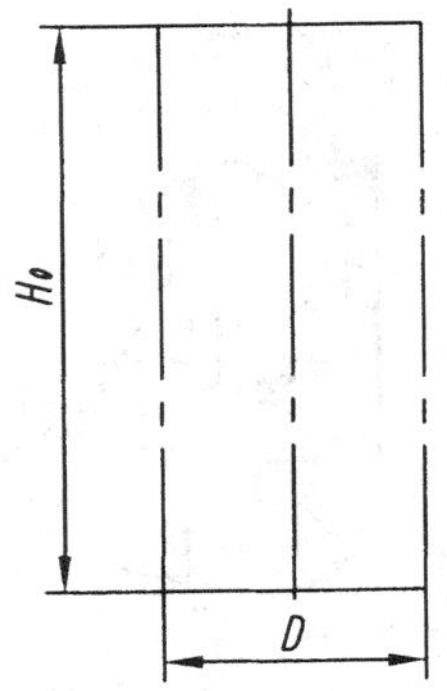 H_0　D (a)	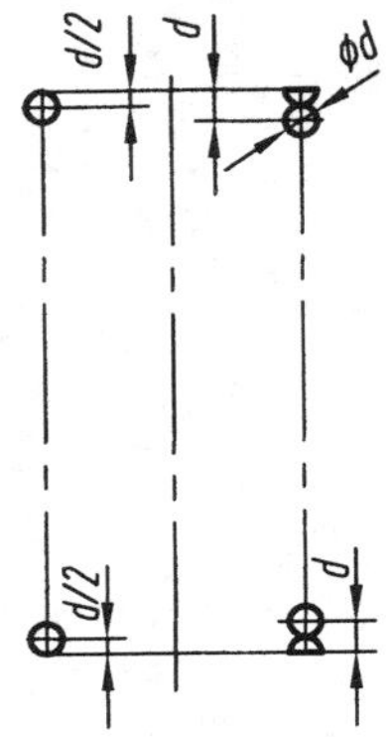 $d/2$　d　ϕd (b)	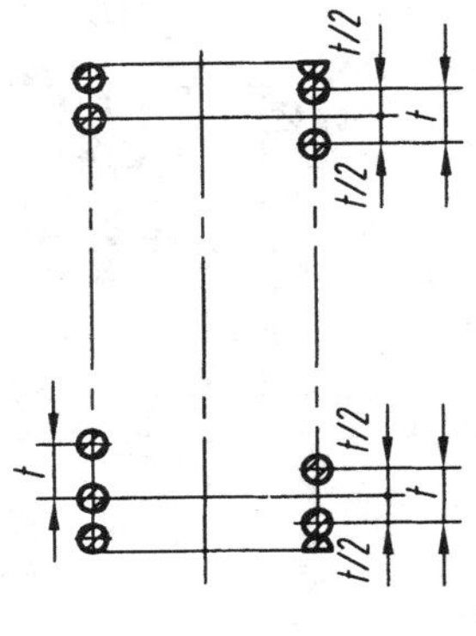 $t/2$　t (c)	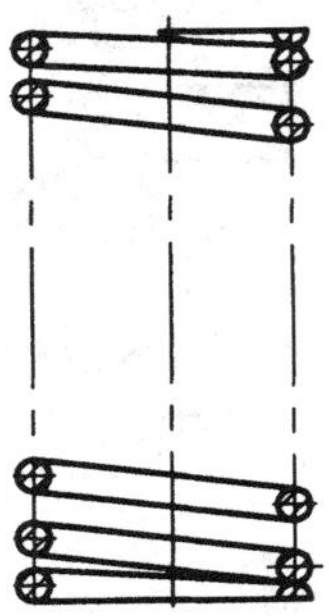 (d)
步骤	(a) 根据 D 作出左右两条中心线，根据 H_0 确定高度	(b) 根据 d 画出两端支承圈的小圆	(c) 根据 t 从圆心 a 和 b 画出几个有效圈的小圆	(d) 按右旋作相应小圆的外公切线，再画剖面线

圆柱螺旋压缩弹簧零件图的格式如图 8-29 所示，主视图上方的三角形表示该弹簧的机械性能，其中 P_1 为弹簧的预加负荷，P_2 为弹簧的最大负荷，P_j 为弹簧允许的极限负荷，F_1、F_2、F_j，分别为相应负荷下弹簧的轴向变形量。

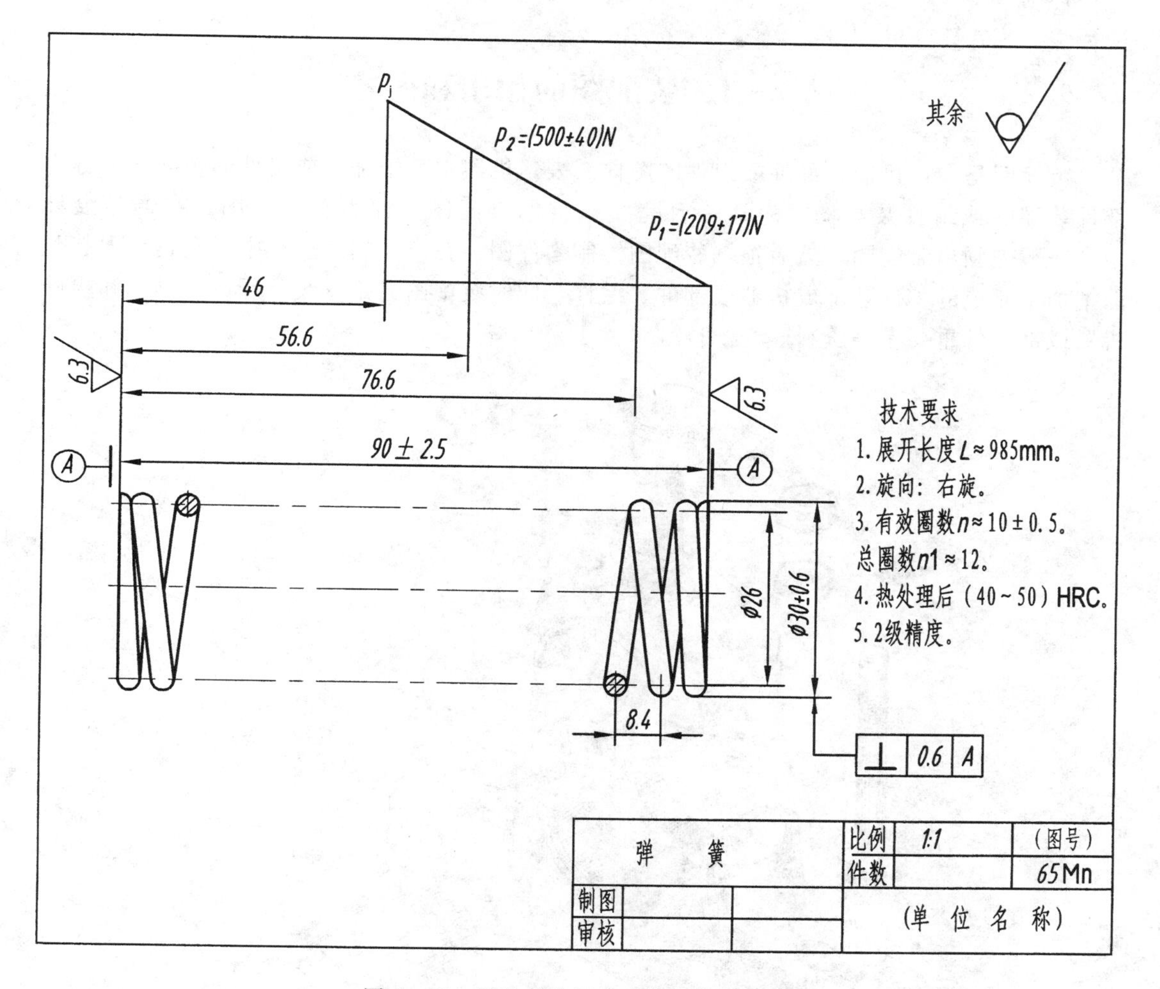

图 8-29 圆柱螺旋压缩弹簧零件图示例

GB/T 2087—1980 和 GB/T 2088—1997 中对圆柱螺旋拉伸弹簧的结构型式、尺寸、标记、画法等都作了规定，需要时可查阅该标准。圆柱螺旋拉伸弹簧以及其他弹簧的画法可查阅相关标准。

第九章 装 配 图

§9-1 装配图的作用和内容

装配图是表达机器、部件或组件的图样。表达机器中某个部件或组件的装配图，称为部件装配图或组件装配图。表达一台完整机器的装配图，称为总装配图。在产品设计中，一般先画出装配图，然后根据装配图绘制零件图；在产品制造过程中，则是根据装配图把加工制成的零件装配成机器或部件、组件，同时装配图又是安装、调试、操作和检修机器或部件的重要参考资料。

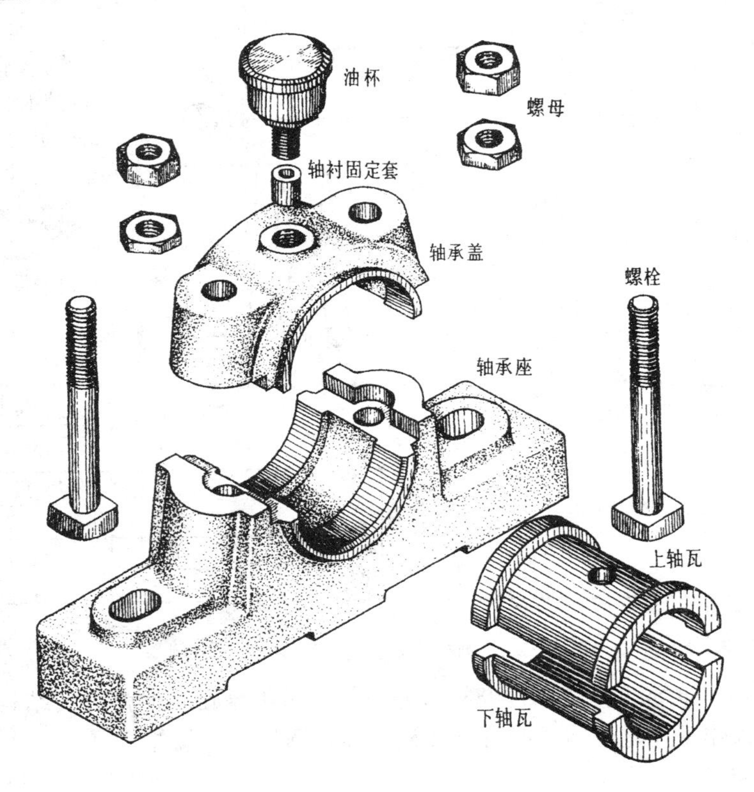

图 9-1 滑动轴承

如图 9-2 是滑动轴承的装配图，图 9-1 是它的轴测分解图。滑动轴承是用来支承转动轴的一个部件。轴瓦是上下两半组成，采用耐磨和耐腐蚀的锡青铜轴瓦。因轴在轴承中转动，会产生摩擦和磨损。轴瓦上方及左、右侧开有导油槽，使润滑更为均匀。轴承盖与轴承座之间做成阶梯止口配合，以防止盖和座之间的横向错动；固定套防止轴瓦发生转动。采用方头螺栓，使拧紧螺母时螺杆不发生相对转动，并采用双螺母防松。

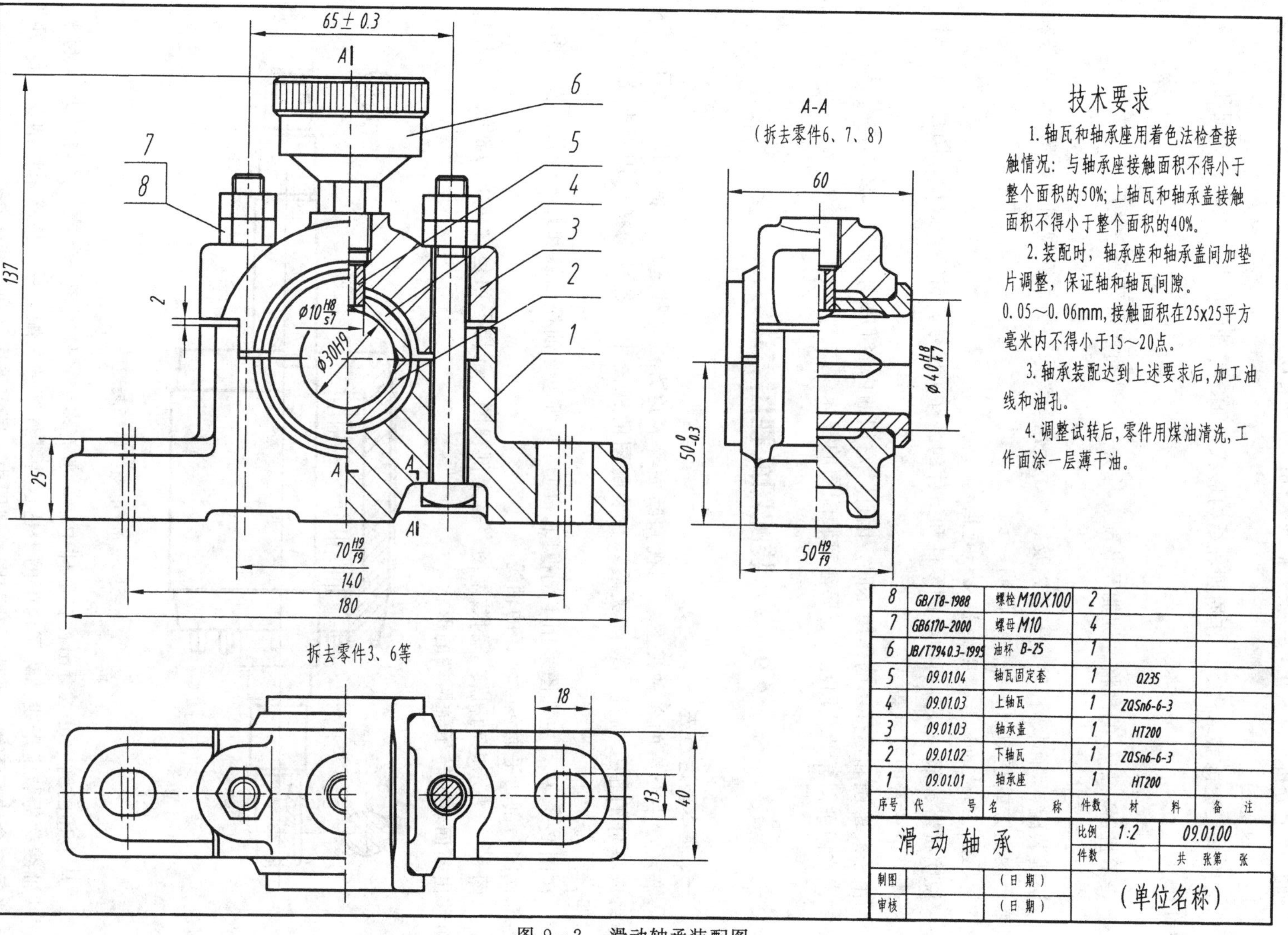

技术要求

1. 轴瓦和轴承座用着色法检查接触情况：与轴承座接触面积不得小于整个面积的50%；上轴瓦和轴承盖接触面积不得小于整个面积的40%。

2. 装配时，轴承座和轴承盖间加垫片调整，保证轴和轴瓦间隙。0.05～0.06mm，接触面积在25x25平方毫米内不得小于15～20点。

3. 轴承装配达到上述要求后，加工油线和油孔。

4. 调整试转后，零件用煤油清洗，工作面涂一层薄干油。

序号	代号	名称	件数	材料	备注
8	GB/T8-1988	螺栓 M10X100	2		
7	GB6170-2000	螺母 M10	4		
6	JB/T7940.3-1995	油杯 B-25	1		
5	09.01.04	轴瓦固定套	1	Q235	
4	09.01.03	上轴瓦	1	ZQSn6-6-3	
3	09.01.03	轴承盖	1	HT200	
2	09.01.02	下轴瓦	1	ZQSn6-6-3	
1	09.01.01	轴承座	1	HT200	

滑动轴承		比例	1:2	09.01.00
		件数		共 张第 张
制图	（日期）	（单位名称）		
审核	（日期）			

图 9－2　滑动轴承装配图

通过以上分析可以看出，一张完整的装配图应具有以下内容：

1. 一组视图

它用来表达机器结构、工作原理、结构形状特征、零件间的相对位置、装配和连接关系等。

2. 必要的尺寸

表示机器、部件的规格、性能及装配、检验、安装时所需要的一些尺寸。

3. 技术要求

说明装配、调试、检验、安装以及维修、使用等要求。无法在视图中表示时，一般在明细栏的上方或左侧用文字加以说明。

4. 零、部件的编号、明细栏及标题栏

说明机器、部件及其所包含的零件和组件的名称、代号、材料、数量、图号、比例以及设计、审核者的签名等。

由于装配图和零件图的作用不同，因此，它们的内容和要求有很大区别。在学习中，要掌握这两种图样的共同点，还要注意装配图的特殊点。

§9-2 装配图的视图表达方法

一、基本表达方法

第六章中介绍的各种视图、剖视和断面等表达方法，都适用于装配图。为了表达各组成零件的相互位置、装配关系，在装配图的视图中，各种剖视应用得非常广泛。例如：

在图 9-2 中，主视图采用半剖视图，剖切平面包含油杯轴线和螺栓轴线；左视图是半剖视图，剖切平面包含轴瓦的轴线。

图 9-3 表示电动机转子的装配图，是半剖视图，剖切平面包含转子的轴线，并用两个移出断面表示转子轴两端的形状。

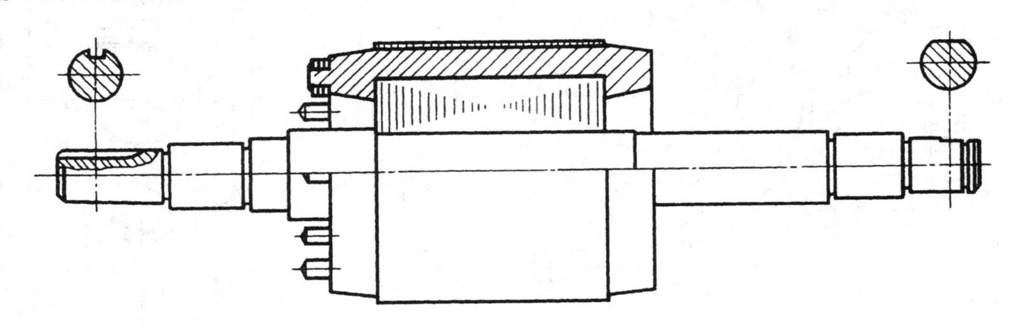

图 9-3　电动机转子装配图

从上述图例中可以看出：在部件中，一般有多个零件围绕一条或几条轴线装配起来，这些轴线称为**装配干线**。为了清晰的表达这些零件间的装配关系，应该采用剖视，剖切平面必须包含装配干线。另外，装配图的视图中，还需采用下列一些表达方法。

二、规定画法

1．零件间接触面和配合面的画法

装配图中，零件间的接触面和两零件的配合表面（如轴与轴承孔的配合面等）都只画一条线。不接触或不配合的表面（如相互不配合的螺钉与通孔），即使间隙很小，也应画成两条线，如图 9－4 所示。

2．剖面符号的画法

(1) 为了区别不同零件，在装配图中，相邻两零件的剖面线方向应相反，或方向一致，间隔不相等。同一零件在各视图中的剖面线方向和间隔应一致。如图 9－4 所示。

(2) 窄剖面区域可全部涂黑表示，如图 9－4 中垫片的画法。涂黑表示的相邻两个窄剖面区域之间，必须留有不小于 0.7mm 的间隙。

3．剖视图中紧固件和实心零件的画法

在装配图中，对于紧固件和实心的轴、连杆、拉杆、球、钩子、键等零件，若按纵向剖切且剖切平面通过其对称中心线或轴线时，这些零件均按不剖画出，如图 9－3、图 9－4 中的轴；若需要特别表明这些零件的局部结构，如凹槽、键槽、销孔等则用局部剖视表示；如果剖切平面垂直这些零件的轴线，则应画剖面线，如图 9－5A—A 剖视图中小轴和三个螺钉的画法。

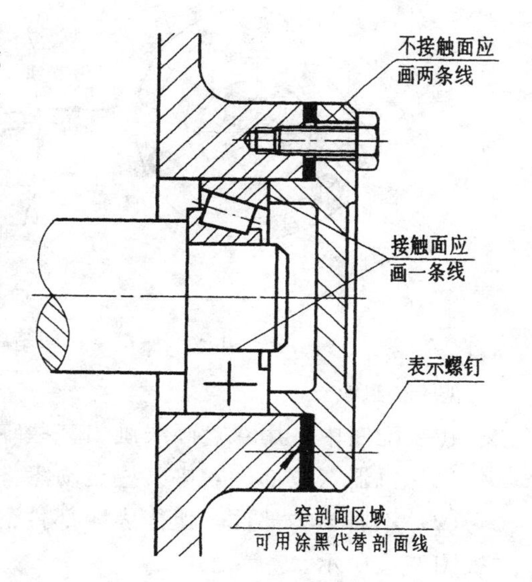

图 9－4　规定画法和简化画法图例

4．标准产品或部件的画法

在装配图中，当剖切平面通过的某些部件为标准产品或该部件已由其他图样表示清楚时，可按不剖绘制，如图 9－2 主视图中的油杯。

三、特殊画法

1．沿零件间的结合面剖切与拆卸画法

为了清楚地表达部件的内部结构，可假想沿某些零件的结合面剖切，这时，零件的结合面不画剖面线，但被剖到的其他零件一般都应画剖面线。这种画法称为沿结合面剖切。如图 9－5 的 A—A 剖视；又如图 9－2 中，俯视图的右半部就是沿轴承盖与轴承座的分界面和上、下两片轴瓦的结合面剖切的，这些零件的结合面都不画剖面线，但被剖切的螺栓则按规定画出剖面线。

当需要表达部件中被遮盖部分的结构，或者为了减少不必要的画图工作时，有的视图可以假想将某一个或几个零件拆卸后绘制，这种画法称为拆卸画法。例如图 9－2 俯视图的右半部，可以将画了剖面线的螺栓不剖，把它拆去；而如图 9－2 的左视图就是为了减少画图工作而假想把轴承盖顶上的油杯等拆去后画出的。

上述两种表示方法，为了便于看图而需要说明时，可加标注“拆去××等”，如图 9－2 俯视图所示。

2. 单独画出某一零件的视图

在装配图中可以单独画出某一零件的视图，但必须在所画视图的上方注出该零件的视图名称，在相应视图的附近用箭头指明投射方向，并注上同样的字母，如图 9－5 所示。

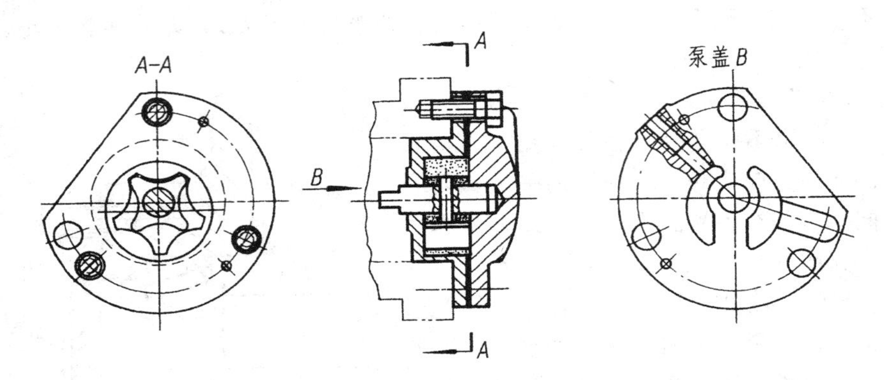

图 9－5　沿零件间结合面剖切和单独画出零件的视图

3. 假想画法

在装配图中，用双点画线画出某些零件的外形，以表示：

(1) 机器（或部件）中某些运动零件的极限位置或中间位置等。

(2) 不属于本部件，但能表明部件的作用或安装情况的有关零件的投影，如图 9－5 主视图左边所示。

4. 夸大画法

对薄片零件、细丝弹簧、微小间隙等若按它们的实际尺寸在装配图中很难画出或难以明显表达时，都可以不按比例而采用夸大画法。

5. 简化画法

(1) 装配图中的螺栓、螺钉连接等若干相同的零件组或零件，允许只详细画出其中一处，其余只需表示其装配位置（用螺栓、螺钉的轴线或对称中心线表示)，如图 9－4 中的螺钉就是采用了这种画法。

(2) 在装配图中，滚动轴承按表达需要可采用简化画法或规定画法，如图 9－5 所示。

(3) 在装配图中，零件的工艺结构，如拔模斜度、小圆角、倒角、退刀槽等可以不画。

§9－3　装配图的尺寸标注和技术要求

一、装配图的尺寸标注

装配图和零件图的作用不同，对尺寸标注的要求也不同。在装配图中，需要标注几种必要的尺寸，这些尺寸进一步说明机器、部件的性能和工作原理、装配关系和技术要求。

1. 规格尺寸

说明机器（或部件）的规格或性能的尺寸，它是设计和用户选用产品的主要根据，如图 9－2 中轴瓦的孔径 ϕ30H9。

2. 外形尺寸

就是机器（或部件）的总长、总宽和总高尺寸。外形尺寸表明了机器（或部件）所占的空间大小，供包装、运输和安装时参考，如图 9-2 中的 180、60 和 137。

3. 装配尺寸

表明部件内部零件间装配关系的尺寸，主要包括：

(1) 配合尺寸。表示零件间有配合要求的尺寸，如图 9-2 中的 ϕ40H8/k7、ϕ10 H8/s7等。

(2) 零件间的连接尺寸。如连接用的螺钉、螺栓和销等的定位尺寸（如图 9-2 中两个螺栓间的距离 65±0.3），和非标准零件上的螺纹副的标记或螺纹标记等。

(3) 重要的相对位置尺寸。例如图 9-2 中的轴承孔中心高 50；一对齿轮的中心距等。

4. 安装尺寸

将机器安装在基础上或部件装配在机器上所使用的尺寸，如图 9-2 中轴承座底板上的 140、18、13。

5. 其他重要尺寸

包括设计时经过计算确定的尺寸和为了装配时保证相关零件的相对位置协调而标注的轴向尺寸等。这些尺寸在拆画零件图时应该标注。

必须指出：不是每一张装配图都具有上述各种尺寸。在学习装配图的尺寸标注时，要根据装配图的作用，真正领会标注上述几种尺寸的意义，从而做到合理地标注尺寸。

二、装配图中的技术要求

在装配图中，有些信息是无法用图形表达清楚，需要用文字在技术要求中说明。例如：

(1) 机器、部件的功能、性能、安装、使用和维护的要求。

(2) 机器、部件的制造、检验和使用的方法及要求。

(3) 机器 、部件对润滑和密封等的特殊要求。

§9-4 装配图的零件部件序号、明细栏及标题栏

为了便于看图和图样管理，装配图上对每个零件或部件都必须编注序号或代号，并将其填写在标题栏中。

一、序号

1. 一般规定

(1) 装配图中所有的零、部件都必须编写序号。

(2) 装配图中一个部件（或组件）可只编写一个序号。如图 9-2 中序号 6 油杯。装配图中相同的零、部件应编写同样的序号如图 9-2 中序号 7、8。

(3) 装配图中零、部件的序号应与明细栏中的序号一致。

2. 序号的编排方法

(1) 装配图中编写零、部件序号的通用表示方法有三种，如图 9-6 (a) 所示。

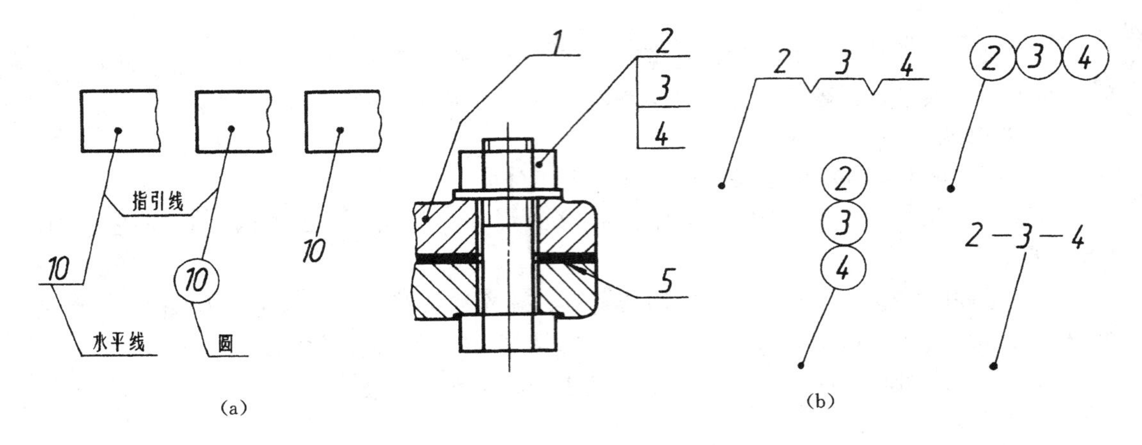

图 9-6 零件序号的编写形式

在所要标注的零件投影（必须在可见轮廓内）上画一小黑点，然后画出指引线（细实线，）在指引线顶端画短横线或小圆圈（均为细实线），编号数字写在短横线上或圆圈内。序号字高比该装配图中所注的尺寸数字大一号或两号。

若所指部分（很薄的零件或涂黑的剖面区域）内不便画圆点时，可在指引线的末端画出箭头，并指向该部分的轮廓，如图 9-6（b）中件 5 所示。

指引线彼此不能相交，当通过有剖面线的区域时，指引线不应与剖面线平行。必要时，指引线可以画成折线，但只可曲折一次，如图 9-6（b）中的件 1。

一组紧固件以及装配关系清楚的零件组，可采用公共指引线，如图 9-6(b)中件 2、3、4。

（2）同一装配图中编注序号的形式应一致。

（3）相同的零、部件用一个序号，一般只标注一次。多处出现的相同的零、部件，必要时也可重复标注。

（4）装配图中序号应按水平或铅垂方向排列整齐。并按顺时针或逆时针方向顺序排列，在整个图上无法连续时，可只在每个水平或铅垂方向顺序排列。

二、标题栏和明细栏填写的一些规定

明细栏是全部零件（或部、组件）的详细目录，将零件的编号、名称、材料、数量等填写在明细栏内。每张图样都必须画出和填写标题栏。标题栏的格式和尺寸在国家标准中都有规定。在制图作业中，建议采用图 9-7 所示的标题栏和明细栏格式。填表时应遵守下列规定：

（1）明细栏画在标题栏上方，序号应自下而上顺序填写，若位置不够，可在标题栏左边接着填写，或另外用图纸填写。

（2）在“名称”栏内，对于标准件，还应写出其标记中除标准编号以外的其余内容，例如“螺钉 M6×16”。对于齿轮、非标准弹簧等具有重要参数的零件，还应将它们的参数（如齿轮的模数、齿数、压力角；弹簧的材料直径、中径、节距、自由高度、旋向、有效圈数、总圈数等）写入（也可以将这些参数写在备注栏内）。

（3）“材料”栏内填写制造该零件所用材料的名称或牌号。

（4）“备注”栏内可填写零件的热处理和表面处理等要求，或其他说明。

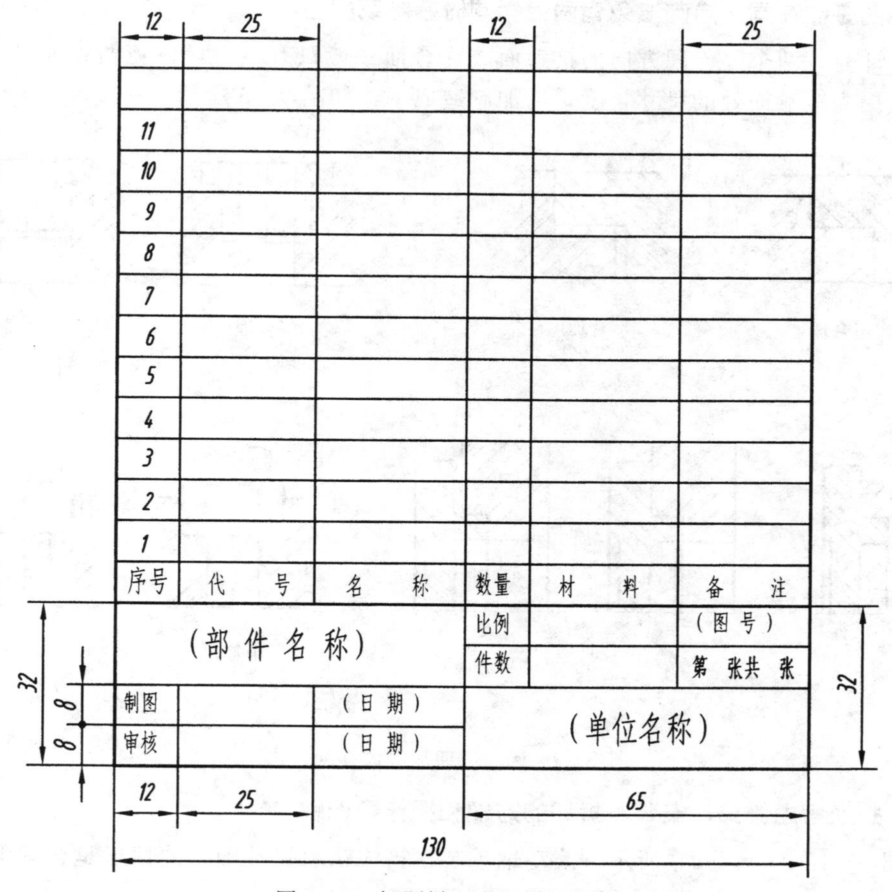

图 9－7　标题栏和明细栏的格式

§9－5　装配结构的合理性

在设计和绘制装配图的过程中，应该考虑装配结构的合理性，以保证部件的性能要求以及零件加工和装拆方便。下面仅介绍常见的装配结构，以供画装配图时参考。

一、保证轴肩与孔的端面接触

为了保证轴肩与孔的端面接触，孔口应制出适当的倒角（或圆角），或在轴根处加工出槽，如图 9－8 所示。

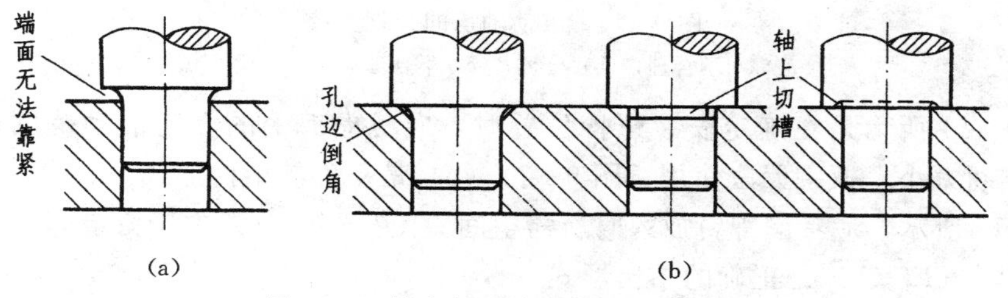

图 9－8　轴肩与孔端面接触处的结构

二、两零件在同一方向避免有两组面同时接触或配合

在设计时，两个零件同方向的接触面或配合面一般只有一对，避免两组面同时接触，否则就要提高接触面处的尺寸精度，增加制造成本，如图 9-9 所示。

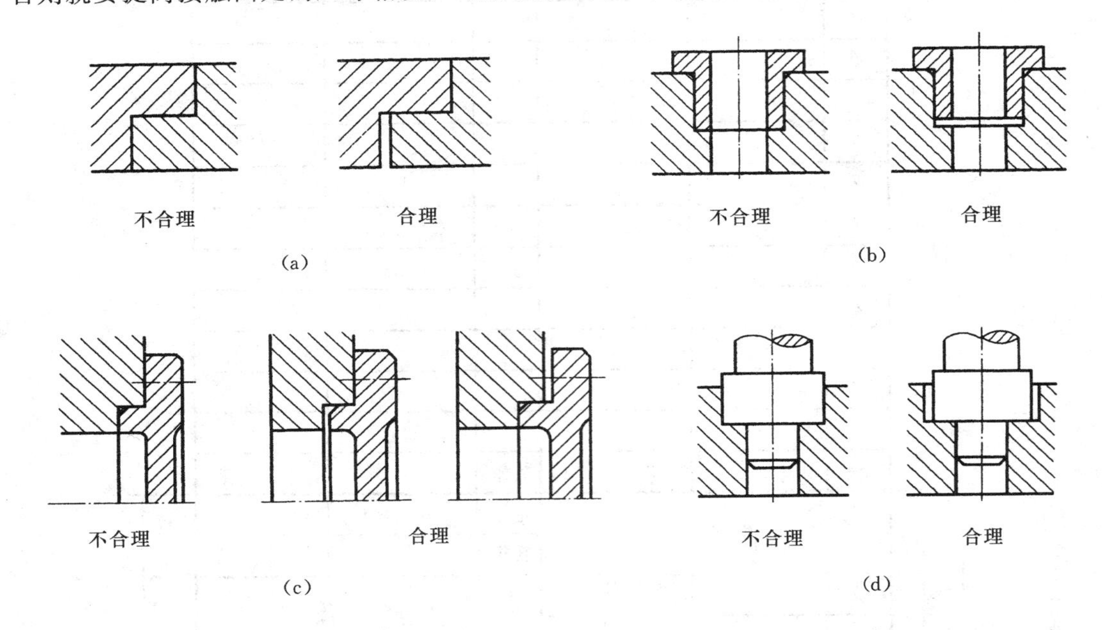

图 9-9　同一方向接触面和配合面

三、必须考虑维修、安装、拆卸的方便和操作可能性

如图 9-10（b），（d）所示，滚动轴承装在箱体轴承孔及轴上的情形是合理的，若设计成图 9-10（a），（c）那样将无法拆卸。

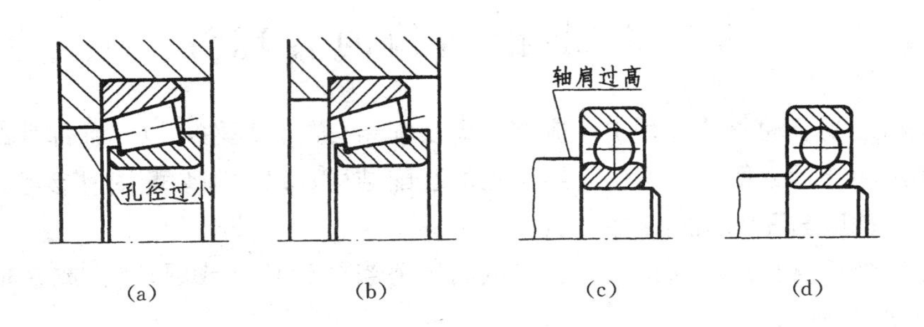

图 9-10　滚动轴承的合理安装

（a）不合理；（b）合理；（c）不合理；（d）合理

如图 9-11 所示是在确定安装螺栓位置时，应考虑扳手的空间活动范围；图 9-11（a）所留空间太小，扳手无法使用，图 9-11（b）是正确的结构形式。

图 9-12 所示，应考虑螺钉放入时所需空间。图 9-12（a）中所留空间太小，螺钉无法放入，图 9-12（b）是正确的结构形式。

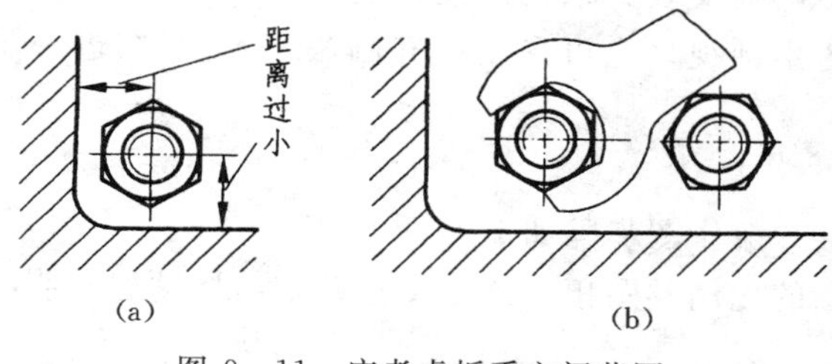

(a) (b)

图 9－11　应考虑扳手空间范围

（a）不合理；（b）合理

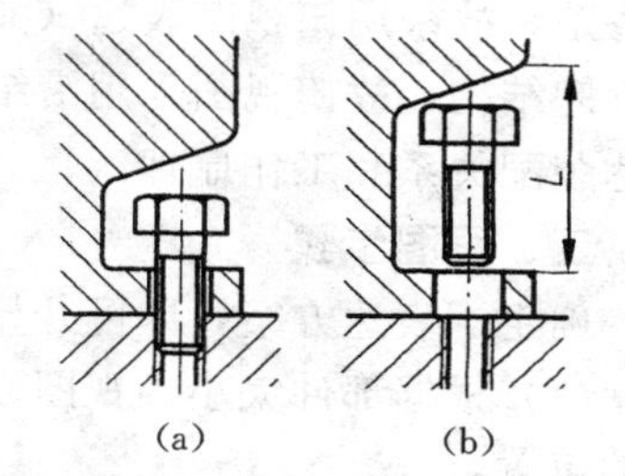

(a) (b)

图 9－12　应考虑拧入螺钉所需空间

（a）错误；（b）正确

§9－6　画装配图的方法和步骤

一 装配图的视图选择

对装配图视图的基本要求是：必须清楚地表达部件的工作原理、各零件的相对位置和装配连接关系。表达部件的视图、剖视 、规定画法等的表示要正确，符合国家标准规定。图形要简明、清楚、易懂。以图 9－1 滑动轴承座为例介绍具体方法和步骤。

1．对所表达的部件进行分析

对所表达的部件的功用、工作原理和结构特点零件之间的装配关系及技术要求等进行分析，以便考虑视图的表达方案。（图 9－1）由分析可知：滑动轴承是用来支承轴的，它由八种零件组成，其中螺栓、螺母是标准件，油杯是标准部件。为了便于轴的安装和拆卸，轴承制成上下结构；因轴在轴承中转动，会产生摩擦和磨损，故采用耐磨和耐腐蚀的锡青铜轴瓦；上下轴瓦分别安装与轴承盖、轴承座中，且采用油杯进行润滑，轴瓦上方及左、右侧开有导油槽，使润滑更为均匀。轴承盖与轴承座之间做成阶梯止口配合，以防止盖和座之间的横向错动；固定套防止轴瓦发生转动。采用方头螺栓，使拧紧螺母时螺杆不发生相对转动，并采用双螺母防松。

2．确定主视图

主视图是首先要考虑的视图，选择的原则：

（1）按部件的工作位置放置。当工作位置倾斜时，则将它摆正，使主要装配干线安装面等处于特殊位置。

（2）应较好地表达部件的工作原理和形状特征。

（3）较好地表达主要零件的相对位置和装配、连接关系。

3．其他视图的选择

选择其他视图时，首先应分析部件中还有哪些工作原理、装配关系和主要零件的主要结构没有表达清楚，然后确定选用适当的其他视图。最后，对不同的表达方案进行分析、比较、调整，使确定的方案既满足上述基本要求，又能够达到在便于看图的前提下，绘图简便。

滑动轴承的装配图的主视图选用了与工作位置相一致，且最能反映结构特点及装配关系的位置，因该部件左右对称，故主视图采用了半剖视，同时反映内外结构、装配关系及主要零件的形状。因该部件的安装关系和轴瓦的前后凸缘与轴承座、盖的配合关系尚未表达清楚，故采用俯视图表达（如采用左视图，则安装关系仍不能清楚），因该部件为上下可拆卸结构，故俯视图采用沿结合面剖切的半剖视（也可采用拆卸画法）。左视图进一步表达装配关系和工作原理。

二、画图步骤

确定了表达方案，即可开始画装配图。一般作图步骤如下：

（1）根据部件大小、视图数量，确定图的比例及图幅。画出图框并定出标题栏和明细栏的位置。

（2）画各个视图的主要基准线，例如主要的中心线、对称线或主要端面的轮廓线等。确定主要基准线时，各个视图之间要留有适当间隔，并注意留出标注尺寸、零件序号的位置等。

（3）画主要零件（轴承底座）。一般从主视图开始，几个基本视图配合进行画图。

（4）按装配关系，逐个画出主要装配干线上的零件的轮廓。如果含有几条装配干线要逐个画出装配干线上的零件。

（5）画出其他零件及细节，如螺纹、倒角等。

（6）经过检查以后描深、画剖面线、标注尺寸及公差配合等（图 9－2）。

（7）对零件进行编号、填写明细栏、标题栏及技术要求等（图 9－2）。

图 9－13 为画装配图底稿的步骤。

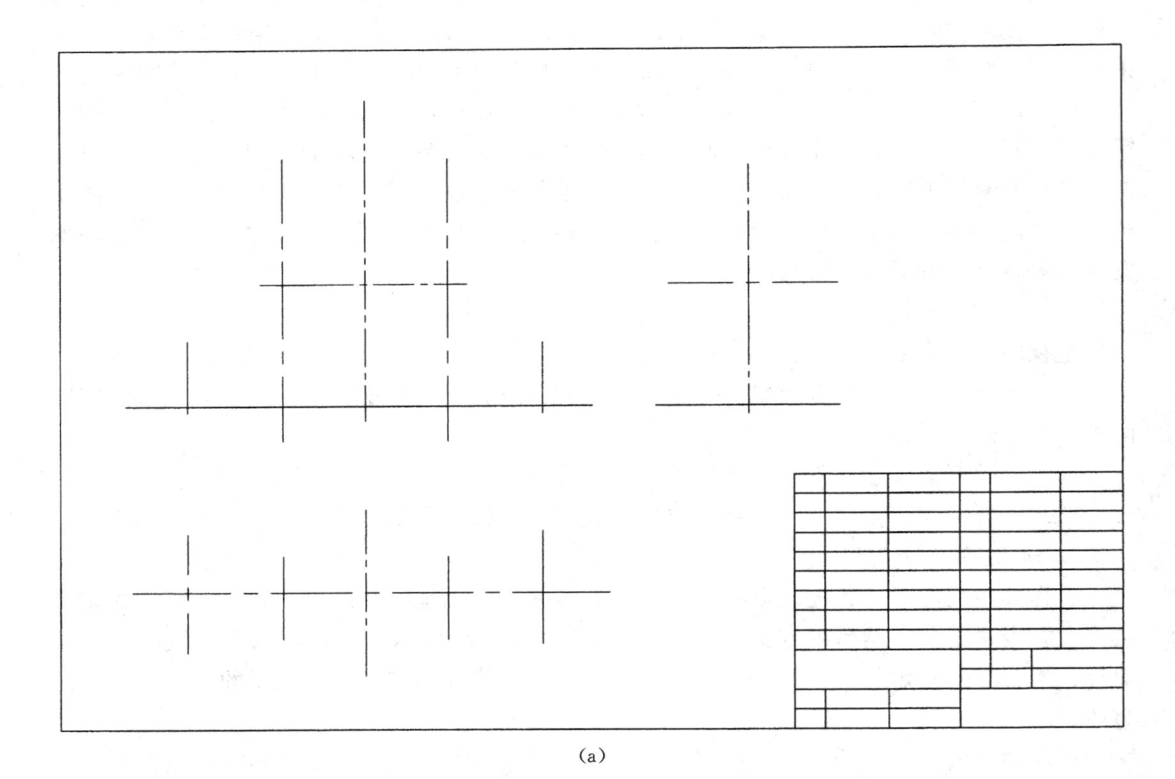

(a)

图 9－13　画装配图底稿的方法和步骤（一）

(a) 画图框、标题栏、明细栏外框及布图、画基准线

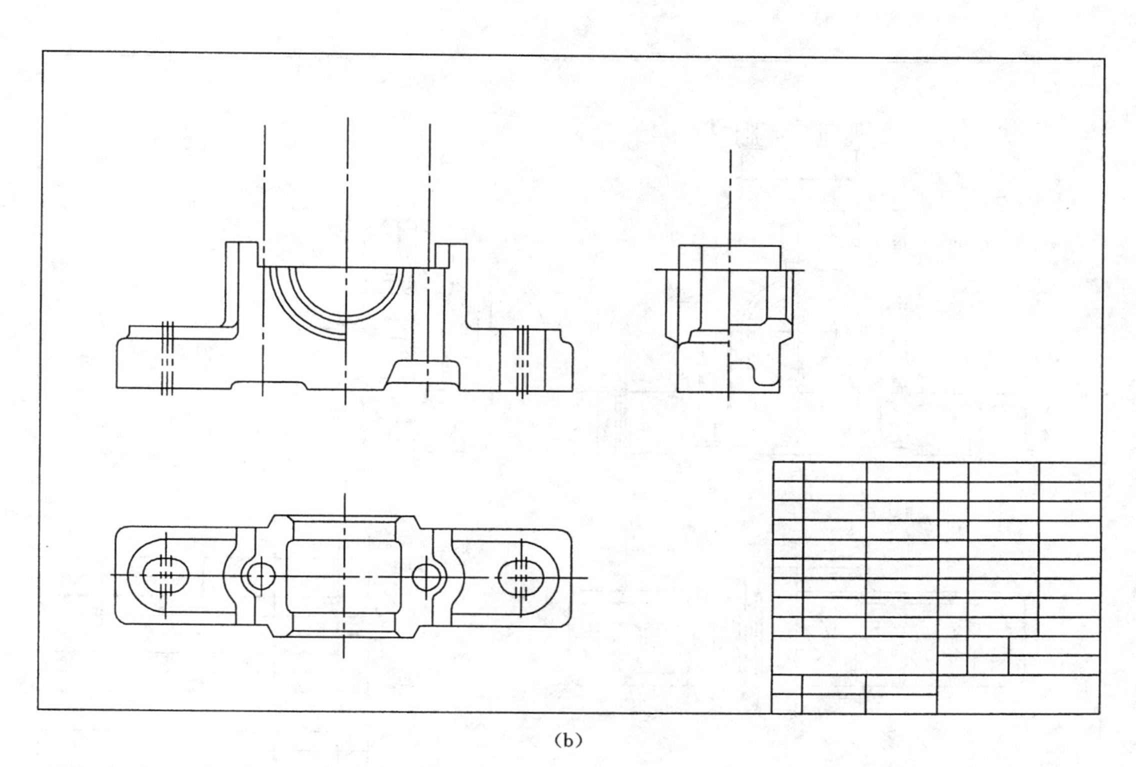

(b)

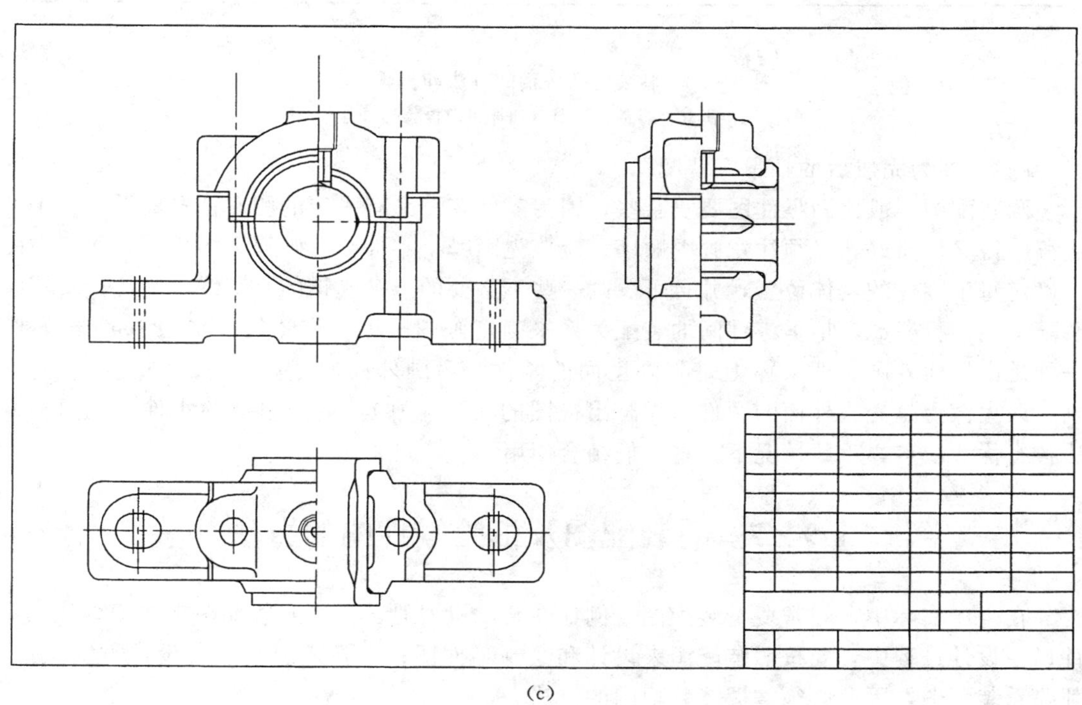

(c)

图 9-13　画装配图底稿的方法和步骤（二）

(b) 画轴承底座；(c) 画下轴瓦、上轴瓦、固定套和上盖

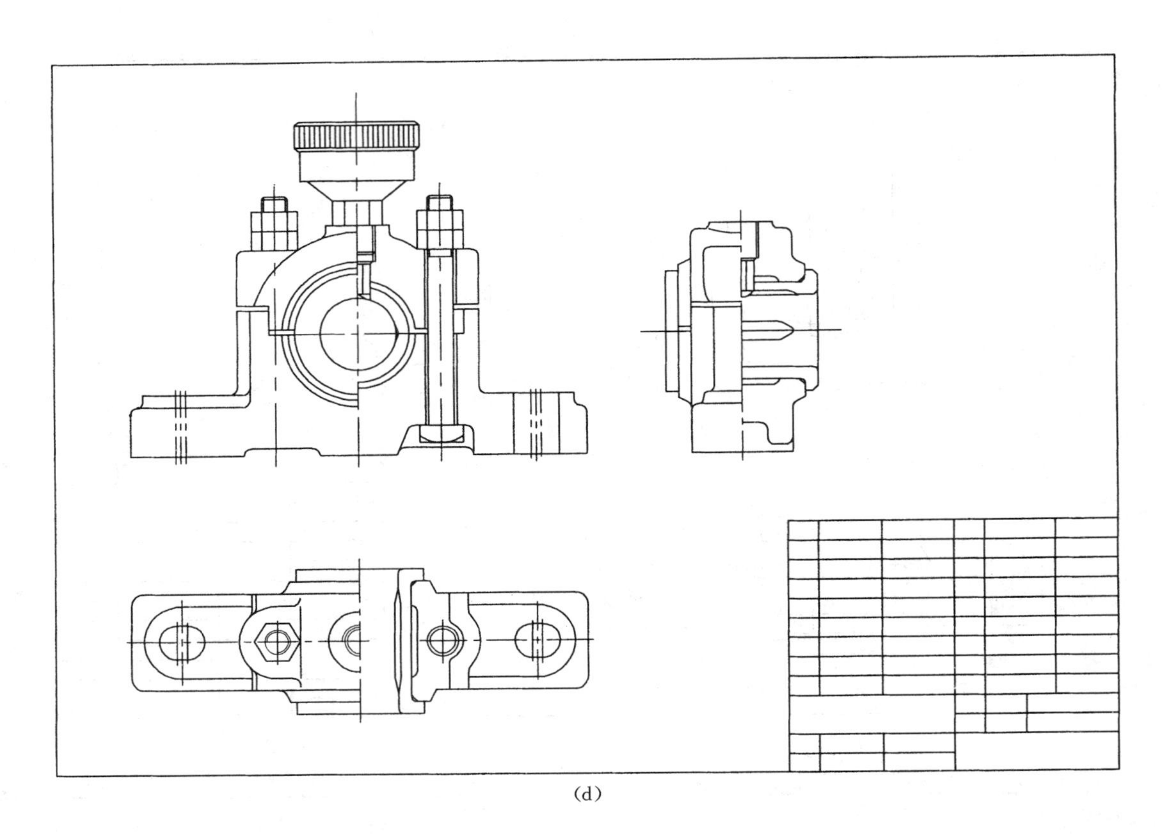

(d)

图 9－13　画装配图底稿的方法和步骤（三）

(d) 画其他零件及细节（油杯、螺栓、螺母等）

图 9－2 为完成后的轴承座装配图。

画装配图一般比画零件图要复杂些，因为零件多，又有一定的相对位置关系。为了使底稿画得又快又好，必须注意画图顺序，应该先画哪个零件，后画哪个零件，才便于在图上确定每个零件的具体位置，并且可少画一些不必要的（被遮挡的）图线。为此，要围绕装配干线进行考虑，根据零件间的装配关系来确定画图顺序。作图的基本顺序可分两种：一种是由里向外画，即大体上是先画里面的零件，后画外面的零件。另一种是由外向里画，即大体上是先画外面的大件（先画出视图的大致轮廓），后画里面的小件。这两种方法各有优、缺点，一般情况下，将它们结合使用。

§9－7　看装配图及拆绘零件图的方法

在生产实际中，经常要看装配图。例如在装配机器时，要按照装配图来装配零件和部件；在设计过程中，要按照装配图来设计和绘制零件图；在技术交流以及设计方案论证，都要看装配图，因此必须掌握看装配图的方法。

看装配图的目的及要求，可归纳如下：

(1) 了解部件的名称、用途、性能（规格）和工作原理。

（2）了解零件间的相对位置、装配关系、连接和固定方式以及装拆顺序和装拆方法。

（3）明确每个零件的名称、数量、材料、作用和结构形状。

要达到上述要求，除了制图知识外，还应有一定的生产实践知识和专业知识，包括一般的机械结构设计和制造工艺知识，以及与部件有关的专业知识。因此在今后的学习和工作中，必须注意进行看装配图的实践，并不断总结经验，以逐步提高看图的能力。

一、看装配图的方法和步骤

现以虎钳（图 9-14）为例，来说明看装配图的方法和步骤。

1. 概括了解

（1）从标题栏了解部件的名称、大致用途及图样比例。

（2）从明细栏及零件序号，了解零件的名称、数量及所在位置。

（3）分析视图，了解各视图、剖视、断面等的相互关系、剖切平面的位置及表达意图。

图 9-14 的标题栏说明该部件是虎钳，为机械加工中用来夹持工件的夹具。共有 11 种零件，图样比例是 1∶1。

虎钳装配图采用了三个基本视图。

主视图为通过螺杆轴线的全剖视图，表达了钳座 1、螺杆 8、方块螺母 9、活动钳口 4、螺钉 3 和钳口板 2 等零件间的装配关系，并较好地反映了虎钳的形状特征。

俯视图采用局部剖视，整个图形主要表达钳座、活动钳口的外形，局部剖视则表示钳口板与钳座、钳口板与活动钳口的连接关系。

左视图含螺钉 3 轴线并垂直螺杆轴线作半剖视 $A—A$，除了表示钳座、活动钳口左端的形状之外，表达了钳座 1、活动钳口 4、方块螺母 9 之间的装配连接关系；局部剖视表达了用于安装虎钳的钳座上的孔。

2. 分析工作原理和传动关系

分析部件的工作原理，一般从传动关系入手，根据视图及说明书进行了解。

将扳手套在螺杆 8 的左端，转动螺杆时，方块螺母 9 带动活动钳口 4 左右移动，以夹紧或松开工件。

3. 分析零件间的装配关系及部件的结构

这是看装配图进一步深入阶段，需要把零件间的装配关系和部件结构搞清楚。虎钳有两条装配线：一条是螺杆轴线，从主视图上看，螺杆装在方块螺母中，其左右两端装在钳座孔中。采用间隙配合，保证螺杆转动灵活。另一条是活动钳口孔轴线，方块螺母上部装在活动钳口孔内，活动钳口通过螺钉 3 与方块螺母一起移动。

部件结构主要应分析下列内容：

（1）连接和固定方式。各零件之间是用什么方式来连接和固定的。例如钳口板 2 是靠螺钉 11 与钳座 1 连接的。

（2）配合关系。凡是配合的零件都要弄清楚基准制、配合种类、公差等级等。可由图 9-14 上所标注的公差配合来判别。如图 9-14 中的 ϕ12H8/f7，ϕ18H8/f7。

（3）密封装置。阀、泵等许多部件，为了防止液体或气体泄露以及灰尘进入，一般都有密封装置。

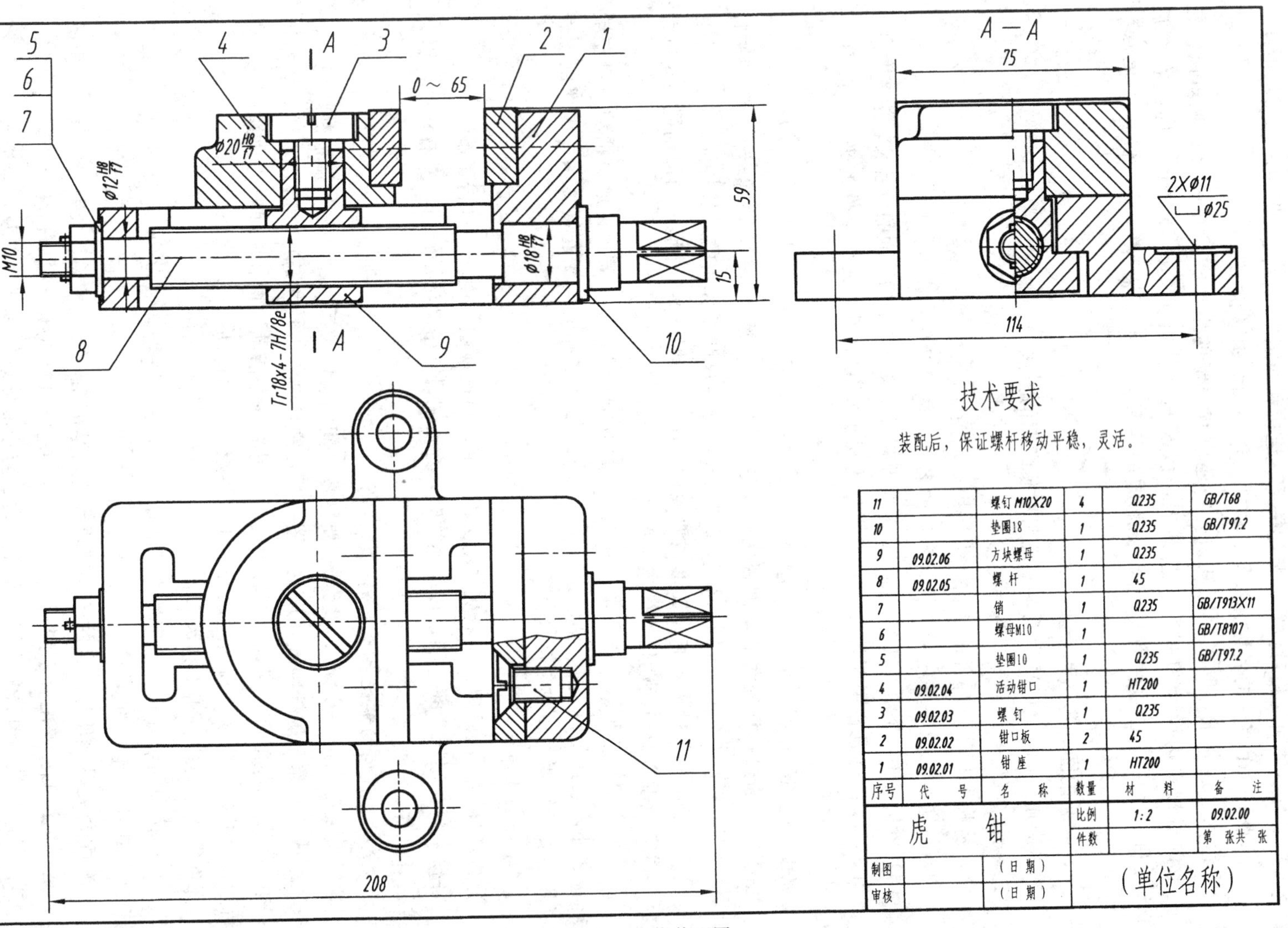

序号	代　号	名　称	数量	材　料	备　注
11		螺钉 M10×20	4	Q235	GB/T68
10		垫圈18	1	Q235	GB/T97.2
9	09.02.06	方块螺母	1	Q235	
8	09.02.05	螺　杆	1	45	
7		销	1	Q235	GB/T913×11
6		螺母M10	1		GB/T8107
5		垫圈10	1	Q235	GB/T97.2
4	09.02.04	活动钳口	1	HT200	
3	09.02.03	螺　钉	1	Q235	
2	09.02.02	钳口板	2	45	
1	09.02.01	钳　座	1	HT200	

虎　钳		比例	1:2	09.02.00
		件数		第　张共　张
制图	（日 期）	（单位名称）		
审核	（日 期）			

图 9-14　虎钳装配图

(4) 装拆顺序。部件的结构应当有利于零件按一定顺序装拆。

4. 分析零件，看懂零件结构形状

一台机器上有标准件、常用件和一般零件。对于标准件和常用件一般容易看懂，对一般零件繁简不一，应该从主要零件开始分析。分析零件，首先要会正确地区分零件，区分零件的方法：①根据各个视图之间的投影关系，以及不同方向或不同间隔的剖面线；②根据与其他零件的装配关系来判断。零件区分出来之后，还要分析零件的形状、结构及功用。分析时一般先从主要零件开始，再看次要零件。

5. 分析尺寸

分析装配图上所注的尺寸，进一步了解部件的规格、外形大小、零件间的装配关系以及该部件的安装方法等。图中 0～65、75 是虎钳的规格尺寸，208、59、114＋2×12＝138 是外形尺寸，2×ϕ11、114 为安装尺寸，ϕ18H8/f7、ϕ12H8/f7 是装配尺寸，15 是重要的相对位置尺寸。希望读者进一步弄懂每个尺寸的意义。

6. 归纳总结

在上面分析的基础上，按照看装配图的三个要求，进行归纳总结，以便对部件有一个完整的、全面的认识。为此，必须根据部件的工作原理，综合分析整个部件的结构特点和安装方法，进一步明确每个零件的作用和形状、装配关系及装拆顺序，如图 9－15 所示是虎钳轴测图。

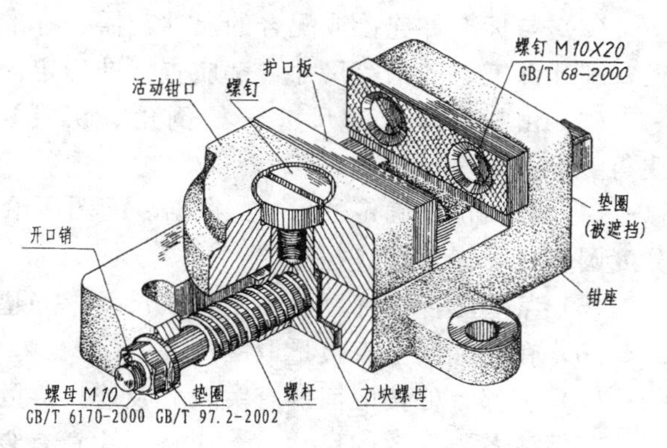

图 9－15 虎钳轴测图

以上是看装配图的一般方法和步骤，事实上有些步骤不能截然分开，而是交替进行的。例如分析部件的工作原理时，也要分析零件间的装配关系，在分析装配关系时，离不开分析零件的形状和结构。分析零件形状、结构时，有时要回过头来进一步分析零件间的装配关系和部件结构。所以，看图是一个不断深入、综合认识的过程，看图时应该有步骤，有重点，不拘一格，灵活掌握。

二、由装配图拆画零件图

在设计过程中，根据装配图画出零件图，简称为拆图。拆图时，要在全面看懂装配图的基础上，根据该零件的作用和与其他零件的装配关系，确定结构形状、尺寸和技术要求等内容。因此要具备一定的设计和工艺知识，才能画出符合生产要求的零件图。拆图时，通常先画主要零件，然后根据装配关系逐一画出有关零件，以便保证各零件的形状和尺寸要求等协调一致。

关于零件图的内容和要求，在第七章中已有说明，下面着重介绍由装配图拆画零件图时应注意的几个问题。

1. 关于零件的形状和视图选择

装配图主要表达部件的工作原理、零件间的相对位置和装配关系，不一定把每一个零件的结构形状都完全表达清楚。因此，在拆画零件图时，对那些未表达完全的结构，要根据零件的作用和装配关系进行设计。零件的视图必须按照§7－3中的要求来选择，不能机械地从装配图上照搬。

此外，装配图上未画出的工艺结构，如拔模斜度、圆角、倒角和退刀槽等，在零件图上都应表示清楚。

2. 关于零件图的尺寸

如第七章中所述，零件图的尺寸应按“正确、齐全、清晰、合理”的要求来标注。拆图时，零件图的尺寸从以下几个方面来确定。

（1）装配图上标注的尺寸。装配图上已注出的尺寸，除了某些外形尺寸和装配时要求通过调整来保证的尺寸（如间隙尺寸）等不能作为零件图的尺寸外，其他尺寸在有关的零件图上直接注出，例如图9－16所示钳身上的2×ϕ11、ϕ15、ϕ18等。

（2）与标准件连接或配合的尺寸，需查标准确定。零件上的标准结构，如螺栓通孔直径、螺孔深度、键槽等尺寸，都应查标准确定。

（3）由标准规定的尺寸。如倒角、沉孔、退刀槽等，要从有关手册中直接查阅获得。

（4）需要计算确定的尺寸。根据装配图所给的数据应进行计算的尺寸。例如，齿轮的分度圆直径，齿顶圆直径等。

（5）某些零件在标题栏中给定了尺寸，如垫片厚度等，要按给定尺寸注写。

（6）在装配图上直接量取的尺寸。

（7）相邻零件接触面的有关尺寸及连接件的有关定位尺寸要协调一致。

在标注各零件图的尺寸时，应特别注意有装配关系的尺寸，要彼此协调，不要互相矛盾。例如，图9－14中的方块螺母9的外径公差尺寸和与它相配合的活动钳口4中的孔径公差尺寸应满足配合要求。压板上的螺钉通孔、活动钳口、钳座上螺孔的大小和定位的尺寸应彼此协调，不能矛盾。

3. 零件的表面粗糙度和技术要求

零件各加工表面的粗糙度参数值和其他技术要求，应根据其作用、装配关系和装配图上提出的要求，并依靠有关专业知识和生产实践经验来确定。

最后，必须检查零件图是否已经画全，必须对所拆画的零件图进行仔细校核。校核时应注意：每张零件图的视图、尺寸、表面粗糙度和其他技术要求是否完整、合理，有装配关系的尺寸是否协调，零件的名称、材料、数量等是否与明细栏一致等。

图9－16为钳座的零件图，作为拆画零件图的例子，供读者参考。

图9－17钻模装配图，供读者作为看装配图的学习参考。

建议读者在仔细看了装配图后分析它的工作原理及结构。钻模是机件钻孔的常用工艺设备，依机件上孔分布的位置，使钻头按钻套的定位和导向钻孔，免去在工件上画线的工序，以提高工作效率，提高机件的加工精度。图中主左视图中工件为细双点画线，要在其上钻孔。工件由压板等紧固，由销定位。钻套共计有三个，用于钻头定位和导向。底座上有三个弧形槽，用来容纳钻头下伸及排出铁屑。

图9－18为钻模底座零件图。

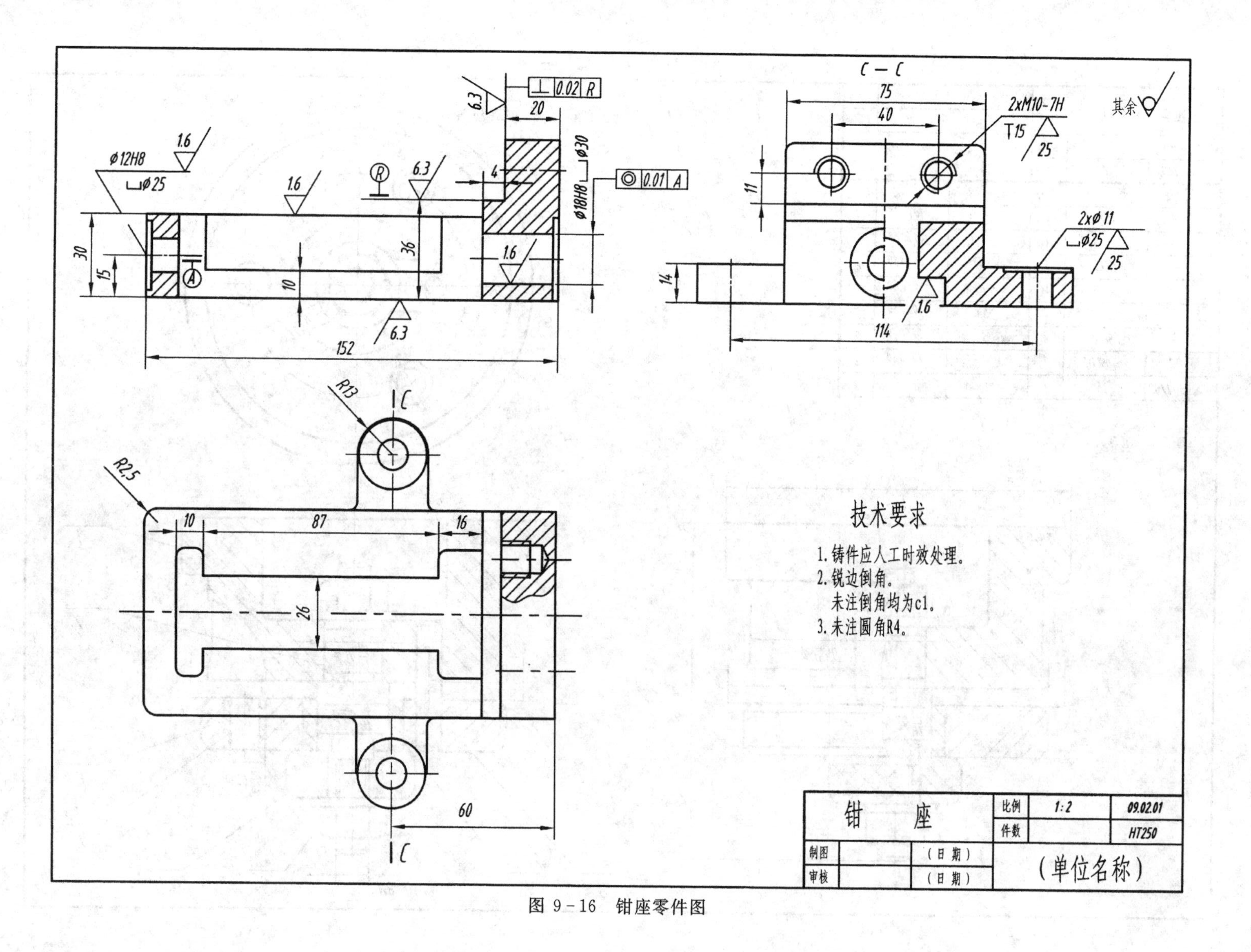
C — C
技术要求
1. 铸件应人工时效处理。
2. 锐边倒角。
未注倒角均为c1。
3. 未注圆角R4。
其余
钳　座
比例
1:2
09.02.01
件数
HT250
制图
审核
（日 期）
（日 期）
（单位名称）

图 9－16　钳座零件图

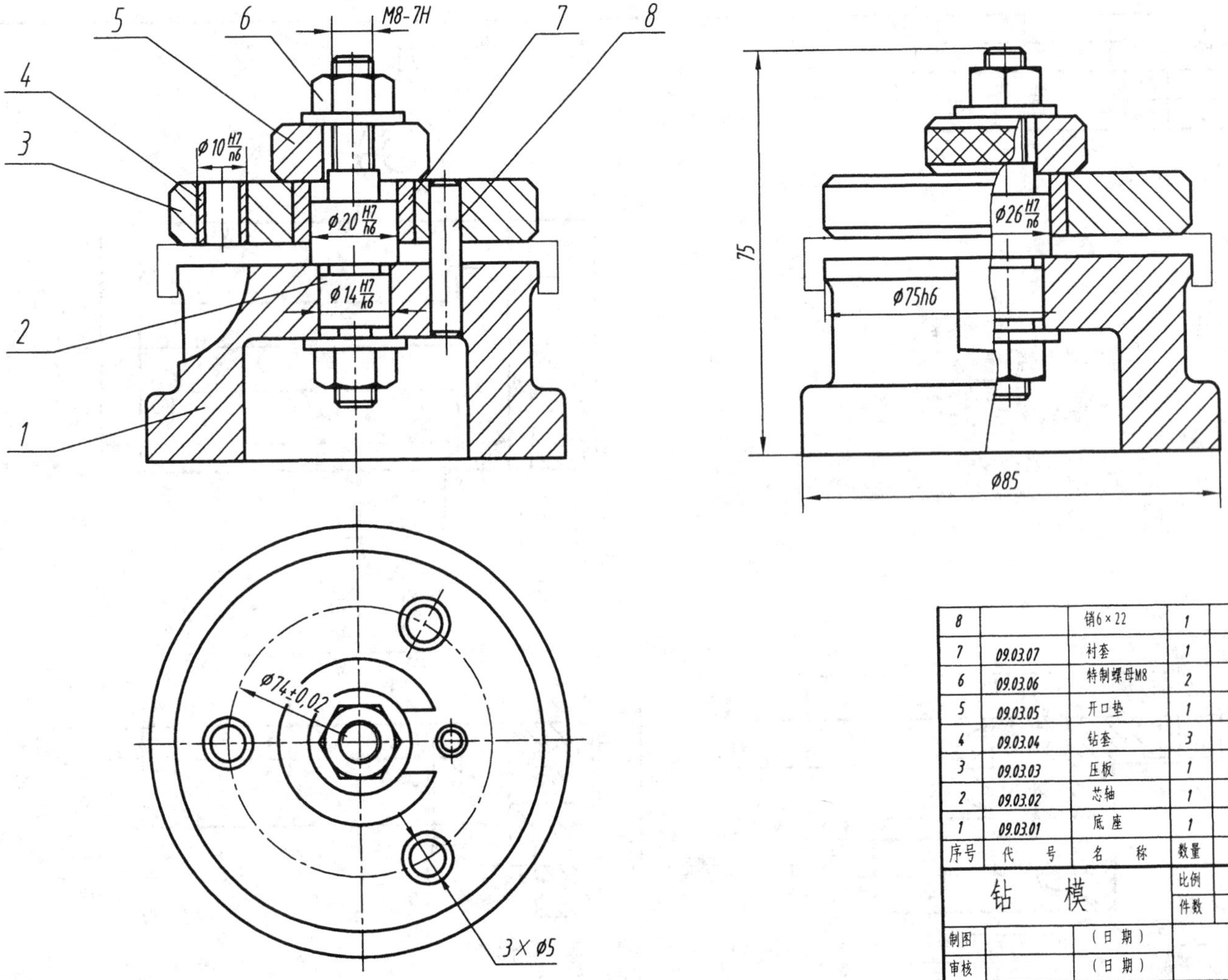

序号	代号	名称	数量	材料	备注
8		销6×22	1	45	GB/T119
7	09.03.07	衬套	1	HT150	
6	09.03.06	特制螺母M8	2	Q235	
5	09.03.05	开口垫	1	20	
4	09.03.04	钻套	3	45	
3	09.03.03	压板	1	Q235	
2	09.03.02	芯轴	1	45	
1	09.03.01	底座	1	HT350	

钻模		比例	1:2	09.03.00
		件数		第1张共7张
制图	（日期）	（单位名称）		
审核	（日期）			

图 9－17　钻模装配图

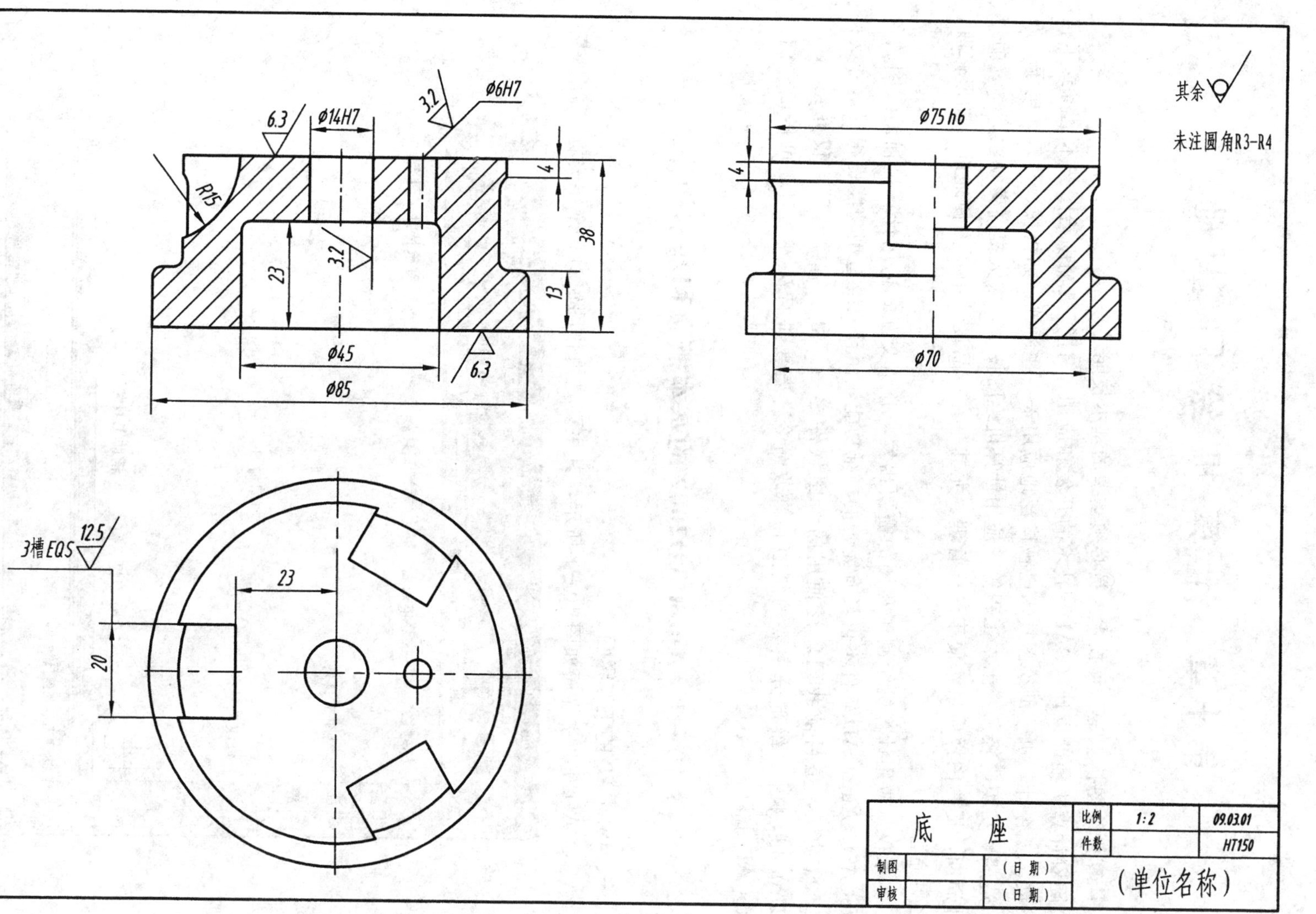

图 9-18　钻模底座零件图

第十章　计 算 机 绘 图 基 础

计算机绘图技术是工程技术人员必须掌握的基本技能之一。

随着计算机辅助设计（CAD）技术的开发和应用，计算机辅助绘图技术也得到了很大发展。如今计算机辅助绘图技术已被广泛地应用于一些领域，如机械、建筑、电子、航空、造船、纺织、轻工、土木工程等。应用计算机绘图技术，大大提高劳动生产率，缩短设计周期，提高图样质量，便于图样管理。尤其是在产品设计中很方便地进行图形修改，使之更完善。

本章仅从应用计算机绘制工程图的需要出发，介绍交互式通用计算机辅助绘图软件AutoCAD。AutoCAD 软件不仅具有完善的二维功能，而且三维造型功能也很强，并支持Internet 功能，是目前我国广泛使用的绘图软件之一。由于篇幅有限，仅介绍 AutoCAD2002 版本中二维部分主要的绘图和修改命令。若要进行深入学习，可借助专门的AutoCAD 书籍。

§ 10－1　AutoCAD2002 的基本概念和基本操作

一、AutoCAD 的工作界面

AutoCAD2002 主界面如图 10－1 所示，其主要是由作图窗口、十字光标、命令提示

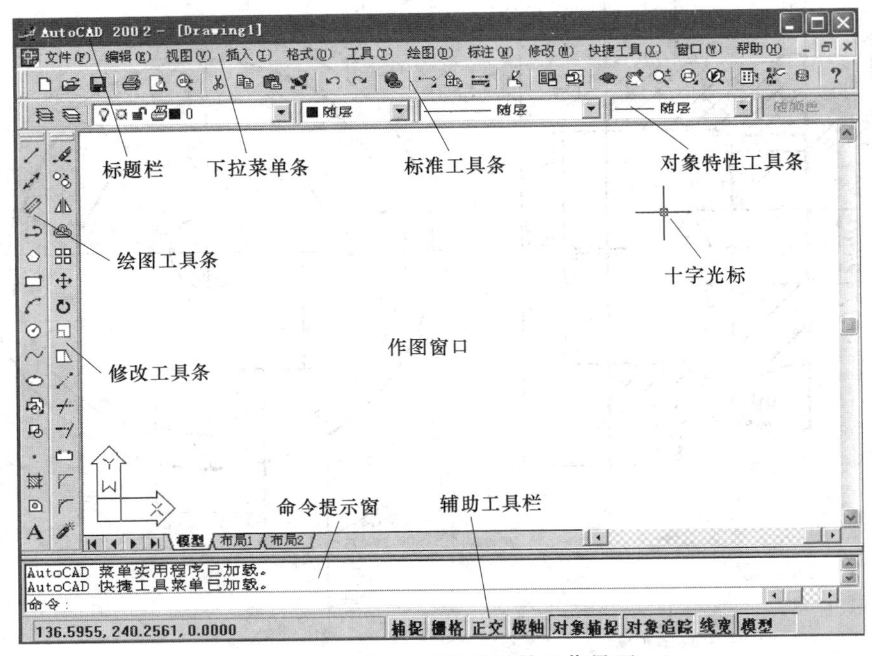

图 10－1　AutoCAD 显示的工作界面

窗口、状态行、菜单条、坐标系图标、滚动条以及Standard（标准）工具条、实体特性工具条等组成。各个部分的功能如下。

1. 创建新图形对话框

启动AutoCAD2002后，计算机将弹出如图10-2的对话框，提供了进入绘图环境的四种选择。

（1）打开图形——打开已存在的文件。

（2）缺省设置——选公制（Metric）缺省设置的绘图区域为A3幅420×297。

（3）使用样板——从预定义的样板文件中选用一种绘图模块。

（4）使用向导——引导用户设置绘图环境。

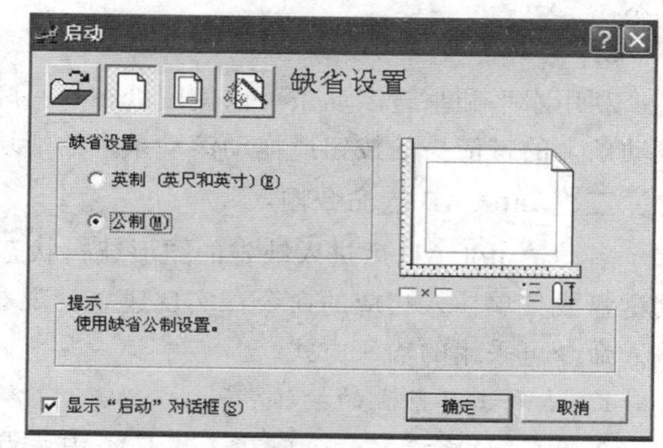

图10-2 创建新图形对话框

开始绘图时一般选择使用样板，在缺省设置列表框中选择Metric项（公制单位），单击OK，进入绘图环境。

2. 作图窗口和十字光标

作图窗口是用户在屏幕上作图的区域。在作图窗口内有一个十字线，十字线的交点反映当前的光标位置，故称十字光标，十字光标用于作图、选择实体等。

3. 菜单条

菜单条为下拉菜单的主菜单，AutoCAD将许多命令放在下拉菜单中。点取菜单条中的某一项，会弹出一个下拉菜单。下拉菜单中，右面有小三角的菜单项，表示其还有子菜单；右面有省略号的菜单项，表示点取它后会显示一个对话框。

4. 工具条

AutoCAD提供有标准工具条、实体特性工具条等众多形式的工具条，利用工具条上的按钮可以方便地实现各种操作。工具条可以根据需要打开或关闭。常用的工具条有标准工具条、对象特性工具条、绘图工具条、实体编辑工具条等。

5. 命令提示窗口

命令提示窗口是用户用键盘输入命令以及AutoCAD显示各种信息和提示的地方。缺省时，AutoCAD保留最后三行所执行的命令或提示信息。用户可以根据需要改变命令提示窗口的大小或位置，使其显示多于三行或少于三行的信息。

6. 状态栏

用来反映当前的作图状态，如当前光标的坐标、绘图是否打开了（Ortho、Snap、Grid、Osnap）正交、捕捉、栅格等功能，以及当前的作图空间和当前的时间等。

7. AutoCAD的坐标系

AutoCAD采用直角坐标系。世界坐标系（World Coordinate System，简称WCS）是AutoCAD的基本坐标系统，也是AutoCAD的默认坐标系统，其坐标原点和坐标轴方向都不能改变。坐标原点（0，0）位于屏幕左下角，X 轴正向水平向右，Y 轴正向垂直向上。AutoCAD 允许用户自己定义坐标系，这种坐标系称为用户坐标系（User Coordinate System，简称 UCS）。在二维绘图中，使用 WCS 就足够了。在作图窗口的左下角有一个“L”形图标，它表示当前绘图时使用的坐标系的形式。用户可以将该图标关闭，即不显示。

8. 滚动条

利用水平和垂直滚动条可以使图纸在水平和垂直方向移动。方法是：点取水平或垂直滚动条上的带箭头的按钮或拖动滚动条上的滑块。

二、AutoCAD 的命令输入

启动 AutoCAD 后进入缺省的图形编辑状态，此时用户可以选择要执行的操作，即使用键盘或菜单输入相应的命令，实现建立、观看、修改等各种绘图的操作。下面介绍用户输入命令可采用的输入方式。

1. 点取工具条上的按钮

AutoCAD 将许多命令放在了工具条中，点取工具条上的按钮即可执行与该按钮相对应的功能。

2. 通过菜单输入命令

点取主菜单，出现下拉式菜单，选择所需命令，单击该命令即可实现相应的功能。图 10－3 为“绘图”下拉菜单中“圆弧”命令的选定。

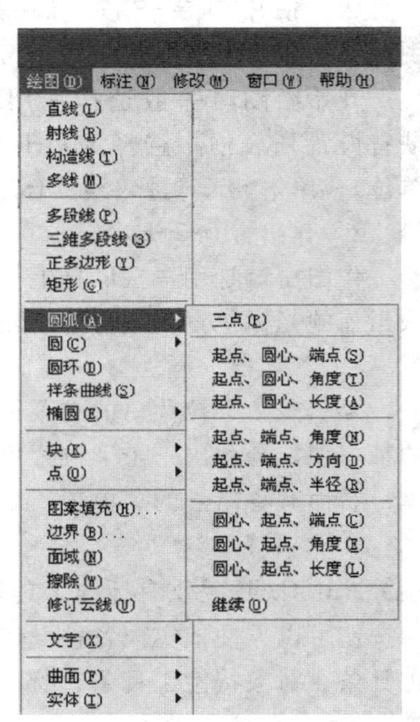

图 10－3 下拉菜单

3. 键盘输入命令

从键盘输入命令时，只要在命令提示窗口中的“Command:”命令提示行键入命令名称，接着按空格键或回车即可。但在输入字符串时，只能用回车键。输入的命令用大写或小写都可。

4. 重复输入命令

用以上各种方法输入的命令，都可以在下一个“Command:”提示符出现后，通过按空格键或回车键来重复执行该命令。也可单击鼠标右键，出现一快捷菜单，单击其中的第一项“重复...”即可。

5. 透明命令

AutoCAD 可以在某个命令正在执行期间，插入执行另一个命令，但要在这个中间插入执行的命令名前加撇号“'”作为前导，称这种可以在执行命令中间插入的命令为透明命令。

例如常用的透明命令“Zoom”“Pan”

三、数据的输入

在输入命令后，AutoCAD 在命令窗口提示用户输入一些附加信息，其中大部分为各种数据。

1. 点的输入方式

AutoCAD 经常要求用户输入点的位置，可以采取如下方式给定一个点：

(1) 通过键盘上的箭头键在屏幕上拾取点。

(2) 用鼠标在屏幕上拾取点。

(3) 通过目标捕捉的方式捕捉一些特殊点。

(4) 通过键盘输入点的坐标。

当命令窗口出现"Point"提示时，用户应输入点的坐标。从键盘输入点的坐标，有三种方法：

(1) 绝对坐标 x，y：用逗号把 x 和 y 隔开，如点"5，5"。

(2) 相对坐标 $@x<y$：表示相对于当前点的坐标差，如当前点的坐标（5，5），输入@3<4，表示输入点的绝对坐标是（8，9）。

(3) 极坐标$@p<\theta$：如@6<30°，表示输入点与上一点的距离为 6，输入点和上一点的连线与 X 轴正向间的夹角为 30°。

2. 角度的输入

默认以度为单位，X 轴正向为 0°，以逆时针方向为正，顺时针方向为负。在提示符"Angle:"后，可直接输入角度值，亦可输入两点，后一输入方法的角度大小与输入点的顺序有关，规定第一点为起点，第二点为终点，起点和终点的连线与 X 轴正向的夹角为角度值。

3. 位移量的输入

位移量是指一个图形从一个位置平移到另一个位置的距离，其提示为"基点或位移量:"，可用两种方式指定位移量：

(1) 输入基点 P_1（x_1，y_1），再输入第二点 P_2（x_2，y_2），则 P_1、P_2 两点间的距离就是位移量，即

$\Delta X=x_2-x_1$，$\Delta Y=y_2-y_1$。

(2) 输入一点 $P(x,y)$，在"位移量:"提示下直接回车响应，则位移量就是该点的坐标值 x，y，即 $\Delta X=x$，$\Delta Y=y$。

四、设置绘图界限及 AutoCAD 的文件操作

1. 设置绘图界限（Limits）

功能：绘图区是一个矩形区域，边界由左下角和右上角的坐标值确定，可用 Limits 命令设定或修改绘图区的边界，还可打开或关闭边界的限制功能。当 ON 时绘图不可超出边界，OFF 时图形可出界。

下拉菜单：格式→绘图界限（＋表示进入菜单后，点击分菜单或命令项）

命令格式：

Command：Limits↓

ON/OFF/Lower left corner〈0.0000，0.0000〉：↓（绘图区左下角点坐标）

Upper right corner〈12.0000，9.0000〉：420，297↓（绘图区右上角点坐标）

说明：

(1) 本书↓表示回车键。

（2）在 AutoCAD 中，尖括号〈〉内的值为缺省值，直接回车表示采用该值，也可另输入数值。

（3）角点的坐标值可以是包括负数在内的任意值，例如 A3 图纸可用 Limits 命令设置绘图边界的两个角点分别为（0，0）和（420，297）。

2．保存图形文件（Save 和 Save as）

功能：把当前编辑的图形文件存盘。

下拉菜单：文件→（或另存为）或 Command：Save↓（或 Save as↓）

3．打开原有文件（Open）

功能：打开已有的图形文件，继续绘制或编辑图形文件。

下拉菜单：文件→打开或 Command：Open↓

4．退出 AutoCAD（Exit 和 Quit）

功能：退出 AutoCAD 绘图环境。

下拉菜单：文件→退出或 Command：Quit↓（或 Exit↓）

五、鼠标

（1）鼠标左键——当光标在绘图区，单击左键，用来取点、定尺寸线位置、文字输入位置或选择图形对象（单击左键或按住左键拖动）。

（2）鼠标右键——当光标指向任一工具条边界，单击右键则弹出工具条快捷菜单条，从中可选用捕捉、标注尺寸、修改Ⅱ等常用工具条。在命令执行中或执行后单击右键，均会弹出不同快捷菜单条，可从中选用一项。

§10－2　AutoCAD 的基本绘图命令、图形编辑命令和显示控制命令

AutoCAD 的绘图命令、编辑命令及显示控制命令很多，本节介绍的是这三类命令中最常用的一些命令。

限于篇幅，命令的介绍不可能面面俱到，读者在具体操作时，应多多注意命令窗口的提示，按照提示输入相关信息。

一、绘图命令

常用的绘图命令一般从绘图工具条上调用见图 10－4。上面每个小图标按钮对应的命令及其主要功能见表 10－1。绘图命令均在菜单“绘图”项下，见图 10－3。

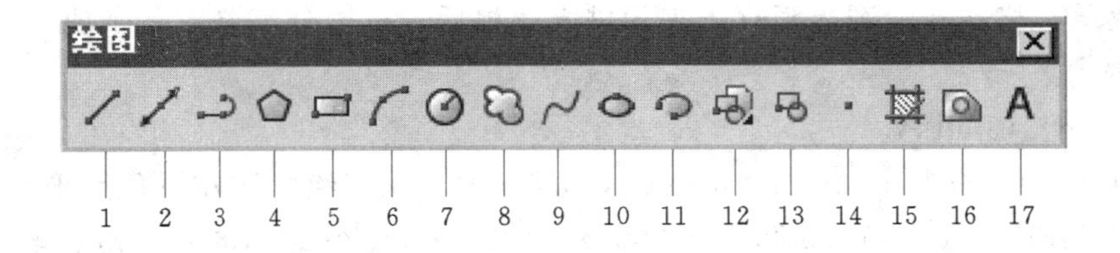

图 10－4　绘图工具条

表 10-1　　绘图工具条上各图标与对应命令及缩写

序号	键入命令或（缩写）	含　义
1	Line　(L)	绘制直线段，可连续画多段，每段为一个单独的实体
2	Xline　(XL)	绘制结构线（Construction Line），贯穿全屏可作绘图辅助线使用
3	Mline　(ML)	画多重平行线，适用于建筑或管道设计
4	Pline　(PL)	画多段线，可设置线宽的多段直线与弧线的组合
5	Polygon　(POL)	画正多边形
6	Rectang　(REC)	画矩形，可设置线宽、倒角或倒圆角
7	Arc　(A)	画圆弧
8	Circle　(C)	画整圆
9	Spline　(SPL)	画样条曲线
10	Ellipse　(EL)	画椭圆或椭圆弧
11	Insert　(I)	插入已生成的块或 dwg 文件，显示对话框
12	Block　(B)	定义块（Make Block），显示块定义对话框。可用 Wblock 命令把块生成.dwg 文件
13	Point　(PO)	画点（点的式样可在菜单条/“格式”“点样式”对话框中设定）
14	Bhatch　(H)	在指定区域内填充图案，显示边界填充对话框
15	Region　(REG)	生成面区域，可对其进行整体移动、拉伸及布尔运算操作
16	Mtext　(MT) Dtext　(DT)	写多行文字，显示多行文字编辑器对话框，可单独设置字型、字高、颜色及选用特殊字符等。 写单行文字，可设置字高、转角、特殊字符要用%%加字母表示

1. 直线命令（Line）

功能：画直线。

命令格式：

Command：Line↓（或 L↓）

指定第一点：输入起点↓

指定第二点或 [放弃 U]：↓

说明：

（1）在一个 Line 命令下可输入一系列端点，画出多条直线组成的折线，用直接回车结束命令。符号“↓”表示回车。

（2）输入 C（Close），从最后一点向该次命令的第一点画直线，形成封闭折线，同时结束本次命令。

（3）在连续画直线过程中，如想删除折线中最后绘出的直线，可在“指定第二点或 [放弃 U]：”提示下输入 U（Undo），而无需退出 Line 命令，然后可以从前一直线的终点开始继续画线。连续输入 U，可依次往前删除多条直线段。

（4）若在指定第一点：提示时直接回车，AutoCAD 将把本次命令之前最后画出的直线（或圆弧或多义线）的终点作为本次命令的起点，若最后画出的是弧，直线的方向将和弧相切，同时提示变为要求输入直线长度。

(5) 用 Line 命令画出的折线，每一条直线都是一个实体（实体即 AutoCAD 预先定义好的图形元素，可以单独进行编辑等操作），也就是说一个 Line 命令可画出多个实体。

(6) AutoCAD 对一些常用命令指定了缩写的简捷命令，例如 Line 的简捷命令为 L，从键盘输入命令或简捷命令均可，本书把简捷命令放在命令后的括号内列出，下文不再说明。

【例 10-1】 直线命令用法举例。

(1) 画图 10-5 (a) 所示的折线。

Command：Line↓

指定下一点：1，3↓（A 点）

指定下一点或［放弃 U］：1，1↓（B，点）

指定下一点或［放弃 U］：@3，0↓（C 点）

指定下一点或［放弃 U］：@1<90↓（D 点）

指定下一点或［放弃 U］：3，3↓（E 点）

指定下一点或［放弃 U］：↓（结束直线命令）

(2) Close 用法。

如把图 10-5 (a) 改为图 10-5 (b) 的封闭折线，只要把上例中的最后一个操作↓改为 C↓即可。

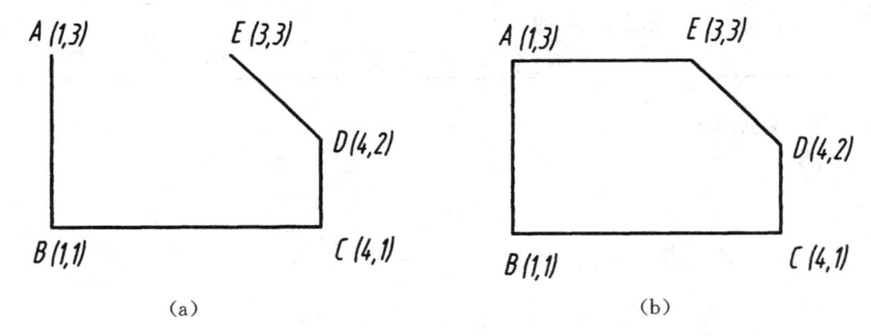

图 10-5 用 Line 画直线

(a) 开口折线；(b) 封闭折线

2. 圆命令 (Circle)

功能：画圆。

命令格式：

Command：Circle↓（或 C↓）

指定圆的圆心或［3P/2P/Ttr (tan tan radius)］：输入圆心或选择项

说明：

(1) 若一个命令有多种方式供选择，AutoCAD 会在命令提示窗口把这些选择项一一列出，用“/”分隔，在［ ］外的是默认方式，可按提示直接输入有关信息；［ ］内选项则必须先选定该项，方法是输入该选项的关键字（选项中的大写字母），然后再按提示操作。若是从下拉菜单中输入命令，则可从其下拉分菜单中直接选定所采用的方法。

（2）圆心方式：

指定圆的圆心或［3P/2P/Ttr（tan tan radius)］：Pc↓（圆心位置）。

指定圆的半径或［直径］：半径值↓（也可先输入 D，然后输入直径值）。

（3）3P 方式，根据提示给出三点，过这三点画一个圆。

（4）2P 方式，根据提示给出两点，以这两点连线为直径画一个圆。

（5）Ttr 方式，画与已有的两个实体相切，半径为指定值的圆。

【例 10－2】 如图 10－6 所示，画与直线 AB 及圆弧 CD 同时相切的圆，半径为 10。

Command：Circle↓

指定圆的圆心或［3P/2P/Ttr（tan tan radius)］：T↓ （选择 Ttr 方式）

指定对象与圆的第一个切点：*P*1 （拾取圆上一点）

指定对象与圆的第二个切点：*P*2 （拾取直线上一点）

指定圆的半径〈当前值〉：10↓ （公切圆半径）

画出的圆如图 10－6 中的实线圆。公切圆位置与拾取点有关，若拾取点为 P3、P4，则画出的公切圆为图中所示的虚线圆。

3．圆弧命令（Arc）

功能：画圆弧。

命令格式：

Command：Arc↓ （或 A↓）

指定圆弧起点或［圆心 C］：输入圆弧起点或选择项的关键字。

AutoCAD 提供了十一种画圆弧的方式，其中有三种只是输入数据的顺序不同，所以实际是八种，图 10－3 为包含这十一种方式的下拉菜单。

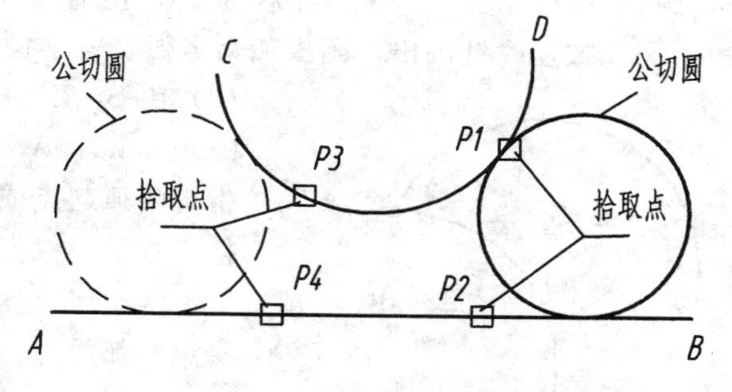

图 10－6 用 Circle 画公切圆

说明：

（1）各选择项关键字的含义为：S——圆弧起点；C——圆心；E——终点；A——圆弧所含圆心角；L——弦长；D——起点处圆弧的切线方向；R——半径。

（2）不做特殊设置时，圆弧按逆时针方向画出。

（3）输入半径或弦长为正值，画劣弧；为负值，画优弧。输入的圆心角（Angle）为正值，按逆时针方向画弧；为负值，按顺时针方向画弧。

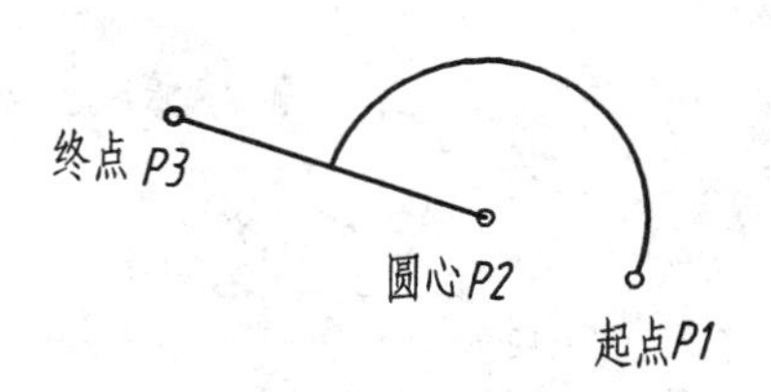

图 10－7 用 SCE 方式画弧

（4）CSE（或 SCE）方式画弧，终点不一定在弧上，而圆弧终点必定在 End 与 Center 连线上，如图 10－7所示。

（5）若 Arc 命令的第一点用空回车响应，AutoCAD 会把本次命令之前最后画出的直线（或圆弧或多义线）的终点作为第一点，同时提示变为要求输入圆弧的终点，画出的弧与直线（或圆弧或多义线）相切。

下面以用 SCE 方式、SER 方式和 SED 方式画弧为例，简要说明操作要领。用其余方式画弧时，只要根据命令窗口提示输入相应数据即可。

【例 10-3】 圆弧命令用法举例

(1) 用 S，C，E 方式画弧。

指定圆弧起点或［圆心 C］：P1↓（指定圆弧起点）。

指定圆弧上的第二点或［圆心 C/端点 E］：C↓（选择 C 选项）。

指定圆心：P2↓（指定圆心）。

指定圆弧端点或［角度 A/弧长 CH/弦长 L］P3↓（指定终点）。

圆弧按逆时针画出，如图 10-7 所示。

(2) 用 S，E，R 方式画圆弧。

Command：arc↓

指定圆弧起点或［圆心 C］：P1↓（指定圆弧起点）。

指定圆弧第二点或［圆心 C/端点 E］：E↓（选择 End 选项）。

指定圆弧端点：P2↓（指定圆弧终点）。

指定圆弧圆心或［角度 A/方向 D/半径 R］：R↓（选择 Radius 选项）。

指定圆弧半径：15↓（半径为 15，正值）。

圆弧按逆时针画出，画出弧为劣弧，若半径为负值，画出弧为优弧如图 10-8 所示。

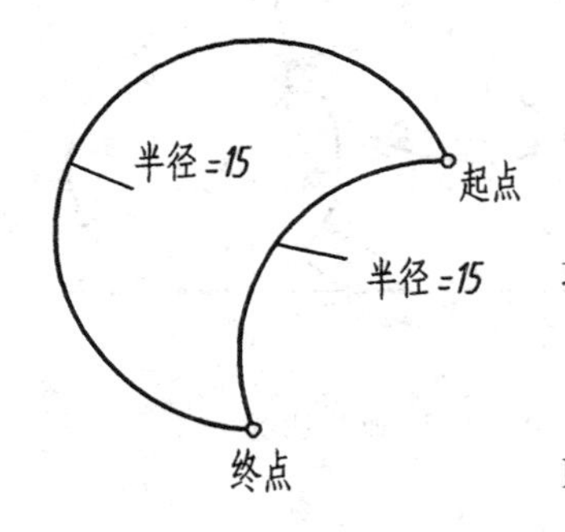

图 10-8 用 SER 方式画弧

(3) 用 S，E，D 方式画弧。

Command：Arc↓

指定圆弧起点或［圆心 C］：P1↓（指定圆弧起点）。

指定圆弧第二点或［圆心 C/端点 E］：E↓（选择 End 选项）。

指定圆弧端点：P2↓（指定圆弧终点）。

指定圆弧圆心或［角度 A/方向 D/半径 R］：D↓（选择 Direction 选项）。

指定圆弧起点切线方向：30↓（圆弧起点切线方向为 30°）。

画出的弧如图 10-9 所示。圆弧起点切线的方向可指定一点，则圆弧起点与指定点的连线即为切线方向；也可直接给出角度，本例为直接给出角度。

4. 多义线命令（Pline）

功能：画由不同宽度或同宽度的直线或弧组成的连续线段。一个 Pline 命令所画出的多义线为一个实体。

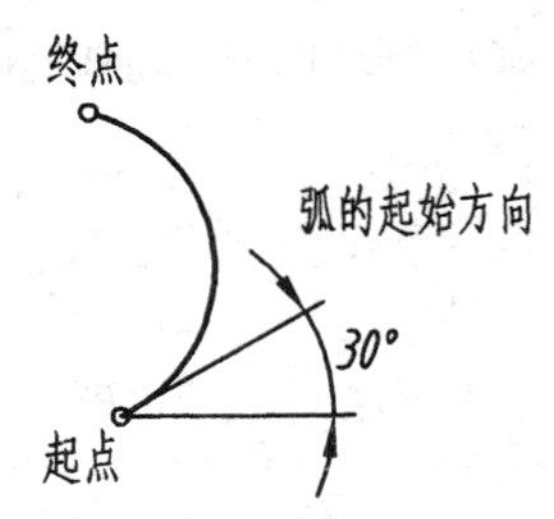

图 10-9 用 SED 方式画弧

命令格式：

Command：Pline↓（或 PL↓）

指定起点：输入起点↓

当前线宽为 0.0000

指定下一点或［圆弧 A/闭合 C/半宽 H/长度 L/放弃

U/宽度 W]：W↓

说明：

(1) Width，设定线宽，输入 W，将出现下列提示：

指定起点线宽〈0.0000〉：(输入起点线宽)↓

指定终点线宽〈所设起点线宽〉：(输入终点线宽)↓

起点和终点线宽相同时，画的是等宽线，线宽不同时，所画是锥形线。线宽为 0，画出的是细线。

(2) 输入 U，将删去最后的一段多义线，可连续使用。

(3) 输入 L，要求确定下一段多义线的长度，将按上一线段的方向画多义线；若上一段线是弧，将画出与弧相切的线段。

(4) 输入 H，定义多义线的半宽值。

(5) 输入 C，将多义线的起点和终点连起来，形成封闭的多义线，同时结束命令。

(6) 输入 A，转入画圆弧方式，提示变为：

指定圆弧端点或 [角度 A/圆心 C/闭合 CL/方向 D/半宽 H/直线 L/半径 R/第二点 S/放弃 U/宽度 W]：

其中角度 A/圆心 C/半径 RS/第二点 S/方向 D 都是画弧方式的选项，与 Arc 命令类似。前 4 种方式画出的弧与直线或弧相切，Direction 方式则由用户指定弧的起始方向。Line 选项可转入画直线方式，其余选项与画直线方式相同。

图 10-10 为用 Pline 命令绘制的图形，两个分别为形位公差中的圆跳动符号和电路符号。

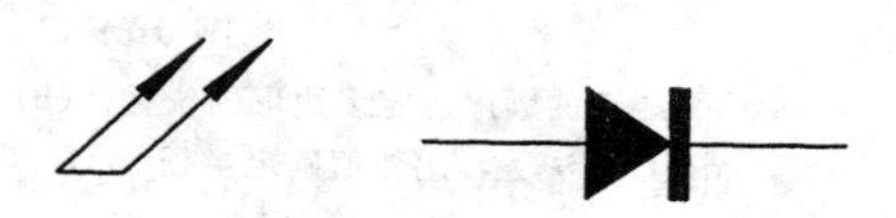

图 10-10 用多义线命令绘制图形

5. *正多边形命令* (Polygon)

功能：绘制正多边形，边数可从 3-1024 条。一个正多边形是一个实体。

命令格式：

Command：Polygon↓ (或 POL↓)

输入边数〈4〉：输入边数↓

指定多边形的中心点或 [边长 E]：选择画正多边形方法

说明：

(1) AutoCAD 提供了三种画正多边形的方法：边长法、内接法与外切法。

(2) 边长法 (Edge)：要求指定多边形的一边的两个端点，多边形按此两端点顺序画出点位置相同而顺序不同时，多边形位置会不同，如图 10-11 (a) 所示。

(3) 内接法 (I)：假定正多边形内接于一个圆，要求指定多边形中心（即外接圆圆心）、半径。半径如用数值给出，多边形的底边处于水平位置，如图 10-11 (b) 所示；如用给出 P2 点的方法确定，则 P2 点为多边形的一个顶点，如图 10-11 (c) 所示。

(4) 外切法 (C)：假定正多边形外切于一个圆，要求指定多边形中心（即内切圆圆心）、半径。半径如用数值给出，多边形的底边处于水平位置，如图 10-11 (d) 所示；如用给出 P2 点的方法确定，则 P2 点为多边形一条边的中点，如图 10-11 (e) 所示。外切法的操作与内接法完全相同。

【例 10-4】 用内接法画外接圆半径为 10 的正六边形。

Command：Polygon↓

输入边数〈4〉：6↓

指定多边形的中心点或［边长 E］：P1↓

输入选项［内接于圆 I /外切于圆 C］〈I〉：↓

指定圆的半径：10↓

画出的正多边形如图 10-11（b）所示。

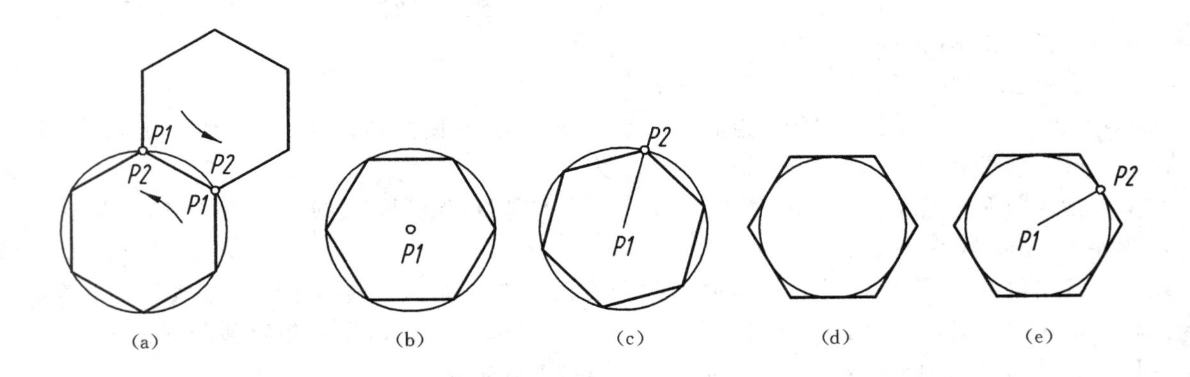

图 10-11 用不同方法画出的正六边形

（a）端点的顺序确定多边形的位置；（b）I 方法下，用数值确定半径；（c）I 方法下，用 P2 确定半径；（d）C 方法下，用数值确定半径；（e）C 方法下，用 P2 确定半径

6. 图案填充

功能：在封闭的区域内填充预定义的图案或填充指定角度和间距的平行线，填充区域的边界必须是由连续的实线构成。

操作格式：

Command：Hatch↓（或 H↓）或在绘图菜单中单击图案填充，出现如图 10-12 所示的边界图案填充对话框。

（1）在"快速"选项卡中：

1）确认"类型"文本框内为预定义，它表明将使用预定义图案填充。

2）"图案"文本框内可以输入图案名称，也可以单击右边的按钮弹出如图 10-13 所示对话框，从中选择自己需要的图案，单击 OK 按钮，回到边界图案填充对话框。

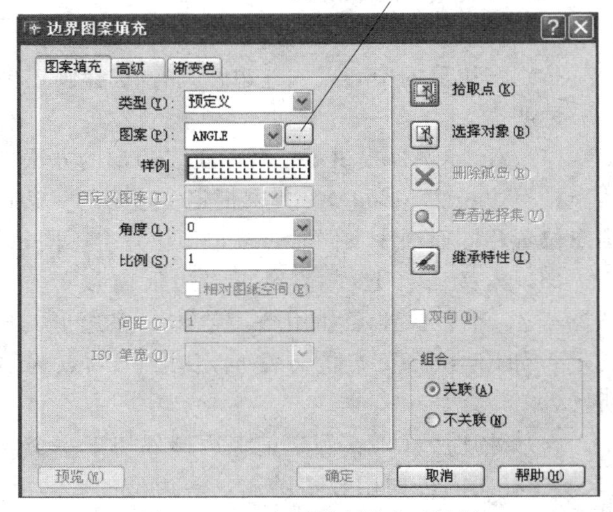

图 10-12 边界图案填充对话框

3）“样例”是显示供选择的图像框。点击该图像，也会弹出图10-13，从中进行图案选择。

4）“角度”文本框内可以输入所选择的图案相对于当前 X 轴的旋转角度。

5）“比例”文本框内可以输入所选择的图案相对于系统预定义的填充比例。

（2）单击“拾取点”按钮，将暂时隐去边界图案填充对话框，在“Command”行操作提示选择内部点：要求指定需要填充图案的区域内的点，计算机将自动搜索包含该点的一个封闭区域边界，并以虚线显示出来，这个区域将填充图案。然后可以继续点取需要填充图案的区域内的点，如果发现选择错了，也可以按键盘上的U键后回车，取消刚才的选择。选择完毕后按回车确认选择，自动回到边界图案填充对话框。

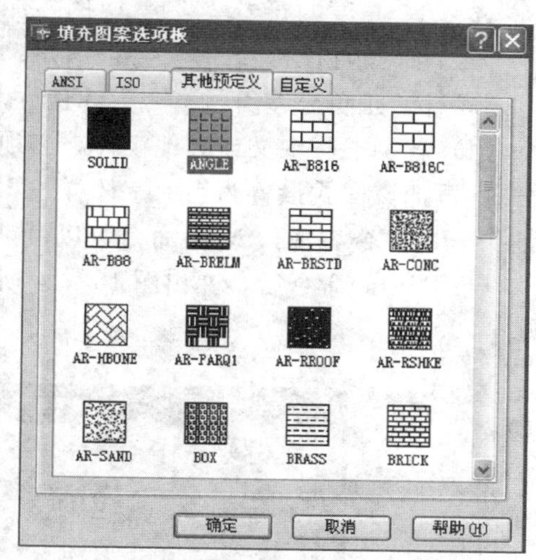

图10-13　填充图案调色板对话框

（3）单击“预览”按钮，将暂时隐去“边界图案填充”对话框，显示指定区域内图案填充的效果，按回车，自动回到边界图案填充对话框。如果图案填充的效果没有达到要求，重复步骤（1）或步骤（2）。最后单击OK按钮。

7. 文本命令（Text）

功能：书写文本。

操作格式：

Command：Text↓（或DT↓）

当前文本样式：“Standard”

文本高度：2.5

指定文本起点或[对正J/样式S]：（文本的起点位置）↓

指定高度〈当前值〉：（字符高度）↓

指定文本旋转角度〈当前值〉（文本行倾斜角度）↓

输入文本：（输入文本）↓

输入文本：（输入文本）↓

输入文本：↓

说明：

（1）对正J是用来确定文本的排列方向和方式，缺省方式是左对齐；Style用来选择文本的字体，缺省字体是“Standard”。

（2）一个Text命令可书写多行文本，一行文本是一个实体，用空回车结束命令。若用回车换行，下一行字符自动与上一行对齐；亦可用光标任意确定下一行文本的起点位置。

（3）有些键盘上所没有的特殊字符，AutoCAD提供了各种控制符来实现，下面列出的是常用特殊字符：

%%d　角度的符号“°”　　　例如：25°，Text：25%%d

%%c　圆直径符号“ϕ”　　例如：ϕ24，Text：.%%c24

%%p　正负公差符号“±”　例如：15±0.02，Text：15%%p0.02

（4）若要书写中文或其他字体，必须先定义字体样式，然后把希望书写的字体赋予该样式，再把该样式设置为当前字体样式，这样才能书写出合乎要求的文本。定义字体样式是用 Style 命令实现，Style 命令可以由键盘输入或单击菜单格式→文本样式...。

启动 Style 命令后，弹出图 10－14 所示的对话框，下面简要介绍该对话框中的各项内容。

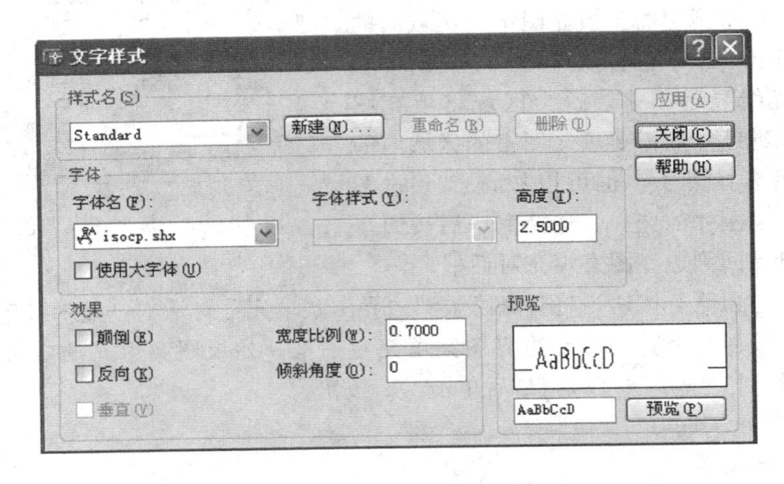

图 10－14　文本样式对话框

（1）样式名区。左边是下拉式列表框，单击框右边的箭头，框中列出当前图形中已有的字体样式。Standard 是缺省样式，即预先定义了的可直接使用的样式。列表框的右边有三个按钮，新建...用来创建新的字体样式；重命名...用来更改现有的字体样式名称；删除用来删除所选择的字体样式。

（2）字体区。这是字体文件设置区。字体文件分为两种：一种是 Window 提供的字体文件，为 True Type 类型的字体；另一种是 AutoCAD 特有的字体文件，称为大字体。两种字体都可选用。字体名称下拉列表框中是 Window 中所有的字体文件，如 Rormans、仿宋体等。Heigh 文本框中可设置字体的高度，若字高为零，则在用 Text 命令书写文字时，会出现字符高度提示，让用户输入字高（正值）；若字高非零，执行 Text 命令时直接用已给定的字高书写，不再出现字高提示。

（3）效果区。可设定字体的具体特征，其中宽度比例用来设定字体相对于高度的宽度系数；倾斜角度用来设定单个字符的倾斜角度。

（4）定义一个新字体样式的一般步骤。单击“新建”按钮，然后从“字体名”下拉列表框中选择所需要的字体文件，最后单击“应用”、“关闭”。图 10－14 中，字体名为“Isocp.shx”可用来标注尺寸。

（5）Apply 按钮。用来设置当前字体样式，方法是 Style Name 列表框内用光标选定一字样，然后单击该按钮。

AutoCAD 的绘图命令远不止上述七个，但用法大同小异，如 Rectang，Dount，Divide，Measure，Ellipse，Mtext 也是常用的命令，读者可借助命令提示自行上机学习。

二、编辑命令

图形编辑是指对图形进行修改、复制、移动和删除等操作。AutoCAD 提供了丰富的图形编辑命令，适当而灵活地利用这些命令，可以显著提高绘图的效率和质量。

图形编辑命令均在 Modify 菜单项下。在进行图形编辑时，可从键盘输入命令，或从 “Modify” 工具栏选取，也可从 “Modify” 下拉菜单选取。修改工具条见图 10－15。表 10－2 是修改工具条上各图标按钮与其对应命令及缩写。

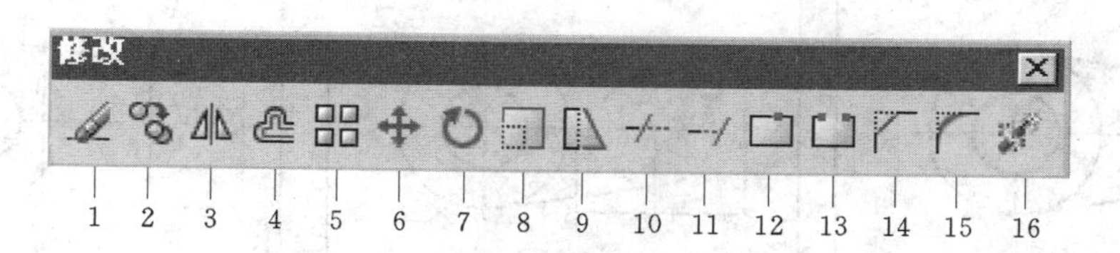

图 10－15　修改工具条

表 10－2　修改工具条上各图标按钮与其对应命令及缩写

序　号	键入命令或（缩写）	含　义
1	Erase（E）	擦除一个或一组实体对象
2	Copy（Co）	一次或多次复制一个或一组实体
3	Mirror（M）	镜像复制
4	Offset（O）	偏移，按指定偏移距离或通过一点复制线段或同心圆、多边形
5	Array（A）	阵列复制，在矩形或圆周上均匀复制实体
6	Move（M）	移动一个或一组实体对象
7	Rotate（R）	绕指定基点旋转实体对象
8	Scale（S）	以指定点为基准，缩放实体对象
9	Stretch（S）	将交叉窗口中实体目标对象进行伸展，但对窗口中的圆只作平移
10	Lengthen（L）	将指定线段进行伸缩
11	Trim（T）	指定剪切边后，修剪实体上的多余线段
12	Extend（E）	把直线或弧延伸到与另一实体相交为止
13	Break（B）	将线段、圆或弧等截断
14	Chamfer（C）	给对象加倒角
15	Fillet（F）	给对象加圆角
16	Explode（E）	分解多段线、块、尺寸标注、矩形及区域填充等组合实体对象，以便单独修改

1. 目标选择

若原始图形如图 10－16（a）所示，当输入图形编辑命令或进行其他某些操作时，AutoCAD 通常会提示

选择目标：

这是要求选定被编辑的对象（目标），目标应是用绘图命令画出的实体，被选中的目标即构成选择集。目标被选中时，该实体变成虚线。常用的目标选择方式有：

（1）直接点取方式。这是默认的方式。在“选择目标：”提示符出现后，十字光标变成框，将拾取框移至目标，回车，即为选中，可重复操作以选取多个目标。

（2）默认窗口方式（Window）。在“选择目标：”提示符下用鼠标在视窗空白处确定第一对角点，从左向右移至第二对角点，出现一个实线矩形框，完全被包含在框中的实体被选中，如图 10－16（b）所示。

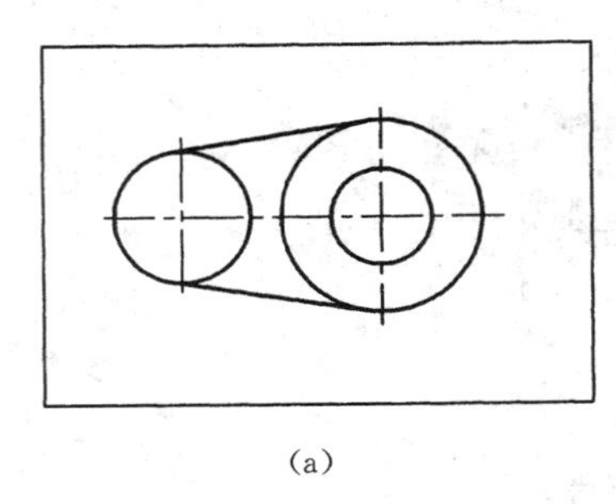
(a)

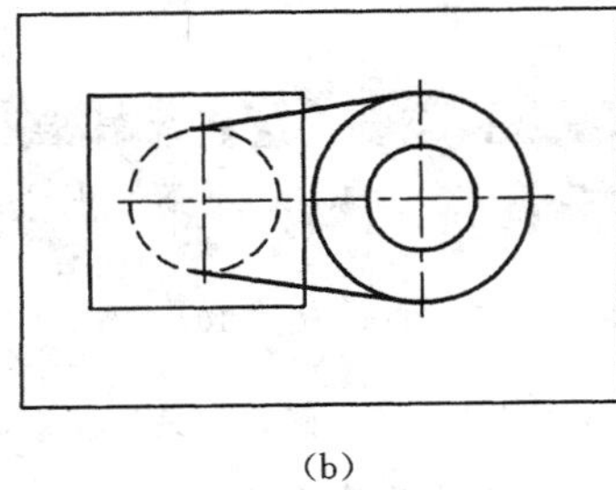
(b)

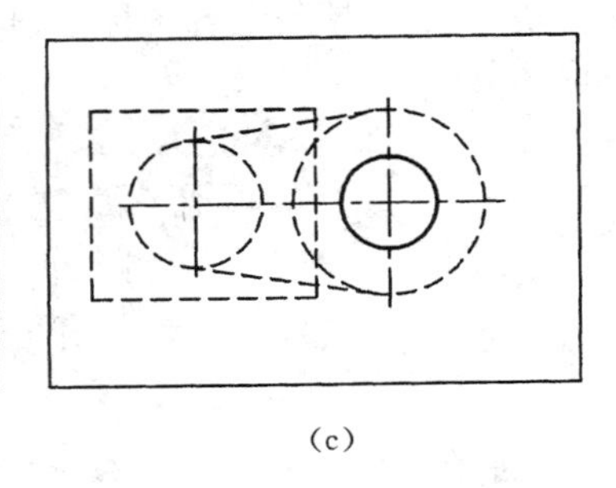
(c)

图 10－16　用矩形窗口选择目标

(a) 原始图形；(b) 窗口方式；(c) 交叉方式

（3）默认交叉窗口方式（Crossing）。在“Select Objects：”提示符下用鼠标在视窗空白处确定第一对角点，然后从右向左移至第二对角点，出现一个虚线矩形框，被包含在框中的实体以及与矩形框相交的实体均被选中，如图 10－16（c）所示。

（4）取消（Undo）。键入 U↓，可取消最后一次选择的目标，可连续使用。

（5）扣除模式（Remove）。选择集中的目标可一一加入，也可逐一扣除。输入编辑命令后，目标选择是以加入方式开始的，键入 R↓，目标选择即转入扣除模式，并出现提示：“扣除目标”，此时可采用上述目标选择方式来选择要扣除的目标，被选中的目标将恢复原状，即被从选择集中扣除了。

（6）返回到加入模式（Add）。键入 A↓，可使目标选择从扣除模式返回加入模式，提示重新变为“选择目标：”。

2. 删除命令（Erase）

功能：从图形中删去选定的实体。

操作格式：

Command：Erase↓（或 E↓）

选择目标：（选择要删除的目标）

选择目标：↓

说明：

（1）“选择目标”提示将重复出现可多次选择目标，如回车，结束选择，所选目标被删除。

（2）只要不退出当前图形，就可以用“Oops ”或“Undo”命令将删除的实体恢复，但“Oops”只能恢复最近一次用 Erase 删除的实体。

3. 移动命令（Move）

功能：将选定实体从当前位置平移到指定位置。

Command：Move↓（或 M↓）

选择目标：(选取欲移动的实体)

选择目标：↓

指定基点或位移：(基点 A）↓

指定第二点或位移〈用第一点作位移〉：(第二点 B）↓或（↓）

说明：

(1) 若输入基点 A 和第二点 B，位移量就是 A、B 两点的坐标差，图形将从基点 A 移到第二点 B，如图 10-17（a）所示。

(2) 如果输入基点 A（x，y），对指定第二点的位移或〈用第一点作位移〉：提示用空回车响应，则图形位移量 $\Delta X = x$，$\Delta Y = y$，如图 10-17（b）所示。

(3) 选择目标：提示会重复出现，可多次选择目标构造选择集，回车结束选择，很多编辑命令都可以在一个命令下选择多个目标进行编辑，下文不再重复。

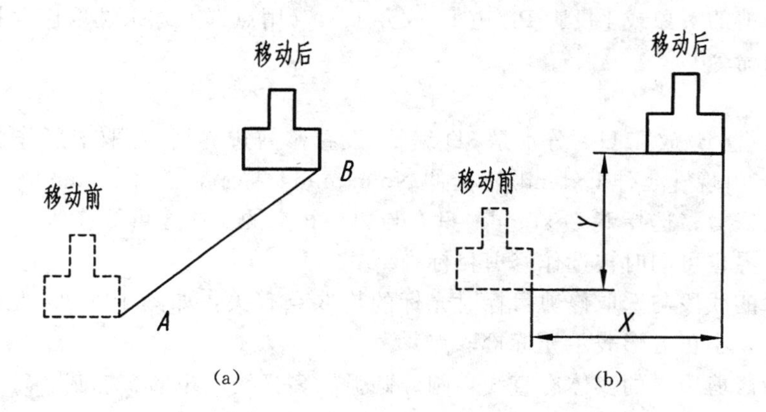

图 10-17　实体平移方向与距离的确定

(a) 输入两点进行平移；(b) 输入位移量移动

4. 复制命令（Copy）

功能：将指定的实体复制到指定位置，可多次复制。

操作格式：

Command：Copy↓（或↓）

选择目标：(选择欲复制的目标)

选择目标：↓

指定基点或位移，或 [多重复制 M]：(基点 A↓)

指定第二点的位移量〈用第一点作位移〉：(位移量第二点 B）↓（或↓）

说明：

(1) 一次复制的操作与移动命令相同。复制一个选择集后即结束命令。

(2) 如果要多次复制，对“指定基点或位移，or［多重复制 M］:”提示，输入 M，随后出现如下提示：

指定基点：(基点 A) ↓

指定基点或位移，或［多重复制 M］:(第二点 B) 从 A 复制到 B。

指定第二点的位移量〈用第一点作位移〉:(第二点 C) 从 A 复制到 C。

⋮

可多次复制，回车结束命令。

5. 修剪命令（Trim）

功能：用边界来（修剪边）删除实体的一部分。

操作格式：

Command：Trim ↓（或 TR↓）

当前设置：投影 =UCS，边=无

选择修剪边……

选择目标：(选取实体作为修剪边界)

⋮

选择要修剪的对象或［投影 P /边 E/放弃 U］:(用点选方式来选取修剪目标，可多次选，回车结束命令)

说明：

①投影 P/边 E/放弃 U，分别是 3D 编辑/设置修剪边界属性/取消所作修剪。若选择“边 E”项，将出现［延伸 Extend/不延伸 No extend］提示，选择 Extend，不与边界相交的实体也可被修剪；选择 No extend，只有与边界相交的实体才可被修剪。

②修剪边界也可同时被选作修剪目标。

③被剪除的线段与选取修剪目标时光标的拾取点有关，如图 10－18 所示（图中虚线表示修剪边界，小正方形表示光标拾取点）。

④可作为修剪边界的实体有直线、圆、圆弧、多义线、矩形、椭圆、正多边形等。

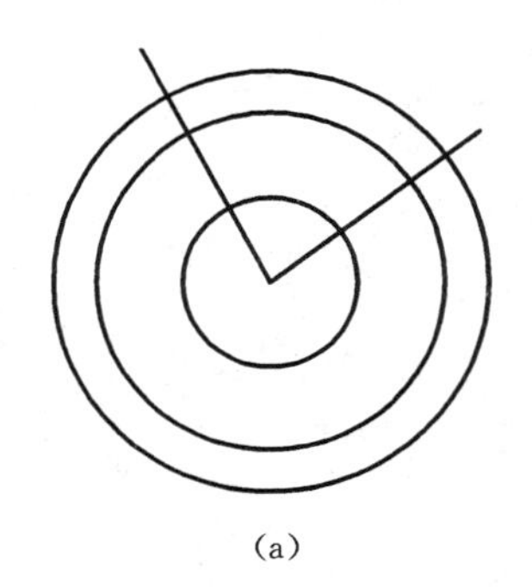

(a)

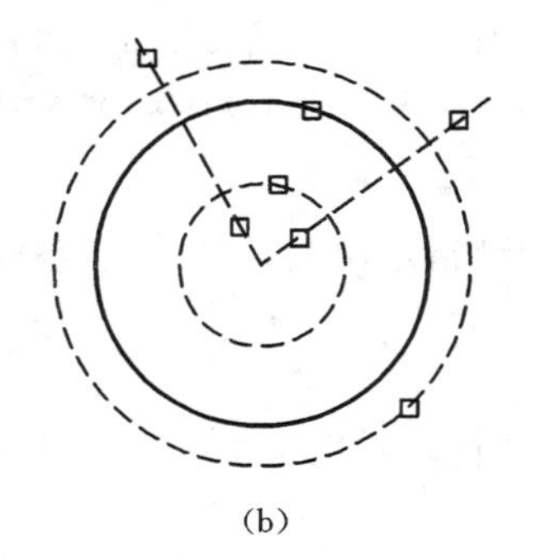

(b)

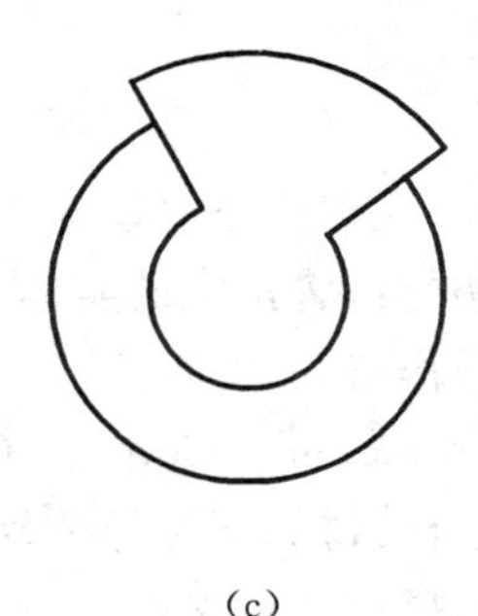

(c)

图 10－18　Trim 命令修剪部位的确定

(a) 原图；(b) 确定边界及修剪部位；(c) 修剪结果

6. 打断命令（Break）

功能：将实体断开或部分删除。

操作格式：

打断命令一般只对一个选定的实体进行，因此，常用光标直接点选目标，AutoCAD默认拾取点为第一断点。

Command：Break↓（或 BR↓）

选择目标：点选要打断的实体。

指定第二打断点或［第一点］：

对上面提示可有三种方法应答，从而产生如图 10－19 所示的不同结果：

（1）输入第二点 P2，则第一断点和 P2 间的线段被删除，如图 10－19（a）所示。

（2）键入“@”，则实体在拾取处一分为二，如图 10－19（e）所示。

（3）若键入“F”，会出现提示：

输入第一点：P1↓（另选一点作为第一断点）

第二点：P2↓

P1、P2 间的线段被删除，如图 10－19（b）所示。

说明：

①第二点 P2 不一定选在目标上，P2 不在目标上时，第二断点为从 P2 所做垂线的垂足，如图 10－19（d）所示。

②圆不能断开，只能部分删除，删除部分为从第一断点 P1 按逆时针方向至 P2 的圆弧，如图 10－19（c）所示。

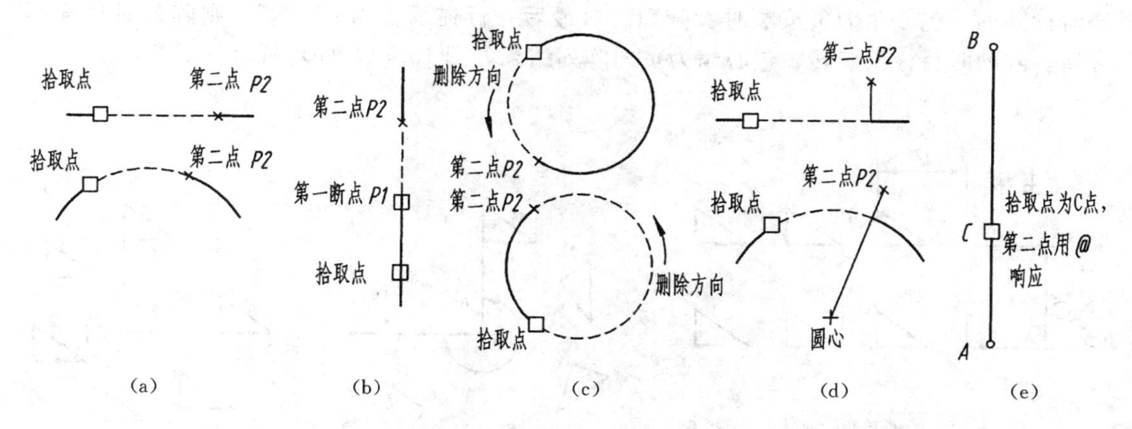

图 10－19　用 Break 命令断开实体的几种情况（虚线表示被删除线段）

7. 阵列命令（Array）

功能：将指定目标按矩形或环形阵列的方式作多重复制。

操作格式：

Command：Array↓（或 AR↓）

选择目标：选择阵列目标↓

选择阵列方式［矩形 R/环形 P］〈R〉：选择阵列方式↓

说明：

阵列方式有两种：矩形阵列（Rectangular）和环形阵列（Polar）。

【例 10－5】 阵列命令用法举例

(1) 对图 10－20 (a) 的三角形作 3 行 4 列的矩形阵列，行间距为 12，列间距为 10。

Command：Array↓

选择目标：选择三角形↓

选择阵列方式［矩形 R/环形 P］〈R〉：↓（选择矩形阵列方式）

指定阵列行数（— — —）〈1〉：3↓

指定阵列列数（| | |）〈1〉：4↓

指定行间距（— — —）：－14↓

指定列间距（| | |）：12↓

(2) 对图 10－20 (b) 的三角形作环形阵列，阵列数为 6，阵列包心角为 270°。

Command：Array↓

选择目标：选择三角形↓

选择阵列方式［矩形 R/环形 P］〈R〉：P↓（选择环形阵列方式）

指定环形阵列中心：Pc↓

指定环形阵列个数：6↓

指定阵列包心角（＋ ＝ccw，－＝cw）〈360〉：270↓（指定阵列包心角）

旋转目标［Yes/No］〈Y〉：↓（阵列时旋转目标）

作出的环形阵列如图 10－20 (b) 所示。环形阵列个数包括被选目标；包心角为正按逆时针阵列，包心角为负按顺时针阵列。对最后一行提示若输入“N”，则阵列时目标不旋转。阵列时目标不旋转、包心角为负的阵列结果如图 10－20 (c) 所示。

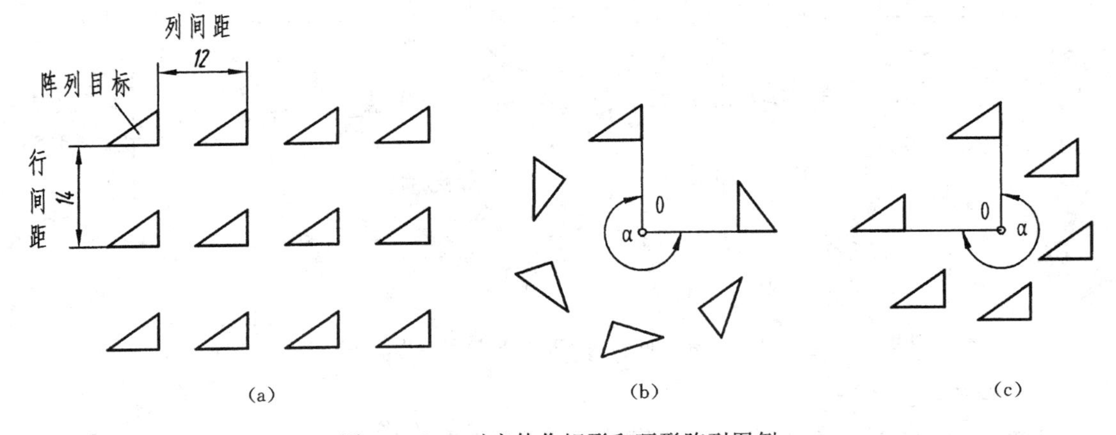

图 10－20 对实体作矩形和环形阵列图例

(a) 矩形阵列；(b) 环形阵列（图形旋转）；(c) 环形阵列（图形不旋转）

8. 倒角命令（Chamfer）和圆角命令（Fillet）

功能：倒角命令可在两条直线间画倒角或对一条多义线倒角。圆角命令可用给定半径的圆弧连接两实体。

操作格式：

(1) 倒角命令。

Command：Chamfer↓（或 CHA↓）

（修剪模式）当前倒角距离 Distl＝5.0000，Dist2＝5.0000：（当前倒角距均为 5）

选择第一条直线或［多段线 P/距离 D/角度 A/修剪 T/方法 M］：选择要倒角的第一条线（或其他选项）↓

【例 10－6】 对图 10－21（a）所示的图形的右上部进行倒角，第一倒角距为 5，第二倒角距为 3。

Command：chamfer↓

（修剪模式）当前倒角距离 Distl＝5.0000，Dist2＝5.0000

选择第一条直线或［多段线 P/距离 D/角度 A/修剪 T/方法 M］：D↓（选择更改倒角距）

指定第一个倒角距离〈5.0000〉：↓（指定第一倒角距）

指定第二个倒角距离〈5.0000〉：3↓（指定第二倒角距）

Command：↓

选择第一条直线或［多段线 P/距离 D/角度 A/修剪 T/方法 M］：（选择要倒角的第一条边）↓

选择要倒角的第二条边：（选择要倒角的第二条边）↓

倒角后的图如图 10－21（b）所示。

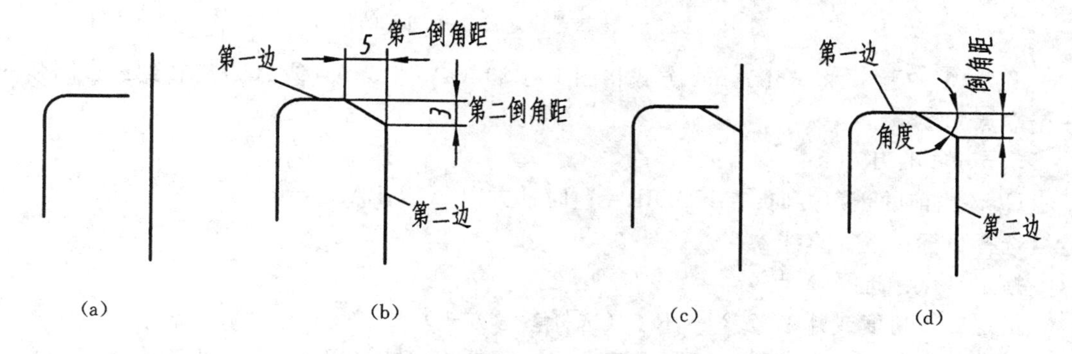

图 10－21 用倒角命令对直线倒角

（a）倒角前；（b）倒角并修剪；（c）倒角不修剪；（d）Angle 的含义

（2）圆角命令。

若用缺省半径画圆角，直接选择两实体（只能是画直线、圆弧、圆和多义线）。若给定半径，先键入“R”，指定半径后再选择两个实体。该命令与倒角命令类似。

9. *旋转命令*（Rotate）

功能：将指定目标绕指定基点旋转指定角度。

操作格式：

Command：Rotate↓（或 RO↓）

UCS 当前的正角方向：ANGDIR＝逆时针方向　　ANGBASE＝0

选择目标：（选择目标）↓

选择旋转基点：（选择旋转基点）↓

指定旋转角度或［参考 R］：指定旋转角度↓（或选择参考 R 方式↓）

说明：

(1) 旋转基点将决定实体旋转后的位置，一般应将基点选在待旋转实体的中心或特殊点上，见图 10－22。

(2) 给出旋转角度后，实体绕旋转基点旋转指定角度。角度为正，逆时针旋转；角度为负顺时针旋转。

(3) 参考 R：选择此方式，将提示用户指定参考角（Reference angle）和新角度（New angle），AutoCAD 会根据这两角度计算出旋转角度。

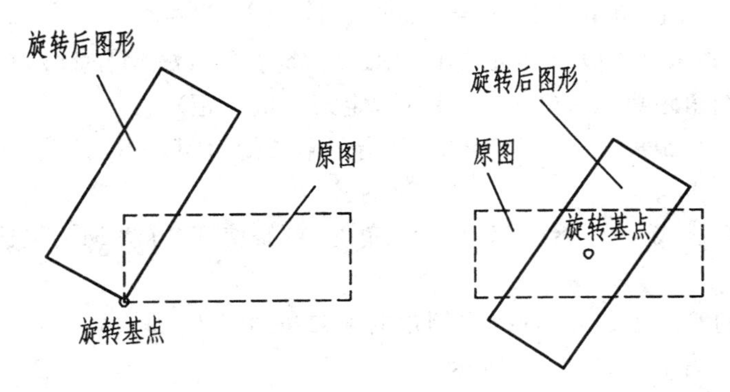

图 10－22 旋转基点决定旋转后图形的位置

【例 10－7】 将 Reference 方式将图 10－23（a）直线 AB 绕 A 点旋转到经过圆弧的一个端点 C。

Command：Rotate↓

UCS 当前的正角方向：ANGDIR＝逆时针方向 ANGBASE＝0

选择目标：选择直线↓

指定基点：选择 A 点↓

指定旋转角度或［参考 R］：R↓（选择参考方式）

指定参考角度〈0〉：用光标先捕捉 A 点，再捕捉 B 点（用 A、B 两点确定参考角）

指定新角度：用光标捕捉 C 点（以 A、C 两点确定新角度）

参考角度和新角度也可输入数值。旋转结果如图 10－23（b）所示。

10. 缩放命令（Scale）

功能：将指定目标按指定比例相对于指定的基点进行缩放。

操作格式：

Command：Scale↓（或 SC↓）

选择目标：选择目标↓

选择基点：选择缩放基点↓

指定缩放系数或［参考 R］：（指定缩放系数或选择 Reference 方式）↓

说明：

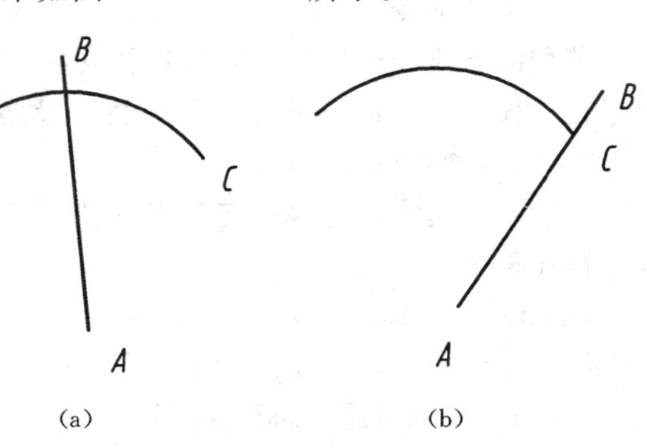

图 10－23 用参考方式旋转实体

(a) 旋转前；(b) 旋转后

(1) 缩放基点将决定实体缩放后的位置，一般应将基点选在实体的中心或特殊点上。

(2) 缩放系数应为正数。若系数大于1，放大；系数小于1，缩小。在"指定缩放系数或［参考R］:"提示下直接输入数值，实体按该值进行缩放。

(3) 参考R：选择此方式，将提示用户给出参考长度和新长度，新长度和参考长度之比值就是缩放系数。

【例10-8】 将图10-24（a）的正方形的边长放大为25。

Command：Scale↓

选择目标：选择正方形↓

指定基点：选择A点↓

指定缩放系数或［参考R］：R↓（选择参考方式）

指定参考长度：捕捉A、B二点（把AB长度作为参考长度）

指定新长度：25↓（新长度25）

图10-24（b）中的粗实线正方形为缩放后的正方形，虚线正方形为原正方形。

11. 镜像命令（Mirror）

功能：将选定的目标图形生成另一镜像图形。

操作格式：

Command：mirror↓（或MI↓）

选择目标：选择目标↓

指定镜向线上第一点：P1↓（镜像线上的第一点）

指定镜像线上第二点：P2↓

删除原目标［Yes/NO］〈N〉：

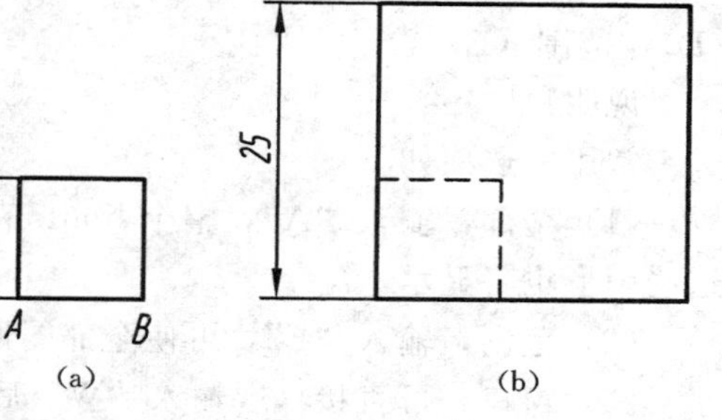

(a)　(b)

图10-24　用参考方式缩放正方形至指定长度

(a) 缩放前；(b) 缩放后

镜像命令图例见图10-25，各图中的右半部分［图10-25（b）包括中心线在内，图10-25（a）、（c）不包括竖直方向中心

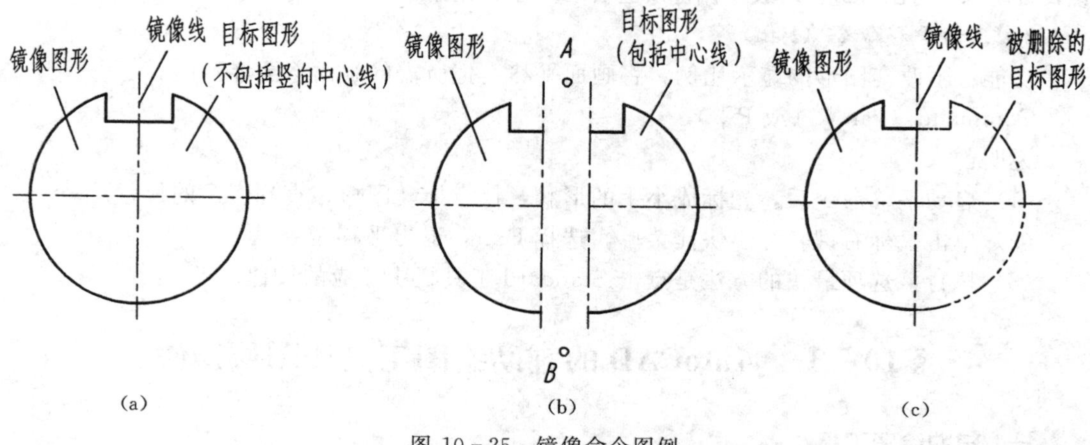

(a)　(b)　(c)

图10-25　镜像命令图例

(a) 目标图形上的中心线作为镜像线；(b) 镜像线由A、B两点确定；(c) 输入"Y"，删除目标图形

线］为目标图形，图 10－25（a）、（b）保留目标图形，图 10－25（c）删除了目标图形。

AutoCAD 的编辑命令还很多，限于篇幅，不能一一介绍，如 Offset、Extend、Length、Stretch 、Explode 也较常用，请读者查阅有关资料。

三、显示控制命令

绘图时所能看到的图形都处在屏幕的绘图区、该区大小有限，而所绘制的图形却大小不等、繁简不一，AutoCAD 绘图系统提供的显示控制命令，可以改变图形实体在屏幕上显示的大小和部位，从而使用户方便地观察、处理在当前屏幕太大或太小的图形。

图形的显示控制命令均在菜单 View 项下，下面只对使用最频繁的 Zoom 和 Pan 命令进行介绍。

1. *屏幕图形缩放命令*（Zoom）

功能：改变图形在屏幕中的视觉尺寸，但图形的实际尺寸保持不变。

操作格式：

Command：Zoom↓（或 Z↓）

指定窗口角点，输入比例因子（nX or nXP），或［全部（A）/中心点（C）/动态（D）/范围（E）］：

说明：

常用的选项如下：

（1）全部，输入“A”，整个 limits 范围全部显示在屏幕上，若 limits 之外绘有图形，这些图形也将显示。

（2）范围，输入“E”，可使全部图形尽可能大地显示。

（3）窗口，可直接（或输入“W”后）用两个角点来确定矩形窗口，窗口内的图形将放大到全屏显示。也可直接点击 Standard 工具栏中相应的按钮。

（4）上一个，输入“P”，返回前一视窗，连续输入“P”，可逐步返回，但不是无限制，一般为 10 帧画面。执行该选项最快的方法是点击 Standard 工具栏中相应的按钮。

（5）〈实时〉，缺省项，是动态缩放，直接回车，屏幕上出现一个放大镜，用鼠标拖动放大镜，可动态地对图形进行缩放，执行该选项最快的方法是点击 Standard 工具栏中相应的按钮。

2. *画面平移命令*（Pan）

功能：不改变图形的显示比例，将画面平移，把所需的画面移至屏幕内。

Command：Pan↓（或 P↓）

说明：

（1）启动平移命令后，光标成小手的形状，任意拖动图形，直到满意的位置。

（2）单击鼠标右键，弹出快捷菜单，选择 Exit，退出平移命令。

（3）执行该选项最快的方法是点击 Standard 工具栏中相应的按钮。

§10－3　AutoCAD 的辅助绘图工具和图层操作

一、辅助绘图工具

AutoCAD 提供了一些辅助绘图工具，帮助用户更快、更精确地绘图，常用的有正交

(Ortho)、目标捕捉（Osnap）等，它们可以在执行其他命令的过程中使用。

可通过单击状态栏上的辅助绘图工具按钮，将它们打开或关闭。

(一) 正交状态命令 (Ortho)

功能：使光标只能在水平或垂直方向移动。

操作方法：单击状态栏上的“ORTHO”按钮或按键盘的F8键。

(二) 目标捕捉命令 (Osnap)

功能：可准确捕捉实体上的某些特殊点，如直线的端点、圆心等，从而提高绘图的精确度和速度。

目标捕捉模式：AutoCAD 提供的捕捉模式有十多种，现把常用的几种列于表10－3中。

表 10－3　　常用的目标捕捉方式

图标	捕捉模式	功　　能
	Endpoint	用于捕捉直线、多义线、圆弧、曲线的端点，系统自动捕捉靠近光标的端点
	Midpoint	用于捕捉直线、多义线、圆弧的中点，光标落在实体上，自动捕捉该实体中点
	Intersection	用于捕捉直线、多义线、圆等实体的交点，光标靠近交点，自动捕捉该交点
	Center	用于捕捉圆、圆弧、椭圆的圆心，光标落在实体上，自动捕捉该实体圆心
	Quadrant	用于捕捉圆、圆弧的象限点或椭圆轴的端点，自动捕捉靠近光标的象限点或轴的端点
	Perpendicular	用于在光标所选定的实体上捕捉相对与某一指定点的垂足
	Tangent	用于在圆或圆弧上捕捉与上一点连线相切的点
	Parallel	用于捕捉一点，使该点与指定点的连线，平行与一指定直线，需把光标先移至欲与之平行的线上
	Node	用于捕捉用 Point、Divide、Measure 等命令绘出的点，自动捕捉最接近光标的点

目标捕捉在使用中有两种方式：临时捕捉方式和自动捕捉方式。临时捕捉方式每执行一次捕捉后即自动退出捕捉状态；自动捕捉方式打开后，在绘图中一直保持目标捕捉状

态，直至关闭自动捕捉方式为止。具体操作中，若偶尔使用捕捉模式，临时捕捉方式较为灵活，但是若频繁使用某几种捕捉模式，则应采用自动捕捉方式。

1. 临时捕捉方式

临时捕捉方式使用图 10－26 所示的“对象捕捉”工具栏比较方便可从“视图→工具栏...”选项中打开该工具栏。各图标的功能见表 10－3。

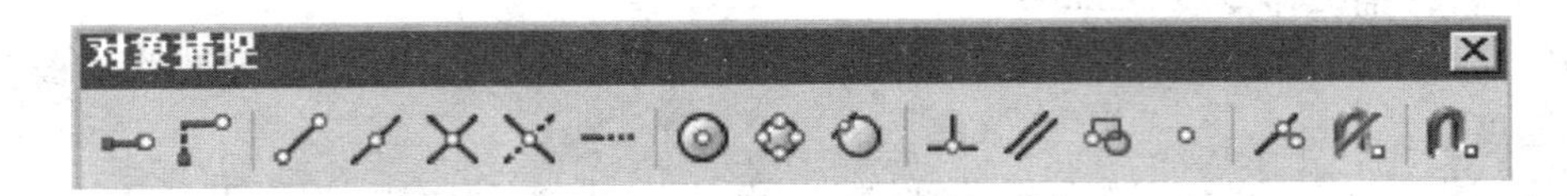

图 10－26　“对象捕捉”工具栏

具体操作方法是：在绘图或编辑、标注尺寸等过程中，若需捕捉某特殊点，可单击相应捕捉模式图标，然后将光标移至所要捕捉的特殊点附近，在该点会闪出一个黄色标记，以提示用户确定该点，不同的特殊点有不同形状的黄色标记，具体形状见图 10－27 各捕捉模式前面的图案，如端点（Endpoint）的标记为“口”。

2. 自动捕捉方式

用右键单击屏幕下方状态栏的“目标捕捉”按钮，弹出浮动小菜单，单击其中的“设置……”，将弹出“草图设置”对话框，如图 10－27 所示。在“对象捕捉开（F3）”选项卡中选择所需捕捉模式，选中者，前面小方格中显示“√”，设置完毕，按“OK”按钮确认。若以后希望增加或取消某捕捉模式，可再次打开该对话框进行设置。

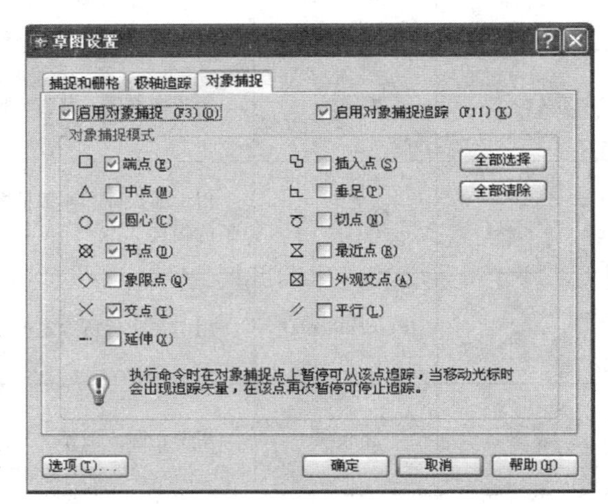

图 10－27　“草图设置”对话框

具体操作方法：在绘图或编辑、标注尺寸的过程中，若需捕捉某特殊点，只要把光标移到所欲捕捉的特殊点附近，会自动在该点闪出一个黄色标记，以提示用户确定该点。

二、图层操作

（一）图层的基本概念

AutoCAD 使用图层来管理和控制复杂的图形。图层可看作多层全透明的纸，每一层纸上只用一种线型和一种颜色画图，例如画零件图，轮廓线用粗实线画在 A 层上（颜色可设为红色）；轴线用细点画线画在 B 层上（颜色可设为蓝色）；不可见的线用虚线画在 C 层上（颜色可设为绿色）……，这些位于不同层的图形重叠在一起，就构成了一张完整的零件图。可见，有了图层，用户就可以将一张图上的不同性质的实体分别画在不同的层上，即分层操作，既便于管理和修改，还可加快绘图速度、节省存储空间。

图层的特性：

（1）用户可以在一个图形文件中创建任意数量的图层，每一层上的实体数量没有限制。

(2) 每个图层应赋名，由字母、数字和字符组成，长度不超过 31 个字符。缺省层是“0”层。

(3) 一般情况下，每个图层只赋予一种颜色、一种线型和线宽，但允许用户随时改变各图层的颜色、线型及线宽。

(4) 虽然用户可以建立多个图层，但只能在当前层上绘图，当前层只有一个，可通过图层操作命令来指定当前层。AutoCAD 会在“对象捕捉”工具栏显示当前层的层名。

(5) 图层可设为六种状态，即打开与关闭 (ON/OFF)、解冻与冻结 (Thaw/Freeze)、锁定与解锁 (Lock/Unlock)。

打开层上的图形可显示、可编辑，也可用绘图机输出；关闭层的图形不显示、不能编辑，也不能输出。冻结层上的图形不显示、不能编辑，也不能输出，而且也不参加图形之间的运算；冻结的层必须解冻，才能打开，当前层不能冻结。从可见性来说，关闭的层与冻结的层是相同的，但关闭的层仍参加图形处理过程中的运算，而冻结的层不参加运算，所以在较复杂的图形文件中冻结不需要的层，可加快图形重新生成时的速度。锁定层上的实体仍然可以显示，但不能对其进行编辑操作，如果锁定层为当前层，仍可以在该层上绘图。

(6) 各图层具有相同的坐标系、绘图界限，显示时具有相同的缩放倍数。用户可以对位于不同图层上的实体同时进行编辑操作。

(二) 图层的基本操作

1. 创建新图层并设置颜色、线型和线宽

单击如图 10-28 所示的“对象特性”工具栏中的“图层”按钮，将弹出图 10-29 所示的“图层特性管理器”对话框。

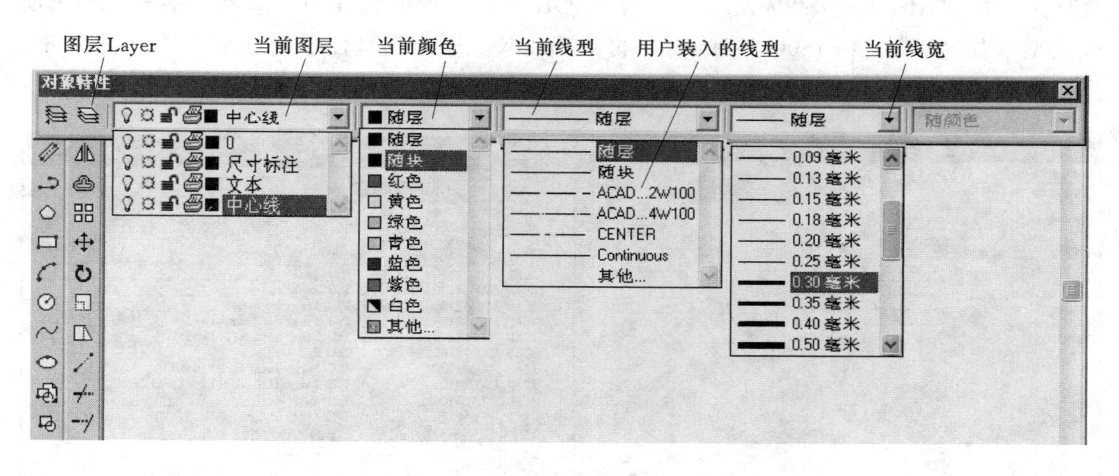

图 10-28 “对象特性”工具栏

(1) 创建新图层：单击 New 按钮，将自动生成一个名叫“Layer x x”的图层，可默认也可改名，如图 10-29 对话框中已创建了 4 个新图层。

(2) 设置颜色：单击图层名后对应的“Color”项，弹出“Select Color”对话框，对

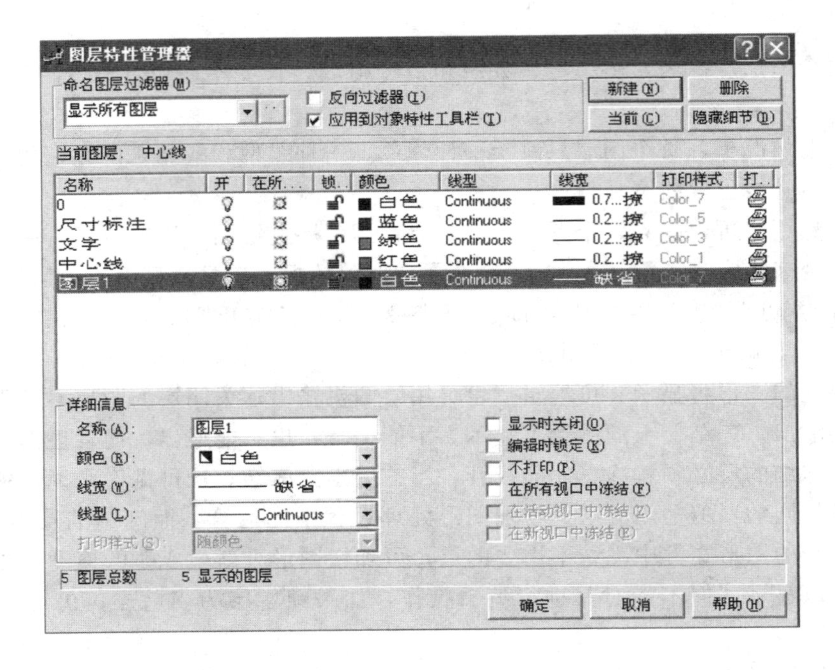

图 10-29　图层特性管理器对话框

话框中选择一种颜色。

（3）设置线型：单击某图层名（如“图层1”）右侧的“线型”项，弹出“线型”对话框，如图10-30所示。单击对话框下方的“加载（L）…”按钮，又会弹出图10-31所示的“加载或重载线型”对话框，该对话框所列是AutoCAD提供的线型，从中选择所需线型后（如“ACAD—IS004W100”），单击OK按钮，返回到线型管理器对话框。单击所选线型（如“ACAD—IS004W100”），再单击OK，返回到“图层特性管理器”对话框。可以看到“图层1”的线型已是“ACAD—IS004W100”。

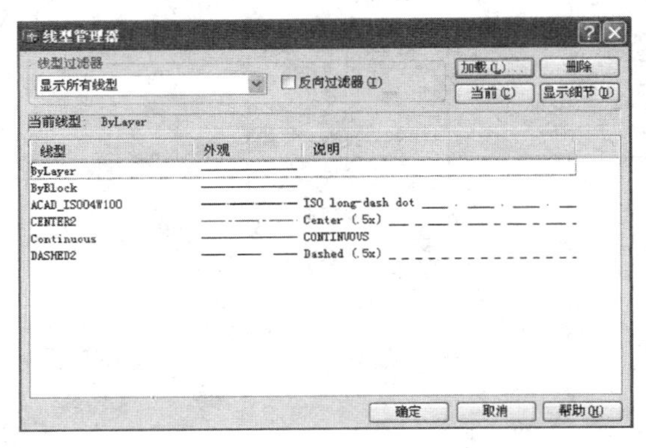

图 10-30　线型管理器对话框

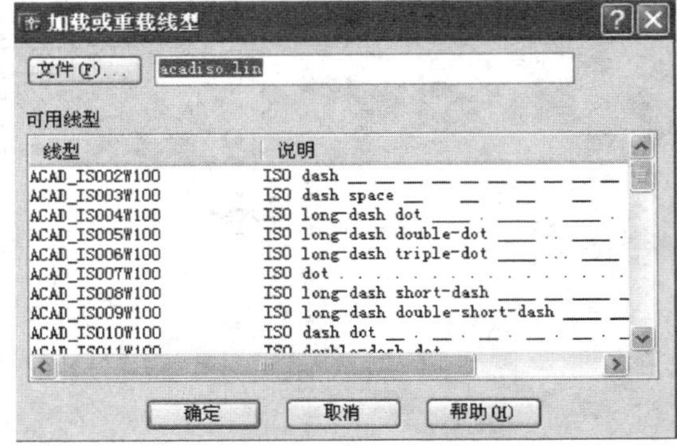

图 10-31　加载或重载线型对话框

（4）设置线宽：单击某层名右侧的“线宽”项，弹出的线宽对话框，从中选定所需线宽。

(5) 状态控制：选择要操作的图层，单击状态开关图标按钮即可。灯泡为“On/Off”按钮；太阳为“Freeze/Thaw”按钮，挂锁为“Unlock/Lock”按钮，新建图层一般设为On、Thaw、Unlock 状态。

2. 当前层的切换、图层的删除及“对象特性”工具栏的使用

(1) 当前层的切换：可在图 10－29 所示的“图层特性管理器”对话框中选定一个图层，然后单击右上角的“当前”按钮，所选图层即被设为当前层。也可在图 10－28 所示的层控制框中，单击右边的下拉箭头，将显示已创建图层的下拉列表，选取所需图层名，即可将该图层设为当前层。

(2) 删除图层：在图 10－29 所示的“图层特性管理器”对话框中单击要删除的图层，然后单击右上角的“删除”按钮，该层即被删除。但有些图层不能被删除，如 0 层、当前层、绘有实体的层等。

(3)“对象特性”工具栏的使用：

1) 将某一实体所在层设为当前层：单击该工具栏最左边的图标，提示要求选一实体，选择一实体后，该实体所在层即切换为当前层。

2) 设置图层状态：单击图层控制框右边的下拉箭头，将显示已创建图层的下拉列表，可在该下拉列表中按需单击各状态开关图标。

3) 设置线型比例：由于图形大小、比例不一，有时非连续线型（如虚线、点画线等）会出现画线、间隔过长或过短等不尽如人意之处，AutoCAD 提供了通过改变线型比例系数进行调整的方法。单击线型控制按钮右边的下拉箭头，将显示已装入的线型列表，单击最下边的“其它...”选项，会弹出线型管理器对话框。该对话框右下角为两个有关线型比例的选项，上面一项“全局比例”调整的是整个当前图形的线型比例，即调整之前已存在的图线也在调整之列；下面一项“当前目标的比例”调整的是在这之后画的图线的线型比例。调整方法是在编辑框内输入新的比例系数。

§10－4 用 AutoCAD 标注尺寸

利用 AutoCAD 标注图样的尺寸，首先应该明确图样中标注哪些尺寸，然后设定 AutoCAD 的尺寸标注样式 Style，再用相应的命令标注尺寸。

一、设定尺寸标注样式 Style

功能：保证标注在图样上各个尺寸样式符合国标，风格一致。

操作格式：

(1) 在尺寸标注菜单中单击样式，或在 Command 行输入 D（Dimstyle）回车，出现如图 10－32 所示尺寸标注样式管理对话框。该对话框由 AutoCAD 提供系统预定义的一个尺寸标注

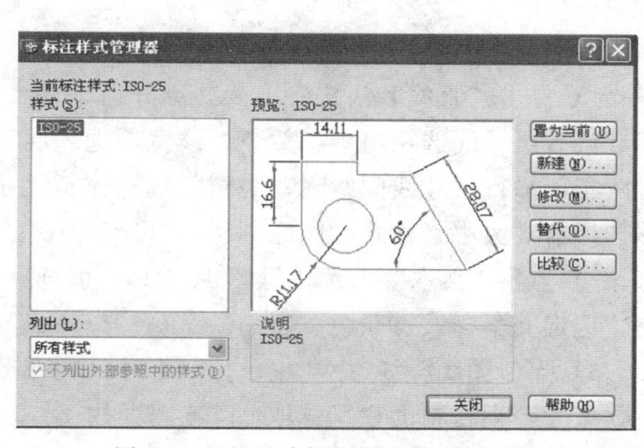

图 10－32 尺寸标注样式管理对话框

样式，从当前样式文本框内和预览框，可以看到当前尺寸标注样式名和样式预览。

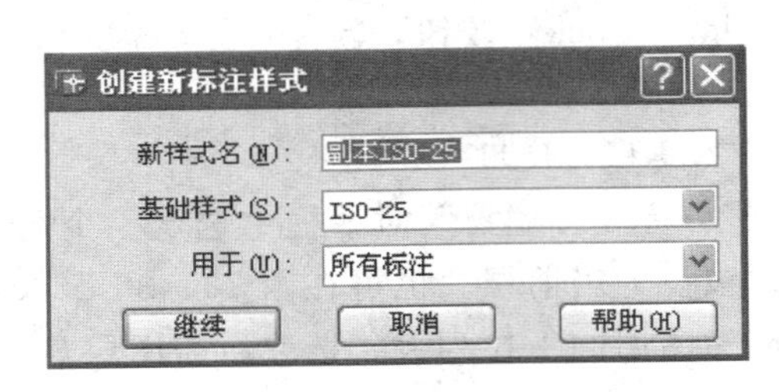

图 10-33　创建新标注样式对话框

图 10-32 中的五个按钮依次为：将某尺寸标注样式设为当前样式；设置一种新尺寸标注样式；修改已有的尺寸标注样式，存储后，以后注尺寸将以修改后的样式标注；临时覆盖已有的尺寸标注样式；比较两个已有的尺寸标注样式。

（2）图 10-32 所示的尺寸标注样式对话框右列的五个按钮中，点击新建按钮，弹出如图 10-33 所示创建新标注样式对话框。在新样式名文本框内用键盘输入新尺寸标注样式的名字（如副本 ISO-25），选用于所有标注，确定新样式将适用各种类型的尺寸标注（如线性、角度等尺寸标注）。点击继续按钮，弹出如图 10-34 新建标注样式对话框。在图 10-34 对话框内设置新尺寸标注样式的各种相关特征参数。

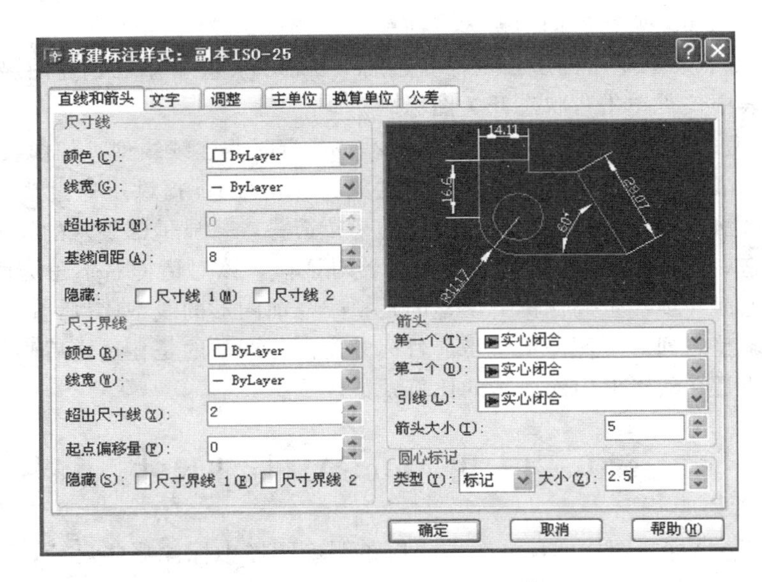

图 10-34　新建标注样式：副本 ISO—25 对话框

1）点击“直线和箭头”卡片，可分别设置尺寸线、尺寸界线、箭头和圆心记号的特征参数。尺寸线选项组中：颜色、线宽，选随层，基线问题设为 8，该值为采用基线标注时两相邻平行尺寸线间距离；隐藏复选框控制尺寸线左半段、右半段的可见性开关。并能够选择箭头大小、样式、圆心标记。（可参考图 10-34 设置）。

2）点击“文本”卡片，见图 10-34，可分别设置文本特征参数、文本位置和标注方向。选定文本样式、颜色、字高等。

3）点击图 10-34 中“主单位”卡片，在弹出的新页上可设置尺寸精度，若只需标注整数尺寸，则在精度栏里选取 0；若图样按 1∶2 绘制，则在“比例因子”栏里设置为 2，在后缀栏里可设置尺寸单位如 cm。

4）点击图 10－34 中“调整”卡片，在弹出的另一幅页面上，可以调整文字和箭头的位置。当两尺寸界线之间没有足够的空间放置箭头和尺寸数字时，可选择把哪一个注在尺寸界线外。此外，“调整”栏中将尺寸数字位置设置为“标注时手动放置文字位置”，这样文字可以按用户的要求随意拖放。

5）点击“换算单位”卡片，可设置是否标注公制和英制双套尺寸制式。只要选中该卡片的“设置换算单位”，此功能即起作用。

6）点击“公差”卡片，可以进行尺寸公差标注样式的设置。“方法”确定尺寸公差标注类型，选择“无”尺寸文本后不带任何公差；选“对称”，尺寸文本后带正负偏差；选“极限偏差”尺寸文本后带上下偏差；选“极限尺寸”标注最大和最小两个极限尺寸；选“基本尺寸”，尺寸文本外面加框。

以上各项设置完毕后，单击“确定”键，返回标注样式管理器图 10－32。若要改变角度尺寸标注，可单击管理器左侧副本“ISO—25”标注样式，再单击“新建”按钮，再次弹出创建新标注样式对话框（图 10－33），打开“用于（U）”：所有标注下拉列表，选择“角度标注”，并按“继续”键，从弹出的“新建标注样式”：副ISO—25：“角度”对话框中点击“文字”键，在弹出的新页面上，将“文字对齐”栏设置为“水平”按“确定”键后，把新的标注样式“置为当前”如图 10－32 所示，关闭对话框。

二、标注尺寸命令

标注尺寸命令可以用鼠标点击“标注”下菜单或“标注”工具条标注尺寸，也可以直接在命令行中输入标注命令来标注尺寸。下面就标注水平和垂直尺寸、圆弧的半径、圆弧的直径、平齐尺寸作简要说明。

1. 标注水平和垂直尺寸

功能：进行水平和垂直方向的尺寸标注。

命令格式：

Command：Dimlinear↓（或打开“标注”菜单，或单击“标注”工具条上的“线性标注”按钮）

提示如下：

指定第一条尺寸界线的起点或〈选择目标〉：拾取一点↓

指定第二条尺寸界线的起点：拾取一点↓

如果按回车，出现提示选择目标，此时应点取要标注尺寸的直线段。接着又提示：

指定尺寸线位置［多行文字 M/文字 T/角度 A/水平 H/垂直 V/旋转 R］：直接给出一点，指定尺寸线的位置，完成该尺寸标注。或按 M↓，弹出多项文本编辑框，执行多项文本编辑。按 T↓，从键盘输入尺寸文本。按 A↓，改变尺寸文本的书写角度，提示输入角度：输入尺寸文本的旋转角度。按 H 或 V↓，强制标注水平或垂直尺寸。按 R↓，使尺寸线和数字成倾斜状态，提示指定尺寸线倾斜角度〈0〉：设定尺寸线和数字的旋转角度。

2. 标注圆弧的半径

功能：标注圆弧或圆的半径。

命令格式：

Command：Dimradius↓。（或打开“标注”菜单，单击“半径”。或单击“标注”工具条上的“半径标注”按钮。）

提示如下：

选择弧或圆：点取要标注的圆弧或圆

指定尺寸线位置或［Mtext/Text/Angle］：指定尺寸线的位置，完成该尺寸标注。或按 M、T、A 选项，意义和方法同标注水平和垂直尺寸的选项。

3．标注圆弧的直径

功能：标注圆弧或圆的直径。

命令格式：

Command：Dimdiameteri（或打开“标注”菜单，单击“直径”。或单击“标注”工具条上的“直径标注”按钮。）

提示如下：

选择弧或圆：点取要标注的圆弧或圆

指定尺寸线位置或［Mtext/Text/Angle］：指定尺寸线的位置完成该尺寸标注按 M、T、A 选项，意义和方法同标注水平和垂直尺寸的选项。

4．标注平齐尺寸

功能：进行非水平或垂直方向的尺寸标注，即标注出来的尺寸线和所注的斜线平行。

命令格式：

Command：Dimaligned（或打开“标注”菜单，单击“对齐”。或单击“标注”工具条上的“对齐标注”按钮。出现的提示和操作方法同标注水平和垂直尺寸。）

§10－5　图块的创建和插入

在 AutoCAD 中，可以把出现频率很高的图形定义为块，存放在一个图形库中，如螺栓、螺母，表面粗糙度符号等。当需要时，把所需图块调出引用，插入图中，这样可避免大量的重复绘图，提高绘图的效率和质量。

一、定义块

把图形定义为块，可用块命令或图块存盘命令。用块命令定义的图块只能在图块所在的当前文件中引用，不能被其他文件引用；而图块存盘命令所定义的块是作为图形文件存盘，所以图块能被其他图形文件引用。块命令可从键盘输入，也可从“绘图”下拉菜单或“绘图”工具条选取；图块存盘命令只能从键盘输入。定义块可以通过命令行（即通过命令窗口的提示进行操作）方式，也可通过对话框进行。

1．创建图块命令（Block）

功能：将已绘出的图形定义为一个块。

命令格式：

Command：Block ↓（或 B↓）

启动该命令后，AutoCAD弹出如图10-35所示的对话框，框中各常用选项主要功能如下：

(1) 名称下拉列表框：用户可在此框内输入将要定义的块名，若单击右边的箭头，将显示当前文件中全部的块名。块名可以是字母、数字、汉字和特殊字符"-"、"—"、"$"，但为方便起见，最好用能表达块的内容的名字。块名最多可达255个字符。

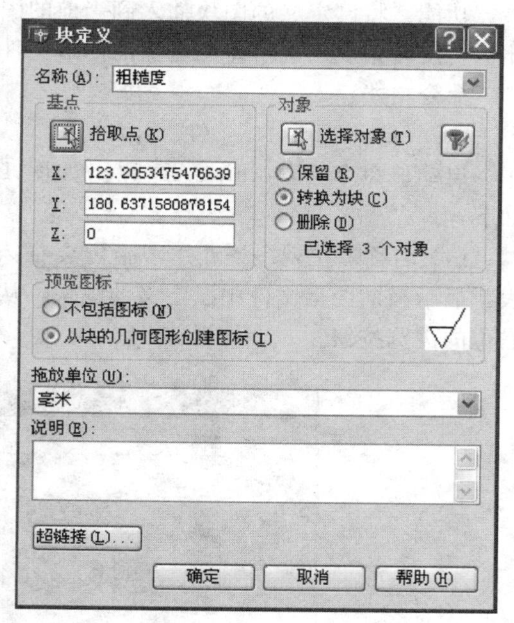

图10-35 块对话框

(2) 基点选项组：定义块的插入基点。该基点供以后引用该块插入图中时使用，同时块在插入时可绕该点旋转，因此插入基点的选择应视图形结构而定，一般选在块的中心或左下角点。可单击"拾取点"按钮，对话框暂时隐蔽，用光标在屏幕上选一个点后，对话框再次出现。也可在X、Y、Z文本框内直接输入插入点的坐标值。

(3) 对象选项组：选择构成块的实体及控制被选中实体的显示方式。单击选择对象按钮，对话框暂时隐蔽，用光标在屏幕上选择构成块的实体，选定之后单击右键或直接回车，对话框重新出现。"保留"、"删除"和"转换为块"三个按钮，用于控制定义完图块后，刚才被选中构成图块的实体是保留、删除还是自动转化为一个图块。

(4) 预览图标选项组：控制是否在该选项组的右边显示新定义的图块图标（即图块的大致形状）。

2. 图块存盘命令（Wblock）

功能：将图块以图形文件的形式保存在磁盘上。

命令格式：

Command：Wblock↓（或W↓）

启动该命令后，AutoCAD弹出对话框，框中各选项主要功能如下：

(1) 来源选项组：用于选择要作为图块存盘的对象。选"块"按钮，可从该按钮右边的下拉列表中选择已定义过的图块作为块存盘的对象。选"全图"按钮，表示将把当前整个图形文件作为图块存盘的对象。选"目标"按钮，表示将从当前图形文件中选择实体，并直接将选中的实体作为块存盘。只有选中"目标"按钮，下面的"基点"和"选择目标"选项才会有效，该两选项的意义及操作方法与前面的块定义对话框中的完全相同。

(2) 目标选项组：用于输入图块存盘后的文件名、路径以及插入单位。

二、插入块

定义和保存块的目的是为了使用块，用Insert命令可把已定义的块插入到图形中。Insert命令可以从键盘输入；也可打开Insert菜单，单击Block命令；还可单击Drawing

工具栏的 Insea 按钮启动该命令。

1. 插入命令（Insert）

功能：将已定义的图块插入到当前的图形文件中，在插入的同时还可改变所插入块的比例与旋转角度。也可将磁盘上的图形文件作为一个块插入。

命令格式：

Command：Insert↓（或 I↓）

启动该命令后，AutoCAD 弹出如图 10－36 所示的对话框，框中各选项主要功能如下：

（1）名称下拉列表框。用于指定要插入的图块名。单击右边的小三角，打开下拉列表，显示当前图形文件中已定义的图块，从中选定一个。若要插入图形文件，则应先单击右边的浏览按钮。

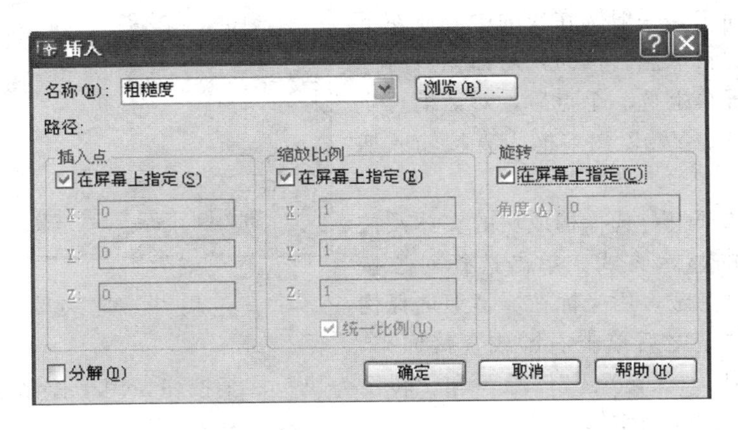

图 10－36　插入图块对话框

（2）浏览按钮。用来确定将要插入的图形文件名，包括用 Wblock 命令定义的图块文件和扩展名为 .dwg 的图形文件。单击该按钮，弹出选择图形文件对话框，从中选择要插入的图形文件。

（3）插入点选项组。用来确定图块的插入点。可以在对话框中输入插入点的坐标；或者选择在屏幕上指定复选框，选后，对话框隐蔽，用户用光标在屏幕上点取一合适点即可。

（4）比例选项组。用于确定图块插入时的比例系数。可以在 X、Y、Z 文本框中直接输入插入比例系数；或者选在屏幕上指定复选框，选择该选项后，则在图块插入的同时，AutoCAD 会在命令行提示用户输入 X、Y 和 Z 轴三个方向的插入比例系数。比例系数在 X、Y 和 Z 轴三个方向的比例系数可以不同，在二维图形中，Z 值对图块的插入不产生影响。若选择 UniformScale 复选框，表示 X、Y 和 Z 轴三个方向的插入比例系数均相同。在 X、Y 和 Z 轴三个方向的比例系数可以不同。比例系数大于 1，图块放大；比例系数为小于 1 的正数，图块缩小；比例系数为负，图块将以镜像位置插入，在 X、Y、Z 文本框中直接输入插入比例系数较为方便、快捷。

（5）旋转选项组。用于确定图块插入时绕插入点的旋转角度。和左边两个选项组一样，可以在文本框中直接输入旋转角度，或者选 Specify on screen 复选框，在命令行提示下从屏幕上或命令行输入。

（6）分解复选框。选择此复选框，表示在插入图块的同时，将把图块分解为多个构成块的实体，否则插入后的图块将作为一个实体。如选择此项，只能使用相同的插入比例系数。

第十一章　立体表面的展开

§11－1　平面立体的展开

一、概述

在工业生产中，有些零部件或设备由板材加工制成的。制造时需先画出展开图，称为放样，然后划线下料成型，再用咬缝或焊缝连接。展开时，将立体表面的实形依次展开，画在一个平面上的图形，称为展开图。如图 11－1（a）所示是圆柱面的展开。

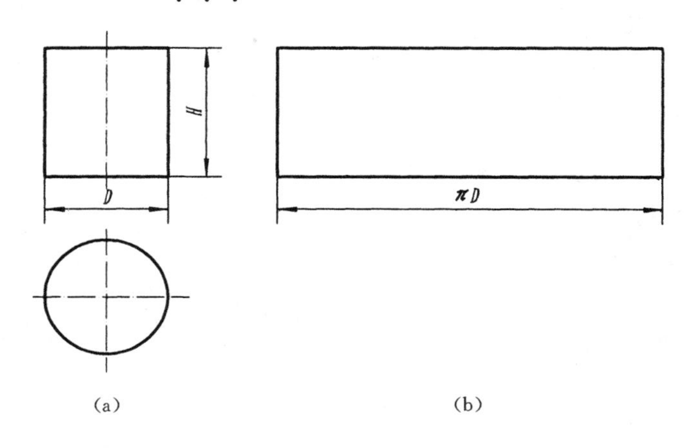

(a)　　(b)

图 11－1　圆柱面的展开

(a) 投影图；(b) 展开图

制件表面，分为可展面与不可展面两类。平面立体的表面都是平面，属于可展面。曲面立体中，连续两素线是平行或相交的曲面（如柱面、锥面）都是可展面，不属于上述范围的曲面（如球面、环面）都是不可展曲面。不可展面常用近似展开的方法画出其展开图。

画立体表面的展开图，就是通过图解法或计算法画出立体表面摊平后的实形，这常常涉及到求一般位置线段的实长，常用求实长的方法为直角三角形法，简介如下：

（1）用直角三角形法求一般位置线段的实长。

图 11－2（a）表示一般位置线段 AB 及其两面投影，如果过点 A 作 AC∥ab，交 Bb 于 C，则△ABC 是一直角三角形，∠ACB＝90°，AC＝ab，BC＝Bb－Cb＝z_b-z_a＝△z；由此可见，线段 AB 的实长可由投影图求得。

图 11－2（b）表示根据投影图作出直角三角形 $A_0B_0C_0$，其斜边 A_0B_0 就是 AB 的实长。

（2）展开图的作图方法，就是求出立体表面上一些线段的实长，画出立体表面的实形，依次排列在一个平面上。

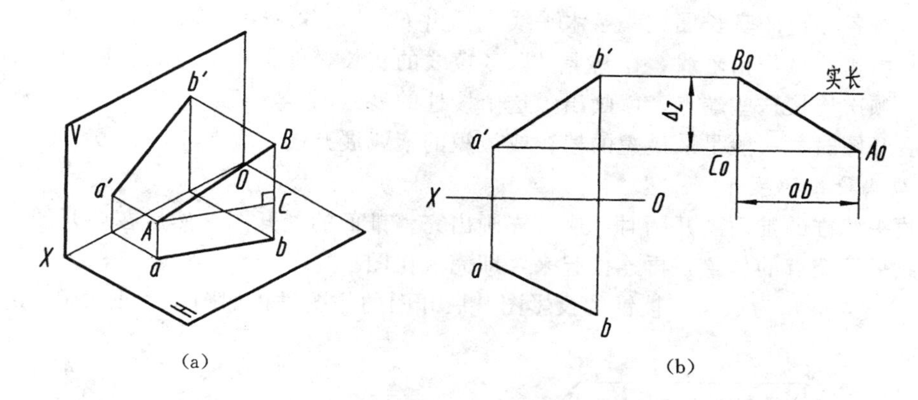

(a)　　　　　　　　(b)

图 11－2　直角三角形法求一般位置线段的实长

(a) 立体图；(b) 投影图

（3）展开图的作图依据：

1）柱面。由于柱面的棱线或素线都是互相平行的，所以当柱体的底面垂直其棱线或素线时，展开后底面的周边必成一条直线段；各棱线或素线在展开图上都和这直线段相互垂直。

2）锥面。由于锥面的棱线或素线都相交于一点，所以，作锥面展开图时，要先求出锥面各棱线或一系列素线和底面周边的实长（当底面周边为曲线时，以底面周边的内接多边形周边的实长来代替）。然后依次画出各棱面（三角形）或锥面（用若干三角形取代）的实形而求得。

二、平面立体的展开

1．棱柱的展开

图 11－3（a）为截头四棱柱的投影图。展开图的作图过程如图 11－3（b）所示。

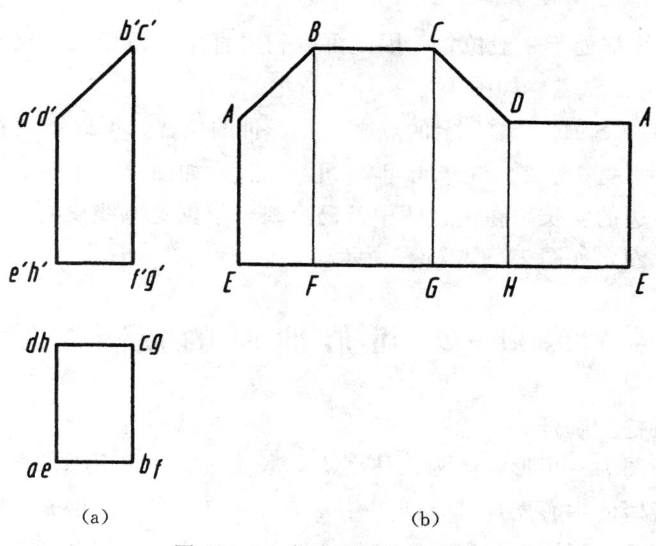

(a)　　　　　　　　(b)

图 11－3　截头四棱柱的展开

(a) 投影图；(b) 展开图

(1) 按各底边的真长展成一条水平线，标出 E、F、G、H、E 等点。

(2) 由这些点作铅垂线，在其上量取各棱线的实长，即得各端点 A、B、C、D、A。

(3) 顺次连接这些端点，就画出了这个棱柱的展开图。

画展开图时，一般是从最短的棱线或最短的素线展开的。

2. 截头棱锥的展开

画截头棱锥的锥面展开图时，应首先画出完整锥面的展开图，然后在展开图上找出各棱线与截平面交点的位置，再连接起来，即完成作图。

图 11-4 (a) 为截头三棱锥的投影图，展开图的作图过程如图 11-4 所示。

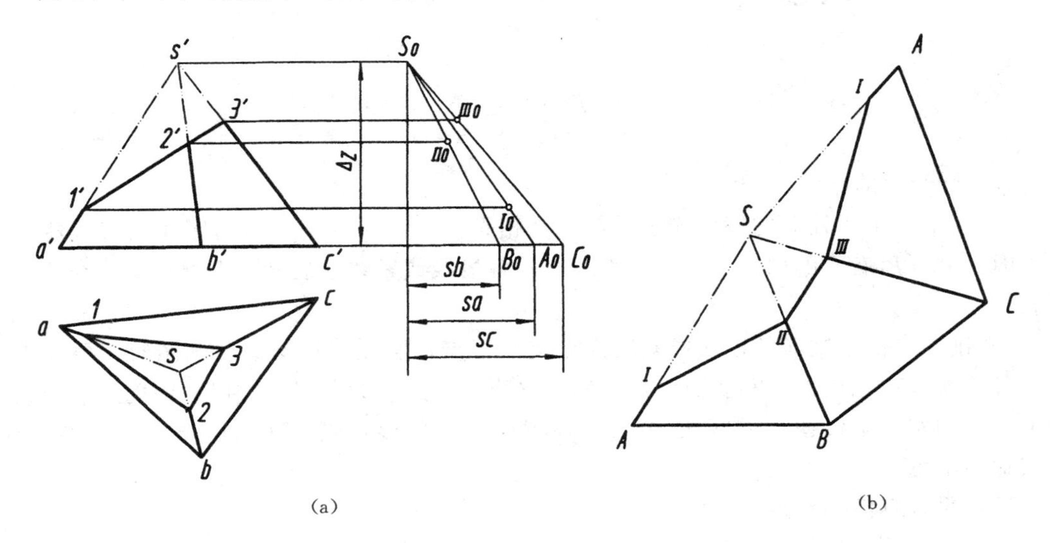

(a)　　(b)

图 11-4　截头三棱锥的展开

(a) 投影图；(b) 展开图

(1) 它的各棱线都处于一般位置，因此可以利用直角三角形法求出棱线 SA、SB、SC 的实长 S_0A_0、S_0B_0、S_0C_0，如图 11-4 (a) 所示。

(2) 棱线 S_0A_0、S_0B_0、S_0C_0 上的点Ⅰ、Ⅱ、Ⅲ的位置，可以利用直线上的点的投影的定比特性求得，根据 1′、2′、3′求得 Ⅰ_0、Ⅱ_0、Ⅲ_0，如图 11-4 (a) 所示。

(3) 而底面各边的实长，在俯视图中都已反映，根据这些线段的实长，即可作出截头三棱锥的棱面展开图，如图 11-4 (b) 所示。

§11-2　可展曲面的展开

一、截头正圆柱的展开

正圆柱的展开图为一矩形，高为圆柱高 H，长为 πD，(若用厚 2mm 以上的钢板制造圆管时管径应按板厚的中心层计算，即用 $\pi D_{中}$) 见图 11-1。画展开图时，常用内接于正圆柱的正棱柱的棱面展开图来代替，正棱柱底面的边数愈多，展开图的精确度愈高。

图 11-5 表示以截头正十二棱柱代替截头正圆柱，作正圆柱面展开图的方法 (俯视

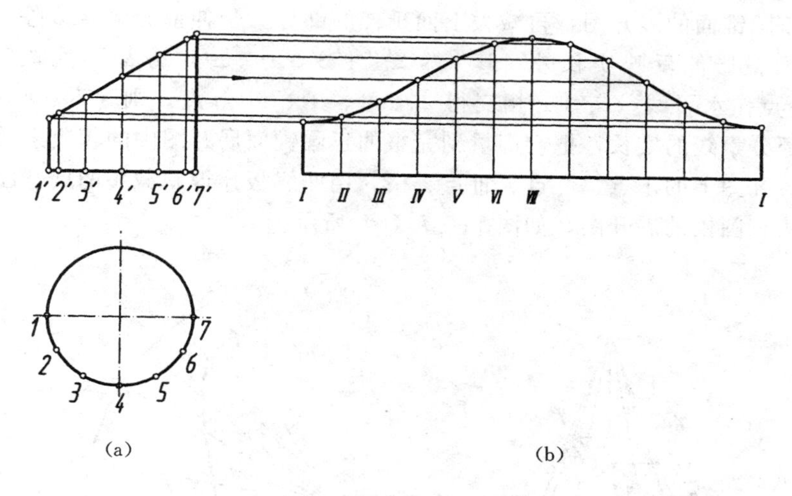

图 11-5 截头正圆柱面的展开

(a) 投影图；(b) 展开图

图中未将正十二边形画出)，作图时，各素线的上端点必须用光滑曲线连接起来。

二、正圆锥面的展开图画法（见图 11-6）

正圆锥面的展开图是一个以素线的长度为半径，底圆的周长为弧长的扇形。画正圆锥面的展开图时，常用内接于正圆锥面的正棱锥的棱面展开图来代替。图 11-6（a）就是以内接正十二棱锥代替正圆锥面（俯视图中未将正十二边形画出），作出圆锥面的展开图的。

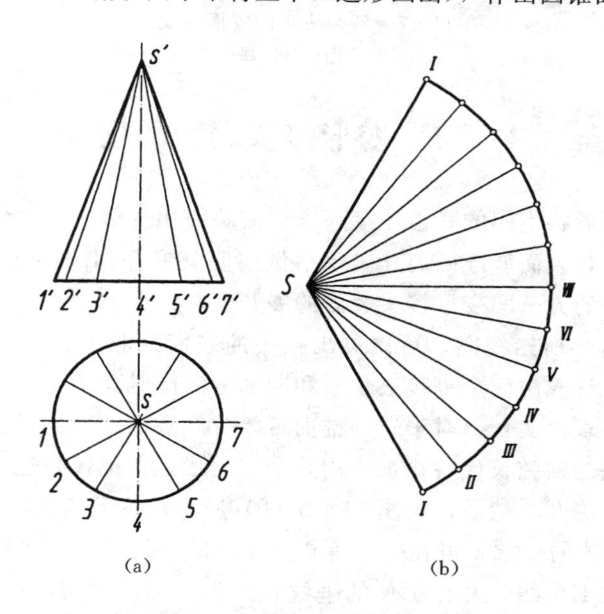

图 11-6 正圆锥面的展开

(a) 投影图；(b) 展开图

三、截头正圆锥的展开

图 11-7（a）所示的正面投影表示一个截头正圆锥。先按展开正圆锥的方法画出延

伸后完整的正圆锥面的展开图，再减去上面延伸的部分。延伸部分的素线除 $s'1'$ 和 $s'7'$ 是正平线的正面投影能反映实长外，其余 $s'2'$、$s'3'$、…、$s'6'$ 等都不反映实长，自 $2'$、$3'$、…、$6'$ 等点作水平线，与 $s'1'$ 相交得 2_1、3_1、…、6_1 等点，则 $s'2_1$、$s'3_1$、…、$s'6_1$ 等就是延伸部分素线的实长，把它们量到完整的正圆锥面展开图中的相应素线上去，从而得出斜截头展开图上的Ⅰ点、Ⅱ点、Ⅲ点、…，用曲线板连得斜截头的展开曲线，就画出了这个斜截头正圆锥的展开图，如图 11－7（b）所示。

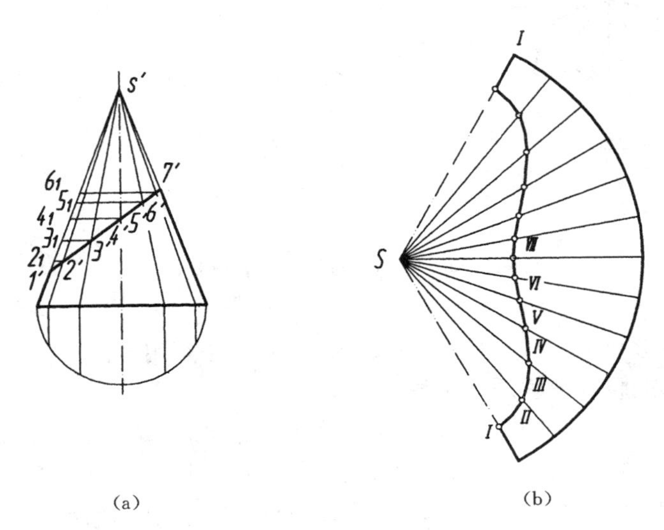

(a)　　　　(b)

图 11－7　斜截头正圆锥面的展开

(a) 投影图；(b) 展开图

§11－3　变形接头表面的展开

如果将两个截面形状不同的管道连接起来，需要使用变形接头，变形接头的表面应设计成可展面，以保证其表面能准确展开。现举例说明其展开图的画法，如图 11－8 所示，画出连接方口与圆口的方—圆变形接头表面的展开图。

根据图 11－8（a）所给视图，可以看出接头的表面既非平面，又非可展面，可将它设计成可展面，即设计成由四个等腰三角形和四部分斜圆锥面所组成，等腰三角形的两腰为一般位置线段，需求出实长。对于斜圆锥面可等分底圆，并作出过各分点的素线，求出各素线的实长，以底圆的弦长代替弧长，用几个三角形近似地代替这个斜圆锥面所分成的各个狭小的锥面进行展开。然后，如图 11－8（b）所示，按下述步骤画展开图：

(1) 根据制造工艺的要求，可在一个等腰三角形的中线处作为接缝来展开，例如从中线ⅠE 处分开，先作 EA 线，并作 EA 的垂线，然后，以 A 为圆心、AⅠ之长为半径作弧，与 EA 的垂线交得Ⅰ，画出的△AEⅠ，即为原等腰三角形的一半。

(2) 以 A 为圆心、AⅡ之长为半径作弧，以Ⅰ为圆心、⌒12 之弦长为半径作弧，两弧交得Ⅱ，得△AⅠⅡ用同样方法作出△AⅡⅢ△AⅢⅣ，最后将Ⅰ、Ⅱ、Ⅲ、Ⅳ连成曲线，即为这一部分斜圆锥面的展开图。

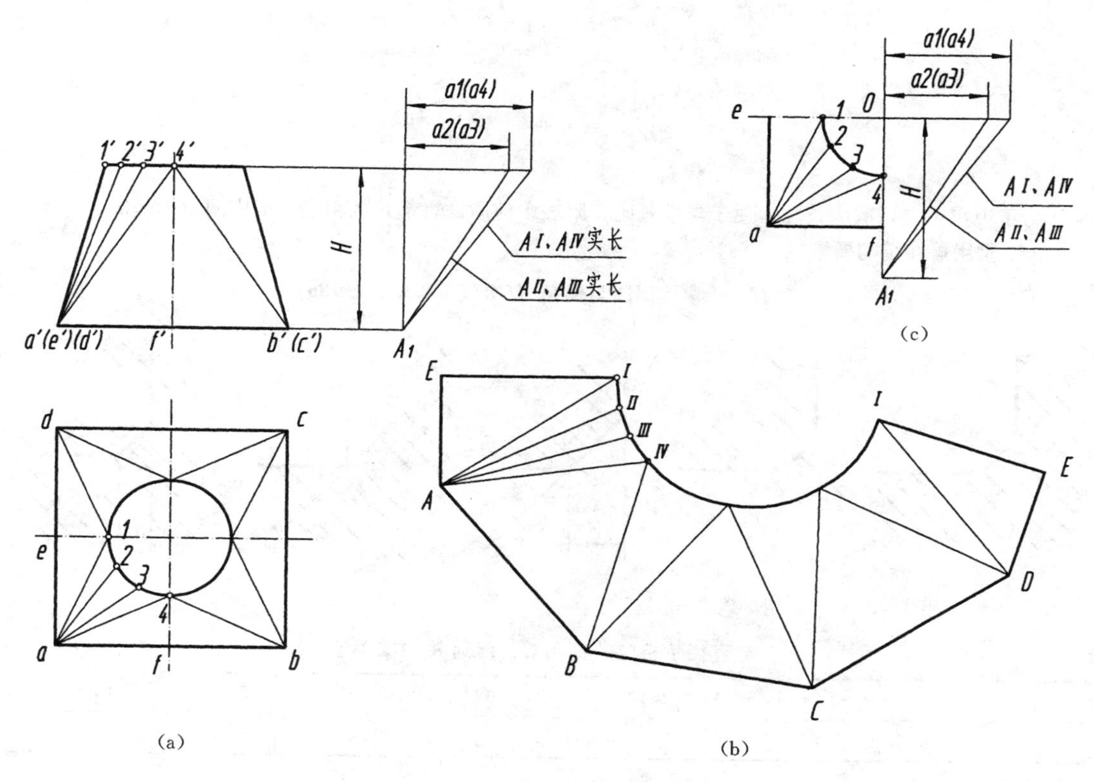

图 11-8　方—圆变形接头的表面展开

(a) 投影图；(b) 展开图；(c) 实际工作中的作图方法

(3) 用上述方法继续作图，即得这个方圆过渡接管的展开图，如图 11-8 (b) 所示。

在实际工作中，只要知道这个接管的高度，不需画出正面投影，水平投影也只需1/4，如图 11-8 (c) 所示。求实长时，只要在水平线上从点 O 量取直线的水平投影的长度，即可由高度作出该直线的实长。

通过以上举例，说明变形接头的表面按可展面设计，在设计时，一般对应于管口的直线边或曲线边分别采用平面或锥面来连接两管口，这样设计的变形接头，它的表面都是可以展开的。图 11-8 方—圆变形接头表面的展开图画法广泛应用于薄板制件，在生产中画展开图时，还必须考虑板材的性能、厚度、制造工艺和经济效益等问题。

附　　　录

为了突出重点，减少篇幅，便于学生查阅，附表中的图、表都是从相应标准中摘录下来的。

一、常用零件结构要素

附表 1　零件倒圆与倒角（GB/T 6403.4—1986）

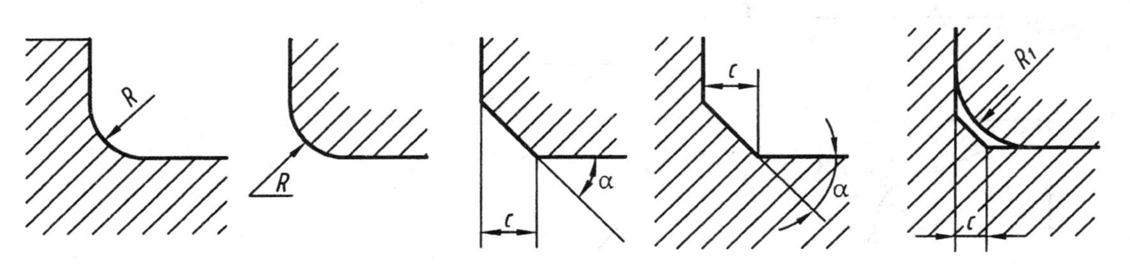

α 一般采用 45°，也可采用 30°或 60°。

与直径 ϕ 相应的倒角 C、倒圆 R 的推荐值　　　单位：mm

ϕ	~3	>3~6	>6~10	>10~18	>18~30	>30~50	>50~80	>80~120	>120~180
C 或 R	0.2	0.4	0.6	0.8	1.0	1.6	2.0	2.5	3.0

内角倒角，外角倒圆时 C 的最大值 C_{max} 与 R_1 的关系　　　单位：mm

R_1	0.3	0.4	0.5	0.6	0.8	1.0	1.2	1.6	2.0	2.5	3.0	4.0
C_{max}	0.1	0.2	0.2	0.3	0.4	0.5	0.6	0.8	1.0	1.2	1.6	2.0

说明　表中“C”为倒角在轴线方向的长度，与倒角注法中符号 C 的含义不同。

附表 2　砂轮越程槽（GB/T 6403.5—1986）

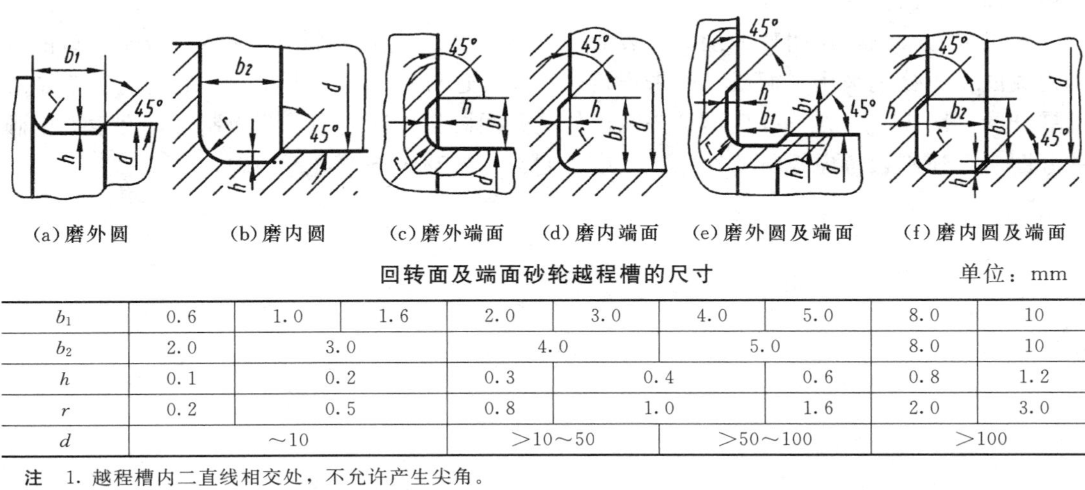

(a)磨外圆　(b)磨内圆　(c)磨外端面　(d)磨内端面　(e)磨外圆及端面　(f)磨内圆及端面

回转面及端面砂轮越程槽的尺寸　　　单位：mm

b_1	0.6	1.0	1.6	2.0	3.0	4.0	5.0	8.0	10
b_2	2.0	3.0		4.0		5.0		8.0	10
h	0.1	0.2		0.3	0.4		0.6	0.8	1.2
r	0.2	0.5		0.8	1.0		1.6	2.0	3.0
d	~10			>10~50		>50~100		>100	

注　1. 越程槽内二直线相交处，不允许产生尖角。

2. 越程槽深度 h 与圆弧半径 r，要满足 $r \leqslant 3h$。

二、螺纹

（一）普通螺纹（摘自 GB/T 193—2003，GB/T 196—2003）

标　记　示　例

粗牙普通螺纹，公称直径 10mm，右旋，中径公差带代号 5g，顶径公差带代号 6g，短旋合长度的外螺纹，其标记为：M10—5g6g—S。

细牙普通螺纹，公称直径 10mm，螺距 1mm，左旋，中径和顶径公差带代号都是 6H，中等旋合长度的内螺纹，其标记为：M10×1LH—6H。

附表 3　直径与螺距系列　　单位：mm

公称直径 D、d			螺距 P	
第一系列	第二系列	第三系列	粗牙	细牙
2			0.4	0.25
	2.2		0.45	
2.5				0.35
3			0.5	
	3.5		(0.6)	
4			0.7	0.5
	4.5		(0.75)	
5			0.8	
		5.5		
6			1	0.75，(0.5)
		7		
8			1.25	1，0.75，(0.5)
		9	(1.25)	
10			1.5	1.25，1，0.75，(0.5)
		11	(1.5)	1，0.75，(0.5)
12			1.75	1.5，1.25，1，(0.75)，(0.5)
	14		2	
		15		1.5，(1)

公称直径 D、d			螺距 P	
第一系列	第二系列	第三系列	粗牙	细牙
16			2	1.5，1，(0.75)，(0.5)
		17		1.5，(1)
	18		2.5	2，1.5，1，(0.75)，(0.5)
20				
	22			
24			3	2，1.5，1，(0.75)
		25		2，1.5，(1)
		26		1.5
	27		3	2，1.5，1，(0.75)
		28		2，1.5，1
30			3.5	(3)，2，1.5，1，(0.75)
		32		2，1.5
	33		3.5	(3)，2，1.5，(1)，(0.75)
		35		1.5
36			4	3，2，1.5，(1)
		38		1.5
	39		4	3，2，1.5，(1)
		40		(3)，(2)，1.5

注　1. 优先选用第一系列，其次是第二系列，第三系列尽可能不用。

2. 括号内的螺距尽可能不用。

3. M14×1.25 仅用于火花塞。

4. M35×1.5 仅用于滚动轴承锁紧螺母。

(二) 非螺纹密封的管螺纹（摘自 GB/T 7307—2001）

标　记　示　例

管子尺寸代号为 3/4 左旋内螺纹：G3/4—LH（右旋不标）

管子尺寸代号为 1/2A 级外螺纹：G1/2A

管子尺寸代号为 1/2B 级外螺纹：G1/2B

附　表　4　　　　单位：mm

尺寸代号 in	每 25.4mm 内的牙数 n	螺距 P	基本直径			外螺纹					内螺纹			
			大径 $d=D$	中径 $d_2=D_2$	小径 $d_1=D_1$	大径公差 T_d		中径公差 T_{d2}^{*}			中径公差 T_{D2}^{*}		小径公差 T_{D1}	
						下偏差	上偏差	下偏差 A 级	下偏差 B 级	上偏差	下偏差	上偏差	下偏差	上偏差
1/16	28	0.907	7.723	7.142	6.561	−0.214	0	−0.107	−0.214	0	0	+0.107	0	+0.282
1/8	28	0.907	9.728	9.147	8.566	−0.214	0	−0.107	−0.214	0	0	+0.107	0	+0.282
1/4	19	1.337	13.157	12.301	11.445	−0.250	0	−0.125	−0.250	0	0	+0.125	0	+0.445
3/8	19	1.337	16.662	15.806	14.950	−0.250	0	−0.125	−0.250	0	0	+0.125	0	+0.445
1/2	14	1.814	20.955	19.793	18.631	−0.284	0	−0.142	−0.284	0	0	+0.142	0	+0.541
5/8	14	1.814	22.911	21.749	20.587	−0.284	0	−0.142	−0.284	0	0	+0.142	0	+0.541
3/4	14	1.814	26.441	25.279	24.117	−0.284	0	−0.142	−0.284	0	0	+0.142	0	+0.541
7/8	14	1.814	30.201	29.039	27.877	−0.284	0	−0.142	−0.284	0	0	+0.142	0	+0.541
1	11	2.309	33.249	31.770	30.291	−0.360	0	−0.180	−0.360	0	0	+0.180	0	+0.640
1⅛	11	2.309	37.897	36.418	34.939	−0.360	0	−0.180	−0.360	0	0	+0.180	0	+0.640
1¼	11	2.309	41.910	40.431	38.952	−0.360	0	−0.180	−0.360	0	0	+0.180	0	+0.640
1½	11	2.309	47.803	46.324	44.845	−0.360	0	−0.180	−0.360	0	0	+0.180	0	+0.640
1¾	11	2.309	53.746	52.267	50.788	−0.360	0	−0.180	−0.360	0	0	+0.180	0	+0.640
2	11	2.309	59.614	58.135	56.656	−0.360	0	−0.180	−0.360	0	0	+0.180	0	+0.640
2¼	11	2.309	65.710	64.231	62.752	−0.434	0	−0.217	−0.434	0	0	+0.217	0	+0.640
2½	11	2.309	75.184	73.705	72.226	−0.434	0	−0.217	−0.434	0	0	+0.217	0	+0.640
2¾	11	2.309	81.534	80.055	78.576	−0.434	0	−0.217	−0.434	0	0	+0.217	0	+0.640
3	11	2.309	87.884	86.405	84.926	−0.434	0	−0.217	−0.434	0	0	+0.217	0	+0.640

注　本标准适应用于管接头、旋塞、阀门及其附件。

*　对薄壁管件，此公差适用于平均中径，该中径是测量两个互相垂直直径的算术平均值。

(三) 梯形螺纹（摘自 GB/T 5796.2—1986）

标　记　示　例

单线梯形螺纹，公称直径 40mm，螺距 7mm，右旋，其代号为：Tr40×7

多线梯形螺纹，公称直径 40mm，导程 14mm，螺距 7mm，左旋，其代号为：Tr40 × 14（P7）LH

附表 5　直径与螺距系列

单位：mm

公称直径 d		螺距 P								公称直径 d		螺距 P									
第一系列	第二系列	8	7	6	5	4	3	2	1.5	第一系列	第二系列	14	12	10	9	8	7	6	5	4	3
8									1.5		30			10				6			3
	9							2	1.5	32				10				6			3
10								2	1.5		34			10				6			3
	11						3	2		36				10				6			3
12							3	2			38			10			7				3
	14						3	2		40				10			7				3
16						4		2			42			10			7				3
	18					4		2		44			12				7				3
20						4		2			46		12			8					3
	22	8			5		3			48			12			8					3
24		8			5		3				50		12			8					3
	26	8			5		3			52			12			8					3
28		8			5		3				55	14			9						3

注　1. 应优先选择第一系列的直径。

2. 在每个直径所对应的诸螺距中应优先选择粗黑框内的螺距。

3. 特殊需要时，允许选用表中邻近直径所对应的螺距。

（四）螺孔，螺栓、螺钉通孔和沉头座

附表 6　粗牙螺栓、螺钉的拧入深度、螺纹孔尺寸和钻孔深度（JB/GQ 0126—1980）

单位：mm

D (d)	用于钢或青铜				用于铸铁				用于铝			
	H	L_1	L_2	L_3	H	L_1	L_2	L_3	H	L_1	L_2	L_3
3	4	3	4	7	6	5	6	9	8	6	7	10
4	5.5	4	5.5	9	8	6	7.5	11	10	8	10	14
5	7	5	7	11	10	8	10	14	12	10	12	16
6	8	6	8	13	12	10	12	17	15	12	15	20
8	10	8	10	16	15	12	14	20	20	16	18	24
10	12	10	13	20	18	15	18	25	24	20	23	30
12	15	12	15	24	22	18	21	30	28	24	27	36
16	20	16	20	30	28	24	28	38	36	32	36	46
20	25	20	24	36	35	30	35	47	45	40	45	57
24	30	24	30	44	42	35	42	55	65	48	54	68
30	36	30	36	52	50	45	52	68	70	60	67	84
36	45	36	44	62	65	55	64	82	80	72	80	98
42	50	42	50	72	75	65	74	95	95	85	94	115
48	60	48	58	82	85	75	85	108	105	95	105	128

附表 7 紧固件通孔（摘自 GB/T 5277—1985）及沉头座尺寸（摘自 GB/T 152.2～152.4—1988）

单位：mm

螺纹规格 d				2	2.5	3	4	5	6	8	10	12	14	16	18	20	22	24
通孔直径		精装配		2.2	2.7	3.2	4.3	5.3	6.4	8.4	10.5	13	15	17	19	21	23	25
		中等装配		2.4	2.9	3.4	4.5	5.5	6.6	9	11	13.5	15.5	17.5	20	22	24	26
		粗装配		2.6	3.1	3.6	4.8	5.8	7	10	12	14.5	16.5	18.5	21	24	26	28
六角头螺栓和螺母用沉孔	t—刮平为止 GB/T 152.4—1988	用于标准对边宽度六角头螺栓及六角螺母	d_2 (H15)	6	8	9	10	11	13	18	22	26	30	33	36	40	43	48
			d_3	—	—	—	—	—	—	—	—	16	18	20	22	24	26	28
			d_1 (H13)	2.4	2.9	3.4	4.5	5.5	6.6	9	11	13.5	15.5	17.5	20	22	24	26
圆柱头用沉孔	GB/T 152.3—1988	用于 GB/T 70	d_2 (H13)	4.3	5.0	6.0	8.0	10	11	15	18	20	24	26	—	33	—	40
			t (H13)	2.3	2.9	3.4	4.6	5.7	6.8	9	11	13	15	17.5	—	21.5	—	25.5
			d_3	—	—	—	—	—	—	—	—	16	18	20	—	24	—	28
			d_1 (H13)	2.4	2.9	3.4	4.5	5.5	6.6	9	11	13.5	15.5	17.5	—	22	—	26
		用于 GB/T 65 及 GB/T 67	d_2 (H13)	—	—	—	8	10	11	15	18	20	24	26	—	33	—	—
			t (H13)	—	—	—	3.2	4	4.7	6	7	8	9	10.5	—	12.5	—	—
			d_3	—	—	—	—	—	—	—	—	16	18	20	—	24	—	—
			d_1 (H13)	—	—	—	4.5	5.5	6.6	9	11	13.5	15.5	17.5	—	22	—	—
沉头用沉孔	GB/T 152.2—1988	用于沉头及半沉头螺钉	d_2 (H13)	4.5	5.6	6.4	9.6	10.6	12.8	17.6	20.3	24.4	28.4	32.4	—	40.4		
			$t\approx$	1.2	1.5	1.6	2.7	2.7	3.3	4.6	5	6	7	8	—	10		
			d_1 (H13)	2.4	2.9	3.4	4.5	5.5	6.6	9	11	13.5	15.5	17.5	—	22		

注 尺寸下带括弧的为其公差带。

三、常用的标准件

（一）六角头螺栓—A 和 B 级(GB/T 5782—2000) 六角头螺栓—全螺纹—A 和 B 级(GB/T 5783—2000)

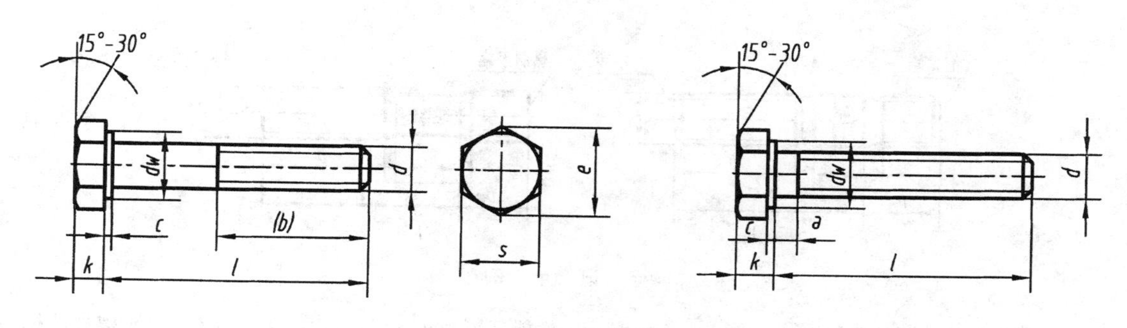

标　记　示　例

螺纹规格 d=M12、公称长度 l=80mm、性能等级为 8.8 级、表面氧化、A 级的六角头螺栓，其标记为：

螺栓　GB/T 5782　M12×80

附　表　8

单位：mm

螺纹规格 d			M3	M4	M5	M6	M8	M10	M12	M16	M20	M24	M30
a	max		1.5	2.1	2.4	3	4	4.5	5.3	6	7.5	9	10.5
b 参考	l≤125		12	14	16	18	22	26	30	38	46	54	66
	125＜l≤200		18	20	22	24	28	32	36	44	52	60	72
	l＞200		31	33	35	37	41	45	49	57	65	73	85
c	min		0.15	0.15	0.15	0.15	0.15	0.15	0.15	0.2	0.2	0.2	0.2
	max		0.4	0.4	0.5	0.5	0.6	0.6	0.6	0.8	0.8	0.8	0.8
d_w　min	产品等级	A	4.57	5.88	6.88	8.88	11.63	14.63	16.6	22.49	28.19	33.61	
		B	4.45	5.74	6.74	8.74	11.47	14.47	16.47	22	27.7	33.2	42.75
e　min	产品等级	A	6.01	7.66	8.79	11.05	14.38	17.77	20.03	26.75	33.53	39.98	
		B	5.88	7.50	8.63	10.89	14.20	17.59	19.85	26.17	32.95	39.55	50.85
k　公称			2	2.8	3.5	4	5.3	6.4	7.5	10	12.5	15	18.7
s　max=公称			5.5	7	8	10	13	16	18	24	30	36	46
l 公称（系列值）			6、8、10、12、16、20、25、30、35、40、45、50、55、60、65、70、80、90、100、110、120、130、140、150、160、180、200、220、240、260、280、300、320、340、360、380、400、420、440、460、480、500										

注　1. A 级用于 d≤24 和 l≤10d 或 l≤150mm（按较小值）的螺栓；B 级用于 d＞24 和 l＞10d 或 l＞150mm（按较小值）的螺栓。

2. 螺纹末端应倒角，对 GB/T 5782 d≤M4 时，可为辗制末端，对 GB/T 5783 d≤M4 为辗制末端。

3. 螺纹规格 d 从 M1.6～ M64。

（二）双头螺柱

双头螺柱——b_m=1d（GB/T 897—1988）

双头螺柱——b_m=1.25d（GB/T 898—1988）

双头螺柱——b_m=1.5d（GB/T 899—1988）

双头螺柱——b_m=2d（GB/T 900—1988）

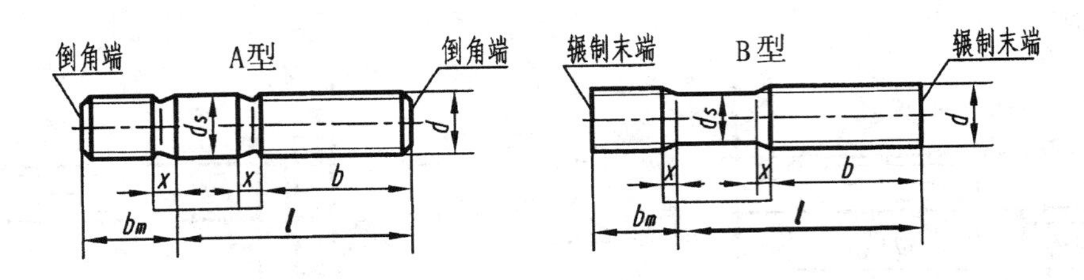

标 记 示 例

两端均为粗牙普通螺纹，d=10mm，l=50mm，性能等级为4.8级、B型、b_m=1d的双头螺柱的标记为：

螺柱 GB/T 897 M10×50

旋入机体一端为粗牙普通螺纹，旋螺母一端为螺距 P=1mm 的细牙普通螺纹，d=10mm，l=50mm，性能等级为4.8级、A型、b_m=1d的双头螺柱的标记为：

螺柱 GB/T 897 AM10—M10×1×50

旋入机体一端为过渡配合螺纹的第一种配合，旋螺母一端为粗牙普通螺纹，d=10mm，l=50mm，性能等级为8.8级、镀锌钝化、B型、b_m=1d的双头螺柱的标记为：

螺柱 GB/T 897 GM10—M10×50—8.8—Zn·D

附 表 9

单位：mm

螺纹规格 d		M5	M6	M8	M10	M12	M16	M20	M24	M30	M36	M42
b_m	GB/T 897—1988	5	6	8	10	12	16	20	24	30	36	42
	GB/T 898—1988	6	8	10	12	15	20	25	30	38	45	52
	GB/T 899—1988	8	10	12	15	18	24	30	36	45	54	65
	GB/T 900—1988	10	12	16	20	24	32	40	48	60	72	84
d_s		5	6	8	10	12	16	20	24	30	36	42
x		1.5P	1.5P	1.5P	1.5P	1.5P	1.5P	1.5P	1.5P	1.5P	1.5P	1.5P
$\frac{l}{b}$		16～12/10 25～50/16	20～22/10 25～30/16 32～75/18	20～22/10 25～30/16 32～90/22	25～28/14 30～38/16 40～120/26 130/32	25～30/16 32～40/20 45～120/30 130～180/36	30～38/20 40～55/30 60～120/38 130～200/44	35～40/25 45～65/35 70～120/46 130～200/52	45～50/30 55～75/45 80～120/54 130～200/60	60～65/40 70～90/50 95～120/60 130～200/72 210～250/85	65～75/45 80～110/60 120/78 130～200/84 210～300/91	65～80/50 85～110/70 120/90 130～200/96 210～300/109
l系列		16，(18)，20，(22)，25，(28)，30，(32)，35，(38)，40，45，50，(55)，60，(65)，70，(75)，80，(85)，90，(95)，100，110，120，130，140，150，160，170，180，190，200，210，220，230，240，250，260，280，300										

注 P是粗牙螺纹的螺距。

（三）**开槽圆柱头螺钉（摘自 GB/T 65—2000）**

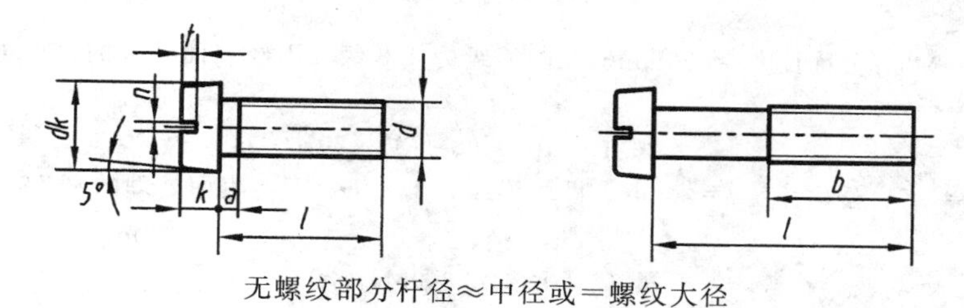

无螺纹部分杆径≈中径或=螺纹大径

标　记　示　例

螺纹规格 d=M5、公称长度 l=20mm、性能等级为 4.8 级、不经表面处理的开槽圆柱头螺钉，其标记为：

螺钉　GB/T 65　M5×20

附　表　10

单位：mm

螺纹规格 d		M3	M4	M5	M6	M8	M10
a　max		1	1.4	1.6	2	2.5	3
b　min		25	38	38	38	38	38
d_k	max	5.5	7	8.5	10	13	16
	min	5.32	6.78	8.28	9.78	12.73	15.73
k	max	2	2.6	3.3	3.9	5	6
	min	1.86	2.46	3.12	3.6	4.7	5.7
n 公称		0.8	1.2	1.2	1.6	2	2.5
t　min		0.85	1.1	1.3	1.6	2	2.4
l 公称（系列值）		4,5,6,8,10,12,(14),16,20,25,30,35,40,45,50,(55),60,(65),70,(75),80					

注　1. l 公称值尽可能不采用括号内的规格。
2. 当 l≤40 时，螺钉制出全螺纹。
3. 螺纹规格 d 从 M1.6～M10，公称长度 l 为 2～80。

（四）**开槽沉头螺钉（GB/T 68—2000）、十字槽沉头螺钉（GB/T 819.1—2000）、十字槽半沉头螺钉（GB/T 820—2000）**

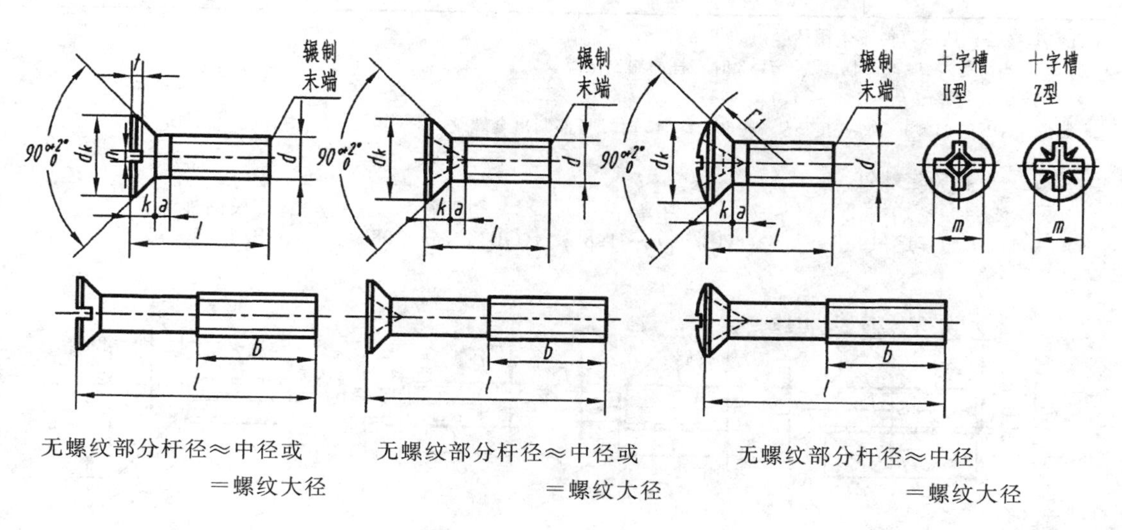

无螺纹部分杆径≈中径或=螺纹大径　　无螺纹部分杆径≈中径或=螺纹大径　　无螺纹部分杆径≈中径=螺纹大径

标 记 示 例

螺纹规格 d=M5、公称长度 l=20mm、性能等级为 4.8 级、不经表面处理的开槽沉头螺钉，其标记为：

螺钉 GB/T 68 M5×20

螺纹规格 d=M5、公称长度 l=20mm、性能等级为 4.8 级、不经表面处理的 H 型十字槽半沉头螺钉，其标记为：

螺钉 GB/T 820 M5×20

附 表 11

单位：mm

螺纹规格 d		M2	M2.5	M3	M4	M5	M6	M8	M10
a max		0.8	0.9	1	1.4	1.6	2	2.5	3
b min		25	25	25	38	38	38	38	38
a_k 实际值	max	3.8	4.7	5.5	8.4	9.3	11.3	15.8	18.3
	min	3.5	4.4	5.2	8.04	8.94	10.87	15.37	17.78
k 公称=max		1.2	1.5	1.65	2.7	2.7	3.3	4.65	5
r_f≈		4	5	6	9.5	9.5	12	16.5	19.5
n 公称		0.5	0.6	0.8	1.2	1.2	1.6	2	2.5
t	min	0.4	0.5	0.6	1	1.1	1.2	1.8	2
	max	0.6	0.75	0.85	1.3	1.4	1.6	2.3	2.6
H 型十字槽 m 参考	GB/T 819.1	1.9	2.9	3.2	4.6	5.2	6.8	8.9	10
	GB/T 820	2	3	3.4	5.2	5.4	7.3	9.6	10.4
l 公称（系列值）		2.5，3，4，5，6，8，10，12，(14)，16，20，25，30，35，40，45，50，(55)，60，(65)，70，(75)，80							

注 1. l 公称值尽可能不采用括号内的规格。

2. 当 d≤3，l≤30 时，及当 d>3 时，杆部制出全螺纹。

3. 螺纹规格 d 从 M1.6～M10。

4. GB/T 819.1 公称长度 l 从 3～60、l≤45 时，杆部制出全螺纹。

（五）开槽紧定螺钉

锥端（GB/T 71—1985）　平端（GB/T 73—1985）　凹端（GB/T 74—1985）　长圆柱端（GB/T 75—1985）

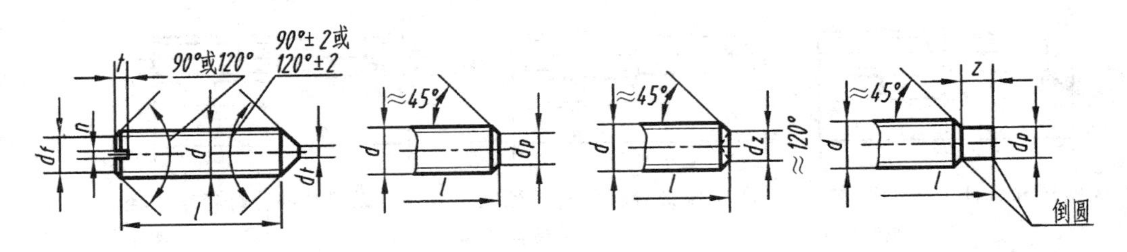

标 记 示 例

螺纹规格 d=M5、公称长度 l=12mm、性能等级为 14H 级、表面氧化的开槽锥端紧定螺钉，其标记为：

螺钉 GB/T 71 M5×12

螺纹规格 d=M8、公称长度 l=20mm、性能等级为 14H 级、表面氧化的开槽长圆柱端紧定螺钉，其标记为：

螺钉 GB/T 75 M8×20

附 表 12

单位：mm

螺纹规格 d		M2	M2.6	M3	M4	M5	M6	M8	M10	M12
d_f≈		螺纹小径								
d_t	min	—	—	—	—	—	—	—	—	—
	max	0.2	0.25	0.3	0.4	0.5	1.5	2	2.5	3
d_p	min	0.75	1.25	1.75	2.25	3.2	3.7	5.2	6.64	8.14
	max	1	1.5	2	2.5	3.5	4	5.5	7	8.5
d_z	min	0.75	0.95	1.15	1.75	2.25	2.75	4.7	5.7	7.7
	max	1	1.2	1.4	2	2.5	3	5	6	8
n 公称		0.25	0.4	0.4	0.6	0.8	1	1.2	1.6	2
t	min	0.64	0.72	0.8	1.12	1.28	1.6	2	2.4	2.8
	max	0.84	0.95	1.05	1.42	1.63	2	2.5	3	3.6
z	min	1	1.25	1.5	2	2.5	3	4	5	6
	max	1.25	1.5	1.75	2.25	2.75	3.25	4.3	5.3	6.3
l 公称（系列值）		2，2.5，3，4，5，6，8，10，12，(14)，16，20，25，30，35，40，45，50，(55)，60								

注 1. l 公称值尽可能不采用括号内的规格。

2. GB/T 71 中，螺纹规格 d≤M5 的螺钉不要求锥端有平面部分（d_t），可以倒角。

（六）Ⅰ型六角螺母—A 和 B 级(GB/T 6170—2000)　六角薄螺母—A 和 B 级—倒角(GB/T 6172.1—2000)

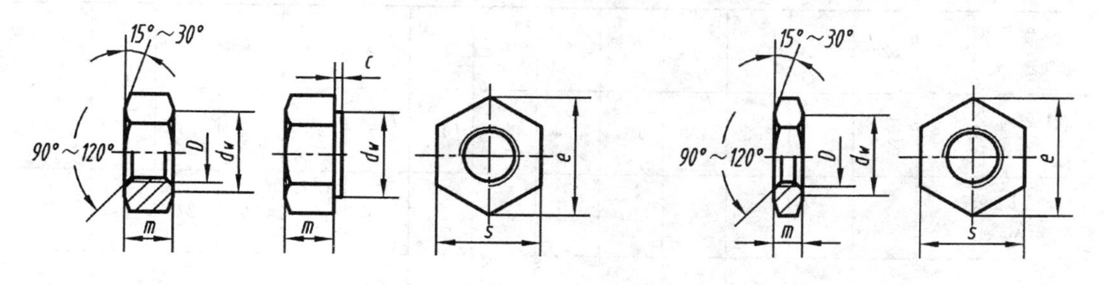

标 记 示 例

螺纹规格 D=M12、性能等级为 8 级，不经表面处理、产品等级为 A 级的Ⅰ型六角螺母，其标记为：

螺母 GB/T 6170 M12

附　表　13

单位：mm

螺纹规格 D			M2	M2.5	M3	M4	M5	M6	M8	M10	M12	M16	M20	M24	M30
c max			0.2	0.3	0.4	0.4	0.5	0.5	0.6	0.6	0.6	0.8	0.8	0.8	0.8
d_w min			3.1	4.1	4.6	5.9	6.9	8.9	11.6	14.6	16.6	22.5	27.7	33.3	42.8
e min			4.32	5.45	6.01	7.66	8.79	11.05	14.38	17.77	20.03	26.75	32.95	39.55	50.85
m	GB/T 6170	max	1.6	2	2.4	3.2	4.7	5.2	6.8	8.4	10.8	14.8	18	21.5	25.6
		min	1.35	1.75	2.15	2.9	4.4	4.9	6.44	8.04	10.37	14.1	16.9	20.2	24.3
	GB/T 6172	max	1.2	1.6	1.8	2.2	2.7	3.2	4	5	6	8	10	12	15
		min	0.95	1.35	1.55	1.95	2.45	2.9	3.7	4.7	5.7	7.42	9.10	10.9	13.9
s		max	4	5	5.5	7	8	10	13	16	18	24	30	36	46
		min	3.82	4.82	5.32	6.78	7.78	9.78	12.73	5.73	17.73	23.67	29.16	35	45

注　A 级用于 $D \leqslant 16$ 的螺母，B 级用于 $D > 16$ 的螺母。

（七）平垫圈—A 级（GB/T 97.1—2002）　平垫圈倒角型—A 级（GB/T 97.2—2002）

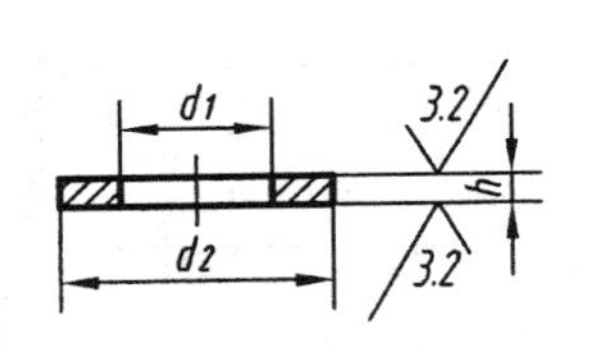

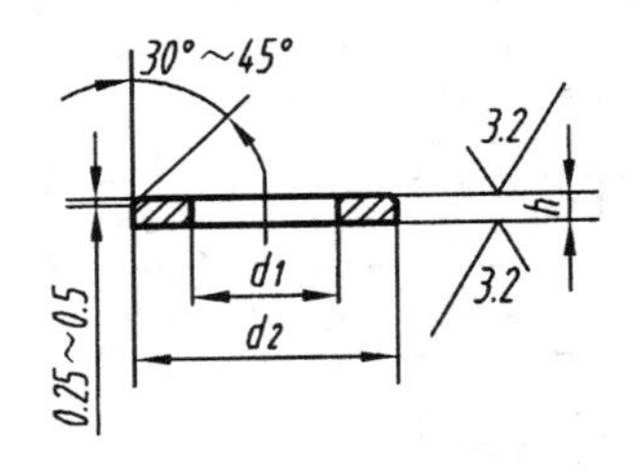

标　记　示　例

标准系列、规格为 8mm、性能等级为 140HV 级、不经表面处理、产品等级为 A 级的平垫圈，其标记为：

垫圈　GB/T 97.1　8

附　表　14

单位：mm

规　格 （螺纹大径）	2	2.5	3	4	5	6	8	10	12	14	16	20	24	30
内径 d_1 公称 （min）	2.2	2.7	3.2	4.3	5.3	6.4	8.4	10.5	13	15	17	21	25	31
外径 d_2 公称 （max）	5	6	7	9	10	12	16	20	24	28	30	37	44	56
厚度 h 公称	0.3	0.5	0.5	0.8	1	1.6	1.6	2	2.5	2.5	3	3	4	4

注　GB/T 97.2 适用于规格为 5～36mm、A 级和 B 级、标准六角头的螺栓、螺钉和螺母。

（八）标准型弹簧垫圈（GB/T 93—2002）　轻型弹簧垫圈（GB/T 859—2002）

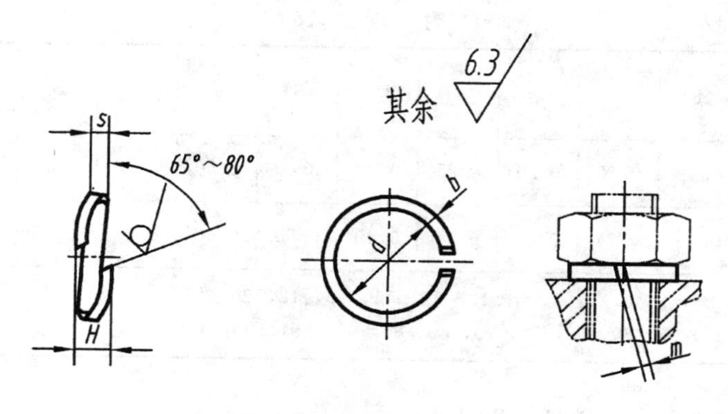

标　记　示　例

规格 16mm，材料为 65Mn、表面氧化的标准型弹簧垫圈，其标记为：

垫圈　GB/T 93　16

附　表　15　　　　单位：mm

规格（螺纹大径）		2	2.5	3	4	5	6	8	10	12	16	20	24	30	36	42	48
d　min		2.1	2.6	3.1	4.1	5.1	6.1	8.1	10.2	12.2	16.2	20.2	24.5	30.5	36.5	42.5	48.5
H　max	GB/T 93	1.25	1.63	2	2.75	3.25	4	5.25	6.5	7.75	10.25	12.5	15	18.75	22.5	26.25	30
	GB/T 859			1.5	2	2.75	3.25	4	5	6.25	8	10	12.5	15			
$S(b)$ 公称	GB/T 93	0.5	0.65	0.8	1.1	1.3	1.6	2.1	2.6	3.1	4.1	5	6	7.5	9	10.5	12
S　公称	GB/T 859			0.6	0.8	1.1	1.3	1.6	2	2.5	3.2	4	5	6			
$m\leqslant$	GB/T 93	0.25	0.33	0.4	0.55	0.65	0.8	1.05	1.3	1.55	2.05	2.5	3	3.75	4.5	5.25	6
	GB/T 859			0.3	0.4	0.55	0.65	0.8	1	1.25	1.6	2	2.5	3			
b 公称	GB/T 859			1	1.2	1.5	2	2.5	3	3.5	4.5	5.5	7	9			

注　GB/T 859 规格为 3～30mm。

（九）圆柱销（GB/T 119.1—2000）——不淬硬钢和奥氏体不锈钢

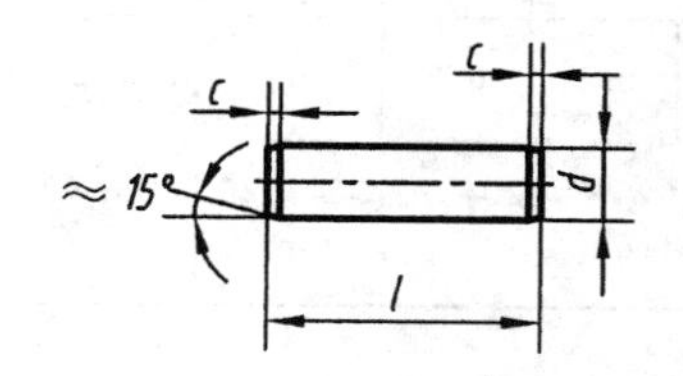

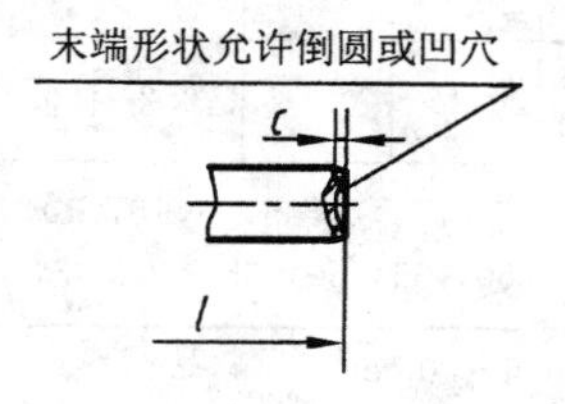

标　记　示　例

公称直径 d=8mm，公差为 m6，公称长度 l=30mm，材料为钢，不经淬火，不经表面处理的圆柱销，其标记为：

销　GB/T 119.1　8m6×30

公称直径 d=8mm，公差为 m6，公称长度 l=30mm，材料为 A1 组奥氏体不锈钢，表面简单处理的圆柱销，其标记为：

销　GB/T 119.1　8m6×30—A1

附　表　16　　　　单位：mm

公称直径 d（m6，h8）	1	1.2	1.5	2	2.5	3	4	5	6	8	10	12
$a\approx$	0.12	0.16	0.20	0.25	0.30	0.40	0.50	0.63	0.80	1.0	1.2	1.6
$c\approx$	0.20	0.25	0.30	0.35	0.40	0.50	0.63	0.80	1.2	1.6	2	2.5
l 公称（系列值）	2，3，4，5，6，8，10，12，14，16，18，20，22，24，26，28，30，32，35，40，45，50，55，60，65，70，75，80，85，90，95，100，120，140											

注　1. 公称直径为 0.6～50mm。
2. 公差 m6，$Ra\leqslant0.8\mu m$；公差 h8，$Ra\leqslant1.6\mu m$。

（十）圆锥销（GB/T 117—2000）

A 型（磨削）　　　　B 型（切削或冷镦）

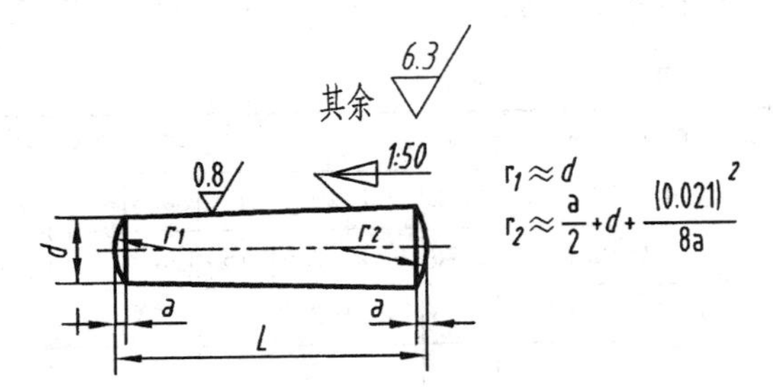

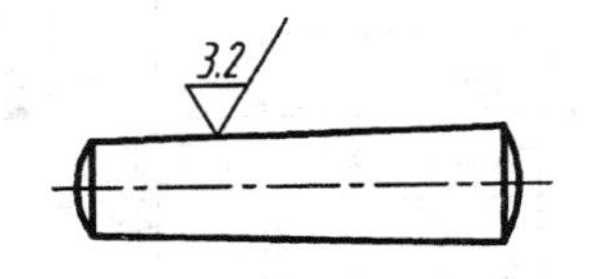

标　记　示　例

公称直径 d=10mm、长度 l=60mm，材料为 35 钢，热处理硬度 28～38HRC，表面氧化处理的 A 型圆锥销，其标记为：

销　GB/T 117　10×60

附　表　17　　　　单位：mm

d（公称）	1	1.2	1.5	2	2.5	3	4	5	6	8	10	12
$a\approx$	0.12	0.16	0.2	0.25	0.3	0.4	0.5	0.63	0.8	1	1.2	1.6
l 公称（系列值）	2，3，4，5，6，8，10，12，14，16，18，20，22，24，26，28，30，32，35，40，45，50，55，60，65，70，75，80，85，90，95，100，120，140											

注　d（公称）为 0.6～50mm。

（十一）开口销（GB/T 91—2000）

允许制造的型式

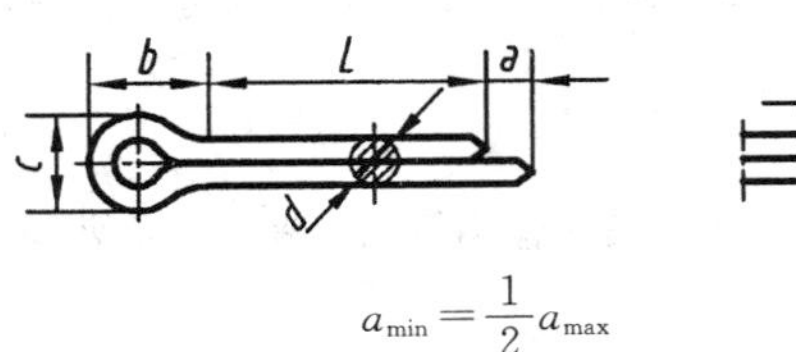

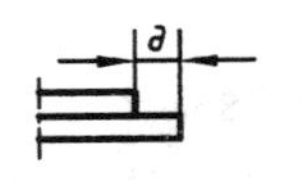

$a_{min}=\frac{1}{2}a_{max}$

标　记　示　例

公称直径 d=5mm、长度 l=50mm、材料为 Q215 或 Q235，不经表面处理的开口销，其标记为：

销　GB/T 91　5×50

附　表　18

单位：mm

公称规格		1	1.2	1.6	2	2.5	3.2	4	5	6.3	8	10	13
d max		0.9	1	1.4	1.8	2.3	2.9	3.7	4.6	5.9	7.5	9.5	12.4
c	max	1.8	2	2.8	3.6	4.6	5.8	7.4	9.2	11.8	15	19	24.8
	min	1.6	1.7	2.4	3.2	4	5.1	6.5	8	10.3	13.1	16.6	21.7
$b\approx$		3	3	3.2	4	5	6.4	8	10	12.6	16	20	26
a max		1.6	2.5				3.2	4				6.3	
l 公称（系列值）		4，5，6，8，10，12，14，16，18，20，22，24，26，28，30，32，36，40，45，50，55，60，65，70，75，80，85，90，95，100，120，140，160，180，200											

注　1. 公称规格为销孔的公称直径。

2. 根据供需双方协议，可采用公称规格为 3、6 和 12mm 的开口销。

（十二）平键　键和键槽的剖面尺寸（GB/T 1095—2003）

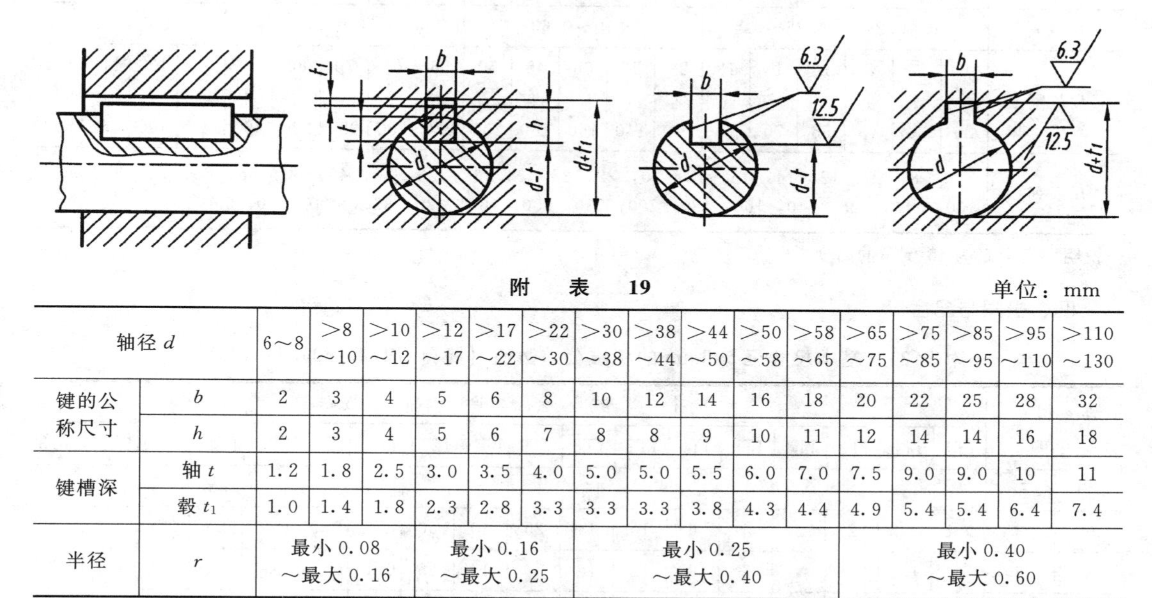

附　表　19

单位：mm

轴径 d		6～8	>8～10	>10～12	>12～17	>17～22	>22～30	>30～38	>38～44	>44～50	>50～58	>58～65	>65～75	>75～85	>85～95	>95～110	>110～130
键的公称尺寸	b	2	3	4	5	6	8	10	12	14	16	18	20	22	25	28	32
	h	2	3	4	5	6	7	8	8	9	10	11	12	14	14	16	18
键槽深	轴 t	1.2	1.8	2.5	3.0	3.5	4.0	5.0	5.0	5.5	6.0	7.0	7.5	9.0	9.0	10	11
	毂 t_1	1.0	1.4	1.8	2.3	2.8	3.3	3.3	3.3	3.8	4.3	4.4	4.9	5.4	5.4	6.4	7.4
半径	r	最小 0.08～最大 0.16			最小 0.16～最大 0.25			最小 0.25～最大 0.40				最小 0.40～最大 0.60					

注　在零件工作图中，轴槽深用（$d-t$）或 t 标注，轮毂槽深用（$d+t_1$）标注。

（十三）普通平键　型式尺寸（GB/T 1096—2003）

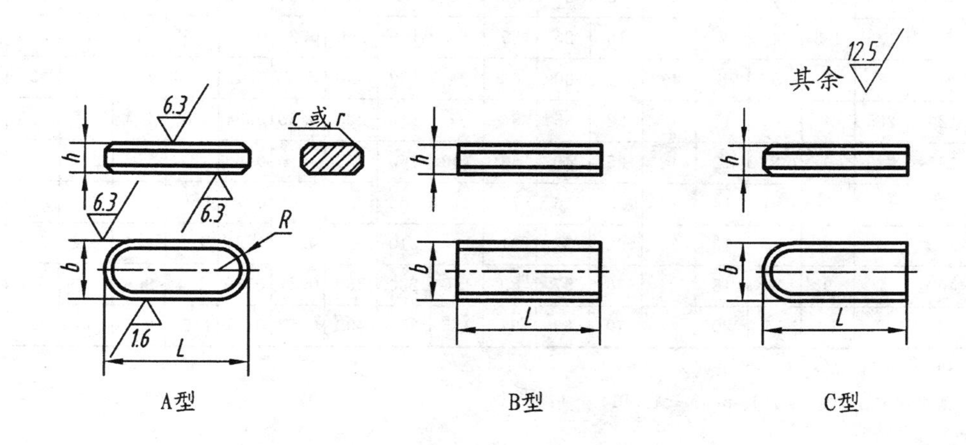

标　记　示　例

圆头普通平键（A 型）、b=18mm、h=11mm、L=100mm，其标记为：

键　18×100　GB/T 1096—2003

平头普通平键（B 型）、b=18mm、h=11mm、L=100mm，其标记为：

键　B18×100　GB/T 1096—2003

单圆头普通平键（C 型）、b=18mm、h=11mm、L=100mm，其标记为：

键　C18×100　GB/T 1096—2003

附　表　20　　　单位：mm

b	2	3	4	5	6	8	10	12	14	16	18	20	22	25	28	32	36	40	45	50
h	2	3	4	5	6	7	8	8	9	10	11	12	14	14	16	18	20	22	25	28
C 或 r	0.16～0.25			0.25～0.40			0.40～0.60					0.60～0.80					1.0～1.2			
L 范围	6～20	6～36	8～45	10～56	14～70	18～90	22～110	28～140	36～160	45～180	50～200	56～220	63～250	70～280	80～320	90～360	100～400	100～400	110～450	125～500
L 系列	6，8，10，12，14，16，18，20，22，25，28，32，36，40，45，50，56，63，70，80，90，100，110，125，140，160，180，200，220，250，280，320，360，400，450，500																			

说明　表中 C 为 45°倒角的高度。

四、极限与配合

附表 21　基本尺寸至 500mm 的标准公差数值（摘自 GB/T 1800.3—1998）

基本尺寸 (mm)		标准公差等级																	
		IT1	IT2	IT3	IT4	IT5	IT6	IT7	IT8	IT9	IT10	IT11	IT12	IT13	IT14	IT15	IT16	IT17	IT18
大于	至	μm											mm						
—	3	0.8	1.2	2	3	4	6	10	14	25	40	60	0.1	0.14	0.25	0.4	0.6	1	1.4
3	6	1	1.5	2.5	4	5	8	12	18	30	48	75	0.12	0.18	0.3	0.48	0.75	1.2	1.8
6	10	1	1.5	2.5	4	6	9	15	22	36	58	90	0.15	0.22	0.36	0.58	0.9	1.5	2.2
10	18	1.2	2	3	5	8	11	18	27	43	70	110	0.18	0.27	0.43	0.7	1.1	1.8	2.7
18	30	1.5	2.5	4	6	9	13	21	33	52	84	130	0.21	0.33	0.52	0.84	1.3	2.1	3.3
30	50	1.5	2.5	4	7	11	16	25	39	62	100	160	0.25	0.39	0.62	1	1.6	2.5	3.9
50	80	2	3	5	8	13	19	30	46	74	120	190	0.3	0.46	0.74	1.2	1.9	3	4.6
80	120	2.5	4	6	10	15	22	35	54	87	140	220	0.35	0.54	0.87	1.4	2.2	3.5	5.4
120	180	3.5	5	8	12	18	25	40	63	100	160	250	0.4	0.63	1	1.6	2.5	4	6.3
180	250	4.5	7	10	14	20	29	46	72	115	185	290	0.46	0.72	1.15	1.85	2.9	4.6	7.2
250	315	6	8	12	16	23	32	52	81	130	210	320	0.52	0.81	1.3	2.1	3.2	5.2	8.1
315	400	7	9	13	18	25	36	57	89	140	230	360	0.57	0.89	1.4	2.3	3.6	5.7	8.9
400	500	8	10	15	20	27	40	63	97	155	250	400	0.63	0.97	1.55	2.5	4	6.3	9.7

注　1. IT01 和 IT0 的标准公差未列入。

2. 基本尺寸小于或等于 1mm 时，无 IT14 至 IT18。

附表 22　优先配合中轴的极限偏差（摘自 GB/T 1800.4—1999）　　单位：μm

基本尺寸（mm）		公差带												
		c	d	f	g	h				k	n	p	s	u
大于	至	11	9	7	6	6	7	9	11	6	6	6	6	6
—	3	-60 -120	-20 -45	-6 -16	-2 -8	0 -6	0 -10	0 -25	0 -60	+6 0	+10 +4	+12 +6	+20 +14	+24 +18
3	6	-70 -145	-30 -60	-10 -22	-4 -12	0 -8	0 -12	0 -30	0 -75	+9 +1	+16 +8	+20 +12	+27 +19	+31 +23
6	10	-80 -170	-40 -76	-13 -28	-5 -14	0 -9	0 -15	0 -36	0 -90	+10 +1	+19 +10	+24 +15	+32 +23	+37 +28
10	14	-95	-50	-16	-6	0	0	0	0	+12	+23	+29	+39	+44
14	18	-205	-93	-34	-17	-11	-18	-43	-110	+1	+12	+18	+28	+33
18	24	-110	-65	-20	-7	0	0	0	0	+15	+28	+35	+48	+54 +41
24	30	-240	-117	-41	-20	-13	-21	-52	-130	+2	+15	+22	+35	+61 +48
30	40	-120 -280	-80	-25	-9	0	0	0	0	+18	+33	+42	+59	+76 +60
40	50	-130 -290	-142	-50	-25	-16	-25	-62	-160	+2	+17	+26	+43	+86 +70
50	65	-140 -330	-100	-30	-10	0	0	0	0	+21	+39	+51	+72 +53	+106 +87
65	80	-150 -340	-174	-60	-29	-19	-30	-74	-190	+2	+20	+32	+78 +59	+121 +102
80	100	-170 -390	-120	-36	-12	0	0	0	0	+25	+45	+59	+93 +71	+146 +124
100	120	-180 -400	-207	-71	-34	-22	-35	-87	-220	+3	+23	+37	+101 +79	+166 +144
120	140	-200 -450	-145	-43	-14	0	0	0	0	+28	+52	+68	+117 +92	+195 +170
140	160	-210 -460											+125 +100	+215 +190
160	180	-230 -480	-245	-83	-39	-25	-40	-100	-250	+3	+27	+43	+133 +108	+235 +210
180	200	-240 -530	-170	-50	-15	0	0	0	0	+33	+60	+79	+151 +122	+265 +236
200	225	-260 -550											+159 +130	+287 +258
225	250	-280 -570	-285	-96	-44	-29	-46	-115	-290	+4	+31	+50	+169 +140	+313 +284
250	280	-300 -620	-190	-56	-17	0	0	0	0	+36	+66	+88	+190 +158	+347 +315
280	315	-330 -650	-320	-108	-49	-32	-52	-130	-320	+4	+34	+56	+202 +170	+382 +350
315	355	-360 -720	-210	-62	-18	0	0	0	0	+40	+73	+98	+226 +190	+426 +390
355	400	-400 -760	-350	-119	-54	-36	-57	-140	-360	+4	+37	+62	+244 +208	+471 +435
400	450	-440 -840	-230	-68	-20	0	0	0	0	+45	+80	+108	+272 +232	+530 +490
450	500	-480 -880	-385	-131	-60	-40	-63	-155	-400	+5	+40	+68	+292 +252	+580 +540

附表 23　优先配合中孔的极限偏差（摘自 GB/T 1800.4—1999）　　单位：μm

基本尺寸（mm）		公差带												
		C	D	F	G	H				K	N	P	S	U
大于	至	11	9	8	7	7	8	9	11	7	7	7	7	7
—	3	+120 +60	+45 +20	+20 +6	+12 +2	+10 0	+14 0	+25 0	+60 0	0 −10	−4 −14	−6 −16	−14 −24	−18 −28
3	6	+145 +70	+60 +30	+28 +10	+16 +4	+12 0	+18 0	+30 0	+75 0	+3 −9	−4 −16	−3 −20	−15 −27	−19 −31
6	10	+170 +80	+76 +40	+35 +13	+20 +5	+15 0	+22 0	+36 0	+90 0	+5 −10	−4 −19	−9 −24	−17 −32	−22 −37
10	14	+205	+93	+43	+24	+18	+27	+43	+110	+6	−5	−11	−21	−26
14	18	+95	+50	+16	+6	0	0	0	0	−12	−23	−29	−39	−44
18	24	+240	+117	+53	+28	+21	+33	+52	+130	+6	−7	−14	−27	−33 −54
24	30	+110	+65	+20	+7	0	0	0	0	−15	−28	−35	−48	−40 −61
30	40	+280 +120	+142	+64	+34	+25	+39	+62	+160	+7	−8	−17	−34	−51 −76
40	50	+290 +130	+80	+25	+9	0	0	0	0	−18	−33	−42	−59	−61 −86
50	65	+330 +140	+174	+76	+40	+30	+46	+74	+190	+9	−9	−21	−42 −72	−76 −106
65	80	+340 +150	+100	+30	+10	0	0	0	0	−21	−39	−51	−48 −78	−91 −121
80	100	+390 +170	+207	+90	+47	+35	+54	+87	+220	+10	−10	−24	−58 −93	−111 −146
100	120	+400 +180	+120	+36	+12	0	0	0	0	−25	−45	−59	−66 −101	−131 −166
120	140	+450 +200	+245	+106	+54	+40	+63	+100	+250	+12	−12	−28	−77 −117	−155 −195
140	160	+460 +210											−85 −125	−175 −215
160	180	+480 +230	+145	+43	+14	0	0	0	0	−28	−52	−68	−93 −133	−195 −235
180	200	+530 +240	+285	+122	+61	+46	+72	+115	+290	+13	−14	−33	−105 −151	−219 −265
200	225	+550 +260											−113 −159	−241 −287
225	250	+570 +280	+170	+50	+15	0	0	0	0	−33	−60	−79	−123 −169	−267 −313
250	280	+620 +300	+320	+137	+69	+52	+81	+130	+320	+16	−14	−36	−138 −190	−295 −347
280	315	+650 +330	+190	+56	+17	0	0	0	0	−36	−66	−88	−150 −202	−330 −382
315	355	+720 +360	+350	+151	+75	+57	+89	+140	+360	+17	−16	−41	−169 −226	−369 −426
355	400	+760 +400	+210	+62	+18	0	0	0	0	−40	−73	−98	−187 −244	−414 −471
400	450	+840 +440	+385	+165	+83	+63	+97	+155	+400	+18	−17	−45	−209 −279	−467 −530
450	500	+880 +480	+230	+68	+20	0	0	0	0	−45	−80	−108	−229 −292	−517 −580

五、常用的金属材料

附表 24　黑 色 金 属 材 料

标准	名称	牌　号	说　　明
GB/T 700—1988	碳素结构钢	Q195	Q为钢材屈服点中“屈”字的汉语拼音首位字母。 Q235的质量等级有A、B、C、D四种。Q255有A、B两种
		Q235	
		Q255	
GB/T 699—1988	优质碳素结构钢	10	牌号的两位数字表示平均含碳量，45号钢即表示平均含碳量为0.45%。 含锰量较高的钢，须加注化学元素符号“Mn”。 含碳量≤0.25%的碳钢是低碳钢（渗碳钢）。 含碳量在0.25%～0.60%之间的碳钢是中碳钢（调质钢）。 含碳量大于0.60%的碳钢是高碳钢
		15	
		20	
		25	
		30	
		35	
		45	
		50	
		55	
		60	
		15Mn	
		45Mn	
GB/T 1591—1988	低合金结构钢	16Mn	碳素结构钢中加入少量合金元素（总量＜3%）。其机械性能较碳素钢高，焊接性、耐腐蚀性、耐磨性较碳素钢好，但经济指标与碳素钢相近
		15MnV	
		15MnVN	

标准	名称	牌　号	说　　明
GB/T 3077—1988	合金结构钢	20Mn2	钢中加入一定量的合金元素，提高了钢的机械性能和耐磨性；也提高了钢的淬透性，保证金属在较大截面上获得高机械性能
		45Mn2	
		15Cr	
		40Cr	
		35SiMn	
		20CrMnTi	
GB/T 1220—1992	特殊合金钢	1Cr13	具有良好的耐蚀性、机械加工性，一般用途、刃具类。
		1Cr18Ni9Ti	作为不锈耐热钢使用最广泛，食品设备，一般化工设备原子能工业用
GB/T 11352—1989	铸钢	ZG25	铸钢件前面应加“铸钢”或汉语拼音字母“ZG”，数字为铸造碳钢的名义万分含碳量。
		ZG45	
GB/T 9439—1988	灰口铸铁	HT150	“HT”为灰、铁二字汉语拼音的第一个字母。后面的数字代表抗拉强度值。例如HT150表示抗拉强度为大于等于150MPa的灰铸铁
		HT200	
		HT250	
		HT300 HT350 HT400	
GB/T 1348—1988	球墨铸铁	QT600—3 QT500—7 QT400—15	“QT”是球墨铸铁的代号，QT后面的第一组数字表示抗拉强度值，第二组表示延伸率值，两组数字间用“—”隔开。 如QT500—5即表示球墨铸铁的抗拉强度为大于等于500MPa延伸率为5%

附表 25　有色金属材料

标　准	名称	代　号	应　用　举　例	说　　明
GB/T 5232—1985	普通黄铜	62 黄铜（H62）	散热器、垫圈、弹簧、各种网、螺钉及其他零件	“H”表示黄铜，后面数字表示含铜量，如 62 表示含铜 60.0%～63.0%
GB/T 1176—1987	铸造锰黄铜	ZCuZn38Mn2Pb2	用于制造轴瓦、轴套及其他耐磨零件	“Z”表示“铸”，ZCuZn38Mn2Pb2 表示含铜 57%～60%、锰 1.5%～2.5%、铅 1.5%～2.5%，其余为 Zn
	铸造锡青铜	ZCuSn5Pb5Zn5	用于受中等冲击负荷和在液体或半液体润滑及耐蚀条件下工作的零件，如轴承、轴瓦、蜗轮、螺母，以及承受 10 个大气压以下的蒸气和水的配件	ZCuSn5Pb5Zn5 表示含锡 4%～6%、锌 4%～6%、铅 4%～6%
	铸造铝青铜	ZCuAl10Fe3	强度高、减磨性、耐蚀性、受压、铸造性均良好。用于在蒸气和海水条件下工作的零件及受摩擦和腐蚀的零件，如蜗轮衬套等	ZCuAl10Fe3 表示含铝 8%～10%、铁 2%～4%，其余为铜
GB/T 1173—1986	铸造铝硅合金	ZL102	耐磨性中上等，用于制造负荷不大的薄壁零件	“Z”表示铸，“L”表示铝，ZL 后面第一位数字表示合金系列。其中 1、2、3、4 分别表示铝硅、铝铜、铝镁、铝锌系列合金，第二、第三位数为顺序号
GB/T 3190—1982	硬铝	LY12	适于制作中等强度的零件，焊接性能好	
GB/T 5234—1985	白铜	B19	医疗用具、网、精密机械及化学工业零件、日用品	白铜是铜镍合金，“B19”为含镍 19%，余量为铜的普通白铜

注　“YB”表示冶金工业部标准。

参 考 文 献

1 大连理工大学工程画教研室编．机械制图．北京：高等教育出版社，2003
2 何铭新，钱可强主编．机械制图．北京：高等教育出版社，2004
3 唐克中，朱同钧主编．画法几何及工程制图．第三版．北京：高等教育出版社，2002
4 邹宜侯，窦墨林主编．机械制图．北京：清华大学出版社，2001
5 王巍主编．机械制图．北京：高等教育出版社，2003
6 陈锦昌，刘就女，刘林，编著．计算机工程制图．广州：华南理工大学出版社，2003
7 国家技术监督局发布．中华人民共和国国家标准 技术制图．北京：中国标准出版社，1999
8 中国质量技术监督局发布．中华人民共和国国家标准 技术制图．北京：中国标准出版社，2001
9 国家质量监督检验检疫总局发布．中华人民共和国国家标准 机械制图 图样画法 图线．北京：中国标准出版社，2003
10 国家质量监督检验检疫总局发布．中华人民共和国国家标准 机械制图 图样画法 图样画法 视图．北京：中国标准出版社，2003
11 国家质量监督检验检疫总局发布．中华人民共和国国家标准 机械制图 图样画法 图样画法 剖视图 断面图．北京：中国标准出版社，2003
12 张跃峰，陈通编著．AutoCAD2002 入门与提高．北京：清华大学出版社，2002